우리는 각자의 세계가 된다

뇌과학과 신경과학이 밝혀낸 생후배선의 비밀

우리는 각자의 세계가 된다

데이비드 이글먼 지음 | 김승욱 옮김

LIVEWIRED

The Inside Story of the Ever-Changing Brain

RHK
알에이치코리아

Contents

Contents

모든 사람은 여럿으로 태어나 하나로 죽는다.

마르틴 하이데거

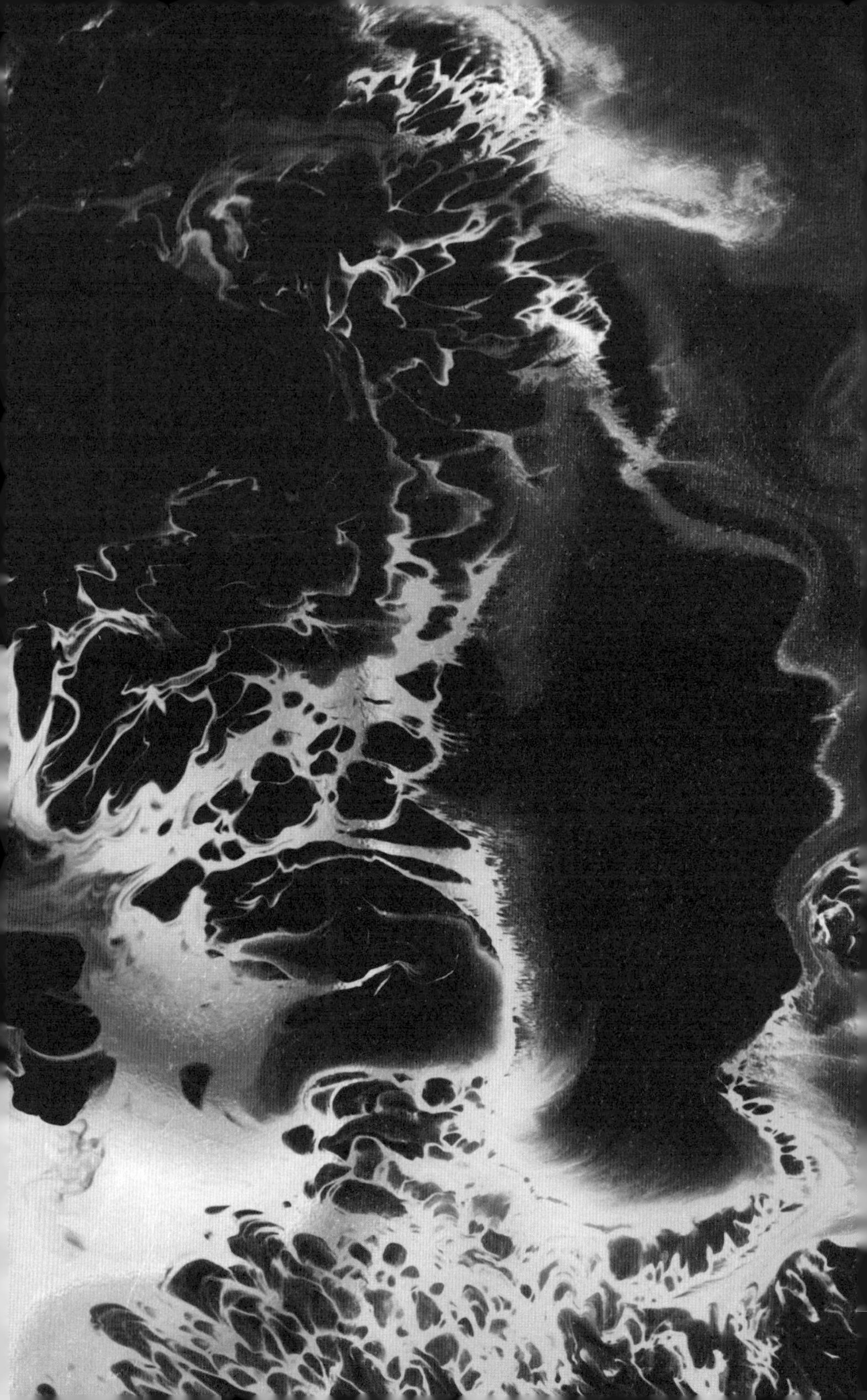

섬세한 분홍색 지휘자

한번 상상해보자. 181킬로그램짜리 탐사 로봇을 화성에 보내는 대신, 핀 끝에 끼울 수 있는 크기의 구체 하나를 쏘아 보낸다면 어떨까. 구체는 주변의 에너지를 이용해 비슷한 모양의 구체 군단으로 분열한다. 서로 떨어지지 않고 뭉쳐 있는 이 구체들에서 바퀴, 렌즈, 온도 감지기, 내부 유도 시스템 등이 솟아나온다. 이런 광경을 지켜보며 우리는 너무 놀라 말문이 막힐 것이다.

하지만 이런 식으로 시스템이 척척 만들어지는 모습을 보고 싶다면 그냥 어디든 어린이집을 찾아가면 된다. 처음에는 현미경으로만 볼 수 있는 수정란이었던 아기들이 응애응애 울고 있겠지만, 그들은 스스로를 해방시켜 거대한 인간으로 변해가는 중이다. 그들은 광자 감지기, 관절이 여러 개인 부속기관, 압력 감지기, 혈액 펌프, 주위의 모든 것으로부터 에너지를 얻어낼 수 있는 신진대사 기관을 완전히 갖추고 있다.

하지만 인간의 가장 좋은 점은 이것이 아니다. 이보다 더 놀라운 점이 있다. 우리 시스템은 처음부터 완전히 프로그램된 채로 태어나는 것이 아니라, 세상과 상호작용을 주고받으며 스스로를 형성해나간다는 것. 자라는 동안 우리는 뇌의 회로를 끊임없이 바꿔가며 어려운 과제와 씨름하고, 기회를 이용하고, 사회구조를 이해한다.

인류가 지구의 구석구석을 성공적으로 접수한 것은, 어머니 자연이 발견한 요령이 우리에게 최고로 구현되어 있기 때문이다. 뇌의 설계도를 처음부터 다 만들지 않고, 기본적인 요소들만 준비해준 뒤 세상으로 내보내는 것이 바로 그 요령이다. 마구 울어대던 아기는 결국 울음을 그치고 주위를 둘러보며 세상을 흡수한다. 주변 환경에 맞춰 자신의 모습을 다듬는다. 주위 사람들이 사용하는 언어에서부터 더 넓은 의미의 문화와 국제정치에 이르기까지 모든 것을 빨아들인다. 자신을 키워준 사람들의 신념과 편견을 품고 앞으로 나아간다. 모든 정겨운 기억, 모든 가르침, 모든 정보가 아기의 신경회로를 다듬어 결코 미리 계획한 적 없는 어떤 것을 만들어낸다. 거기에는 주위의 세상이 반영되어 있다.

이 책은 우리 뇌가 끊임없이 회로를 바꾸는 모습을 보여줄 것이다. 그것이 우리 삶과 미래에 무엇을 의미하는지도 보여줄 것이다. 그 과정에서 많은 의문이 우리 이야기에 빛을 밝혀줄 것이다. 왜 1980년대(1980년대에만) 사람들의 눈에는 책의 페이지들이 살짝 빨간색을 띤 것처럼 보였을까? 세계 최고의 궁사인데 왜 팔이 없을까? 우리는 왜 매일 밤 꿈을 꾸나? 그것은 행성의 자전과 어떤 관계인가? 약물의 금단증상과 실연의 공통점은 무엇인가? 기억의 방해꾼이 세월이 아닌 또 다른 기억인 이유는 무엇인가? 눈이 보이지 않는 사람은 혀로 보는 법을, 귀가 들리지 않는 사람은 피부로 듣는 법을 어떻게 배울 수 있나? 다른 사람의 뇌세포 숲에 새겨져 있는 미세한 구조를 현미경으로 보고 그 사람이 살아온 삶의 세세한 부분들을 대략적으로 읽어낼 수 있는 날이 올까?

뇌가 반쪽인 아이

발레리 S.가 출근 준비를 하고 있을 때, 세 살짜리 아들 매슈가 바닥으로 쓰러졌다.[1] 입술이 파랗게 변한 아이는 어떻게 해도 깨어나지 않았다.

발레리는 겁에 질려 남편에게 전화했다. "왜 나한테 전화해? 의사한테 해야지!" 남편이 고함을 질렀다.

아들은 응급실 진료에 이어 오랫동안 병원을 드나들어야 했다. 소아과 의사는 매슈의 심장을 검사해보라고 권고했다. 하지만 매슈는 심장전문의가 몸에 붙인 검사 장비를 자꾸 떼어내려고 했다. 아무리 병원을 드나들어도 정확한 결과가 나오지 않았다. 아이가 갑자기 쓰러진 것도 처음 딱 한 번뿐이었다.

아니, 그런 줄 알았다. 한 달 뒤 식사 중에 매슈가 이상한 표정을 지었다. 눈빛이 강렬해지더니, 오른팔이 머리 위로 들린 채 뻣뻣하게 굳어버렸다. 그 상태로 약 1분 동안 아이는 무엇에도 반응하지 않았다. 발레리는 다시 아이를 데리고 병원으로 달려갔다. 이번에도 역시 명확한 진단은 나오지 않았다.

이튿날 같은 일이 또 일어났다.

신경과 의사가 뇌 활동을 측정하기 위해 매슈의 머리에 전극 모자를 씌웠다. 거기서 분명한 간질 징후가 발견되었다. 의사는 매슈에게 발작 약을 처방해주었다.

약이 효과가 있기는 했으나 잠깐뿐이었다. 오래지 않아 매슈는 제어할 수 없는 발작을 연달아 일으켰다. 처음에는 발작 간격이 1시간이더니, 45분, 30분으로 점점 줄어들었다. 출산 때 진통 간격이 점점 줄어드는 것과 비슷했다. 나중에는 2분마다 한 번씩 발작이 일어났다. 발레리는 연쇄적인 발작이 시작될 때마다 남편 짐과 함께 매슈를 데리고 병원으로 달려갔다. 그러면 병원에서는 매슈를 며칠에서 몇 주 동안 입원시켰다. 이런 일을 여러 번 겪은 뒤에는 '진통' 간격이 20분이 될 때까지 기다렸다가 병원에 미리 연락해두고 차에 오르게 되었다. 가는 길에 맥도날드에 들러 아이가 먹을 것을 사오기도 했다.

한편 매슈는 발작이 없을 때만이라도 즐거운 시간을 보내려고 애썼다.

매슈는 매년 열 번씩 병원에 입원했다. 이런 생활이 3년이나 이어졌다. 발레리와 짐은 아이가 다시 건강해지지 않을 것 같아서 점점 슬퍼졌다. 아이가 죽을까봐 슬픈 것이 아니라, 정상적인 삶을 살 수 없을 것 같아서 슬펐다. 그들은 분노와 부정의 단계를 거쳤다. 일상생활도 바뀌었다. 아이가 또 3주 동안 입원했을 때, 결국 신경과 의사들은 아이의 병이 작은 병원에서 감당할 수 없는 수준인 것 같다고 인정했다.

그래서 매슈 가족은 뉴멕시코주 앨버커키의 집에서 구급 항공기를 타고 볼티모어의 존스홉킨스 병원으로 갔다. 그곳의 소아과 집중치

료실에서 마침내 매슈의 병명이 라스무센 뇌염이라는 사실을 알게 되었다. 희귀한 만성 염증성 질환이었다. 문제는 이 병이 뇌의 아주 작은 일부가 아니라 반구 전체에 영향을 미친다는 점이었다. 발레리와 짐은 어떤 치료법이 있는지 조사하다가, 매슈의 상태에 적용할 수 있는 치료법이 현재로서는 반구절제술, 즉 뇌의 반구 하나를 수술로 완전히 제거하는 방법밖에 없다는 사실을 알고 깜짝 놀랐다. "그 뒤에 의사들이 무슨 말을 했는지 나도 몰라요." 발레리가 말했다. "그냥 멍해졌거든요. 다들 외국어로 말하는 것 같았어요."

발레리와 짐은 다른 방법들을 시도해보았지만 소용없었다. 몇 달 뒤 발레리가 존스홉킨스 병원에 전화를 걸어 반구절제술 예약을 하겠다고 말하자, 의사가 물었다. "확실히 마음을 정하셨습니까?"

"네."

"매일 거울 속 자신의 모습을 보면서 이것이 꼭 필요한 선택이었다고 확신할 수 있습니까?"

발레리와 짐은 불안감에 짓눌려 잠을 이룰 수 없었다. 매슈가 수술을 이기고 살아남을 수 있을까? 뇌의 절반이 없는데도 사람이 살 수 있는 걸까? 설사 살 수 있다 해도, 삶의 질이 확 떨어져서 살아갈 가치가 없는 인생이 되면 어쩌나?

하지만 달리 선택의 여지가 없었다. 매일 몇 번씩 발작을 일으키면서 정상적인 생활을 할 수는 없었다. 발레리와 짐은 수술을 하지 않았을 때 매슈가 확실히 겪게 될 불편과 불확실한 수술 결과를 비교해볼 수밖에 없었다.

매슈 가족은 비행기를 타고 볼티모어의 병원으로 갔다. 매슈는 작은 어린이용 호흡 마스크를 쓰고 마취 상태로 들어갔다. 머리를 모두 깎은 두피를 칼날이 조심스레 갈랐다. 그리고 드릴이 윙윙 돌아가며 두개골에 둥근 구멍을 뚫었다.

의사는 몇 시간 동안 끈기 있게 손을 놀려 섬세한 분홍색 뇌의 절반을 제거했다. 매슈의 지성, 감정, 언어, 유머 감각, 두려움, 사랑이 모두 그 분홍색 물질에 달려 있었다. 원래 있던 장소에서 밖으로 나와 쓸모가 없어진 뇌 조직은 작은 용기에 담겼다. 뇌척수액이 매슈의 두개골 안의 빈 공간을 서서히 채웠다. 뇌 영상에서는 그 공간이 검은 허공처럼 보였다.[2]

회복실에서 매슈의 부모는 커피를 마시며 매슈가 눈을 뜨기를 기다렸다. 아들이 어떻게 변했을까? 뇌가 절반밖에 없는 아들은 어떤 사람이 될까?

인류가 지구상에서 발견한 모든 것 중에 복잡성이라는 측면에서 우리 뇌와 겨룰 만한 것은 없다. 인간의 뇌는 뉴런이라고 불리는 세포 860억 개로 이루어져 있다. 뉴런은 이동하는 전압 스파이크의 형태로 신속히 정보를 전달하며,[3] 숲처럼 생긴 복잡한 네트워크를 통해 서로 빽빽하게 연결되어 있다. 우리 머릿속에 존재하는 뉴런들 사이의 연결점은 모두 합해 200조 개쯤 된다. 좀 더 쉽게 이해하려면 이렇게 생각하면 된다. 피질 조직 1세제곱밀리미터 안에 있는 연결점 수가 지구상 전체 인구보다 스무 배나 많다.

하지만 뇌가 흥미로운 것은 이런 숫자들 때문이 아니다. 이 수많은 세포와 연결점의 상호작용이 흥미로운 부분이다.

교과서, 대중매체의 광고, 대중문화에서 묘사하는 전형적인 뇌는 각각 구체적인 일을 담당하는 여러 구역으로 나뉘어 있다. 여기 이 구역은 시각 담당, 저쪽은 도구 사용법을 알아내는 데 필요한 곳, 이쪽 지역은 사탕을 먹고 싶다는 욕구에 저항할 때 활성화되는 부위, 저쪽은 어려운 도덕적 문제를 고민할 때 반짝 밝아지는 곳, 이런 식으로 모든 구역을 분류해서 깔끔한 이름표를 붙여줄 수 있다.

하지만 이런 교과서적인 모델로는 부족하다. 게다가 가장 흥미로운 부분이 빠져 있다. 뇌는 역동적인 시스템이라서 주변 환경의 요구와 몸의 능력에 맞춰 항상 회로를 바꾼다. 두개골 안에서 살아 움직이는 우주를 확대해서 촬영할 수 있는 마법의 비디오카메라가 있다면, 뉴런에서 뻗어나온 촉수 같은 것들이 주위를 더듬다가 서로 부딪히는 모습, 올바른 연결점을 찾아 헤매는 모습을 볼 수 있을 것이다. 그것은 한 나라의 국민들이 우정을 맺거나, 결혼을 하거나, 이웃과 관계를 맺거나, 정당을 결성하거나, 잔혹한 앙갚음을 하거나, 사회적 관계망을 형성하며 살아가는 모습과 비슷할 것이다. 뇌를 수조 마리의 생명체가 한데 얽혀서 살아가는 공동체로 생각해보자. 교과서 속 사진에 나오지 않는 기묘한 사실은 뇌가 신비로운 계산기이며, 살아 있는 3차원 천이라는 것이다. 이 천은 효율성을 극대화하기 위해 계속 변하고 반응하면서 스스로를 조정한다. 이 천 위에서 정교한 무늬를 그려내는 연결점들, 즉 신경회로에는 생기가 가득하다. 뉴런들 사이의 연결점이 끊임없이 꽃을 피웠다가 죽어서 다시 모습을 바꾸기 때문이다. 작년 이

맘때의 나와 지금의 나는 다른 사람이다. 뇌가 짜내는 거대한 태피스트리가 저절로 새로이 탈바꿈했기 때문이다.

사람이 새로운 지식, 예를 들어 좋아하는 식당의 위치나 직장 상사에 대한 뒷공론이나 라디오에서 나오는 중독성 있는 노래 등을 새로 익히면, 뇌에 물리적인 변화가 일어난다. 경제적인 성공, 대인관계의 큰 실패, 감정적인 각성을 경험할 때도 마찬가지다. 농구공을 골대로 날릴 때, 동료와 의견이 일치하지 않을 때, 비행기를 타고 낯선 도시로 갈 때, 그리운 사진을 볼 때, 사랑하는 사람의 감미로운 목소리를 들을 때, 거대한 정글을 닮은 우리 뇌는 조금 전과 살짝 다른 모습으로 스스로를 변화시킨다. 이런 변화들이 합쳐져서 기억이 된다. 기억은 사람의 삶과 사랑이 빚어낸 결과다. 몇 분, 몇 달, 몇십 년에 걸쳐 뇌에 축적된 헤아릴 수 없이 많은 변화가 모두 합쳐져서 사람이 된다.

아니, 적어도 지금 이 순간의 모습은 그 모든 변화의 합이다. 어제의 그 사람은 오늘과 아주 조금 달랐다. 그리고 내일은 또 다른 사람이 될 것이다.

생명의 다른 비밀

1953년에 프랜시스 크릭이 이글 앤드 차일드 주점으로 뛰어들어와, 깜짝 놀란 주당들 앞에서 자신과 제임스 왓슨이 방금 생명의 비밀을 발견했다고 선언했다. DNA의 이중나선 구조를 해독해냈다고. 과학이 주점의 문을 박차고 들어간 위대한 순간 중 하나였다.

하지만 알고 보니 크릭과 왓슨이 알아낸 것은 비밀의 반쪽에 불과했다. 나머지 반쪽은 DNA 염기쌍에도 교과서에도 적혀 있지 않다. 지금도, 앞으로도 영원히.

그 나머지 반쪽이 우리 주위 사방에 있기 때문이다. 우리가 살아가면서 겪는 모든 일, 손에 닿는 질감과 혀로 느끼는 맛, 어루만지는 손길과 자동차 사고, 언어와 사랑 이야기.[4]

이 점을 이해하기 위해, 내가 3만 년 전에 태어났다고 상상해보자. 나의 DNA는 지금과 똑같을 테지만, 내가 어머니의 자궁을 빠져나와 눈을 떴을 때 보이는 것은 다른 시대다. 그때의 나는 어떤 사람일까? 하늘의 별들에 감탄하며 생가죽 옷을 입고 모닥불가에서 춤추는 것을 좋아하는 사람? 나무 꼭대기에서 소리를 질러 검치호랑이가 다가오고 있다고 미리 알려주는 사람? 하늘에 먹구름이 모이면 노숙을 걱정하는 사람?

어떤 모습을 상상하더라도 모조리 틀렸다. 질문 자체에 함정이 숨어 있었다.

그때의 나는 내가 아니다. 아주 어렴풋하게라도 닮은 구석이 없다. 나와 똑같은 DNA를 지닌 원시인이 나와 조금 비슷해 보일 수는 있다. 게놈이 똑같으니까. 하지만 원시인의 사고방식은 나와 다를 것이다. 지금의 나처럼 전략을 짜거나, 상상하거나, 사랑하거나, 과거와 미래를 시뮬레이션하지도 않을 것이다.

왜? 그의 경험과 내 경험이 다르기 때문이다. DNA가 인생이라는 이야기의 일부를 차지하기는 해도, 그것은 작은 일부일 뿐이다. 이야기의 나머지 부분에는 사람의 경험과 주변 환경에 대한 풍부하고 세세한 정보가 있다. 이 모든 것이 뇌세포와 연결점으로 이루어진 광대한 태피스트리를 만들어낸다. 내가 '나'라고 생각하는 존재는 경험을 담는 그릇이고, 여기에 시간과 공간의 작은 표본 하나가 떨어진다. 나는 감각기관을 통해 주위의 문화와 기술을 받아들인다. 몸속의 DNA 못지않게 주변 환경 또한 나의 사람됨에 영향을 미친다.

그럼 이번에는 오늘 태어난 코모도왕도마뱀과 3만 년 전에 태어난 코모도왕도마뱀을 비교해보자. 아마 행동만으로 그 둘을 구분하기는 힘들 것이다.

사람과 무엇이 달라서?

코모도왕도마뱀의 뇌는 매번 대략 같은 결과를 내놓는다. 그들이 이력서에 적은 기술(먹기! 짝짓기! 헤엄치기!)은 대부분 뇌에 처음부터 내장되어 있다. 그리고 그 덕분에 그들은 생태계에서 안정적인 자리를 차지할 수 있다. 하지만 그들은 융통성 없는 일꾼과 같다. 인도네시아 남동부의 고향에서 그들을 모두 비행기에 태워 눈 쌓인 캐나다로 옮겨놓는다면, 곧 세상에는 코모도왕도마뱀이 존재하지 않게 될 것이다.

반면 인간은 전 세계의 다양한 환경에서 번성한다. 게다가 어쩌면 곧 지구 밖으로 나가게 될 수도 있다. 우리가 다른 생물보다 더 강하거나, 더 튼튼하거나, 더 단단해서가 아니다. 이런 기준들을 적용하면, 우리는 거의 모든 동물에게 패할 수밖에 없다. 중요한 것은 우리가 대체로 미완성인 뇌를 갖고 세상에 태어난다는 점이다. 그로 인해 우리는 다른 동물들과 달리 무력한 아기로 오랜 시간을 보내야 하지만, 그래도 그만한 대가를 치르는 보람이 있다. 우리 뇌가 세상을 향해 미완성인 부분을 채워달라고 손짓하기 때문에, 우리는 주변 사람들이 사용하는 언어, 그들의 문화, 패션, 정치, 종교, 도덕을 목마른 사람처럼 빨아들인다.

반쯤 만들다 만 뇌를 갖고 세상에 태어나는 것이 인류에게는 승리 전략이었다. 이 전략으로 우리는 지구상의 모든 생물을 뒤로 제쳤다. 땅을 뒤덮는 일에서도, 바다를 정복하는 일에서도, 달을 향해 뛰어오르는 일에서도. 수명도 세 배로 늘렸다. 교향곡을 짓고, 고층 건물을 세우고, 뇌의 세세한 부분들을 점점 정밀하게 측정하는 일도 한다. 이 모든 일 중 어느 것도 유전자에 각인되어 있지 않다.

적어도 직접적으로는 각인되어 있지 않다. 대신 우리 유전자는 간단한 원칙 하나를 세웠다. 융통성 없는 하드웨어를 만들지 말고, 주변 환경에 적응하는 시스템을 구축할 것. 우리 DNA는 고정된 설계도가 아니다. 이 DNA가 만들어내는 것은 주변 환경을 반영해서 효율을 최적화하기 위해 끊임없이 회로를 바꾸는 역동적인 시스템이다.

초등학생들은 지구본을 보면서 각 나라의 국경이 그대로 영영 변하지 않는 줄 안다. 반면 역사가는 국경선이 우연의 산물이며, 역사가 조금 다르게 풀렸을 가능성이 얼마든지 있다는 사실을 안다. 왕이 될 사람이 아기 때 죽는다든가, 곡식의 유행병을 막는다든가, 전함 한 척이 가라앉는 일로 전투의 향방이 바뀐다든가……. 작은 변화가 모여 폭포를 이루면 세계의 지도가 달라질 수 있다.

뇌도 마찬가지다. 전통적인 교과서 그림에서는 뉴런이 병 속의 젤리 과자처럼 차곡차곡 쌓여 있지만, 그런 그림에 속으면 안 된다. 뉴런은 생존을 건 경쟁에 묶여 있다. 국경을 접한 나라들과 마찬가지로, 뉴런도 말뚝을 박아 자기 영역을 표시하고 끊임없이 그 땅을 지킨다. 영역과 생존을 위한 싸움은 시스템 전역에서 벌어진다. 뉴런과 연결점이 싸워서 확보하려 하는 것은 자원이다. 뇌에서는 이런 영역 싸움이 평생 동안 벌어지기 때문에 사람의 경험과 목표가 항상 뇌 구조에 반영되어 지도가 몇 번이나 다시 그려진다. 만약 회계사가 일을 그만두고 피아니스트가 된다면, 손가락을 담당하는 영역이 확장될 것이다. 피아니스트를 그만두고 현미경을 주로 사용하는 일을 하게 된다면, 시각피질이 작고 세세한 부분까지 해상도를 높여 살필 수 있는 능력을 갖게 될 것이다. 또 그 일을 그만두고 향수 전문가가 된다면, 냄새를 담당하는 영역이 커질 것이다.

뇌가 미리부터 분명하게 경계선이 그어진 지구본처럼 보이는 것은 멀리서 심드렁하게 바라보았을 때만 보이는 환상이다.

뇌는 중요도에 따라 자원을 분배하는데, 이를 위해 뇌의 모든 부위들이 죽기 아니면 살기 식의 경쟁을 하게 만든다. 이 기본적인 원칙을 알면 우리가 곧 마주칠 다음의 여러 의문을 이해할 수 있을 것이다. 가끔 주머니 안에서 휴대전화가 진동한 것 같았는데 알고 보니 휴대전화는 탁자 위에 있는 경우가 발생하는 이유는 무엇인가? 오스트리아 태생의 배우 아널드 슈워제네거는 미국식 영어를 말할 때 진한 외국인 말씨가 섞이는데, 우크라이나 태생의 배우 밀라 쿠니스는 그렇지 않은 이유가 무엇인가? 서번트 증후군이 있는 아이들이 48초 만에 루빅큐브를 맞출 수 있으면서 친구와 정상적인 대화를 나누지는 못하는 이유가 무엇인가? 인간은 기술을 이용해서 새로운 감각을 만들어 적외선, 지구의 날씨 패턴, 주가 변화 등을 직접 인식하게 될 수 있을까?

도구가 없다면 만들어라

1945년 말, 일본은 곤경에 빠졌다. 러일 전쟁과 두 차례의 세계대전을 거치는 동안 일본은 지적인 자원을 군사 분야에 투입했다. 그 덕분에 이 나라가 갖게 된 인재들은 딱 한 가지 일, 즉 전쟁을 계속하는 데에만 재주가 있었다. 그러나 원자탄 투하와 전쟁 피로감 때문에 일본은 아시아와 태평양 정복에 예전만큼 의욕이 솟지 않았다. 전쟁도 끝났다. 세상이 변했으니 일본도 그에 맞게 변해야 했다.

하지만 변화에는 어려운 문제가 따랐다. 엄청난 수의 군수 기술자들을 어찌할 것인가? 20세기가 밝아올 때부터 더 좋은 무기를 만드는 방법만 배운 사람들이었다. 그들은 예전과 달리 평안을 원하는 일본의 현실과 맞지 않았다.

아니, 그런 것 같았다. 하지만 그때부터 몇 년 동안 일본은 그 기술자들을 새로운 일터에 배치해 사회적·경제적 풍경을 바꿔놓았다. 신칸센이라는 이름이 붙은 초고속 열차 개발에 투입된 인력만 수천 명이었다.[5] 예전에는 공기역학적인 해군 함재기를 설계하던 사람들이 이제는 유선형 기차를 만들었다. 미쓰비시 제로 전투기 제작에 참여했던 사람들이 이제는 열차가 초고속으로 달릴 때도 안전을 지켜주는 바퀴, 굴대, 선로를 고안했다.

일본이 외부 환경에 맞게 자원을 배치한 것이다. 그들은 칼을 두드려 보습으로 만들었고, 당시의 수요에 맞게 기계를 뜯어고쳤다.

뇌가 하는 일도 일본이 한 일과 같다.

뇌는 어려운 과제와 목표에 맞게 항상 스스로를 조정한다. 환경의 요구에 맞춰 자원의 형상을 뜨고, 필요한 자원이 없을 때는 직접 만든다.

이것이 왜 뇌에게 훌륭한 전략일까? 인류는 지금껏 뇌와는 완전히 다른 전략으로 기술을 개발해 대단한 성공을 거뒀다. 원하는 기능을 갖춘 소프트웨어를 고정된 하드웨어 장치에 적용하는 방식이다. 그렇다면 이 둘 사이의 구분을 녹여서 없애버리고, 프로그램을 돌리면서 그 영향으로 기계가 끊임없이 재설계되는 방식의 이점은 무엇일까?

첫 번째 이점은 속도다.[6] 우리가 컴퓨터 자판을 빠르게 두드릴 수 있는 것은 매번 손가락을 어디에 두어야 할지, 손가락의 목표가 무엇인지 세세하게 생각할 필요가 없기 때문이다. 타이핑은 마치 마법처럼 저절로 이루어진다. 타이핑이 우리 신경회로의 일부가 되었기 때문이다. 신경회로의 재편으로 이런 작업이 자동화되면, 빠른 결정과 행동이 가능해진다. 수백만 년에 걸친 진화과정에서 키보드는 고사하고 글자의 등장조차 미리 짐작할 요소가 전혀 없었는데도, 우리 뇌는 이런 혁신적인 변화를 이용하는 데 전혀 어려움이 없다.

한 번도 연주해보지 않은 악기로 정확한 음을 내는 것과 타이핑을 비교해보자. 미숙한 일을 할 때 우리는 의식적으로 생각하면서 동작을 하기 때문에 속도가 상당히 느리다. 아마추어와 전문가 사이의 이런 속도 차이로 인해, 여가 시간에 취미로 축구를 하는 사람은 항상

공을 빼앗기고 만다. 숙련된 선수는 상대의 신호를 미리 읽고 화려하게 발을 놀리며 뛰다가 정밀하게 골을 쏜다. 무의식적인 행동이 의식적인 심사숙고보다 더 빠른 법이다. 밭을 갈 때는 칼보다 쟁기가 더 빠르다.

중요한 작업에 맞춰 기계를 전문화하는 방식의 두 번째 이점은 에너지 효율성이다. 축구를 처음 접한 선수는 운동장 안에서 이루어지는 모든 움직임이 서로 어떻게 맞아떨어지는지 전혀 이해하지 못하지만, 프로 선수는 골을 넣기 위해 다양한 방식으로 플레이를 조율할 수 있다. 누구의 뇌가 더 활동적일까? 아마 많은 골을 넣는 전문가의 뇌라고 추측하는 사람이 있을 것이다. 게임의 구조를 이해하고, 다양한 가능성, 선택지, 복잡한 동작 사이에서 신속하게 움직이기 때문이다. 하지만 그것은 틀린 추측이다. 전문가의 뇌는 축구에 특화된 신경회로를 이미 갖고 있어서, 그가 계속 움직일 때도 놀라울 정도로 잠잠한 편이다. 어떤 의미에서 전문가는 경기와 하나가 되었다고 할 수 있다. 반면 아마추어의 뇌는 불이라도 붙은 것처럼 정신없이 움직인다. 어떻게 움직여야 하는지 계속 생각하기 때문이다. 아마추어는 상황을 다양하게 해석하면서 어떤 해석이 옳은지, 옳은 해석이 있기는 한지 알아내려고 한다.

프로 선수는 축구를 신경회로에 각인해둔 덕분에 빠르고 효율적으로 움직인다. 바깥세상에서 자신에게 중요한 일에 맞춰 내부의 회로를 최적화했다고 할 수 있다.

항상 변하는 시스템

미국의 심리학자 윌리엄 제임스는 외부 사건에 의해 변할 수 있으며 달라진 모습을 유지할 수 있는 시스템이라는 개념을 생각하다가 '가소성plasticity'이라는 말을 만들어냈다. 가소성이 있는 물체란, 모양을 마음대로 바꿀 수 있고 그 모양을 유지할 수 있는 것을 말한다. 플라스틱도 그래서 플라스틱이라고 불리게 되었다. 플라스틱으로 그릇, 장난감, 전화기 등의 형태를 만들면, 그 형태가 그대로 유지된다. 뇌도 마찬가지다. 경험에 따라 뇌가 바뀌면, 그 바뀐 형태가 유지된다.

'뇌 가소성'(신경 가소성이라고도 한다)은 신경과학에서 사용하는 용어다. 하지만 이 책에서는 이 용어의 사용을 가능한 한 자제할 생각이다. 간혹 용어 때문에 목표를 놓칠 위험이 있기 때문이다. 의도적이든 아니든, '가소성'이라는 말은 한번 형태를 만들어 놓으면 그 형태가 영원히 유지된다는 뜻으로 보인다. 플라스틱으로 만들어진 장난감의 형태가 영원히 변하지 않는 것이 한 예다. 하지만 뇌는 그렇지 않다. 뇌는 평생에 걸쳐 계속 스스로를 바꿔 나간다.

한창 발전하는 도시를 생각해보자. 도시는 어떻게 성장하고, 스스로를 최적화하고, 주위 환경에 반응할까. 도시가 트럭 휴게소를 어디에 짓는지, 이민정책을 어떻게 짜는지, 교육제도와 사법체계를 어떻게 수정하는지 살펴보자. 도시는 항상 변화한다. 도시 계획가들의 설계대로 건설된 도시가 플라스틱 장식품처럼 그대로 굳어버리는 것이 아니다. 도시는 끊임없이 발전한다.

도시와 마찬가지로 뇌에도 종점이 없다. 우리는 평생 계속 움직이는 뭔가를 향해 나아가려고 애쓴다. 오래전에 쓴 일기를 우연히 발견하면 어떤 감정이 들까. 그 일기에는 지금의 나와는 조금 다른 나의 생각, 의견, 관점이 들어 있다. 어떤 때는 과거의 나가 지금의 나와 크게 달라서 거의 알아보기 힘들 정도다. 이름도 같고, 어린 시절의 경험도 같지만, 세월이 흐르는 동안 내가 변했기 때문이다.

'가소성'이라는 단어의 의미를 넓혀서 이처럼 계속적인 변화라는 개념에 적용하는 것이 가능하다. 나는 기존 문헌과의 연결성을 위해 이 단어를 종종 사용하겠다.[7] 그러나 플라스틱처럼 모양이 잡히는 현상에 감탄하던 시절은 이미 우리에게 과거가 된 듯하다. 지금 우리 목표는 이 살아 있는 시스템이 어떻게 작동하는지 이해하는 것이다. 이를 위해 나는 주제를 더 생생히 표현해주는 용어를 새로 만들었다. '생후배선livewired'이라는 용어다. 앞으로 보게 되겠지만, 뇌를 하드웨어와 소프트웨어 층으로 나누는 것이 점점 불가능해진다. 따라서 역동적이고, 적응력이 있고, 정보를 구하는 이 시스템을 파악하려면 '라이브웨어liveware'라는 개념이 필요할 것이다.

스스로 구성을 바꾸는 뇌의 능력을 제대로 이해하기 위해 매슈의 이야기로 돌아가보자. 뇌의 반구 하나를 완전히 절제하는 수술을 받은 뒤, 매슈는 몸을 제어하지 못해서 걷지도, 말하지도 못했다. 부모가 두려워하던 최악의 상황이었다.

하지만 매일 물리치료와 언어치료를 받은 결과 매슈는 서서히 언어를 다시 익힐 수 있었다. 학습의 단계는 유아 때의 단계를 그대로 따라갔다. 처음에는 한 단어, 그 다음에는 두 단어, 그 다음에는 짧은 구를 익히는 식이었다.

석 달 뒤 매슈는 적절한 발달단계에 도달했다. 다시 말해서, 원래 그의 나이에 맞는 발달단계로 돌아왔다는 뜻이다.

많은 세월이 흐른 지금, 매슈는 오른손을 잘 쓰지 못하고 걸을 때 다리를 살짝 전다.[8] 하지만 다른 면에서는 평범하게 살고 있다. 그가 그토록 엄청난 모험을 겪었다는 사실을 알아차리기가 힘들 정도다. 장기적인 기억력도 훌륭하다. 대학도 3학기 동안 다녔지만, 오른손으로 필기하기가 힘들어서 그만두고 식당에 취직했다. 그가 맡은 일은 전화 응대, 고객 서비스, 서빙 등 식당에서 필요한 거의 모든 일이다. 그를 처음 보는 사람들은 그의 뇌에 반구 하나가 없다는 사실을 짐작도 하지 못한다. 발레리는 이렇게 말했다. "사실을 모르는 사람들은 알아차리지 못해요."

신경을 그렇게 대량으로 잘라냈는데 어떻게 눈에 띄는 흔적이 없을까?

답은 이것이다. 남아 있는 매슈의 뇌가 역동적으로 회로를 재편해서 사라진 기능을 맡았다는 것. 그의 신경계가 스스로 청사진을 바꿔 반쪽짜리 기계로도 삶을 온전히 담당할 수 있게 했다. 스마트폰에서 전자장치를 절반이나 잘라내고서도 전화가 제대로 걸리기를 기대할 수는 없다. 하드웨어는 연약하기 때문이다. 하지만 라이브웨어는 견뎌낸다.

———

1596년에 플랑드르의 지도제작자 아브라함 오르텔리우스는 세계 지도를 자세히 살피다가 계시 같은 깨달음을 얻었다. 남북아메리카 대륙과 아프리카 대륙을 합치면 퍼즐 조각처럼 딱 들어맞을 것 같다는 깨달음이었다. 하지만 무엇이 이 대륙들을 찢어놓았는지에 대해서는 좋은 생각이 떠오르지 않았다. 1912년에 독일의 지구물리학자 알프레트 베게너는 대륙이동설을 생각해냈다. 전에는 대륙들이 정해진 장소에서 영원히 움직이지 않는다고 생각했지만, 어쩌면 거대한 수련 잎처럼 이리저리 떠다니고 있을지도 모른다는 가설이었다. 대륙이 떠다니는 속도는 느리다(손톱이 자라는 속도와 같다). 하지만 지구를 백만 년 동안 찍은 동영상을 돌려보면, 대륙들이 역동적이고 유동적인 시스템의 일부로서 열과 압력의 규칙에 따라 재배치된다는 사실을 알 수 있을 것이다.

지구처럼 뇌도 역동적이고 유동적인 시스템이다. 그렇다면 이 시스템의 규칙은 무엇일까? 뇌 가소성에 대한 과학 논문의 수가 그동안 수십만 건으로 늘었다. 하지만 스스로를 변화시키는 기묘한 분홍색 뇌를 아무리 빤히 바라보아도 뇌가 왜, 어떻게 행동하는지를 알려줄 중요한 틀이 여전히 보이지 않는다. 이 책은 그 틀을 마련해서 우리가 누구이고, 어떻게 존재하게 되었고, 어디를 향해 나아가고 있는지를 좀 더 잘 이해할 수 있게 도울 것이다.

생후배선에 대해 생각하다 보면, 시스템이 고정돼 있는 현재의 기계들이 미래를 맞기에는 절망스러울 만큼 부족하게 보일 것이다. 사실 전통적인 공학에서는 중요한 것이라면 무엇이든지 공들여 설계한다. 자동차 회사는 차대를 개조할 때 거기에 맞는 엔진을 제작하는 데 몇 달을 쏟는다. 하지만 차체를 원하는 대로 바꾼 뒤 엔진이 거기에 맞게 스스로 변화한다면 어떨까. 앞으로 보게 되겠지만, 생후배선의 원칙을 이해하기만 하면 새로운 기계, 즉 입력되는 정보에 맞춰 스스로를 최적화하고 경험을 통해 학습하며 자신의 회로를 역동적으로 형성하는 장치를 제작하는 분야에서 어머니 자연의 천재성을 바짝 뒤쫓을 수 있을 것이다.

삶의 짜릿함은 우리가 지금 어떤 사람인가가 아니라 현재 어떤 사람이 되어가는 중인가에 있다. 비슷한 맥락에서, 우리 뇌의 마법도 구성요소 그 자체가 아니라 그 요소들이 끊임없이 스스로를 다듬어서 역동적으로 살아 움직이는 천을 짜는 방식에 달려 있다.

이 책을 이제 겨우 몇 페이지 읽었을 뿐인데, 여러분의 뇌는 이미 변했다. 종이에 나열된 이 기호들이 신경 연결점의 광대한 바다 전체에서 아주 작은 수많은 변화를 조율해 여러분을 처음 이 책을 읽기 시작할 때와는 아주 조금 다른 사람으로 만들었다.

덧셈뿐인 세계

뇌를 훌륭하게 기르는 법

뇌는 백지상태로 세상에 태어나지 않는다. 기대치를 이미 갖추고 있다. 병아리가 태어날 때를 생각해보자. 알을 깨고 나온 직후에 병아리는 그 가느다란 다리로 휘청휘청 걸어다닐 수도 있고, 서투르게 달리기를 하거나 공격을 피할 수도 있다. 여건상 병아리에게는 스스로 돌아다니는 법을 배우는 데 몇 달이나 몇 년을 쏟을 여유가 없기 때문이다.

인간의 아기도 많은 프로그램을 이미 갖춘 채로 태어난다. 언어를 흡수하는 능력을 이미 장착하고 있다는 점이 한 예다. 아기들이 어른을 흉내 내서 혀를 내미는 것 역시 시각 정보를 행동으로 바꾸는 정교한 능력이 있어야 가능한 재주다.[1] 미리 배운 적이 없는데도 뇌 깊숙한 곳에 있는 목적지를 잘 찾아가는 시신경도 있다. 시신경은 분자신호를 따라가기만 해도 매번 목적지에 이른다. 이런 기능들이 원래부터 각인되어 있는 것은 우리 유전자 덕분이다.

그러나 유전자가 미리 만들어놓은 프로그램만으로는 전체를 채울 수 없다. 특히 인간의 경우가 그렇다. 시스템 구성이 너무 복잡하고 유전자 수가 너무 적기 때문이다. 같은 유전자를 다양하게 요리하는 기술을 고려하더라도, 뉴런과 연결점의 수가 유전자 조합의 수를 엄청나게 앞지른다.

따라서 우리는 뇌의 상세한 배선에 단순히 유전자만 관여하지 않는다는 것을 알고 있다. 2세기 전 사상가들은 경험의 세세한 차이가 중요할 것이라는 올바른 추측을 하기 시작했다. 1815년에 생리학자 요한 스프루츠하임은 근육처럼 뇌도 운동을 통해 키울 수 있을 것이라는 의견을 내놓았다. 피에는 성장에 필요한 영양분이 들어 있는데, "흥분된 부위에 훨씬 더 많이 흘러간다"[2]는 것이 그의 생각이었다. 1874년에 찰스 다윈은 야생토끼의 뇌가 집토끼의 뇌보다 더 큰 것을 이 기본적인 원리로 설명할 수 있는지 생각해보았다. 그리고 그는 야생토끼가 재치와 감각을 사용해야 하는 경우가 집토끼보다 많기 때문에 그에 따라 뇌의 크기가 결정된다는 의견을 내놓았다.[3]

1960년대에 과학자들은 경험의 직접적인 결과로 뇌에 측정 가능한 변화가 나타나는지를 본격적으로 연구하기 시작했다. 이 주제를 살펴보는 가장 간단한 방법은 다양한 환경, 예를 들어 장난감과 쳇바퀴가 가득한 풍요로운 환경과 우리 안에 쥐가 딱 한 마리만 들어 있는 결핍된 환경에서 각각 쥐를 기르는 것이었다.[4] 그 결과는 놀라웠다. 환경에 따라 쥐의 뇌 구조가 변하고, 이 구조는 학습 능력 및 기억력과 상

평범한 환경 풍요로운 환경 결핍된 환경

보통 뉴런은 가지를 뻗은 나무처럼 자라서 다른 뉴런들과 접속한다.
풍요로운 환경에서는 가지들이 더 무성하게 자라고, 결핍된 환경에서는 가지들이 오그라든다.

관관계가 있었다. 풍요로운 환경에서 자란 쥐들은 과제 수행 성적이 좋았으며, 부검 결과 가지돌기(세포 본체에서 자라난 나뭇가지 같은 것)가 길고 풍부했다.[5] 반면 결핍된 환경에서 자란 쥐들은 학습 능력이 떨어지고, 뉴런이 비정상적으로 쪼그라든 상태였다. 환경이 미치는 이런 영향은 조류, 원숭이, 여러 포유류에게서도 발견되었다.[6] 뇌에는 맥락이 중요하다.

인간에게도 같은 일이 일어날까? 1990년 초에 캘리포니아의 과학자들은 고등학교를 마친 사람의 뇌와 대학을 마친 사람의 뇌를 부검으로 비교해볼 수 있다는 사실을 깨달았다. 그 결과 동물 연구와 비슷하게, 대학 졸업자의 뇌에서 언어 이해와 관련된 영역의 가지돌기들이 더 정교하게 발달한 것을 알게 되었다.[7]

따라서 첫 번째 교훈은 뇌가 노출된 환경이 뇌의 섬세한 구조에 반영된다는 것이다. 가지돌기에만 적용되는 규칙이 아니다. 곧 알게 되겠지만, 세상 경험은 분자 단계에서부터 뇌 전체의 해부학적 구조에 이르기까지 우리가 측정할 수 있는 거의 모든 부분을 세세히 조정한다.

경험이 필요하다

아인슈타인은 왜 아인슈타인일까? 분명히 유전자의 영향이 있겠지만, 그가 역사책에 등장하게 된 것은 그가 겪은 모든 경험 덕분이다. 첼로를 배운 것, 학창 시절의 물리 교사, 사랑하는 여자에게 퇴짜를 맞은 것, 특허청에서 일한 것, 수학 문제로 칭찬을 받은 것, 글로 읽은 이야기 등 헤아릴 수 없이 많은 경험이 그의 신경계를 다듬어 우리가 아는 알베르트 아인슈타인을 만들었다. 그와 비슷한 잠재력을 지니고 있지만 문화, 경제적 환경, 가정 등에서 긍정적인 피드백을 받지 못하는 아이가 매년 수천 명은 될 것이다. 그들은 아인슈타인이 되지 못한다.

만약 DNA만이 중요하다면, 아이들이 좋은 경험을 할 수 있게 의미 있는 프로그램을 마련하고 나쁜 경험에서 아이들을 보호할 이유가 없을 것이다. 뇌가 올바르게 발달하려면 좋은 환경이 필요하다. 인간게놈프로젝트의 첫 번째 초안이 1999년 말에서 2000년 초에 걸쳐 완성되었을 때 가장 놀라운 점 중 하나는 인간의 유전자가 고작해야 약 2만 개밖에 되지 않는다는 사실이었다.[8] 생물학자들도 이 숫자를 보고 놀랐다. 뇌와 몸이 얼마나 복잡한지 생각할 때, 수십만 개의 유전자가 필요할 것이라고 가정했기 때문이었다.

그렇다면 어떻게 그토록 얄팍한 설계도에서 860억 개의 뉴런으로 이루어진 엄청나게 복잡한 뇌가 만들어지는 걸까? 답변의 축을 이루는 것은 게놈의 영리한 전략이다. 불완전하게 만든 뒤, 세상 경험으로 다듬어지게 하라는 전략. 따라서 갓 태어난 인간의 뇌는 놀라울 정도로 미완성 상태이며, 반드시 세상과 상호작용을 해야만 완성될 수 있다.

수면 주기를 생각해보자. 생체시계는 대략 24시간 주기로 돌아간다. 하지만 지상의 낮과 밤을 전혀 알 수 없는 동굴에 들어가 며칠 지내다 보면, 생체시계의 주기가 21~27시간으로 바뀐다. 이를 통해 우리는 뇌의 간단한 해결책을 알 수 있다. 부정확한 시계를 만든 다음, 태양의 주기에 맞춰 다듬는 방식이다. 이 우아한 요령 덕분에 유전자 암호로 완벽한 시계를 만들어낼 필요가 없어진다. 시계의 태엽은 세상이 감아줄 것이다.

우리가 살아가면서 겪는 사건들이 신경이라는 천에 직접 바늘땀처럼 새겨지는 것도 뇌의 유연성 덕분이다. 뇌가 언어를 배우고, 자전거를 타고, 양자역학을 이해할 수 있게 어머니 자연이 대단한 요령을 부린 셈이다. 이 모든 일이 몇 개 안 되는 유전자를 씨앗 삼아 벌어진다. 우리 DNA는 청사진이 아니다. 쇼를 시작하는 첫 번째 도미노일 뿐이다.

이런 관점에서 보면, 시각에서 가장 흔히 나타나는 문제, 예를 들어 깊이를 올바로 파악하지 못하는 문제 같은 것이 두 눈을 통해 시각피질로 전달되는 활동 패턴의 불균형에서 생겨나는 이유를 쉽게 이해할 수 있다. 내사시나 외사시로 태어난 아이들의 두 눈은 움직일 때 서로 잘 조화를 이루지 못한다. 이 문제를 해결하지 않으면 정상적인 입체시가 발달하지 않는다. 즉, 두 눈에 각각 보이는 광경 사이의 사소한 차이를 바탕으로 깊이를 파악하는 능력이 생겨날 수 없다는 뜻이다. 한쪽 눈은 점점 약해져서, 실명 수준까지 갈 때가 많다. 이에 대해서는 나중에 다시 살펴보면서 원인과 해결책을 알아볼 것이다. 지금은 정상적으로 입력되는 시각 정보에 정상적인 시각 회로의 발달이 달려 있다는 점이 중요하다. 다시 말해서, '경험 의존적'이다.

유전자는 대뇌 피질의 세세한 신경연결에서 이처럼 미미한 역할을 한다. 다른 방법이 있을 수 없다. 유전자는 2만 개이고 뉴런들의 연결점은 200조 개나 되는데, 상세한 설계도를 어떻게 미리 만들 수 있겠는가? 그런 식으로 만든 모델은 결코 제대로 작동할 수 없다. 대신 뉴런 연결망의 적절한 발달에 필요한 건 세상과의 상호작용이다.[9]

자연의 대단한 도박

1812년 9월 29일 독일 바덴의 대공위를 이어받을 아이가 태어났다. 하지만 불행히도 그 아기는 17일 뒤 세상을 떠났다. 그뿐이었다.

아니, 그랬나? 16년 뒤 카스파어 하우저라는 소년이 독일 뉘른베르크에 나타났다. 그는 어렸을 때 가족이 그를 남에게 줘버렸다고 설명한 편지를 들고 있었는데, 말할 수 있는 문장이 몇 개 되지 않는 것 같았다. 그중 하나는 "기병이 되고 싶어요. 아버지처럼"이었다. 그는 많은 사람의 시선을 끌었으며, 권력자들을 알현했다. 혹시 그가 바덴의 후계자가 아닌지 의심하는 사람도 많았다. 그들은 대공위를 노리는 자들이 사악한 음모를 꾸며 갓 태어난 그를 죽어가는 아기와 바꿨을 것이라고 짐작했다.

이 이야기는 궁정의 음모라는 수준을 넘어서서 크게 유명해졌고, 카스파어는 야생아(유아기부터 인간사회가 아닌 곳에서 성장한 아이—옮긴이)의 전형적인 사례가 되었다. 그 자신이 털어놓은 이야기에 따르면, 그는 어린 시절 내내 어두운 곳에 혼자 갇혀 있었다. 그 방의 폭은 겨우 1미터, 길이는 2미터, 높이는 1.5미터에 불과했다. 방 안에는 지푸라기 침상과 나무로 깎은 자그마한 말이 있었다. 아침마다 눈을 뜨면 빵과 물이 놓여 있었다. 다른 것은 전혀 없었다. 사람이 그 방을 드나든 적도 없었다. 가끔 물맛이 좀 다를 때가 있었는데, 그 물을 마시면 점점 잠이 몰려왔다. 그렇게 자다가 깨어보면 머리와 손톱이 짧아져 있었다. 그는 풀려나기 직전에야 사람과 직접 접촉했다. 그에게 글을 가르쳐준 남자로, 얼굴을 항상 가리고 있었다.

카스파어 하우저의 이야기는 국제적인 관심을 끌었다. 그는 나중에 자신의 유년기에 대한 감동적인 글을 많이 써냈다. 그의 이야기는 지금도 연극, 책, 음악 속에 살아 있다. 역사상 가장 유명한 야생아의 이야기인지도 모르겠다.

하지만 카스파어의 주장은 거짓임이 거의 확실하다. 여기에는 광범위한 역사적 분석 외에 신경생물학적인 이유가 있다. 인간과의 상호작용 없이 자란 아이는 카스파어처럼 걷고, 말하고, 글을 쓰고, 강연하면서 잘 살아가지 못한다. 카스파어의 이야기가 대중적으로 널리 알려진 지 1세기가 흐른 뒤, 정신과 의사 카를 레온하르트가 방점을 찍었다.

만약 그가 어려서부터 직접 설명한 그런 환경에서 살았다면, 백치 수준 이상으로 발달하지 못했을 것이다. 아니, 아예 오래 살아 남지도 못했을 것이다. 그의 이야기에는 터무니없는 부분이 너무 많아서 예나 지금이나 수많은 사람이 그것을 믿는다는 사실이 놀라울 뿐이다.[10]

유전적인 프로그램이 몇 가지 미리 마련되어 있다 해도, 뇌가 성장하려면 대인관계, 대화, 놀이, 세상과의 접촉 등 평범한 인간사를 구성하는 다양한 경험이 필요하다. 세상과의 상호작용이라는 전략 덕분에 뇌의 어마어마한 기능들이 비교적 짧은 지시 사항을 바탕으로 형성될 수 있다. 현미경으로만 볼 수 있는 수정란에서 뇌(와 몸)를 풀어놓는 독창적인 방법이다.

하지만 이 전략은 도박이기도 하다. 뇌를 형성하는 작업 중 일부가 고정된 프로그램보다 세상 경험에 맡겨져 있다는 점이 조금 위험하다. 카스파어의 이야기처럼 정말로 유아 때부터 부모의 보살핌을 전혀 받지 못한 아이가 있다면 어쩔 것인가?

우리가 이 질문의 답을 알고 있다는 사실이 비극적이다. 그중 한 사례는 2005년 7월에 발견되었다. 그날 플로리다주 플랜트 시티의 경찰은 조사를 위해 폐가나 다름없는 집 앞에 차를 세웠다. 창가에서 몇 번 여자아이를 본 적은 있지만 아이가 집 밖으로 나오거나 창가에 어른이 아이와 함께 서 있는 모습은 보지 못했다는 이웃의 신고를 받고 온 길이었다.

경찰관들이 한참 동안 문을 두드린 끝에 어떤 여자가 문을 열어주었다. 경찰관들은 집 안에 그녀의 딸이 있는지 찾아볼 수 있는 수색영

2005년 플로리다에서 발견된 야생아 대니엘.
사진 속 아이의 얼굴은 아름답지만, 아이에게는 평범한 인간이 상호작용을 할 때
선천적으로 드러내는 표정이나 행동이 전혀 없었다.
세상으로부터 적절한 정보를 받아들일 중요한 시기를 놓친 탓이다.

장을 가져왔다고 말했다. 그리고 집 안으로 들어가 여러 방을 들여다보다가 마침내 작은 침실에 들어섰다. 거기 여자아이가 있었다. 경찰관 한 명은 속을 게웠다.

대니엘 크로켓은 거의 일곱 살이 다 된 나이였지만 몸집이 아주 작았다. 그동안 내내 작은 벽장 안에 갇혀 자란 아이였다. 온몸이 똥과 바퀴벌레 때문에 얼룩덜룩하게 보였다. 아이는 생명을 유지하는 데 기본적으로 필요한 몇 가지만 제공받았을 뿐, 신체적인 애정표현을 받아본 적도 없고 정상적인 대화를 한 적도 없었다. 십중팔구 밖에 나간 적도 없는 듯했다. 말은 전혀 하지 못했다. 경찰관들을 만났을 때(나중에 사회복지사와 심리학자를 만났을 때도) 아이는 그들을 보면서도 그들이 그 자리에 없는 것처럼 굴었다. 평범한 인간적 상호작용이나 인식은 흔적

조차 보이지 않았다. 아이는 고체로 된 음식을 씹지 못했고, 화장실을 사용할 줄 몰랐으며, 고갯짓으로 그렇다와 아니다를 표현하지도 못했다. 또한 1년이 흐른 뒤에도 빨대 컵 사용법을 터득하지 못했다. 의사들은 많은 검사 끝에 아이에게 뇌성마비, 자폐증, 다운증후군 같은 유전적인 문제는 없음을 확인했다. 하지만 극도의 사회적 결핍 때문에 뇌가 정상적인 발달경로에서 탈선한 상태였다.

의사들과 사회복지사들이 최고의 노력을 기울이고 있지만 대니엘의 예후는 좋지 않다. 대니엘은 십중팔구 요양원에서 계속 살아야 할 것이다. 언젠가는 기저귀 없이 사는 법을 배울 수 있을지도 모르겠다.[11] 카스파어 하우저의 이야기가 대니엘에게는 현실이라는 점이 가슴 아프다.

대니엘이 이처럼 우울한 결과를 맞은 것은 인간의 뇌가 미완성 상태로 세상에 나오기 때문이다. 뇌가 적절히 발달하는 데에는 적절하게 입력된 정보가 필요하다. 뇌는 경험을 흡수해서 프로그램들을 펼치는데, 이 작업이 이루어질 수 있는 시기가 정해져 있다. 아주 빠르게 문이 닫혀버리는 이 시기를 놓치면, 그 문을 다시 열기가 어렵거나 불가능하다.

대니엘의 사례는 1970년대 초에 실시된 동물 실험과 유사하다. 위스콘신대학의 해리 할로는 어미와 자식 사이의 유대감을 연구하는 데 원숭이를 이용했다. 그는 과학자로 활발히 활동했으나, 1971년에 아내가 암으로 세상을 떠난 뒤 우울증에 빠졌다. 일은 계속했지만 친구들과 동료들은 그가 예전 같지 않다는 것을 느끼고 있었다. 그는 우울증 연구에 점차 관심을 갖게 되었다.

원숭이를 이용해서 인간의 우울증 모델을 만들기 위해, 할로는 고립을 연구하기로 했다. 원숭이 새끼를 창문 하나 없는 강철 우리에 넣은 뒤, 그는 양방향 거울로 그 안을 들여다보았다. 하지만 원숭이는 밖을 볼 수 없게 했다. 할로는 원숭이 한 마리를 대상으로 30일간 이 연구를 하고, 그 다음에는 다른 원숭이로 6개월 동안 연구를 지속했다. 또 다른 원숭이들은 꼬박 1년 동안 가둬 놓았다.

이 원숭이 새끼들은 평범한 유대감을 형성할 기회가 없었기 때문에(출생 직후 우리에 넣었다), 우리에서 나올 때는 깊이 어그러진 상태였다. 가장 오랫동안 고립되었던 원숭이들은 결국 대니엘과 비슷한 상태가 되어, 다른 원숭이들과 평범한 상호작용을 하지도 않고 오락이나 협동이나 경쟁에 참여하지도 않았다. 몸도 거의 움직이지 않았다. 그들 중 두 마리는 먹이도 거부했다.

할로는 또한 원숭이들이 평범한 성관계도 맺지 못한다는 것을 발견했다. 그래도 그는 고립되었던 암컷 원숭이 몇 마리를 교배시켰다. 정신적으로 문제가 있는 이 원숭이들이 새끼와 어떻게 상호작용을 하는지 보기 위해서였다. 그 결과는 재앙이었다. 고립되었던 원숭이들은 새끼를 키우는 법을 전혀 몰랐다. 새끼를 완전히 무시하는 것이 그나마 가장 좋은 경우고, 최악의 경우에는 어미가 새끼를 해쳤다.[12]

할로의 원숭이 실험이 주는 교훈은 대니엘의 사례가 주는 교훈과 같다. 어머니 자연은 세상 경험에 의존해서 뇌의 보따리를 푸는 전략을 쓰고 있다는 것. 세상 경험이 없으면 뇌는 제대로 자라지 못하고 병이 든다. 비옥한 땅에서 가지를 무수히 뻗는 나무처럼, 뇌에도 사회적 상호작용과 감각적 상호작용이라는 비옥한 땅이 필요하다.

이런 사실들을 바탕으로, 이제는 뇌가 환경을 지렛대 삼아 스스로를 형성해나가는 것을 살펴보자. 하지만 뇌는 정확히 어떻게 세상을 흡수하는 걸까? 어두운 동굴 같은 곳에 들어앉아 있는 상태인데. 사람이 팔 한 짝이나 청력을 잃으면 어떤 변화가 생길까? 눈이 안 보이는 사람은 정말로 청각이 뛰어날까? 그리고 이런 것들이 우리가 꿈을 꾸는 이유와는 또 무슨 관계가 있을까?

3장

내면은 외면의 거울

실버스프링 원숭이의 사례

1951년 신경외과 의사 와일더 펜필드는 수술 중인 남자의 뇌 속에 섬세한 전극 끝을 집어넣었다.[1] 그리고 헤드폰을 쓰는 자리 바로 아래의 뇌 조직에서 놀라운 것을 발견했다. 어느 특정 지점에 약한 전기 충격을 주면, 환자는 누가 손을 만지는 것 같은 느낌을 받았다. 그 근처의 다른 지점을 자극하면, 환자는 몸통을 만지는 손길을 느꼈다. 또 다른 지점은 무릎이었다. 이런 식으로 환자 몸의 모든 부위에 해당하는 지점이 뇌에 있었다.

곧이어 펜필드는 더욱 깊은 깨달음을 얻었다. 몸의 이웃한 부위들을 담당하는 뇌의 지점들 역시 서로 이웃해 있다는 것. 손과 팔꿈치 아래쪽을 담당하는 지점이 서로 가까이에 있고, 그 근처에는 팔꿈치를 담당하는 지점, 팔꿈치 지점 근처에는 팔꿈치 위쪽을 담당하는 지점이 있는 식이었다. 뇌에 띠 모양으로 분포해 있는 이 지점들을 합치면 상세한 신체 지도가 되었다. 펜필드는 체성감각피질을 따라 이 지점 저 지점으로 천천히 옮겨 다닌 끝에 인간의 몸 전체를 거기서 찾아낼 수 있었다.[2]

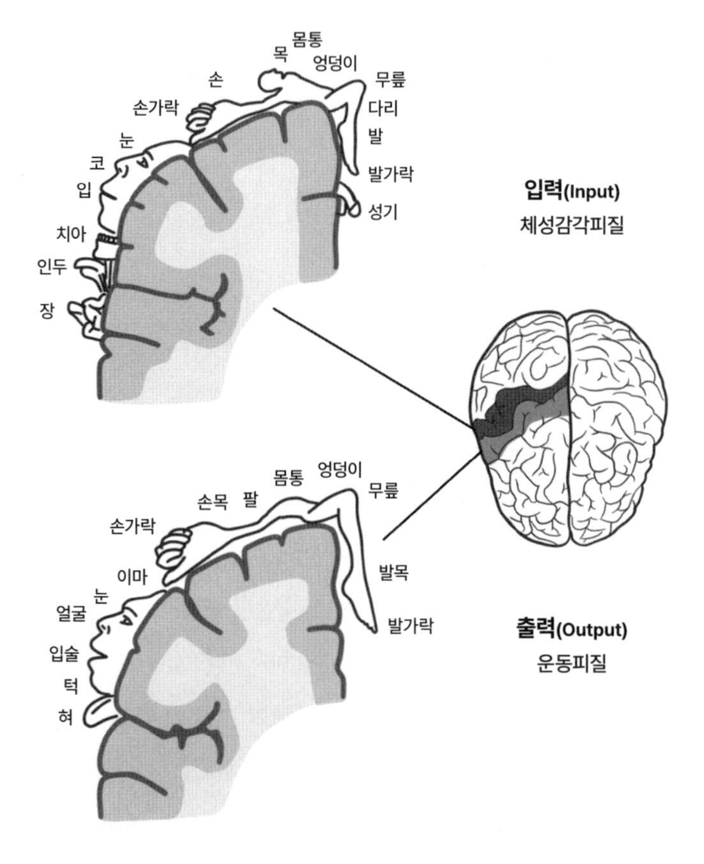

자극이 뇌에 입력되는 곳(체성감각피질, 위)과 결과가 출력되는 곳(운동피질, 아래)에서 신체의 지도가 발견된다. 섬세한 감각을 담당하는 영역일수록 그리고 섬세한 조절이 필요한 영역일수록 더 넓은 자리를 차지한다.

그가 찾아낸 지도는 이것만이 아니었다. 운동피질(체성감각피질 바로 앞쪽의 띠)에서도 그는 같은 결과를 얻었다. 전기를 약하게 흘리면 신체에서 특정 부위의 근육이 움찔거렸으며, 서로 인접한 지점들이 서로 인접한 부위를 담당했다. 펜필드는 이 결과도 깔끔하게 정리했다.

그는 이 신체 지도들을 '작은 사람'이라는 뜻의 호문쿨루스로 명명했다.

하지만 이런 지도의 존재는 기묘하고 뜻밖이다. 어떻게 이런 것이 존재할까? 뇌는 두개골 안의 완전한 어둠 속에 갇혀 있지 않은가. 이 1.4킬로그램짜리 조직은 몸이 어떻게 생겼는지도 모른다. 몸을 직접 볼 방법이 없기 때문이다. 뇌가 접할 수 있는 것은 우리가 신경이라고 부르는 굵은 데이터케이블 다발을 내달리며 재잘거리는 전기 펄스 흐름밖에 없다. 뼈로 된 감옥에 갇힌 뇌는 팔다리가 어디와 연결되어 있는지, 어느 부위와 어느 부위가 서로 인접해 있는지 전혀 알 수가 없다. 그런데 그 어두운 공간 안에서 어떻게 신체의 구조를 그려냈을까?

잠깐 생각해보면 가장 간단한 추측이 나온다. 신체 지도가 유전자 속에 미리 프로그램되어 있다는 것. 좋은 추측이다!

하지만 틀렸다.

이 수수께끼의 해답은 지독히 독창적이다.

이 지도 수수께끼를 풀 단서는 수십 년 뒤, 뜻밖의 사건들 속에서 발견되었다. 메릴랜드주 실버스프링에 있는 행동연구소의 에드워드

토브는 뇌를 다친 사람이 어떻게 몸을 다시 움직일 수 있게 되는지 알아내고 싶었다. 이를 위해 그는 원숭이 열일곱 마리를 구해, 절단된 신경이 재생되는지 연구했다. 먼저 그는 원숭이의 뇌에서 한쪽 팔이나 한쪽 다리와 연결된 신경다발을 조심스레 절단했다. 그러면 이 가엾은 원숭이들은 해당 신체 부위의 감각을 전혀 느끼지 못했다. 토브는 원숭이들이 그 신체 부위를 다시 사용할 수 있게 해주는 방법이 있는지 살펴보았다.

1981년에 앨릭스 파체코라는 젊은 자원봉사자가 연구실에서 일하기 시작했다. 그는 이 분야에 흥미가 있는 학생이라고 자신을 소개했지만, 사실은 신생 단체인 '동물을 윤리적으로 대우하는 사람들PETA'을 위해 정보를 캐러 온 사람이었다. 밤이 되면 파체코는 사진을 찍었다. 그 사진 중 일부는 원숭이들의 고통을 과장하기 위해 연출된 것처럼 보였으나,[3] 어쨌든 효과가 있었다. 1981년 9월에 몽고메리 카운티 경찰이 실험실을 급습해 폐쇄했고, 토브 박사는 적절한 수의학적 보살핌을 제공하지 못한 혐의 여섯 건에 대해 유죄판결을 받았다. 항소심에서 모든 혐의에 대한 판결이 뒤집히기는 했으나, 이 사건을 계기로 1985년에 동물복지법이 제정되었다. 연구실 환경에서 동물들을 대하는 새로운 규칙을 정한 법이었다.

이 사건은 동물권 운동의 분수령이 되었다. 하지만 의회에서 벌어진 일만 중요한 것이 아니었다. 이 책에서 하고자 하는 이야기와 관련해서는, 그 열일곱 마리 원숭이가 어떻게 됐는지가 중요하다. PETA는 고발 직후 실험실로 쳐들어가 원숭이들을 데리고 도망치는 바람에 법정 증거물을 절도한 혐의로 고발되었다. 토브가 속한 연구소는 크게 분노해서 원숭이들을 돌려달라고 요구했다. 원숭이들의 소유권을 둘러싼 양측의 싸움은 가열되다 못해 결국 연방 대법원까지 올라갔다. 법원은 원숭이들을 계속 데리고 있겠다는 PETA의 호소를 거부하고, 제3자인 국립보건원에 관리권을 주었다. 인간들이 멀리 떨어진 법정에서 서로 고함을 지르며 싸워대는 동안, 토브의 장애 원숭이들은 일찌감치 은퇴해서 먹고 마시고 함께 노는 생활을 10년간 즐길 수 있었다.

10년이 거의 다 되었을 때, 원숭이 한 마리가 병에 걸려 시한부 선고를 받았다. 법원은 원숭이를 안락사시켜도 좋다고 허락했다. 그런데 이때 반전이 일어났다. 일단의 신경과학자들이 재판관에게 제안서를 제출한 것이다. 만약 자기들이 안락사 직전에 마취 상태의 원숭이를 상대로 뇌 지도를 작성하는 연구를 할 수 있다면, 신경이 절단된 원숭이의 삶이 헛되지 않을 것이라는 내용이었다. 얼마간 토론을 거친 뒤 법원은 이들의 연구를 허락했다.

1990년 1월 14일, 연구팀은 원숭이의 체성감각피질에 기록용 전극을 삽입했다. 와일더 펜필드가 인간 환자에게 했던 것처럼, 그들은 원숭이의 손, 팔, 얼굴 등을 건드리며 뉴런의 전기적 활동을 기록했다. 이렇게 해서 뇌의 신체 지도가 드러났다.

이 연구는 뇌과학계 전체에 파문을 던졌다. 신체 지도가 변했다는 사실이 발견된 때문이었다. 신경이 절단된 원숭이의 손을 건드려도 피질에 아무런 반응이 없는 것은 당연한 일이었다. 하지만 예전에 그 손을 담당하던 지점이 이제는 얼굴을 건드릴 때 반응한다는 사실이 놀라웠다.[4] 신체 지도가 다시 구성된 것이다. 호문쿨루스는 여전히 원숭이의 모습이었지만, 오른팔이 없는 원숭이였다.

이 연구 결과로, 뇌의 신체 지도가 유전자에 미리 프로그램되어 있을 가능성이 배제되었다. 그보다 훨씬 더 흥미로운 일이 벌어지고 있었다. 몸에서 활발하게 입력되는 자극에 따라 뇌의 신체 지도가 유연하게 바뀐다는 것. 몸이 변하면 호문쿨루스도 따라서 변한다.

같은 해에 이보다 조금 늦게 실버스프링의 다른 원숭이들에 대해서도 똑같은 뇌 지도 연구가 실행되었다. 그 결과 모든 원숭이의 체성감각피질이 크게 재구성되었음을 알게 되었다. 신경이 절단된 팔이나 다리를 담당하던 지점들이 인근 영역에 흡수되었다. 호문쿨루스가 원숭이의 달라진 신체에 맞게 변한 것이다.[5]

뇌가 이런 식으로 재구성되면 어떤 느낌일까? 불행히도 원숭이들은 우리에게 말해주지 못하지만, 사람은 말할 수 있다.

허레이쇼 넬슨 경의 오른팔

영국 해군 제독 허레이쇼 넬슨 경(1758~1805)은 높은 단 위에서 런던 트래펄가 광장을 굽어보고 있는 영웅이다.[6] 트래펄가 광장에 우뚝 선 이 동상은 그의 카리스마적인 지도력, 전술적 능력, 독창적인 전략을 증언해준다. 그는 이런 능력들로 아메리카 대륙에서부터 나일강과 코펜하겐에 이르기까지 넓은 바다에서 결정적인 승리를 거뒀고, 마지막 전투인 트래펄가 전투에서 영웅적인 죽음을 맞았다. 트래펄가 전투는 영국 해전 사상 최대의 승리를 거둔 전투 중 하나로 꼽힌다.

해군으로서의 활동 외에, 넬슨 제독은 신경과학에도 기여했다. 하지만 이것은 완전히 우연한 일이었다. 그와 신경과학의 관계는 산타크루스데테네리페 공격 때 시작되었다. 1797년 7월 24일 밤 11시에 스페인군의 소총에서 초속 300미터의 속도로 발사된 총알이 넬슨 경의 오른팔에서 여행을 마쳤다. 그의 뼈가 박살났고, 의붓아들이 지혈을 위해 자신의 스카프를 팔에 단단히 감아주었다. 수병들은 의사가 긴장

허레이쇼 넬슨 경의 초상화와 조각상이 영국의 여러 미술관을 장식하고 있는데도
대부분의 관람객은 넬슨의 오른팔이 없다는 사실을 알아차리지 못한다.
1797년에 팔을 절단한 뒤 환각지幻覺肢 현상의 초기 사례 중 하나가 된 넬슨 경은
비록 틀렸지만 흥미로운 형이상학적 해석을 내놓았다.

해서 기다리고 있는 모선을 향해 열심히 노를 저었다. 의사는 신속한 진찰을 마친 뒤, 다행히 넬슨이 목숨을 잃지는 않을 것 같다는 판단을 내렸다. 하지만 상처가 썩을 위험이 있으니 팔을 절단해야 한다는 나쁜 소식도 함께였다. 팔꿈치 위에서 절단된 넬슨의 오른팔은 물속으로 던져졌다.

그 뒤 몇 주에 걸쳐 넬슨은 오른팔 없이 식사하는 법, 몸을 씻는 법, 총 쏘는 법을 배웠다. 그리고 뭉툭하게 잘린 팔을 가리키며 자신의 '지느러미'라고 농담을 던지게 되었다.

그러나 몇 달이 흐르자 이상한 일이 시작되었다. 넬슨 경이 팔이 아직도 있는 것처럼 느끼기 시작한 것이다. 문자 그대로 팔이 느껴졌다. 팔의 감각도 느낄 수 있었다. 사라진 손가락의 사라진 손톱이 사라진 손바닥을 아프도록 눌러대고 있다고 그는 확신했다.

넬슨은 이 현상을 낙관적으로 해석했다. 내세가 있다는 명백한 증거가 이제 수중에 들어왔다고. 사라진 팔이나 다리가 항상 존재하는 유령처럼 진짜 감각을 일으킬 수 있다면, 사라진 몸 또한 마땅히 그럴 수 있을 것이 아닌가.

넬슨만이 이런 기묘한 감각을 경험한 것은 아니었다. 몇 년 뒤 대서양 건너편의 의사 사일러스 위어 미첼은 남북전쟁에서 팔이나 다리를 잃은 수많은 환자를 필라델피아의 한 병원에서 진료하며 기록을 남겼다. 그는 많은 환자가 잘린 부위의 감각이 여전히 느껴진다고 강력히 주장하는 것에 홀린 듯한 흥미를 느꼈다.[7] 이것은 넬슨이 말한 불멸의 육체를 입증하는 증거인가?

결국 넬슨의 결론은 섣부른 것으로 판명되었다. 실버스프링 원숭이들의 사례와 똑같이, 그의 뇌가 스스로 지도를 다시 작성하면서 벌어진 일이었을 뿐이다. 역사가들이 대영제국의 국경선 변화를 추적하는 동안, 과학자들은 인간의 뇌 속에서 변화하는 경계선들을 추적하는 법을 알아냈다.[8] 현대 촬영 기법 덕분에 우리는 팔이 절단되었을 때 피질에서 그 팔을 담당하던 영역이 인근 영역들에 서서히 잠식되는 것을 볼 수 있다. 피질에서 손과 팔꿈치 아래쪽을 담당하는 영역은 팔꿈치 위쪽과 얼굴을 담당하는 영역에 에워싸여 있다. (왜 얼굴이냐고? 신체 부위들을 뇌의 평면에 일직선으로 분배하다 보니 우연히 그렇게 되었을 뿐이다.) 따라서 그 이웃 영역들이 예전에 손을 담당하던 영역 쪽으로 움직여 그 땅을 접수한다. 원숭이의 경우처럼, 뇌의 신체 지도에는 신체 형태의 변화가 반영된다.

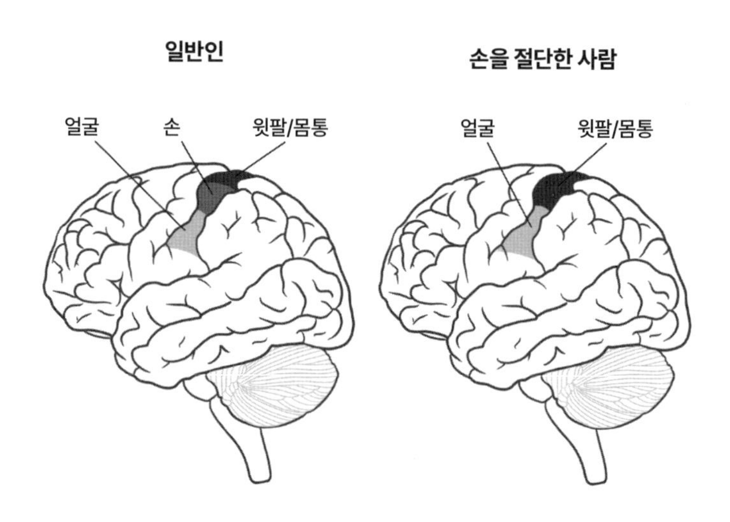

뇌는 신체 형태에 적응한다.
손이 절단되면 피질의 이웃 영역들이 손을 담당하던 영역으로 움직여 차지해버린다.

그러나 여기에는 또 다른 수수께끼가 숨어 있다. 넬슨은 왜 여전히 손의 감각을 느꼈을까? 만약 누가 넬슨의 얼굴을 만질 때 그는 왜 얼굴이 아니라 손을 만지는 것 같다고 말했을까? 이웃 영역들이 손 영역을 접수한 게 아니었나? 이 의문들의 답은, 체성감각피질의 세포뿐만 아니라 그 세포가 정보 전달 통로를 따라 대화를 나누는 다른 세포들 또한 손의 촉각을 담당하고 있다는 데에서 찾을 수 있다. 체성감각피질의 지도는 신속히 바뀌지만, 정보 전달 통로의 하류 쪽으로 내려갈수록 변화가 적어진다. 선천적으로 한쪽 팔이 없이 태어난 아이의 신체 지도는 완전히 다를 것이다. 하지만 넬슨 경처럼 어른이 된 뒤에 팔을 잃는다면, 시스템의 유연성이 비교적 떨어진다. 따라서 넬슨 경의 뇌 속 깊숙한 곳, 체성감각피질에서 정보를 전달받는 하류 쪽 뉴런들은 그리 크게 변화하지 않아서 여전히 손의 감각을 전달받는 것이라고 믿어버렸다. 그 결과 넬슨은 이미 사라져 유령이 된 팔의 감각을 느낀 것이다.[9]

원숭이도 해군 제독도 남북전쟁 참전 군인도 모두 같은 일을 겪었다. 정보 입력이 갑자기 멈춰도, 감각피질의 해당 영역은 휴경지처럼 쉬지 못한다. 이웃 영역들이 침범해 들어오기 때문이다.[10] 지금까지 신체 일부를 절단한 사람 수천 명의 뇌를 스캔한 결과, 우리는 뇌가 하드웨어처럼 굳지 않고 역동적으로 스스로를 수정하는 작업을 어느 정도까지 수행하는지 알게 되었다.

신체 일부를 절단한 뒤 피질의 지도가 극적으로 바뀌듯이, 그보다 소규모의 신체 변화 역시 뇌의 변화를 유도할 수 있다. 예를 들어, 만약 내가 누군가의 팔에 가압대를 단단하게 채운다면, 그 사람의 뇌는 입력되는 정보가 줄어든 것에 대응해서 그 부위를 담당하는 영역을 줄일 것이다.[11] 마취로 팔의 신경이 오랫동안 차단되어 있을 때에도 같은 현상이 일어난다. 사실 손가락 두 개를 하나로 묶어 따로 움직일 수 없게 하기만 해도, 피질에서 두 손가락을 따로 담당하던 영역들이 점차 하나로 합쳐질 것이다.[12]

어두운 두개골 안에 갇힌 뇌는 어떻게 신체의 변화를 끊임없이 추적하는 걸까?

모든 것은 타이밍

내가 사는 동네를 새처럼 위에서 내려다본다고 상상해보자. 매일 아침 6시에 개를 데리고 산책을 나오는 사람이 보인다. 반면 어떤 사람은 9시가 되어야 비로소 개를 데리고 나온다. 점심 식사를 마친 뒤 개와 산책하는 사람도 있고, 저녁 산책을 선택하는 사람도 있다. 동네 사람들의 역동적인 움직임을 한동안 지켜보면, 같은 시간대에 산책하는 사람들끼리 친구가 되는 경향이 있다는 것을 알게 될 것이다. 길에서 우연히 마주쳐 가벼운 대화를 나누다가 나중에는 서로를 집으로 초대해 바비큐를 먹는 사이가 되는 것이다. 우정도 타이밍을 따른다.

뉴런도 마찬가지다. 뉴런은 갑작스러운 전기 펄스(스파이크라고도 한다)를 보내는 데 아주 잠깐 시간을 할애한다. 그런데 이 펄스의 타이밍이 몹시 중요하다. 전형적인 뉴런을 가까이에서 자세히 살펴보자. 이 뉴런은 돌기를 뻗어 1만 개나 되는 이웃 뉴런들을 건드린다. 하지만 그 이웃들과 모두 똑같이 강력한 관계를 맺는 것은 아니다. 관계의 강도는 타이밍에 따라 달라진다. 우리가 관찰 중인 뉴런이 스파이크를 발사한 뒤, 이 뉴런과 연결된 다른 뉴런이 곧바로 스파이크를 발사한다면, 둘 사이의 유대가 강화된다. 요약하자면 이런 규칙이다. '함께 발사하는 뉴런은 회로로 이어진다.'[13]

새로 태어난 뇌에서는 몸에서 뇌로 이어진 신경들이 널리 가지를 뻗는다. 그러다 다른 뉴런들과 아주 짧은 간격을 두고 신호를 발사한 곳에서는 영원히 뿌리를 내린다. 타이밍의 일치로 유대가 강화된 것이다. 사람들처럼 바비큐 파티를 열지는 않지만, 더 많은 신경전달물질을 방출하거나 신경전달물질 수용체를 더 많이 만들어 둘 사이가 더 강력히 연결되게 한다.

이런 간단한 요령이 어떻게 신체 지도로 이어질까? 세상의 여러 물건에 우리가 부딪히거나, 그것을 만지거나, 껴안거나, 발로 차거나, 때리거나, 쓰다듬을 때 어떤 일이 일어나는지 생각해보자. 우리가 커피 머그잔을 들어올리면, 손가락의 피부 일부가 동시에 활성화되는 경향이 있다. 신발을 신으면 발의 피부 일부가 동시에 활성화되는 경향이 있다. 반면 약지와 새끼발가락의 상관관계는 그렇게 밀접하지 않다. 일상생활에서 두 부위가 동시에 활성화되는 경우가 별로 없기 때문이다. 우리 몸의 모든 부위가 마찬가지다. 서로 이웃한 부위들이 그렇지 않은 부위보다 더 자주 함께 활성화되는 경향을 보인다. 이렇게 함께 활성화되는 부위들은 한동안 세상과 상호작용을 경험한 뒤 뇌에서 바로 옆에 나란히 자리를 잡을 때가 많다. 이런 상관관계가 없는 부위들의 신경회로는 서로 멀리 떨어져 형성되곤 한다. 이런 식의 동시 활성화가 오랫동안 지속되면 이웃 영역들의 지도, 즉 신체 지도가 만들어진다. 다시 말해서, 뇌가 신체 지도를 갖게 되는 것은 뇌세포들 사이의 연결을 다스리는 간단한 규칙 때문이다. 서로 아주 짧은 시간 간격을 두고 활성화되는 뉴런들이 서로 연결되고, 그 연결이 유지되는 경우가 많다는 것. 어두운 두개골 속에서 이렇게 신체 지도가 만들어진다.[14]

그렇다면 입력되는 정보의 변화에 따라 지도도 변하는 이유는 무엇일까?

식민화는 전력을 기울여야 하는 일

17세기 초에 프랑스는 북아메리카 식민화를 시작했다. 어떤 방법을 썼느냐고? 프랑스인을 가득 태운 배들을 보냈다. 효과가 있었다. 프랑스인 정착민들은 이 새로운 땅에 뿌리를 내리고 살았다. 1609년에 프랑스는 모피 교역소를 하나 세웠다. 이 교역소는 나중에 퀘벡시가 되었고, 퀘벡시는 뉴 프랑스의 수도가 되었다. 그로부터 25년이 채 안 되는 기간 동안 프랑스인들은 위스콘신까지 퍼져 나갔다. 프랑스에서 새로운 정착민들이 대서양을 계속 건너오면서 그들의 영역이 넓어진 것이다.

하지만 뉴 프랑스를 유지하기가 쉽지 않았다. 아메리카 대륙으로 배를 보내는 다른 강대국들, 주로 영국, 스페인과 끊임없이 경쟁해야 했다. 그래서 프랑스의 루이 14세는 직관적으로 중요한 교훈을 얻었다. 뉴 프랑스가 단단히 뿌리내리게 하려면 계속 배를 보내야 한다는 것. 영국이 프랑스보다 훨씬 더 많은 배를 보내고 있었다. 루이 14세는 퀘벡이 빨리 성장하지 못하는 것이 여자가 부족한 탓임을 알고, 인구 부양을 위해 젊은 여성 850명(왕의 딸들이라고 불렸다)을 보냈다. 이런 노력 덕분에 뉴 프랑스의 인구는 1674년에는 7000명까지, 1689년에는 1만 5000명까지 늘어났다.

문제는 영국이 보내는 젊은 남녀가 훨씬 더 많다는 점이었다. 1750년에 뉴 프랑스의 주민은 6만 명이었던 반면, 영국 정착지들의 인구는 100만 명이나 되었다. 그 뒤로 이 두 강대국 사이에 벌어진 여러

1750년, 북아메리카

프랑스령
영국령
스페인령

전쟁에서 바로 이 점이 큰 차이를 만들어냈다. 프랑스가 원주민들과 동맹을 맺었는데도 사람 수가 한참 모자랐다. 프랑스 정부는 갓 석방된 죄수들을 인근의 매춘부들과 결혼시킨 다음 함께 족쇄로 묶어 루이지애나로 보내는 정책을 잠깐 동안 실행했다. 하지만 이런 노력으로도 역부족이었다.

6차 전쟁이 끝날 무렵, 프랑스는 패배를 깨달았다. 뉴 프랑스는 해체되고, 캐나다라는 전리품은 영국의 통제하에 들어갔다. 루이지애나 준주는 신생국가인 미국에 돌아갔다.[15]

신세계에서 프랑스 세력의 흥망성쇠는 전적으로 프랑스가 보낸 배의 척수와 관련되어 있다. 경쟁이 극심한 상황에서 프랑스는 영토를 지킬 수 있을 만큼 많은 사람을 바다 건너로 보내지 않았다. 그 결과 현재 신세계에 남아 있는 프랑스의 흔적은 루이지애나, 버몬트, 일리노이 같은 지명에서 볼 수 있듯, 프랑스어의 화석들뿐이다.

경쟁이 없다면 식민화를 손쉽게 해낼 수 있지만, 경쟁자가 있다면 영토를 유지하기 위해 끊임없이 노력을 기울여야 한다. 뇌에서도 항상 똑같은 일들이 벌어진다. 신체의 일부가 더 이상 신호를 보내지 못하면, 뇌에 있던 그 부위의 영토도 사라진다. 넬슨 제독의 팔이 프랑스라면, 그의 피질은 신세계에 해당한다. 처음에는 신경을 따라 뇌까지 유용한 정보 스파이크를 보내 건전한 식민화가 이루어진다. 넬슨이 젊었을 때 그의 오른팔은 뇌의 건강한 영역에 말뚝을 박아 제 땅으로 차지한 상태였다. 하지만 어느 날 그가 총에 맞았고, 몇 시간 뒤에는 너덜너덜한 팔이 몸에서 잘려 나와 어두운 물속으로 풍덩 던져졌다……. 그래서 뇌는 오른팔에서 새로운 정보를 받을 수 없게 되었다. 시간이 흐르면서 팔은 뇌에 있던 영토를 잃었다. 마지막에 남은 것은 예전에 팔이 존재했음을 알려주는 화석, 이를테면 환상통증 같은 것들뿐이었다.

이 식민화의 교훈은 팔에만 적용되는 것이 아니다. 뇌에 정보를 보내는 모든 시스템에 적용될 수 있다. 사람이 눈을 다치면, 후두 피질(뇌의 뒤편에 있으며, 보통 '시각' 피질로 간주된다)로 이어진 신경 통로에 더 이상 신호가 가득 흐르지 않게 된다. 그래서 피질의 해당 부위는 시각을 잃어버린다. 시각 데이터를 실은 배들이 오지 않으니, 그 땅을 탐내며 경쟁하던 다른 감각의 왕국들이 그 땅을 차지한다.[16] 그 결과 시력을 잃은 사람이 점자로 적힌 시를 손가락으로 더듬을 때, 후두 피질이 그 감

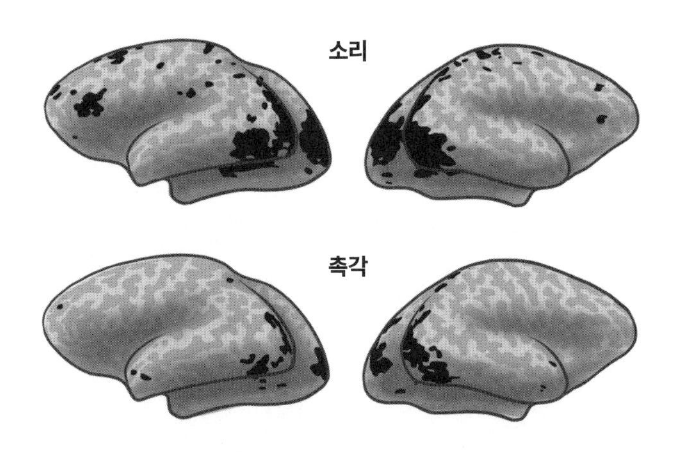

피질 재편. 경쟁관계이던 이웃들이 사용되지 않는 피질을 차지한다.
이 뇌 스캔에서 소리와 촉각이 시각장애인의 후두 피질에서 사용되지 않는 부위를 활성화했다
(앞이 보이는 사람보다 보이지 않는 사람에게서 더 활발해지는 부위들이 검게 표시되어 있다).
피질의 굴곡진 부분들을 더 자세히 살피기 위해 컴퓨터로 뇌에 '바람을 넣어 부풀린'
효과를 냈다. 레니에 외(2010)의 그림을 손본 것.

각만으로 활성화된다.[17] 만약 그 사람의 후두 피질이 뇌중풍 발작으로 손상되면, 그 사람은 점자를 읽고 이해하는 능력을 잃을 것이다.[18] 후두 피질이 촉각의 식민지가 된 상태이기 때문이다.

촉각뿐만 아니라 모든 종류의 정보원이 마찬가지다. 앞이 안 보이는 사람이 소리에 귀를 기울일 때면, 청각 피질뿐만 아니라 후두 피질도 함께 활성화된다.[19]

촉각과 소리뿐만 아니라 냄새, 맛, 과거 회상, 수학 문제 풀기도 시력을 잃은 사람의 뇌에서 예전에 시각 피질이던 곳을 활성화할 수 있다.[20] 신세계의 영토 변화와 마찬가지로, 가장 사나운 경쟁자에게 땅이 돌아간다.

이 주제는 최근 들어 훨씬 더 흥미로워졌다. 새로운 점령자는 시각 피질로 이주해 들어가면서 과거의 구조 중 일부를 그대로 보존한다. 신성로마제국 시대에 성당이던 곳이 나중에 튀르키예의 모스크로 바뀐 것과 같다. 예를 하나 들자면, 앞을 볼 수 있는 사람의 뇌에서 글자에 관한 시각적 정보를 처리하는 부위와 시각장애인이 점자를 읽을 때 활성화하는 부위가 같다.[21] 앞을 볼 수 있는 사람의 뇌에서 움직임에 대한 시각적 정보를 처리하는 주요 부위와 시각장애인이 촉각으로 동작을 감지할 때(예를 들어 손끝이나 혀를 스치고 지나가는 뭔가를 감지하는 것) 활성화하는 부위가 같은 것도 비슷하다.[22] 앞을 볼 수 있는 사람의 뇌에서 대상의 시각적 인식에 관여하는 주요 신경망이 시각장애인에게서는 촉각에 의해 활성화된다.[23] 이런 관찰 결과는 뇌가 감각별로 조직된 시스템이라기보다는 동작이나 물체를 감지하는 작업을 하는 '임무 위주의 기계'라는 가설로 이어졌다.[24] 다시 말해서 뇌의 영역들이 정보가 도달하는 감각 채널과는 상관없이 특정 유형의 임무를 해결하는 데 신경을 쓴다는 뜻이다.

뒤에서 살펴볼 내용 하나를 여기에 언급해두어야겠다. 나이가 중요하다는 점. 날 때부터 앞을 보지 못하는 사람의 후두 피질은 다른 감각에 완전히 점령당한다. 어린 나이, 예를 들어 다섯 살에 시각을 잃었다면, 점령 상태가 덜 포괄적이다. '늦게 시각을 잃은 사람'(열 살 이후에 시각을 잃은 경우)의 피질에서는 점령된 부위가 훨씬 더 작다. 뇌가 나이를 먹을수록 유연성이 떨어져서 재배치가 어려워지는 탓이다. 5세기 동안 유지된 북아메리카의 국경선이 이제는 거의 변하지 않는 것과 같다.

다른 감각을 상실했을 때도 시각을 상실했을 때와 똑같은 현상이 나타난다. 예를 들어 청각장애인의 청각 피질은 시각을 비롯한 다른 임무에 사용된다.[25] 넬슨 경이 팔을 잃으면서 피질에서 팔을 담당하던 부위가 이웃 영역들에 점령당했듯이, 청각, 후각, 미각 등 모든 종류의 상실에서도 같은 현상이 나타난다. 뇌의 신체 지도는 들어오는 데이터를 가장 잘 대변하는 방향으로 항상 변한다.[26]

마음먹고 찾기 시작하면, 이런 영역 경쟁을 사방에서 볼 수 있다. 대도시의 공항을 생각해보자. 특정 항공사(유나이티드)의 도착 비행기 숫자가 다른 항공사(델타)에 비해 많다면, 유나이티드 항공사의 카운터가 늘어나고 델타 항공사의 카운터는 줄어드는 것이 놀랄 일이 아니다. 유나이티드는 게이트, 수화물 회수대, 모니터도 더 많이 차지하게 될 것이다. 그러다 또 다른 항공사(트랜스 월드 에어라인스)가 완전히 사업을 접으면, 공항에서 그 회사가 차지하던 자리를 다른 회사들이 재빨리 차지해버린다. 뇌와 뇌에 입력되는 감각 정보도 마찬가지다.

경쟁이 점령으로 이어지는 과정을 알아보았다. 하지만 의문이 하나 생긴다. 한 감각이 차지하는 자리가 넓어지면, 그 능력도 향상되는가?

많을수록 좋다

로니라는 소년이 노스캐롤라이나주 로빈즈빌에서 태어났다. 출생 직후 아이의 눈이 보이지 않는다는 사실이 분명해졌다. 아이는 한 살 하고 하루가 되었을 때 엄마에게 버림받았다. 아이 엄마는 자기가 하느님에게 벌을 받아서 아이의 눈이 안 보이게 되었다고 주장했다. 로니는 다섯 살 때까지 조부모의 손에 가난하게 자라다가, 시각장애인 학교에 들어갔다.

여섯 살 때 엄마가 딱 한 번 나타났다. 엄마는 딸을 기르고 있었다. 엄마가 말했다. "론, 네 여동생의 눈을 만져보겠니? 이 아이 눈이 아주 예뻐. 너처럼 날 부끄럽게 만들지도 않았고, 앞을 볼 수 있으니까." 로니가 엄마를 만난 것은 이때가 마지막이었다.

힘든 어린 시절을 보냈지만, 로니는 음악에 확실한 재능이 있었다. 교사들이 그의 재능을 알아차린 덕분에 그는 정식으로 클래식 음악을 공부하게 되었다. 바이올린을 배운 지 1년 만에 그는 교사들에게서 거장의 솜씨라는 말을 들었다. 그는 이어서 피아노, 기타, 여러 종류의 현악기와 목관악기에도 통달하게 되었다.

그렇게 해서 그는 당대의 가장 인기 있는 연주자 반열에 올라 팝 음악과 컨트리 앤드 웨스턴 음악 시장을 모두 호령했다. 그가 발표한 컨트리 곡 중에 40곡이 1위를 차지했고, 그가 받은 그래미 트로피만도 여섯 개나 되었다.

로니 밀샙은 많은 시각장애인 음악가 중 한 명일 뿐이다. 안드레아 보첼리, 레이 찰스, 스티비 원더, 다이앤 슈어, 호세 펠리시아노, 제프 힐리와 같다. 이들의 뇌는 주위의 소리와 촉각 신호에 의존하는 법을 배워서, 그 정보를 앞이 보이는 사람보다 더 능숙히 처리하게 되었다.

앞이 보이지 않는다고 해서 모두 음악계의 스타가 될 수 있는 것은 아니지만, 뇌의 재편만은 분명히 일어난다. 그 결과 시각장애인 중에 음정이 완벽한 사람이 유난히 많다. 시각장애인은 음정이 섬세하게 흔들릴 때 그것을 알아내는 능력이 비시각장애인의 10배나 된다.[27] 뇌에서 청각에 전념하는 영역이 더 넓기 때문이다. 최근 한 실험에서 앞이 보이는 사람과 보이지 않는 사람의 한쪽 귀를 막은 다음, 소리의 위치를 파악해보라고 했다. 소리의 위치를 정확히 알아내려면 양쪽 귀의 신호를 비교해야 하기 때문에, 모두 형편없는 성적을 보일 것으로 예상되었다. 앞이 보이는 참가자들의 경우에는 이 예상이 맞았다. 하지만 시각장애인 참가자들은 소리의 위치를 대체적으로 알아낼 수 있었다.[28] 이유가 무엇일까? 외이(비록 한 쪽 귀뿐이라 해도)의 연골 모양에 따라 섬세하게 반사되는 소리로 위치의 단서를 얻었기 때문이다. 이것은 그런 신호를 포착하는 능력이 잘 발달한 사람만이 할 수 있는 일이다. 앞이 보이는 사람은 피질에서 소리에 할당된 영역이 시각장애인에 비해 작기 때문에 섬세한 소리 정보를 추출해내는 능력이 크게 발달하지 않았다.

소리를 구분하는 재능이 이처럼 극도로 발달한 사례는 시각장애인에게서 흔히 발견된다. 벤 언더우드를 생각해보자. 벤은 두 살 때 왼쪽 눈으로 세상을 볼 수 없게 되었다. 엄마가 아이를 병원에 데려갔더니 두 눈의 망막에 모두 암이 생겼다는 진단이 나왔다. 항암치료와 방사선치료가 실패하자 의사들은 수술로 아이의 두 눈을 제거했다. 하지만 일곱 살 무렵까지 벤은 스스로 뜻밖의 기법을 만들어내 유용하게 사용했다. 혀를 차면서 그 소리의 메아리에 귀를 기울이는 방법이었다. 벤은 이 방법으로 열린 문간, 사람, 주차된 자동차, 쓰레기통 등의 위치를 파악할 수 있었다. 그는 주위의 물체에 음파를 보낸 뒤 그 반향에 귀를 기울이는 방법, 즉 반향정위를 이용하고 있었다.[29]

벤에 관한 다큐멘터리가 발표되자, "반향정위로 앞을 볼 수 있는 유일한 사람"[30]이라는 말이 나왔다. 하지만 이 말은 두 가지 면에서 틀렸다. 첫째, 벤이 앞을 볼 수 있는 사람이 생각하는 의미의 시각으로 앞을 보았을 수도 있고 아닐 수도 있다. 우리가 아는 것은 그의 뇌가 음파를 변환해서 자기 앞의 큰 물체들을 현실적으로 파악할 수 있었다는 점이다. 자세한 설명은 나중에 하겠다.

첫째보다 더 중요한 둘째, 벤만 반향정위를 이용한 것은 아니었다. 같은 방법을 사용한 시각장애인이 지금까지 수천 명이나 된다.[31] 사실 적어도 1940년대부터 이 현상이 논의되었다. 〈사이언스〉에 실린 논문 '시각장애인, 박쥐, 레이더의 반향정위'를 통해 반향정위echolocation라는 용어가 만들어진 것도 그때였다.[32] 이 논문의 저자는 "많은 시각장애인이 자신이 만들어낸 소리에서 야기된 청각신호를 이용해 장애물을 피하는 상당한 능력을 시간이 흐를수록 갖게 된다"고 썼다. 시각장애인이 만들어내는 소리에는 그들 자신의 발소리, 지팡이 짚는 소리,

손가락 튕기는 소리 등이 포함되었다. 저자는 정신을 흐트러뜨리는 소리가 함께 들려오거나 귀마개를 꽂았을 때 반향정위 성공률이 급격히 감소했음을 보여주었다.

앞에서 보았듯이 후두엽은 청각뿐만 아니라 다른 여러 임무에 점령될 수 있다. 예를 들어, 기억 능력도 피질에서 더 넓은 자리를 확보할 수 있다면 더 좋아질 수 있다. 시각장애인들의 단어 기억 능력을 시험한 한 연구에서는, 후두 피질이 기억 능력에 더 많이 점령당한 사람의 점수가 높았다. 기억 작업에 할애할 영토가 더 많기 때문이었다.[33]

전체적인 그림은 명확하다. 땅이 많을수록 좋다. 그리고 이것이 때로 직관에 반하는 결과로 이어진다. 대부분의 사람은 태어날 때부터 색을 볼 수 있는 세 종류의 광수용체를 갖고 있다. 하지만 광수용체가 한두 종류밖에 없거나 아예 하나도 없이 태어나는 사람도 있다. 그러면 색을 구분하는 능력이 줄어들거나 아예 없어진다. 하지만 색맹이 나쁘기만 한 것은 아니다. 회색의 농담濃淡을 구분하는 능력이 더 뛰어나기 때문이다.[34] 이유는? 그들의 시각 피질 넓이는 같지만, 신경 써야 할 색의 범위가 좁다. 같은 넓이의 피질 영역을 더 간단한 작업에 사용하기 때문에 성능이 향상된다. 군대는 특정 임무에서 색맹 병사들을 제외시키지만, 그들이 적의 위장을 간파하는 능력이 더 뛰어나다는 사실을 깨닫게 되었다.

지금 우리가 시각 시스템을 이용해 중요한 사실을 설명하고 있으나, 피질의 영역 재배치는 어디서나 일어난다. 사람이 청각을 잃으면, 전에 청각을 담당하던 뇌 조직이 다른 감각을 대변하게 된다.[35] 따라서 청각장애인의 주변부 시視주의가 더 뛰어나다거나, 사람들의 말씨를 눈으로 볼 수 있다는 말이 그리 놀랍지 않을 것이다. 청각장애인은 입술 움직임을 읽는 능력이 아주 뛰어나기 때문에 사람들이 말하는 모습을 보고 출신지를 알아맞힐 수 있다. 신체 일부를 절단한 자리의 감각이 더 섬세해지는 것도 비슷한 맥락이다. 예전보다 가벼운 압력을 가해도 촉각이 감지되며, 가까운 지점 두 군데에서 느껴지는 촉각도 하나가 아니라 따로따로 감지된다. 뇌가 아직 손상되지 않고 남아 있는 부위에 더 많은 영역을 할애하기 때문에 감각의 해상도가 높아지는 것이다.

신경 재배치는 뇌의 영역들이 미리 정해져 있다는 과거의 생각을 더 유연한 모델로 바꿔놓았다. 뇌의 영역들은 다른 임무에 할당될 수 있다. 예를 들어 시각 피질에 자리한 뉴런에 특별한 특징 같은 것은 없다. 그냥 어쩌다 보니 눈에 이상이 없는 사람의 뇌에서 사물의 가장자리나 색깔 관련 데이터를 처리하게 되었을 뿐이다. 따라서 앞을 보지 못하는 사람의 뇌에서는 얼마든지 다른 종류의 정보를 처리할 수 있다.

과거 모델은 북아메리카에서 루이지애나라는 이름표가 붙은 땅이 프랑스 사람들의 몫으로 미리 정해져 있다고 단언하는 것과 같았다. 하지만 새로운 모델은 루이지애나 준주가 누군가에게 팔리고 전세계에서 온 사람들이 그 땅에 가게를 차려도 놀라워하지 않는다.

뇌는 부피가 한정되어 있는 피질에 온갖 임무를 배정해야 한다. 이 점을 감안하면, 최적의 조건만 추구할 수 없는 배정 결과로 약간의 혼란이 발생할 수 있다. 서번트 증후군이 한 예다. 인지능력이나 사회적 능력이 심히 결핍된 아이가 전화번호부를 외우거나 눈으로 본 것을 그대로 옮겨 그리거나 엄청난 속도로 루빅큐브를 맞추는 데에서는 대가의 솜씨를 발휘하는 현상을 말한다. 인지장애와 뛰어난 재주의 결합을 보고 사람들은 많은 가설을 내놓았다. 그중에 이 책의 내용과 관련이 있는 가설은, 피질 영역들의 이례적인 배정이 이 현상의 원인이라는 것이다.[36] 뇌가 이례적으로 큰 영역을 하나의 작업(예를 들어 기억력, 시각 분석, 퍼즐 풀기 등)에 할애하면 틀에서 벗어난 재주가 생겨날 수 있다는 것이 이 가설의 가정이다. 그러나 이런 초능력에는 뇌가 일반적으로 영역을 배정해주는 다른 기능들의 희생이 따른다. 그중에는 믿음직한 사회생활 능력을 구성하는 모든 하위 기능이 포함된다.

보이지 않을 만큼 빠르다

최근 수십 년 동안 뇌의 가소성에 대한 여러 놀라운 사실이 발견되었지만, 그중에서도 가장 놀라운 것은 아마 뇌의 변화 속도일 것이다. 몇 년 전 맥길대학의 과학자들은 바로 얼마 전 시력을 잃은 성인 여러 명에게 뇌 스캔을 실시했다. 참가자들에게는 스캔 중에 소리에 귀를 기울이라는 지시가 전달되었다. 소리가 청각 영역을 활성화한 것은 당연했다. 하지만 후두 피질에서도 활동이 감지되었다. 참가자들이 앞을 볼 수 있었던 몇 주 전만 해도 그런 현상은 나타나지 않았을 것이다. 시력을 잃은 지 오래된 사람만큼 후두 피질의 활동이 활발하지는 않았

지만, 확실히 감지할 수 있을 정도는 되었다.[37]

이 연구 결과는 시각이 사라졌을 때 뇌가 신속히 변화를 실행에 옮길 수 있음을 보여주었다. 그 속도가 얼마나 될까?

뇌의 중요한 변화들이 실행되는 속도에 궁금증을 품은 알바로 파스쿠알레오네는 시각장애인 학교의 교사가 되려는 사람은 학생들이 처한 환경을 직접 경험하기 위해 꼬박 7일 동안 눈을 가리고 살아야 한다는 점에 주목했다. 이 기간 동안 대부분의 교사들은 소리를 이용해 방향을 잡고, 거리를 판단하고, 물체의 정체를 파악하는 능력이 커지는 것을 경험한다.

> 누가 말을 시작하자마자, 또는 누가 옆을 지나갈 때 발걸음의 박자만 듣고 상대의 정체를 빠르고 정확하게 알아낼 수 있었다고 말한 사람이 여러 명이다. 엔진 소리로 자동차를 구분할 수 있게 되었다는 사람도 여러 명이고, "소리만 듣고 오토바이를 구분하는 것이 즐겁다"고 말한 사람도 한 명 있다.[38]

파스쿠알레오네의 연구팀은 이 결과를 보고, 만약 시력이 있는 사람이 실험실 환경에서 여러 날 동안 눈을 가리고 지낸다면 어떻게 될지 실험해보았다. 그 결과는 놀랍기 그지없었다. 일시적으로 시각을 차단한 사람들에게서도 신경 재배치(시각장애인들에게서 발견되는 것과 같은 종류)가 나타난 것이다. 그것도 아주 빠르게.

파스쿠알레오네 팀은 한 연구에서 시력이 있는 참가자들의 눈을 닷새 동안 가려둔 채, 집중적인 점자 훈련을 시켰다.[39] 닷새가 지난 뒤 참가자들은 점자 글자들 사이의 미묘한 차이를 상당히 잘 구분하게 되었다. 눈을 가리지 않고 같은 훈련을 받은 대조군 참가자들보다 실력이 훨씬 더 좋았다.

하지만 특별히 놀라운 것은 그들의 뇌에 나타난 변화였다. 닷새 동안 눈을 가리고 있던 참가자들은 사물을 손으로 더듬을 때 후두 피질을 사용하게 되었다. 대조군 참가자들은 당연히 체성감각피질만 사용했다. 또한 눈을 가린 참가자들의 후두엽은 소리와 단어에도 반응을 보였다.

실험실에서 자기 펄스를 이용해 후두엽의 이 새로운 활동을 일부러 방해하자, 눈을 가린 참가자들의 뛰어난 점자 읽기 솜씨가 사라졌다. 후두엽을 이 작업에 끌어들인 것이 우연한 부수 효과가 아니라 성능 향상의 중요한 요소라는 뜻이었다.

안대를 제거하자, 촉각이나 소리에 후두 피질이 반응하는 현상이 하루도 안 돼 사라져버렸다. 그리고 뇌도 앞이 보이는 평범한 사람들의 뇌와 똑같은 모습으로 돌아갔다.

또 다른 연구에서는 강력한 신경촬영법을 사용해서 뇌의 시각 영역의 지도를 꼼꼼히 작성했다. 연구자들은 참가자들의 눈을 가린 뒤 검사 기계를 작동시키고, 참가자들에게 손가락으로 섬세한 차이를 감지해야 하는 작업을 시켰다. 그러자 눈을 가린 지 겨우 40~60분 만에 일차 시각 피질에서 활동이 감지되었다.[40]

이런 연구 결과들에서 가장 충격적인 부분은 바로 변화 속도였다. 뇌의 변신은 빙하퇴적물이 쌓이는 속도와는 달리 놀라울 정도로 신속하다. 뒤에서 우리는 시각 상실 덕분에 후두 피질에 '이미 존재하던' 비

시각 정보 입력 상황이 드러나는 것을 보고, 뇌가 항상 신속한 변화를 위해 쥐덫처럼 순식간에 작동한다는 사실을 이해하게 될 것이다. 하지만 여기서는 이번 세기 초에 가장 낙관적인 신경과학자조차도 감히 짐작하지 못했을 만큼 활발한 속도로 뇌의 변화가 일어난다는 점만 알아두면 된다.

이제 뒤로 쑥 물러나서 큰 그림을 한번 살펴보자. 날카로운 이빨과 빠른 다리만큼 신경 가소성도 생존에 유용하다. 뇌가 다양한 환경에서 최적의 성능을 발휘할 수 있게 해주기 때문이다.

하지만 뇌에서 벌어지는 경쟁이 문제를 일으킬 가능성도 있다. 감각들 사이에 활동 불균형이 발생할 때마다 다른 감각이 빈자리를 신속히 차지할 수 있다. 신체 일부나 감각 하나가 영원히 사라졌다면 자원의 재분배가 최적의 방법이 될 수 있지만, 신속한 영토 정복을 위한 전투가 벌어질 가능성도 있다. 이런 점 때문에 나는 옛 제자인 돈 본과 함께 밤의 어둠 속에서 벌어지는 뇌의 변화에 대한 새로운 가설을 내놓게 되었다.

꿈과 행성의 자전이 무슨 상관?

신경과학의 풀리지 않은 수수께끼 중 하나는 뇌가 꿈을 꾸는 이유다.

밤에 발생하는 이 기괴한 환상은 무엇인가? 거기에 의미가 있는가? 아니면 그냥 조리 있는 이야기를 찾아 헤매는 임의적인 신경 활동에 불과한가? 꿈이 매일 밤 후두 피질에 불을 붙여 시각적으로 화려해지는 이유는 무엇인가?

이런 생각을 한번 해보자. 뇌의 영역들을 둘러싸고 항상 가차 없이 벌어지는 경쟁에서 시각 시스템이 처리해야 할 독특한 문제가 하나 있다. 행성의 자전 때문에 시각 시스템은 행성이 한 바퀴 도는 동안 평균 12시간씩 어둠 속에 던져진다(전기의 축복을 받은 현재가 아니라, 인류의 진화 역사에서 99.9999퍼센트에 해당하는 기간을 말하는 것이다). 감각 하나가 사라지면 이웃 영역들이 그 땅을 노리기 시작한다는 것을 앞에서 이미 보았다. 그렇다면 시각 시스템은 자신에게 불공정한 이 조건에 어떻게 대처할까?

밤에 후두 피질이 활동하게 만든다.

시각 피질이 이웃 영역들에 자리를 빼앗기지 않게 하려고 꿈이 존재한다는 것이 우리의 가설이다. 사실 지구의 자전은 촉각, 청각, 미각, 후각에 아무런 영향도 미치지 않는다. 오로지 시각만이 어둠 속에서 고생한다. 그 결과로 시각 피질은 매일 밤 다른 감각들에 점령당할 위험에 처한다. 영역 변화가 얼마나 빨리 일어날 수 있는지(조금 전 40~60분이라고 했던 것을 기억하자)를 감안하면, 이건 만만치 않은 위협이다. 따라서 꿈은 시각 피질이 점령당하지 않게 막아주는 수단이다.

이 설명을 좀 더 잘 이해하기 위해 시점을 뒤로 쭉 빼서 더 넓혀보자. 자는 사람은 완전히 긴장을 풀고 많은 기능을 닫아둔 것처럼 보이지만, 뇌의 전기활동은 평소와 똑같이 돌아간다. 밤이라고 해도 대부분의 시간은 꿈 없이 흘러간다. 하지만 렘(빠른 안구운동)수면 중에 특별한 일이 일어난다. 맥박과 호흡이 빨라지고, 작은 근육들이 움찔거리고, 뇌파는 작고 빨라진다. 수면 중 이 단계에서 꿈이 발생한다.[41] 렘수면은 뇌간의 뇌교라는 곳에 있는 특정 뉴런들에 의해 촉발된다. 이 뉴런들의 활동 증가는 두 가지 결과를 낳는다. 첫째, 주요 근육들이 마비된다. 꿈을 꾸는 동안 정교한 신경회로가 몸을 마비된 상태로 유지하는데, 이 회로가 정교하게 만들어졌다는 사실은 곧 꿈이 생물학적으로 중요한 요소라는 가설을 뒷받침한다. 꿈의 기능이 중요하지 않았다면, 이 회로가 발전했을 가능성은 희박하다. 근육의 활동이 정지된 사이 뇌는 실제로 몸을 움직이지 않고도 직접 세상을 경험하는 듯한 흉내를 낼 수 있다.

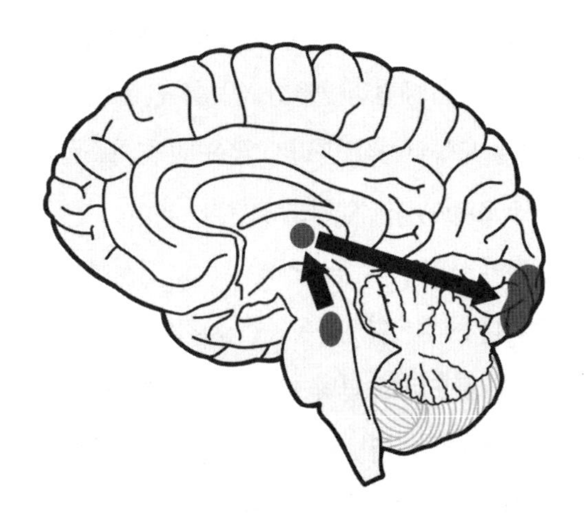

꿈을 꾸는 중에 뇌간에서 활동의 파동이 시작되어 후두 피질에서 끝난다.
우리는 지구가 자전하면서 밤이 오는 현상 때문에 이렇게 활동을 주입하는 일이 필요해졌다고 본다. 시각 시스템이 자신의 영토를 지키려면 특별한 전략이 필요하기 때문이다.

정말로 중요한 것은 두 번째 결과다. 스파이크의 파동이 뇌간에서 후두 피질까지 전달되는 것.[42] 스파이크가 그곳에 도달하면, 뇌간의 활동은 시각적 경험이 된다. 눈으로 보는 것처럼 느껴진다는 것이다. 꿈이 개념적이거나 추상적이지 않고 그림이나 영화처럼 보이는 이유가 이것이다.

이런 조합이 꿈이라는 경험을 만들어낸다. 전기적 파동이 후두 피질을 침범해 시각 시스템을 활성화하고, 근육의 마비로 인해 꿈꾸는 사람은 꿈속의 행동을 현실에서 그대로 재현하지 않게 된다.

우리는 시각적인 꿈의 막후에서 작동하는 회로가 우연히 만들어지지 않았을 것이라고 본다. 시각 시스템은 다른 감각에게 영역을 점령당하지 않기 위해, 지구의 자전으로 사방이 어두워졌을 때에도 폭발적인 활동을 일으키는 방법으로 싸우는 수밖에 없다.[43] 감각 영역의 영토를 두고 끊임없이 경쟁이 벌어지는 환경에서 후두엽의 자기방어가 진화했다. 사실 시각은 대단히 중요한 정보를 전달하는데, 하루 중 절반 동안 그 기능을 도둑맞는다. 따라서 꿈은 신경 가소성과 지구 자전이 기묘한 사랑으로 낳은 자식인지도 모른다.

한 가지 핵심적인 사실은, 밤중에 폭발적으로 발생하는 활동이 해부학적으로 정확하다는 점이다. 이 활동은 뇌간에서 시작되어 딱 한 곳, 즉 후두 피질로만 유도된다. 만약 이 과정을 관장하는 신경회로가 널리 뒤죽박죽 가지를 뻗는다면, 뇌의 많은 영역이 이 회로와 연결될 테지만 현실은 그렇지 않다. 이 회로는 몹시 정확하게 딱 한 곳만 겨냥한다. 외측슬상핵이라고 불리는 아주 자그마한 조직. 이곳은 후두 피질만을 향해 신호를 전달해준다. 신경 해부학이라는 렌즈로 보았을 때, 이 회로의 기능이 이토록 한정되어 있다는 사실은 이것이 중요한 역할을 한다는 점을 암시한다.

그렇다면 날 때부터 앞이 보이지 않는 사람도 다른 사람들과 마찬가지로 뇌간과 후두엽을 이어주는 회로를 갖고 있다는 사실이 놀랍지 않다. 시각장애인의 꿈은 어떨까? 그들의 뇌는 어둠에 신경 쓰지 않으니 그들은 전혀 꿈을 꾸지 않을까? 이 의문의 답은 많은 것을 가르쳐 준다. 날 때부터 (또는 아주 어렸을 때부터) 앞이 보이지 않는 사람들은 꿈에서 시각적인 이미지를 보지 않고, 다른 감각을 경험한다. 예를 들어, 가구 배치가 바뀐 거실에서 감각으로 길을 찾거나 낯선 동물이 짖는 소리를 듣는 식이다.[44] 이것은 우리가 조금 전에 알게 된 사실과 완벽히 일치한다. 시각장애인의 후두 피질이 다른 감각들에 병합당한다는 사실. 선천적인 시각장애인에게서도 밤에 후두엽이 활성화하는 현상이 일어나지만, 꿈을 꾸는 사람은 그것을 시각이 아닌 다른 감각으로 경험한다. 다시 말해서, 일반적인 상황에서는 어둠이라는 불공정한 악조건 앞에서 밤에 후두엽으로 전기신호가 전달되는 방식이 유전자에 각인되어 있는데 이 현상은 시각장애인의 뇌에서도 똑같이 일어난다. 다만 처음의 목적이 사라졌을 뿐이다. 반면 일곱 살이 넘어 시각을 잃은 사람들의 꿈에는 시각적인 내용이 더 많이 등장한다. 나이를 먹은 뒤 시각을 잃은 사람의 후두엽이 다른 감각들에 덜 점령당한다는 사실과 일치하는 결과다. 따라서 그들은 꿈을 시각적인 경험으로 인식할 때가 많다.[45]

한 가지 흥미로운 사실은, 해마와 전전두엽 피질이 깨어 있을 때보다 꿈 수면 중에 덜 활발히 활동한다는 점이다. 아마 그래서 우리가 꿈을 잘 기억하지 못하는 것 같다. 뇌는 왜 이 두 영역을 닫아두는 걸까? 꿈 수면의 핵심적인 목적이 이웃들과 싸우는 시각 피질을 돕는 것이라면, 꿈의 기억을 굳이 저장할 필요가 없을 것이라고 짐작할 수 있다.

여러 종의 생물을 함께 살펴보면 많은 것을 배울 수 있다. 일부 포유류는 미숙한 상태로 태어난다. 혼자서 걷거나, 먹이를 구하거나, 체온을 조절하거나, 스스로를 방어할 수 없는 상태라는 뜻이다. 인간, 흰족제비, 오리너구리가 그런 예다. 반면 기니피그, 양, 기린처럼 성숙한 상태로 태어나는 포유류도 있다. 이들은 모두 자궁에서 나올 때부터 이빨과 털이 나 있으며, 눈도 뜰 수 있다. 체온을 조절하는 능력도 있고, 태어난 지 한 시간 안에 혼자 걸으며, 고형 음식도 먹을 수 있다. 여기에 중요한 단서가 있다. 미숙한 상태로 태어나는 동물들은 렘수면을 훨씬 많이 겪는다. 다른 동물들에 비해 최대 8배나 된다. 이런 차이는 특히 생후 1개월 동안 분명히 나타난다.[46] 우리가 해석하기에는, 가소성이 대단히 높은 뇌가 세상에 태어난 뒤 균형을 지키기 위해 끊임없이 싸워야 하기 때문인 것 같다. 대부분이 형성된 상태로 세상에 태어나는 뇌는 밤의 전투가 그리 필요하지 않다.

나이를 먹을수록 렘수면이 감소하는 현상도 마찬가지다. 모든 포유류는 수면 시간 중 일부만을 렘 상태로 보내는데, 그 시간이 나이를 먹을수록 꾸준히 줄어든다.[47] 인간의 경우, 유아는 수면 시간 중 절반을 렘 상태로 보내는 반면, 어른은 10~20퍼센트밖에 되지 않는다. 노인이 되면 이 시간이 더욱 줄어든다. 여러 동물에게서 나타나는 이런 경향은, 유아 시절 뇌의 가소성이 훨씬 뛰어나서(9장에서 살펴볼 것이다) 영역 경쟁이 무척 중요하다는 사실과 일치한다. 동물이 나이를 먹으면, 피질 영역을 점령하는 일이 점점 어려워진다. 이렇게 가소성이 줄어들면서, 렘수면 시간도 줄어든다.

이 가설은 먼 미래에 우리가 다른 행성에서 생명체를 발견했을 때를 예언할 수 있게 해준다. 일부 행성(특히 적색왜성 주위를 도는 행성)은 항상 같은 면만 태양을 향하도록 단단히 고정되어 있다. 즉 행성의 한 면은 영원한 낮이고, 반대편은 영원한 밤이라는 뜻이다.[48] 만약 그 행성의 생명체가 우리 뇌와 아주 조금이라도 비슷한 방식으로 생후배선이 이루어지는 뇌를 갖고 있다면, 항상 낮인 지역의 생명체들은 우리와 똑같은 시각을 갖고 있다 해도 꿈을 꾸지 않을 것이다. 자전 속도가 엄청 빠른 행성에 대해서도 같은 예언을 할 수 있다. 피질 점령에 필요한 시간보다 밤이 더 짧다면, 꿈이 불필요하기 때문이다. 어쩌면 앞으로 수천 년 뒤에는, 꿈을 꾸는 우리가 우주의 소수집단인지 아닌지 마침내 알게 될지도 모른다.

외면이 그러하면 내면도 그렇다

런던 트래펄가 광장의 넬슨 제독 동상을 보러 오는 사람들은 대부분 저 높은 공중에 있는 머리 속의 좌반구 체성감각피질에서 발생한 왜곡을 생각해본 적이 없을 것이다. 하지만 생각해보아야 한다. 뇌의 가장 놀라운 재주 중 하나가 여기에 드러나 있기 때문이다. 바로 신체의 암호를 최적화할 수 있는 능력.

지금까지 우리는 감각기관에서 들어오는 정보가 바뀌면(예를 들어 신체 일부를 절단하거나, 시각이나 청각을 잃는 경우), 피질의 대규모 재편성이 일어나는 것을 살펴보았다. 뇌의 신체 지도는 유전자에 미리 각인된 것이 아니라, 입력되는 정보에 따라 형성된다. 경험 의존적이라는 얘기다. 뇌의 신체 지도는 미리 정해진 설계도를 따르기보다는 국지적인 영토 경쟁의 결과로 만들어진다. 함께 신호를 쏘는 뉴런들이 회로를 이루기 때문에, 함께 활성화되는 지역은 뇌에서 인접해 있다고 볼 수 있다. 몸의 형태가 어떻게 변하든, 그 결과가 자연스럽게 뇌 지도에 반영된다.

이처럼 활동에 의존하는 메커니즘 덕분에 진화과정에서 발톱부터 지느러미까지, 날개부터 쥐는 힘이 있는 꼬리까지 헤아릴 수 없이 다양한 신체 형태를 재빨리 시험해서 결정하는 자연선택이 가능해진다. 새로운 신체 형태를 시험해보고 싶을 때마다 뇌의 유전자를 바꿀 필요는 없다. 그냥 뇌가 스스로 적응하게 내버려두면 된다. 이 책 전체를 관통하는 주제 중 하나, 즉 뇌는 컴퓨터와 크게 다르다는 것을 이 점이 강조해준다. 앞으로 신경의 영토로 계속 깊숙이 들어가면서, 전통적인 공학의 개념은 버리고 눈을 크게 뜰 필요가 있다.

신체의 변화를 중심으로 한 뇌의 변신은 모든 감각에 해당된다. 앞에서 우리는 날 때부터 앞을 보지 못하는 사람의 '시각' 피질이 청각, 촉각 등 다른 감각에 맞춰지는 것을 보았다. 이처럼 피질의 땅을 추가로 확보한 감각은 민감도가 올라간다. 그 감각에 할애된 뇌의 영역이 넓을수록, 해상도가 높아지는 것이다.

마지막으로, 우리는 앞이 보이는 사람이라도 고작 1시간만 눈을 가려놓으면, 그들이 손가락으로 작업을 수행할 때나 소리를 들을 때

일차 시각 피질이 활성화되는 것을 발견했다. 안대를 제거하면 시각 피질은 재빨리 원래 상태로 돌아가 시각 정보에만 반응하게 된다. 앞으로 더 살펴보겠지만, 손가락과 귀로 갑자기 '볼' 수 있게 되는 뇌의 능력을 좌우하는 것은, 이미 존재하지만 눈이 데이터를 보낼 때는 사용되지 않던 다른 감각과의 연결이다.

우리는 이런 사실들을 하나로 모아서, 시각적인 꿈은 뉴런의 경쟁과 지구의 자전이 낳은 부산물이라는 가설을 세웠다. 시각 시스템이 다른 감각에 땅을 빼앗기지 않으려면, 어두운 밤에도 시각 시스템을 활성화할 방법이 있어야 한다.

이제 우리는 의문에 맞설 준비가 되었다. 지금까지 우리가 그려낸 피질은 유연성이 지극히 높다. 그럼 그 유연성의 한계는 어디까지인가? 종류를 막론하고 데이터를 뇌에 입력할 수 있는가? 뇌는 그렇게 받은 데이터를 어떻게 처리해야 하는지 간단히 알아낼까?

입력 자료 이용하기

누구나 원한다면 자기 뇌를 스스로 조각할 수 있다.

_산티아고 라몬 이 카할(1852~1934), 신경과학자·노벨상 수상자

날 때부터 청력이 좋지 않았던 마이클 코로스트는 보청기를 끼고 청소년기를 그럭저럭 보냈다. 그런데 어느 날 오후, 렌터카를 가지러 가서 기다리는 동안 보청기의 배터리가 다 닳아버렸다. 아니, 그런 줄 알았다. 배터리를 갈아 끼웠는데도 소리가 전혀 들리지 않자 그는 스스로 차를 몰고 가장 가까운 응급실로 갔다. 그리고 그나마 남아 있던 청력이, 그러니까 세상과 그를 희박하게나마 이어주던 청각 구명선이 영원히 사라져버렸다는 진단을 받았다.[1]

이제 보청기는 그에게 아무런 도움이 되지 못했다. 사실 보청기는 세상의 소리를 포착해서 아주 크게 증폭해, 병든 청각 시스템에 쾅쾅

들려주는 기계가 아닌가. 이 방법이 몇 가지 유형의 청각 상실에 효과를 발휘하는 것은 맞지만, 고막까지 연결된 모든 것이 반드시 제대로 기능해야 한다. 만약 내이의 기능이 소멸한 상태라면, 소리를 아무리 증폭해도 문제가 해결되지 않는다. 마이클이 바로 이런 상황이었다. 소리가 전해주는 세상의 풍경을 더 이상 인식할 수 없게 된 것 같았다.

하지만 그는 아직 남아 있는 한 가지 가능성에 대해 알게 되었다. 그가 2001년에 받은 인공와우 수술이 그것이었다. 이 자그마한 장치는 망가진 내이를 우회해서 바로 그 너머의 정상적인 신경(데이터케이블과 비슷하다고 생각하면 된다)과 직접 소통한다. 인공와우는 내이에 직접 이식된 미니컴퓨터로, 바깥의 소리를 수신한 뒤 자그마한 전극을 통해 그 정보를 청각신경에 전달한다.

이렇게 망가진 내이를 우회할 수 있게 되었다 해도, 공짜로 청각을 얻을 수 있는 것은 아니다. 마이클은 청각 시스템으로 전달되는 전기 신호를 외국어처럼 해석하는 방법을 배워야 했다.

> 수술 한 달 뒤 그 장치를 켰을 때 가장 먼저 들은 문장은 "즈즈즈즈즈 스즈즈 스즈비즈즈즈 어 브르프즈즈즈즈?"처럼 들렸다. 내 뇌는 이 낯선 신호를 해석하는 법을 차츰 터득해나갔다. 오래지 않아 "즈즈즈즈즈 스즈즈 스즈비즈즈즈 어 브르프즈즈즈즈?"는 "아침 식사로 뭘 먹었니?"라는 문장이 되었다. 몇 달 동안 연습한 끝에 나는 다시 전화를 사용할 수 있었고, 심지어 시끄러운 술집과 카페테리아에서 대화도 할 수 있었다.

미니컴퓨터를 몸에 이식한다는 말이 무슨 공상과학소설처럼 들리겠지만, 인공와우는 1982년부터 상용화되었다. 현재 머리에 이 생체공학 장치를 품고 돌아다니며 사람들의 목소리, 노크 소리, 웃음소리, 피콜로 소리를 즐기는 사람들의 수는 50만 명이 넘는다. 인공와우의 소프트웨어를 해킹하는 것도 업데이트하는 것도 가능하기 때문에, 마이클은 수술을 다시 받지 않고도 이 장치를 통해 더 효율적으로 정보를 받을 수 있게 되었다. 인공와우를 사용한 지 거의 1년이 지났을 때, 그는 소리의 해상도를 두 배로 올려주는 프로그램으로 업그레이드를 실시했다. 마이클은 이렇게 표현한다. "내 친구들의 귀는 나이를 먹을수록 반드시 퇴화하겠지만, 내 귀는 계속 좋아지기만 할 것이다."

테리 바이랜드는 로스앤젤레스 인근에 산다. 그는 망막의 퇴행성 질병인 망막색소변성증을 앓고 있다. 눈의 뒤편에 있는 망막은 광수용체가 분포해 있는 곳이다. 테리는 이렇게 말한다. "서른일곱 살에 앞으로 시력을 잃을 것이며, 돌이킬 방법이 없다는 말을 듣고 싶은 사람은 없다."[2]

그러나 그는 용기만 있다면 시도해볼 수 있는 방법이 있다는 사실을 알게 되었다. 2004년에 그는 실험적인 수술을 받은 최초의 환자 중 한 명이 되었다. 생체공학적 망막칩을 이식받은 것이다. 전극이 격자 모양으로 분포한 자그마한 장치인 망막칩은 눈 안쪽의 망막에 설치된다. 안경에 내장된 카메라가 무선으로 칩에 신호를 쏴주면, 전극이 아직 살아 있는 테리의 망막세포에 조금씩 전기를 흘려 신호를 만들어 내고, 이 신호는 그때까지 조용하던 시신경 고속도로를 달려간다. 테리의 시신경에는 아무 이상이 없었다. 사실 광수용체가 죽은 뒤로, 시신경은 뇌로 전달할 신호에 계속 굶주린 상태였다.

테리의 눈에 소형 칩을 이식한 수술팀은 서던캘리포니아대학의 연구팀이었다. 수술은 아무 문제 없이 끝났고, 곧 진짜 시험이 시작되었다. 연구팀은 기대감에 숨을 죽이고 전극들을 하나하나 켜서 시험했다. 테리는 이렇게 말했다. "뭔가가 눈에 보인다는 것이 놀라웠다. 전극을 하나씩 시험할 때, 작은 빛의 점 같은 것이, 하다못해 10센트 동전 크기도 안 되는 그 점들이 보였다."

며칠 동안 테리의 눈에 보이는 것이라고는 작은 별빛 같은 빛의 점들뿐이었다. 엄청난 성공은 아니었다. 하지만 그의 시각 피질이 그 신호에서 정보를 잘 뽑아내는 법을 점차 터득했다. 어느 정도 시간이 흐른 뒤, 그는 열여덟 살짜리 아들의 존재를 감지했다. "아들과 함께 걷고 있었는데…… 다섯 살 때 이후로 아들의 모습을 처음 보았다. 거리낌 없이 말하는데, 그날 눈물을 몇 방울 흘렸다."

테리의 눈에 세상이 선명하게 보이는 것은 아니었다. 그의 눈에 보이는 것은 화소로 처리된 간단한 격자판에 더 가까웠다. 하지만 어둠의 문이 살짝 열린 것은 분명했다. 시간이 흐르면서 그의 뇌는 신호를 더 잘 이해할 수 있게 되었다. 지금도 사람의 얼굴을 세세히 식별할 수는 없지만, 어렴풋이 알아볼 수는 있다. 그에게 이식된 망막칩의 해상도가 낮은 편인데도, 아무 데서나 불쑥 들이미는 물체를 만질 수도 있고 횡단보도의 하얀 선을 확인하며 길을 건널 수도 있다.[3] 그는 자랑스

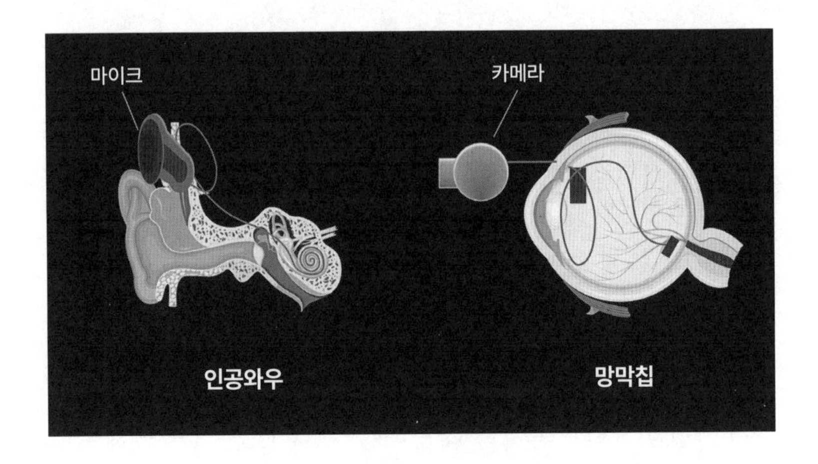

이 디지털 장치들은 자연스러운 생체 언어와는 잘 어울리지 않는 정보를 밀어붙인다.
그런데도 뇌는 그 데이터를 이용하는 방법을 찾아낸다.

럽게 말한다. "우리 집이나 다른 사람의 집 안에서 나는 아무 방이나 들어가 불을 켤 수 있다. 창문을 통해 들어오는 햇빛을 볼 수도 있다. 길을 걸을 때는 낮게 늘어진 가지를 피할 수도 있다. 가지의 가장자리가 보이기 때문에 피할 수 있는 것이다."

과학계는 수십 년 전부터 귀와 눈에 인공 장치를 삽입하는 아이디어를 진지하게 고려했다. 하지만 그런 기술이 실제로 작동할 것이라고 낙관한 사람은 하나도 없었다. 사실 내이와 망막은 입력된 정보를 처리할 때 놀라울 정도로 정교한 작업을 수행한다. 그러니 감각기관의 생체언어 대신 실리콘밸리의 언어를 쓰는 작은 전자칩을 뇌가 이해할 수 있을까? 칩이 발사하는 작은 전기신호 패턴이 신경망에 도달하면 그냥 횡설수설이 되는 게 아닐까? 이런 장치는 외국에 가면서 자기가 계속 소리쳐 말하기만 하면 모두 자신의 말을 알아들을 거라고 생각하는 괴상한 여행자 꼴이 될 것 같았다.

그런데 놀랍게도 이런 촌스러운 전략이 뇌에는 효과가 있었다. 외국의 주민들 전체가 여행자의 말을 배우는 일이 벌어진 것이다.

어떻게?

이 현상을 이해하려면 한 단계 더 깊이 들어가야 한다. 무게 1.4킬로그램의 뇌는 소리를 직접 듣거나 눈앞의 광경을 직접 보지 않는다. 뇌는 어둡고 조용한 지하 묘지 같은 두개골 안에 갇혀 있다. 뇌가 보는 것은 다양한 데이터케이블을 통해 계속 들어오는 전기화학 신호뿐이다. 뇌가 처리해야 하는 정보도 그것뿐이다.

우리가 아직 그 과정을 전부 알아내지는 못했으나, 뇌는 이 신호를 받아들여 패턴을 추출해내는 데 기가 막힌 재능을 지니고 있다. 뇌는 각각의 패턴에 의미를 부여한다. 그리고 이 의미가 우리의 주관적인 경험이 된다. 뇌는 어둠 속의 전기 불꽃을 세상에 대한 조화로운 그림 쇼로 바꿔놓는 기관이다. 우리가 살면서 느끼는 모든 색조와 향기와 감정과 감각은 어둠 속을 핑핑 내달리는 몇조 개의 신호 속에 암호로 저장되어 있다. 컴퓨터의 아름다운 화면보호기가 기본적으로 0과 1로 구축된 것과 비슷하다.

행성을 장악한 포테이토 헤드 기술

모든 주민이 날 때부터 앞을 보지 못하는 섬에 간다고 상상해보자. 섬 주민들은 모두 손끝으로 작은 점자를 더듬어 글을 읽는다. 나는 그들이 작고 오톨도톨한 점을 문지르면서 갑자기 웃음을 터뜨리거나 훌쩍훌쩍 우는 모습을 지켜본다. 어떻게 그 많은 감정을 손끝에 담을 수 있을까? 나는 소설을 읽을 때 특정한 직선과 곡선을 향해 얼굴에 있는 두 개의 구를 돌린다고 섬 주민들에게 설명한다. 각각의 구에는 광자와의 충돌을 기록하는 세포들이 펼쳐져 있으며, 그 덕분에 기호들의 모양을 인식할 수 있다고. 나는 모양이 다른 각각의 기호가 다른 소리를 상징하는 일련의 규칙을 외워서 알고 있다. 따라서 기호를 볼 때마다 머릿속에서 작은 소리가 울리고, 다른 사람이 그 소리를 입 밖으로 내면 어떻게 들릴지 상상이 간다. 그 결과로 생겨나는 신경화학 신호 패턴 덕분에 나는 너무 웃겨서 폭소를 터뜨리거나 눈물을 쏟을 수 있게 된다. 섬사람들이 이런 설명을 잘 이해하지 못해도, 그들을 비난할 수는 없을 것이다.

나와 섬사람들은 결국 간단한 사실 하나를 인정할 수밖에 없다. 손끝도 안구도 외부세계의 정보를 뇌에서 스파이크로 바꿔주는 주변장치에 불과하다는 것. 이 신호를 해석하는 어려운 작업은 모두 뇌의 몫이다. 나와 섬사람들은 뇌 속을 휙휙 돌아다니는 몇조 개의 스파이크가 가장 중요하며, 신호의 입력 지점은 전혀 중요하지 않다는 사실을 함께 받아들인다.

입력되는 정보의 종류와 상관없이, 뇌는 거기에 적응해서 최대한 정보를 추출해내는 법을 터득한다. 데이터 구조에 외부세계의 중요한 정보가 반영되어 있기만 하다면(다른 요건도 있는데, 이건 다음 장에서 살펴보겠다), 뇌는 그 암호를 푸는 법을 알아낼 것이다.

여기에서 파생되는 흥미로운 결과가 하나 있다. 데이터의 출처가

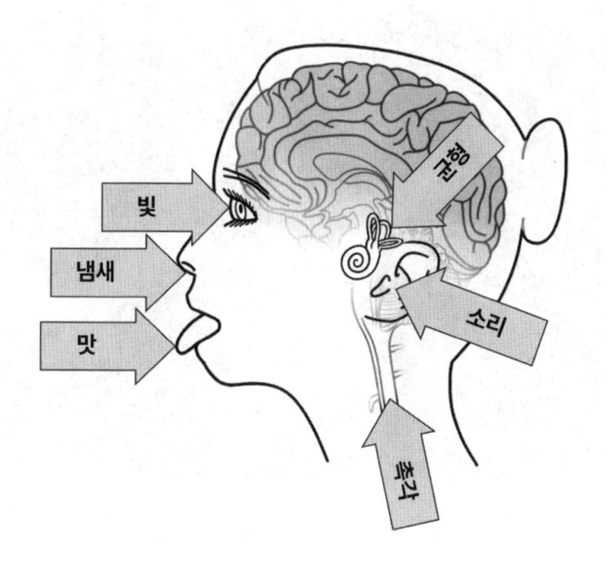

감각기관은 뇌에 다양한 정보원을 제공해준다.

어디인지 뇌는 알지도 못하고 관심도 없다는 것. 무엇이든 정보가 들어오면, 뇌는 그것을 이용할 방법을 찾아낼 뿐이다.

이 덕분에 뇌는 대단히 효율적인 기계가 된다. 범용 컴퓨터 장치인 뇌는 손에 들어오는 신호를 빨아들여 어떻게 사용할 것인지 거의 최적의 방법을 찾아내 결정한다. 이 전략으로 자유로워진 어머니 자연이 다양한 정보 입력 채널을 만지작거릴 수 있다는 것이 내 생각이다.

나는 이것을 진화의 포테이토 헤드(미국의 장난감 캐릭터로 감자 몸통에 손, 발, 눈, 코, 입을 자유자재로 떼었다 붙였다 할 수 있다—옮긴이) 모델이라고 부른다. 우리가 알고 사랑하는 모든 감각기관, 예를 들어 눈과 귀와 손끝 등이 그냥 플러그 앤드 플레이 주변기기일 뿐이라는 점을 강조하기 위

포테이토 헤드 가설. 감각기관을 꽂아 넣으면, 뇌가 그 사용법을 알아낸다.

해 붙인 이름이다. 감각기관을 꽂아 넣으면, 곧바로 작동한다. 그 통로로 들어오는 정보를 어떻게 처리할지는 뇌가 알아낼 것이다.

이 덕분에 어머니 자연은 그냥 새로운 주변장치를 하나 만들기만 하면 새로운 감각을 구축할 수 있다. 다시 말해서, 뇌의 작동 원리를 깨우치고 나면, 어머니 자연이 여러 종류의 정보 입력 채널들을 손봐서 세상의 다양한 에너지원을 포착할 수 있다는 뜻이다. 전자기복사 반사로 전달되는 정보를 눈의 광자 감지기가 포착한다. 공기가 압축되며 생기는 파동을 귀의 소리 감지기가 포착한다. 열기와 질감에 관한 정보를 피부라고 불리는 넓은 막이 수집한다. 화학적 특징을 코가 킁킁거리거나 혀가 핥아서 알아낸다. 그리고 이 모든 정보가 어두운 두개골 안을 이리저리 뛰어다니는 스파이크로 변환된다.

모든 종류의 감각 정보를 받아들일 수 있는 놀라운 뇌의 능력 때문에 새로운 감각을 연구하고 개발하는 짐이 외부의 감각기관 몫이 된다. 포테이토 헤드에 코나 눈이나 입 모양 부품을 아무거나 골라서 꽂을 수 있듯이, 자연도 바깥세상의 에너지원을 감지하기 위해 뇌에 다양한 도구를 꽂아본다.

컴퓨터의 플러그 앤드 플레이 주변기기를 생각해보자. 플러그 앤드 플레이 설정은 컴퓨터가 앞으로 몇 년 뒤에 발명될 XJ-3000 슈퍼웹캠의 존재에 대해 굳이 알 필요가 없다는 점에서 중요하다. 컴퓨터는 미지의 임의적인 장비와 연결된 인터페이스에 자신을 열고, 새로운 기기가 추가되었을 때 거기서 들어오는 데이터를 받아들이기만 하면 된다. 따라서 새로운 주변기기가 시장에 나올 때마다 새 컴퓨터를 살 필요가 없다. 표준화된 방식으로 추가될 주변기기를 위해 포트를 열어주는 중앙장치 하나만 있으면 된다.[4]

우리 몸의 주변 감지 장치들을 자립형 개별 장치로 보는 것이 터무니없게 보일지도 모른다. 이런 장치들을 만드는 데에 수천 개의 유전자가 관련되어 있지 않은가? 그리고 이 유전자들이 몸의 다른 부위에도 관여하지 않는가? 코, 눈, 귀, 혀를 정말로 자립형 장치로 볼 수 있는가? 나는 이 문제를 깊이 파고들어갔다. 만약 포테이토 헤드 모델이 옳다면, 이런 주변기기를 만들거나 없앨 수 있는 간단한 유전자 스위치가 있을 수도 있지 않나?

지금까지 밝혀진 사실에 따르면, 모든 유전자가 동등하지는 않다. 유전자들은 대단히 정밀한 순서로 풀리며, 피드백과 피드포워드의 정교한 알고리즘을 통해 한 유전자의 발현이 다른 유전자의 발현을 촉발한다. 따라서 예를 들어 코 같은 기관을 만드는 유전자 프로그램에는 중요한 마디들이 있다. 그 프로그램을 켜거나 끌 수 있다는 뜻이다.

이걸 어떻게 아느냐고? 유전자의 딸꾹질로 발생하는 돌연변이를 보면 된다. 아이가 선천적으로 코가 없이 태어나는 무비증을 예로 들어보자. 얼굴에 정말로 코가 없다. 2015년에 앨라배마에서 태어난 아기 엘리에게는 코가 흔적도 없었다. 비강이라든가 냄새를 맡을 수 있는 다른 시스템도 없었다.[5] 이런 돌연변이는 상상하기 어려운 놀라운 일이지만, 우리의 플러그 앤드 플레이 틀 안에서는 예측할 수 있는 결과다. 유전자가 아주 조금만 비틀려도, 주변기기가 아예 만들어지지 않는다.

감각기관을 플러그 앤드 플레이 주변기기로 볼 수 있다면, 예를 들어 눈이 없이 태어나는 아이도 있을 것이라고 짐작할 수 있다. 무안구증이 바로 그것이다. 2014년에 시카고에서 태어난 아기 조디를 보자.[6] 조디의 눈꺼풀 아래에는 매끈하고 광택이 나는 살이 있을 뿐이다. 조

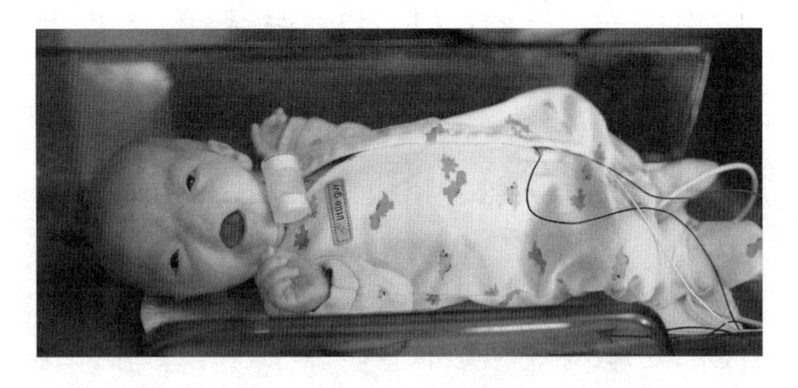

코가 없이 태어난 아기 엘리.

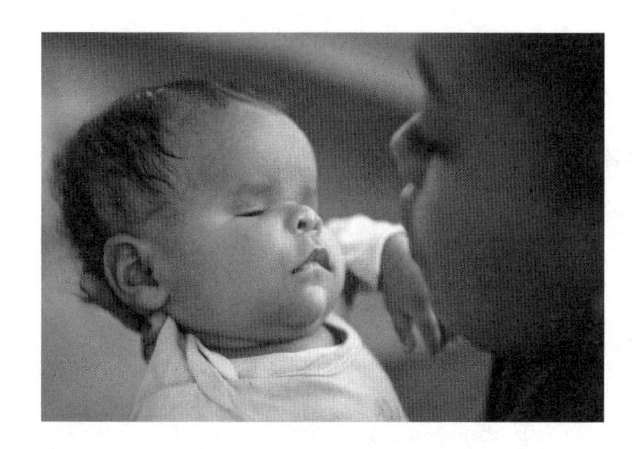

눈이 없이 태어난 아기 조디. 눈꺼풀 아래에는 피부만 있다.

디의 행동과 뇌 영상 촬영 결과를 보면 뇌의 다른 부분에는 아무 문제가 없는 것 같지만, 광자를 포착하는 주변기기가 하나도 없다. 조디의 할머니는 이렇게 말한다. "조디는 우리를 만져봐야 알아요." 어머니 브래니아 잭슨은 조디가 자라면서 만질 수 있게 오른쪽 어깨에 '나는 조디를 사랑해'라는 문구를 특별히 점자 문신으로 새겼다.

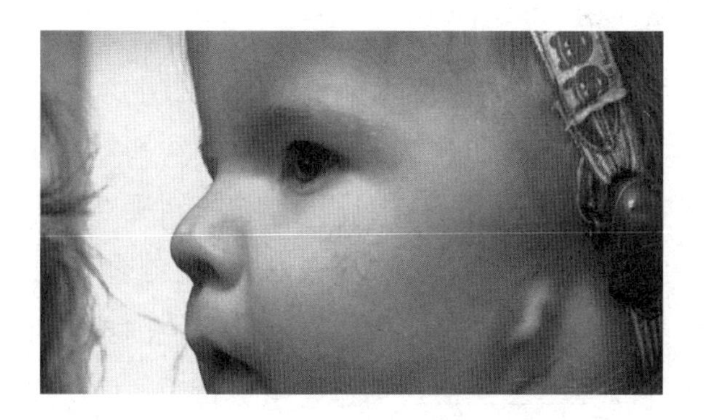

귀가 없는 아이.

귀가 없이 태어나는 아이들도 있다. 아주 드물게 나타나는 무이증이다. 이런 아이들에게는 태어날 때부터 외이가 전혀 없다.

이와 관련해서, 단백질 하나의 변이로 내이 구조가 사라지기도 한다.[7] 이런 돌연변이를 지니고 태어난 아이들이 소리를 전혀 듣지 못하는 것은 말할 필요도 없다. 음파를 스파이크로 바꿔줄 주변기기가 없기 때문이다.

혀가 없이 태어났으나 다른 부분은 모두 건강한 것이 가능할까? 물론이다. 브라질에서 태어난 아이 아우리스텔라가 바로 그런 경우다. 아우리스텔라는 먹고, 말하고, 숨을 쉬기 위해 몸부림치며 세월을 보냈다. 어른이 된 뒤 혀를 만드는 수술을 받았고, 지금은 혀가 없이 자란 어린 시절에 대해 유창하게 인터뷰를 한다.[8]

우리 몸에 생겨날 수 있는 여러 이상의 목록은 길게 이어진다. 어떤 아이들은 피부와 내장기관의 통각 수용기가 전혀 없는 채로 태어나 통증을 전혀 느끼지 못한다.[9] (언뜻 보기에는 통증으로부터 자유로워진 것이 이점처럼 보일지도 모른다. 하지만 그렇지 않다. 통증을 느끼지 못하는 아이들은 온몸이 흉터로 뒤덮여 있고 일찍 죽는 경우도 많다. 무엇을 피해야 하는지 모르기 때문이다.) 피부에는 통증 외에도 잡아당기는 느낌, 가려움, 온도 등 다양한 감각의 수용체가 있다. 이 중에 일부 감각이 사라진 아이가 태어날 때가 있는데, 이것을 모두 뭉뚱그려서 촉각장애라고 부른다.

이런 다양한 장애를 살펴보면, 우리 몸의 주변 감지기들이 특정한 유전자 프로그램에 의해 만들어진다는 사실이 분명해진다. 유전자의 사소한 이상만으로도 프로그램이 멈출 수 있고, 그러면 뇌는 그 채널에서 들어와야 할 데이터를 받지 못한다.

피질이 다양한 작업을 수행할 수 있다고 생각하면, 진화과정에서 새로운 감각이 어떻게 추가되는지 짐작할 수 있다. 주변기기의 변이로 새로운 데이터 흐름이 뇌의 어느 지역으로 들어가면, 신경들이 정보를 처리하기 시작한다. 따라서 새로운 감지 장치가 발달하기만 하면 새로운 감각이 생긴다.

그래서 동물계를 훑어보면 온갖 종류의 기묘한 주변기기들을 발견할 수 있다. 모두 수백만, 수천만 년에 걸친 진화의 산물이다. 만약 내가 뱀이라면, DNA 시퀀스가 적외선 정보를 포착하는 우묵한 열 구멍을 만들 것이다. 만약 내가 블랙 고스트(물고기의 일종—옮긴이)라면, 내 유전자가 전기장의 동요를 감지하는 전기 센서를 만들 것이다. 만약 내가 블러드하운드라면, 내 유전자 암호는 후각 수용기가 빽빽한 거대한 주둥이를 만들라고 지시할 것이다. 만약 내가 갯가재라면, 내 유전자는 열여섯 가지 종류의 광수용체가 있는 눈을 만들 것이다. 별코두더지는 코에 달린 스물두 개의 손가락 같은 것으로 주변을 더듬어, 자신이 파는 굴의 3차원 모델을 구축한다. 자기磁氣 수용 능력을 지닌 많은 새, 소, 곤충은 지구의 자기장으로 방향을 찾는다.

이런 다양한 주변기기를 수용하기 위해 뇌를 매번 새로 설계해야 할까? 그럴 필요는 없을 것 같다. 진화과정에서 임의적인 돌연변이로 낯설고 새로운 감각기관이 생겨나면, 그 정보를 받는 뇌는 그 기관을 이용할 방법을 간단히 찾아낸다. 이렇게 뇌의 작동 원리가 확립되었으니, 자연은 새로운 감각기관의 설계에만 신경 쓰면 된다.

이런 관점 덕분에 분명해진 교훈이 하나 있다. 우리가 처음부터 지니고 태어나는 눈, 코, 귀, 혀, 손끝 외에도 우리가 가질 수 있었던 도구들이 더 있었다는 것. 지금의 우리 모습은 길고 복잡한 진화를 거치며 물려받은 것에 불과하다.

하지만 꼭 지금의 감각기관만 고수할 필요는 없을지도 모른다.

뇌가 다양한 종류의 정보를 받아들일 수 있다는 사실에는 하나의 감각 채널이 다른 채널의 정보를 전달할 수도 있을 것이라는 별난 예언이 내포되어 있다. 예를 들어, 내가 비디오카메라에서 들어오는 정보를 받아들여 피부의 촉각으로 변환한다면 어떨까? 뇌가 단순히 촉각만으로 시각의 세계를 해석할 수 있게 될까?

꾸며낸 얘기보다 더 기묘한 감각 대체의 세계에 온 것을 환영한다.

감각 대체

엉뚱한 채널을 통해 뇌에 데이터를 들여보낼 수 있다는 말이 별난 가설로만 들릴지 모르겠다. 그러나 이 가설을 증명한 논문이 처음으로 〈네이처〉에 발표된 지 벌써 50년이 넘게 흘렀다.

이 이야기는 1958년에 시작된다. 그해에 폴 바흐이리타라는 의사는 예순다섯 살의 교수인 아버지가 심한 뇌중풍 발작을 일으켰다는 연락을 받았다. 아버지는 몸을 움직일 수 없어서 휠체어 신세를 져야 했으며 말도 거의 하지 못했다. 폴은 당시 멕시코대학 의대생이던 남동생 조지와 함께 아버지를 도울 방법을 찾아보았다. 그렇게 해서 개

감각 대체. 이례적인 통로를 통해 뇌에 정보를 들여보낸다.

인별 일대일 재활 프로그램의 선구자가 되었다.

폴은 이렇게 말했다. “우리에게는 힘든 사람이었다. [조지는] 바닥에 뭔가를 던지고서 ‘아버지 저걸 가져오세요’라고 말하곤 했다.”[10] 두 형제가 아버지에게 포치 청소를 시킬 때도 있었다. 그럴 때면 이웃들은 당혹스러운 표정을 지었다. 하지만 아버지는 그렇게 애쓴 보람을 느꼈다. 폴은 아버지의 생각을 이렇게 표현했다. “이 쓸모없는 인간이 그래도 뭔가 하고 있구나.”

뇌중풍 환자들은 대개 부분적인 회복에 그친다. 아예 회복하지 못하는 경우도 많다. 따라서 폴과 조지 형제는 헛된 희망에 빠지지 않으려고 애썼다. 발작으로 죽어버린 뇌 조직은 결코 되살아나지 않는다는 사실을 알기 때문이었다.

하지만 아버지의 회복은 예외적으로 순조로웠다. 어찌나 훌륭하게 회복했는지 다시 대학으로 돌아가 강단에 섰으며, 한참 뒤에야 돌아가셨다(콜롬비아에서 등산을 하다가 해발 2700미터에서 심장 발작을 일으켰다).

아버지가 이렇게 회복한 모습은 폴의 마음에 깊게 새겨져 그의 인생에서 중요한 전환점이 되었다. 폴은 뇌가 스스로를 재훈련시킬 수 있으며, 뇌의 일부가 영원히 사라지더라도 다른 부분들이 그 기능을 이어받을 수 있음을 깨달았다. 그래서 샌프란시스코 스미스 케틀웰 연구소의 교수직을 버리고 샌타클래라밸리 메디컬센터에서 재활의학 수련의修鍊醫 생활을 시작했다. 그는 아버지 같은 사람들을 연구해서, 뇌의 재훈련에 무엇이 필요한지 알아내고 싶었다.

1960년대 말까지 폴 바흐이리타는 많은 동료들이 어리석다고 생각한 연구를 했다. 그는 실험실에서 개조한 치과 의자에 시각장애인 자원자를 앉혔다. 그 의자의 등받이에는 가로세로 각각 스무 칸씩의 격자 안에 400개의 테플론 팁을 붙인 판이 삽입되어 있었다. 솔레노이드 기계를 조작하면 팁이 판에서 나왔다 들어갔다 했다. 자원자의 머리 위 삼각대에는 카메라가 설치되었다. 이 카메라의 영상이 변환되어 자원자의 등을 찌르는 팁의 움직임으로 변환되는 설계였다.

카메라 앞으로 다양한 물건이 지나가는 동안, 자원자는 의자에 앉아 등의 느낌에 열심히 주의를 기울였다. 이렇게 며칠 동안 훈련하자, 등의 느낌만으로 물건을 구분하는 실력이 좋아졌다. 우리가 누군가의 등에 손가락으로 그림이나 글자를 그린 뒤, 그 사람에게 그 그림이나 글자를 맞혀보라고 하는 게임과 같았다. 자원자가 경험한 것은 정확히 말해서 '시각'은 아니었지만, 그래도 새로운 시작이기는 했다.

바흐이리타의 연구 결과는 그 분야의 사람들을 경악시켰다. 시각

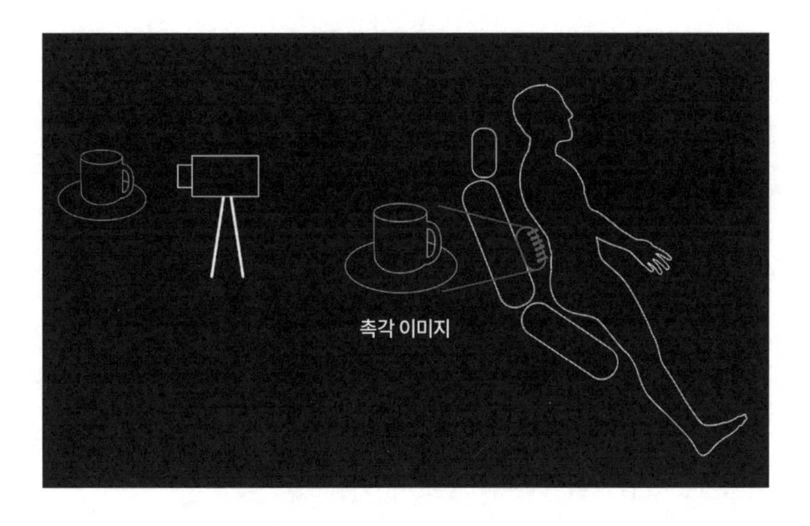

영상 정보가 등의 촉각으로 변환된다.

장애인 자원자가 수평선, 수직선, 대각선을 구분할 수 있게 되다니. 여기서 더 연습하면 단순한 물체는 물론 심지어 사람의 얼굴까지도 구분할 수 있었다. 순전히 등을 찌르는 감각만으로. 바흐이리타는 이 연구 결과를 '촉각 이미지 투영에 의한 시각 대체'라는 놀라운 제목의 논문으로 써서 〈네이처〉에 발표했다. 감각 대체라는 새로운 시대의 시작이었다.[11] 바흐이리타는 자신의 연구 결과를 간단히 요약했다. "뇌는 피부에서 들어오는 정보를 눈에서 들어온 정보처럼 사용할 수 있다."

이 기법은 바흐이리타가 동료들과 함께 단 하나의 간단한 변화를 실행한 뒤 극적으로 향상되었다. 카메라를 의자에 설치하지 않고, 시각장애인 사용자가 스스로 카메라의 방향을 조종할 수 있게 한 것. 이제 '눈'이 어디를 볼 것인지 사용자가 자신의 의지로 결정할 수 있게 되었다.[12] 왜 이렇게 바꿨느냐고? 사람이 직접 세상과 상호작용을 주고받을 수 있을 때 감각기관의 정보를 가장 잘 배울 수 있다. 사용자가 카메라를 직접 조종하게 함으로써 근육의 출력 결과와 감각기관의 입력 정보가 완전히 하나의 고리 모양으로 연결되었다.[13] 지각은 수동적인 것이 아니라, 뇌로 되돌아오는 정보의 구체적인 변화와 특정한 행동을 짝지어 주변 환경을 적극적으로 조사하는 방법이라고 할 수 있다. 이러한 고리가 형성되는 과정은 뇌에 중요하지 않다. 눈을 움직이는 근육을 사용하든 팔 근육을 움직여 카메라를 조종하든 상관이 없다는 뜻이다. 과정이야 어찌 되었든, 뇌는 입력 정보에 맞는 출력 결과를 만들어내는 방법을 파악하려고 애쓴다.

사용자 입장에서는 시각적인 물체들이 등의 피부 위가 아니라 '저기 어딘가'에 있는 것으로 인식된다.[14] 다시 말해서, 시각과 비슷하다는 뜻이다. 커피숍에 있는 친구의 얼굴이 광수용체에 부딪히더라도, 우리는 그 신호가 눈에 있다고 인식하지 않는다. 친구가 '저기 어딘가'에서 우리에게 손을 흔들고 있다고 인식한다. 바흐이리타의 실험실에서 개조된 치과 의자에 앉은 자원자들의 경험도 이와 같았다.

바흐이리타의 장치가 가장 먼저 대중의 눈길을 끌었지만, 사실 감각 대체 시도는 이때가 처음이 아니었다. 1890년대에 세상의 반대편에서 카지미에시 노이셰프스키라는 폴란드인 안과 의사가 시각장애인을 위해 엘렉트로프탈름Elektroftalm(그리스어로 '전기'+'눈')을 개발했다. 시각장애인의 이마에 광전지를 하나 붙여두면, 거기에 빛이 많이 닿을수록 사용자의 귀에 들리는 소리가 커진다. 사용자는 그 소리의 강도를 바탕으로, 밝은 곳과 어두운 곳의 위치를 알아낼 수 있다.

그러나 안타깝게도 이 기계는 너무 크고 무거웠으며, 화소도 하나

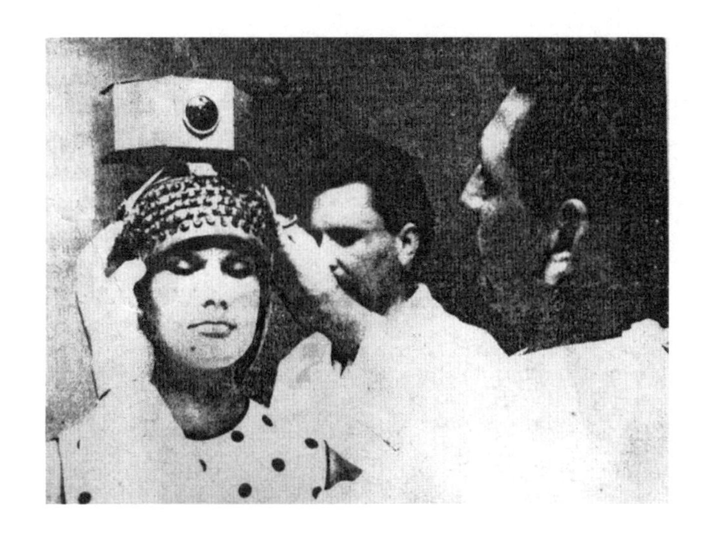

엘렉트로프탈름은 카메라의 영상을 머리에 닿는 진동으로 변환했다(1969).

뿐이라서 인기를 얻지 못했다. 그래도 폴란드의 의사들은 1960년 무렵 이 연구를 다시 시작했다.[15] 시각장애인에게 청각이 몹시 중요하다는 점을 깨달은 그들은 청각 대신 촉각으로 정보를 전달하는 방법에 주의를 돌렸다. 그들이 만든 진동 모터 시스템은 헬멧에 부착되어 머리에 이미지를 '그렸다.' 실험에 참가한 시각장애인들은 문틀과 가구의 윤곽이 더욱 도드라져 보이게 특별히 색을 칠한 방 안을 돌아다닐 수 있었다. 그 시스템이 효과가 있다는 뜻이었다. 그러나 엘렉트로프탈름과 마찬가지로 이 기계 역시 무거운 데다가 사용 중에 뜨거워지는 단점이 있어서, 만족스러운 해법이 되지 못했다. 그래도 그들의 원칙이 옳다는 증거는 거기에 분명히 존재하고 있었다.

이런 이상한 방법이 왜 효과를 발휘했을까? 뇌에 입력되는 정보(눈에 닿는 광자, 귀에 닿는 음파, 피부에 닿는 압력)가 모두 전기신호라는 공통의 수단으로 변환되기 때문이다. 밖에서 들어오는 스파이크에 바깥세상에 관한 중요한 정보가 들어 있기만 하다면, 뇌는 그것을 해석하는 법을 터득할 것이다. 뇌 속의 광대한 신경 숲은 스파이크가 어떤 경로로 들어왔든 신경 쓰지 않는다. 바흐이리타는 2003년 PBS와의 인터뷰에서 이것을 다음과 같이 설명했다.

> 내가 당신을 볼 때, 당신의 모습이 내 망막 너머까지 전달되지는 않습니다…… 거기서부터 뇌까지, 또 뇌의 다른 부분까지 전달되는 것은 펄스입니다. 신경을 따라 흐르는 펄스. 이것은 엄지발가락을 타고 흐르는 펄스와 전혀 다르지 않습니다. 정보, 그리고 펄스의 주파수와 패턴. 이런 정보를 추출해내는 법을 뇌에 가르칠 수 있다면, 앞을 보는 데 눈이 꼭 필요한 건 아닙니다.

다시 말해서, 정상적으로 작동하는 눈이 없어도 피부가 뇌에 데이터를 보내는 통로가 된다는 뜻이다. 어떻게 이런 일이 가능할까?

재주가 하나뿐

피질을 보면 주름진 계곡이든 봉우리든 다 대략 똑같아 보인다. 하지만 뇌 촬영을 하거나 젤리 같은 조직 안에 작은 전극을 넣어 보면, 다양한 부위에 다양한 종류의 정보가 잠복해 있음을 알게 된다. 신경과학자들은 이런 차이를 기준으로 각 영역을 구분하고 이름표를 붙인다.

이 부위는 시각영역, 이 부위는 청각영역, 이 부위는 왼쪽 엄지발가락의 촉각 담당, 이런 식이다. 하지만 이렇게 영역이 달라지는 요인이 순전히 입력되는 정보뿐이라면 어떨까? '시각' 피질이 시각을 담당하게 된 것은 순전히 거기에 수신되는 데이터가 시각 정보이기 때문이라면? 뇌의 영역들이 유전자 속에 미리 정해져 있기보다 데이터케이블을 통해 들어오는 상세한 정보에서 생겨난 것이라면? 이런 시각에서 보면, 피질은 만능 데이터 처리 엔진이다. 데이터를 입력하면, 피질은 그것을 분해해서 통계적인 규칙을 찾아낼 것이다.[16] 다시 말해서, 뇌는 무엇이든 정보를 기꺼이 받아들여 똑같은 기본 알고리즘으로 처리한다는 뜻이다. 피질의 어느 부위도 시각, 청각 등에 미리 배정되어 있지 않다. 따라서 생명체는 음파를 감지하고 싶을 때든 광자를 감지하고 싶을 때든 신호를 전달하는 섬유 다발을 피질과 연결하기만 하면 된다. 그러면 여섯 개의 층으로 이루어진 뇌의 시스템이 아주 일반적인 알고리즘을 적용해 알맞은 정보를 추출해낼 것이다. 입력되는 데이터가 뇌의 영역을 결정한다.

신피질이 어디나 다 똑같아 보이는 이유가 이것이다. 정말로 똑같기 때문이다. 피질의 어떤 부위든 다기능성이다. 어떤 정보가 입력되는가에 따라 다양한 운명으로 발전해나갈 가능성이 있다는 뜻이다.

그러니 뇌에 청각에만 몰두하는 영역이 있다면, 그것은 순전히 주변기기인 귀가 피질의 그 부위와 연결된 케이블을 통해 정보를 보내기 때문이다. 그 부위가 반드시 청각 피질이 되어야 할 이유는 없다. 귀에서 전달되는 신호가 그곳을 청각 피질로 만들었을 뿐이다. 다른 우주에서는 시각 정보를 전달하는 신경섬유가 그 부위에 연결되어 있다고 상상해보자. 그러면 우리는 그 부위를 시각 피질로 명명할 것이다. 다시 말해서, 피질은 무엇이든 받아들이는 정보에 대해 표준적인 작업을 시행한다. 언뜻 보기에는 감각을 담당하는 뇌의 영역들이 미리 정해져 있는 것 같지만, 그건 순전히 입력되는 정보의 종류에 따라 결정된 모습일 뿐이다.[17]

미국 중부에서 해산물 시장이 어디에 있는지 생각해보자. 해산물까지는 먹는 채식주의자가 많은 곳, 초밥 식당이 유난히 많은 곳, 새로운 해산물 요리법이 개발된 곳. 이런 곳을 일차 해산물 영역이라고 부르면 될까.

이 지역들이 지도에서 왜 지금과 같이 분포하게 됐을까? 그곳에 강이 흘러서 물고기들이 있기 때문이다. 물고기를 강이라는 데이터케이블을 따라 흐르는 데이터 조각으로 보면, 식당들이 그 분포에 따라 저절로 생겨나는 것을 알 수 있다. 지방의회 같은 데서 그곳에 반드시 해산물 시장이 있어야 한다고 미리 정해놓은 것이 아니다. 식당들이 자연스럽게 그곳에 모여들었을 뿐이다.

이 모든 사실은, 예를 들어 청각 피질만의 특별한 조직 같은 것은 없다는 가설로 이어진다. 그럼 태아의 청각 피질을 조금 떼어내 시각 피질에 이식한다면, 그 조직이 아무 이상 없이 잘 돌아갈까? 1990년대 초에 바로 이 점을 확인하기 위한 동물 실험이 이루어졌다. 간단히 말해서, 이식된 조직은 시각 피질의 다른 조직과 모양도 행동도 다 똑같았다.[18]

실험은 여기서 한발 더 나아갔다. 2000년에 MIT의 과학자들은 흰족제비의 눈에서 입력되는 정보를 청각 피질과 연결해, 청각 피질이 시각 데이터를 수신하게 했다. 어떻게 되었을까? 청각 피질은 일차 시각 피질의 회로들과 비슷하게 자신의 신경회로를 조정했다.[19] 이렇게 회로가 바뀐 동물들은 청각 피질로 들어오는 정보를 정상적인 시각 정보로 해석했다. 입력 정보의 패턴이 피질의 운명을 정한다는 사실을 알려주는 대목이다. 뇌는 어떤 데이터가 들어오든 거기에 가장 잘 적응할 수 있게 역동적으로 신경회로를 조정하며, 궁극적으로는 그 정보를 바탕으로 행동한다.[20]

조직 이식이나 입력회로 조정에 관한 수백 건의 연구가 뇌는 범용 컴퓨터 장치라는 모델을 뒷받침한다. 깡충깡충 뛰는 토끼의 모습이든, 전화벨 소리든, 땅콩버터의 맛이든, 살라미 냄새든, 뺨에 닿는 비단의 느낌이든, 데이터의 종류와 상관없이 뇌가 표준적인 작업을 수행한

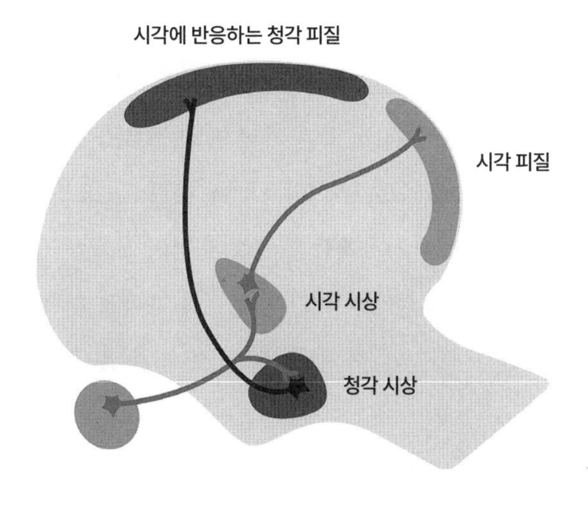

흰족제비 뇌의 시신경 섬유가 청각 피질로 연결되었다.
그러자 청각 피질이 시각 정보를 처리하기 시작했다.

다는 뜻이다. 뇌는 입력 정보의 출처와 상관없이 그 정보를 분석해서 맥락을 파악한다. (이 정보로 내가 할 수 있는 일이 무엇인가?) 그래서 시각장애인의 등이나 귀나 이마를 통해 입력된 데이터가 유용하게 쓰일 수 있다.

1990년대에 폴 바흐이리타의 연구팀은 치과 의자보다 더 작은 장치를 이용하는 방법을 연구했다. 그렇게 만들어진 것이 브레인포트라는 장치였다.[21] 브레인포트는 시각장애인의 이마에 카메라를, 혀에는 작은 전극판을 부착하는 장치다. '혀 디스플레이 유닛'이라고 불리는 3제곱센티미터 넓이의 전극판에는 자극을 주는 전극들이 붙어 있는데, 이들이 화소의 위치에 맞춰 가하는 약한 전기 충격은 아이들이 먹는 사탕 팝 록스를 먹을 때의 느낌과 비슷하다. 혀의 해당 위치에 가해지는 강한 자극은 밝은색 화소, 중간 자극은 회색 화소, 자극이 없는 것은 어둠을 뜻한다. 브레인포트를 사용하면, 대략 0.025의 시력으로 사물을 분간할 수 있다.[22] 사용자들은 처음에 혀의 자극을 식별할 수 없는 윤곽과 형태로 인식하지만, 시간이 흐르면 자극을 더 깊이 인식하는 법을 터득해 거리, 형태, 움직임의 방향, 크기 등을 식별할 수 있게 된다.[23]

우리는 보통 혀가 맛을 느끼는 기관이라고 생각하지만, 촉각 수용기가 많이 분포하기 때문에(그래서 음식의 질감을 느낄 수 있다) 뇌와 기계를 이어주는 인터페이스로 훌륭하게 활용될 수 있다.[24] 시각과 촉각을 이

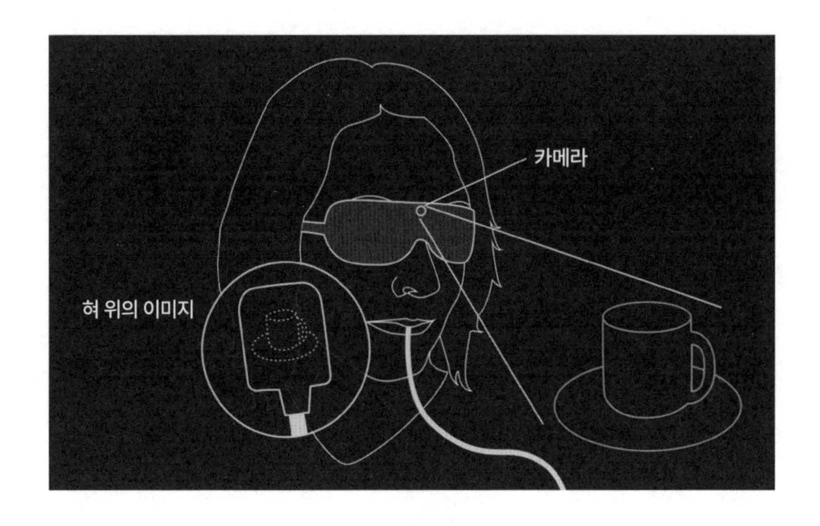

혀로 사물을 보는 법.

어주는 다른 장치들과 마찬가지로, 혀 전극판은 시각이 눈이 아니라 뇌에서 생성된다는 사실을 우리에게 일깨워준다. 훈련된 사람(시각장애인과 일반인 모두)의 뇌를 촬영해보면, 전극의 충격이 혀를 따라 이리저리 움직이면서 가해졌을 때 보통 시각적 움직임과 관련되어 있는 뇌의 영역이 활성화된다.[25]

등에 솔레노이드 그리드를 붙였을 때처럼, 브레인포트를 사용하는 시각장애인은 보이는 광경에서 '개방감'과 '깊이'를 느끼고, 물체가 '저기 저편'에 있다고 인식하기 시작한다. 다시 말해서, 혀에 가해지는 자극을 인지적으로 변환하는 데서 그치지 않고, 그 자극이 점차 직접적인 지각으로 자라난다는 뜻이다. 그들은 "내 배우자가 앞으로 지나가고 있다는 암호를 표시한 혀 자극 패턴을 느꼈어"라고 말하지 않는다. 자신의 배우자가 거실을 가로질러 이동하는 모습을 그냥 직접 감지한다. 정상적인 시력을 지닌 독자라면, 이것이 여러분의 눈이 작동하는 원리와 똑같다는 점에 유의하기 바란다. 우리는 우리 망막의 전기화학 신호를 통해 내게 손짓하는 친구, 쌩하니 도로를 달려가는 페라리, 파란 하늘에 떠 있는 진홍색 연을 인식한다. 이렇게 사물을 감지하는 모든 활동이 사실은 감각을 탐지하는 조직의 표면에서 벌어지고 있는데도, 우리는 모든 사물이 저기 저편에 있다고 느낀다. 감각 탐지기가 눈이든 혀든 전혀 중요하지 않다. 시각장애인으로 실험에 참가한 로저 벰은 브레인포트를 사용한 경험을 다음과 같이 묘사했다.

> 작년에 여기 처음으로 왔을 때, 우리는 부엌의 탁자에서 이런저런 일을 했다. 그러다 내가 좀 감정이 격해지고 말았다. 33년 만에 앞을 보게 되었기 때문이다. 나는 사물을 향해 손을 뻗을 수도 있고, 크기가 다른 여러 개의 공을 볼 수도 있다. 정말 눈으로 보듯이 본다. 손을 뻗어 여기저기 더듬지 않고도 사물을 잡아 들어 올릴 수도 있고, 컵을 볼 수도 있고, 내 손을 들어 곧바로 컵 안에 집어넣을 수도 있다.[26]

지금쯤이면 여러분도 아마 짐작하겠지만, 촉각 정보는 몸의 거의 모든 부위에서 입력될 수 있다. 일본의 과학자들은 촉각 전극판의 변형인 '이마 망막 시스템'을 개발했는데, 이것은 시각 정보를 변환해서 이마의 작은 점들에 촉각으로 전달해주는 장치다.[27] 왜 하필 이마에? 안 될 것도 없지 않나? 어차피 많이 사용되는 부위도 아닌데.

진동 촉각 작동기를 복부에 붙이는 방식도 있다. 이 시스템은 가

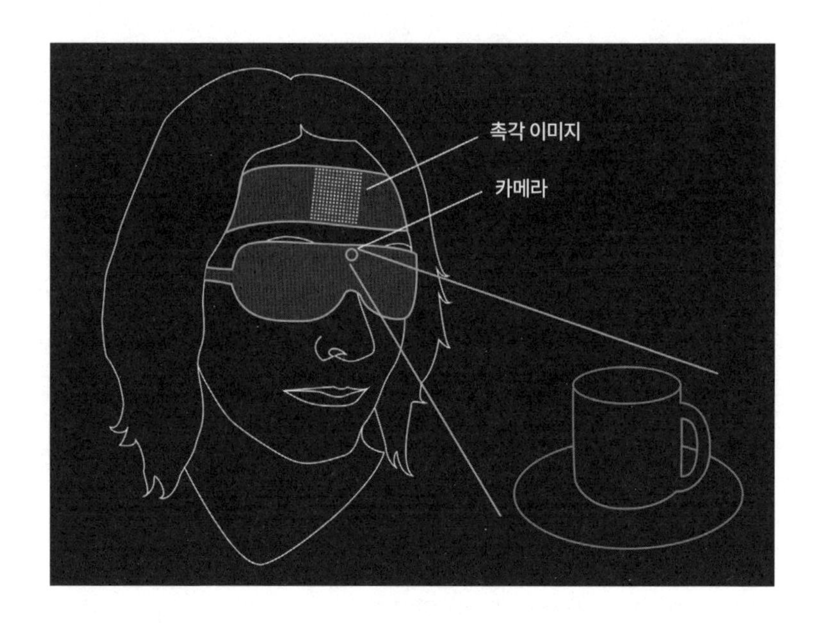

이마 망막 시스템.

장 가까운 면까지의 거리를 강도로 표현한다.[28]

이 모든 방식의 공통점은 보통 촉각 채널로 여겨지는 곳을 통해 들어오는 시각 정보를 어떻게 해석해야 할지 뇌가 알아낸다는 것이다. 그러나 알고 보니 촉각만이 유용한 것이 아니었다.

아이eye튠즈

몇 년 전 우리 실험실에서 돈 본이 아이폰을 앞으로 내밀고 걷고 있었다. 눈을 감고 있었는데도 그가 어딘가에 충돌하는 일은 일어나지 않았다. 이어폰을 통해 들어오는 소리가 시각 세계를 소리의 풍경으로 바삐 전환해주고 있기 때문이었다. 돈은 귀로 앞을 보는 법을 배우고 있었다. 그는 휴대전화가 세 번째 눈이라도 되는 것처럼 앞으로 들고 부드럽게 이리저리 움직이며 필요한 정보를 수집했다. 우리는 시각장애인이 귀를 통해 시각 정보를 얻을 수 있는지 시험하는 중이었다. 비록 여러분은 이런 방식에 대한 이야기를 들어본 적이 없을지 몰라도, 이 아이디어는 새로운 것이 아니다. 이 아이디어가 처음 나온 것은 50여 년 전이었다.

1966년 레슬리 케이라는 교수가 박쥐의 반향정위에 푹 빠졌다. 인간들 중에도 반향정위를 배울 수 있는 사람이 있지만 쉽지는 않았다. 따라서 케이는 시각장애인들이 반향정위를 이용할 수 있게 도와주는 큼직한 안경을 고안했다.[29]

이 안경은 주변을 향해 초음파를 발사했다. 초음파는 파장이 짧기 때문에, 작은 물체에 부딪혔다 되돌아와서 그 물체에 대한 정보를 전달할 수 있다. 안경의 전자장비가 돌아온 초음파를 잡아 인간이 들을 수 있는 소리로 변환하고, 사용자는 그 소리를 통해 물체와의 거리를 알아낸다. 소리가 높으면 물체가 멀리 있다는 뜻이고, 낮으면 가까이 있다는 뜻이다. 소리의 크기는 물체의 크기에 대한 정보를 알려준다. 소리가 크면 큰 물체, 작으면 작은 물체다. 신호의 선명도는 물체의 질감을 표현한다. 매끄러운 물체라면 깨끗한 소리가, 거친 질감이라면 소음이 섞인 소리가 들려온다. 이 장비의 사용법을 터득한 사람들은 물체를 아주 잘 피할 수 있었다. 하지만 소리의 해상도가 낮았기 때문에, 케이의 연구팀은 이 기계가 눈을 대체하기보다는 안내견이나 지팡이

케이 교수의 음파 안경을 쓴 사람(오른쪽).
왼쪽 사람의 안경은 그냥 두꺼운 안경일 뿐 음파 안경이 아니다.

를 보조하는 역할에 더 잘 맞는다는 결론을 내렸다.

이 안경은 성인들에게 그리 크게 도움이 되지 않았지만, 특히 가소성이 뛰어난 아기의 뇌라면 안경의 신호를 해석하는 법을 어디까지 터득할 수 있을지가 계속 의문으로 남아 있었다. 1974년 캘리포니아에서 심리학자 T. G. R. 바워는 수정된 케이의 안경을 이용해 이 의문을 풀어보려고 나섰다. 그의 실험에 참가한 사람은 날 때부터 앞을 보지 못하는 생후 16주 아기였다.[30] 실험 첫날 바워는 어떤 물체를 들어 아기의 코앞에서 천천히 앞뒤로 움직였다. 물체를 네 번째 움직였을 때, 아기의 두 눈이 중앙으로 몰렸다. 사람이 얼굴에 가까이 다가오는 물체를 볼 때와 같았다. 바워가 물체를 뒤로 빼면 아기의 눈동자는 원래 위치로 돌아갔다. 이 일이 몇 번 반복된 뒤, 아기는 물체가 다가올 때 양 손을 들어올렸다. 아기 앞에서 물체를 좌우로 움직였을 때는, 아기가 고개를 움직여 물체의 움직임을 좇으며 손으로 만지려고 했다. 바워는 실험 결과를 적은 글에서 아기의 다른 행동을 여러 가지 기록했다.

> 아기는 장치를 얼굴에 쓴 채로 [말하는 엄마에게] 얼굴을 돌리고 있었다. 그러다 천천히 고개를 돌려 소리의 풍경에서 엄마가 사라지게 했다가 다시 엄마에게 천천히 고개를 돌렸다. 이 행동을 여러 번 되풀이하면서 아기는 함박웃음을 지었다. 관찰자 세 명 모두 아기가 엄마와 일종의 까꿍 놀이를 하면서 엄청나게 즐거워하고 있다는 느낌을 받았다.

바워는 그 뒤 여러 달에 걸쳐 놀라운 결과가 나타났다고 보고했다.

> 처음의 모험 이후 아기의 발달 속도는 앞이 보이는 아기의 발달 속도와 대체로 비슷했다. 아기는 음파를 안내인으로 이용해 손으로 만지지 않고도 제가 좋아하는 장난감을 찾아낼 수 있는 것 같았다. 생후 약 6개월에 아기는 두 손을 뻗어 물건을 잡으려고 했고, 8개월에는 다른 물건 뒤에 숨겨놓은 물체를 찾으려고 했다…… 이런 행동 패턴은 모두 선천적인 시각장애인 아기들에게서 보통 볼 수 없는 것이다.

이런 장치가 사용되고 있다는 이야기를 왜 지금껏 들은 적이 없는

지 의아해하는 독자도 있을 것이다. 앞에서 살펴보았듯이, 이 안경은 크고 무거워서 어렸을 때 내내 사용하기가 힘들다. 게다가 소리의 해상도도 상당히 낮은 편이다. 또한 초음파안경을 사용한 어른들은 아이들에 비해 대체로 그리 큰 성과를 올리지 못했다(이 문제는 9장에서 다시 다루겠다).[31] 따라서 감각 대체라는 개념이 뿌리를 내렸다 해도 이 개념이 큰 호응을 얻기 위해서는 딱 알맞은 방식이 개발되어야 했다.

1980년대 초 네덜란드의 물리학자 페터르 메이어르가 시각 정보 전달에 귀를 이용하는 아이디어의 배턴을 이어받았다. 그는 반향정위를 이용하는 대신, 시각 정보를 소리로 변환하는 방법을 고민했다.

그는 바흐이리타가 시각 정보를 촉각으로 변환한 것을 보았지만, 귀가 정보를 흡수하는 능력이 그보다 큰 것 같다고 짐작했다. 귀를 수단으로 선택했을 때의 결점은 시각 정보를 소리로 전환하는 것이 바흐이리타의 방법보다 덜 직관적이라는 점이었다. 바흐이리타가 사용한 치과 의자는 피부를 직접 눌러 원, 얼굴, 사람 등의 형태를 전달할 수 있었다. 하지만 수백 화소의 시각 정보를 어떻게 소리로 변환할 수 있을까?

1991년까지 메이어르는 데스크톱 컴퓨터에서 쓸 수 있는 장치를 개발했고, 1999년에는 이것이 휴대용 장치가 되었다. 카메라가 장착된 안경과 허리띠에 고정하는 컴퓨터로 구성된 장치였다. 메이어르는 여기에 vOICe('OIC'는 '아, 보인다Oh, I See'를 뜻한다)라는 이름을 붙였다.[32] 이 장치의 알고리즘은 소리를 세 가지 면에서 조정한다. 물체의 높이는 소리의 주파수로, 수평 평면상의 위치는 스테레오 음향의 이동(눈으로 어떤 장면을 훑어볼 때와 비슷하게, 소리가 왼쪽 귀에서 오른쪽 귀로 이동한다고 상상하면 된다)으로, 물체의 밝기는 소리의 크기로 표현하는 방식이다. 시각 정보는 약 60×60화소의 흑백 이미지로 포착된다.[33]

이런 안경을 사용하면 어떨지 상상해보자. 처음에는 모든 소리가 불협화음처럼 들린다. 사용자가 이리저리 움직이는 동안 높고 낮은 소리가 윙윙, 징징, 낯설게 울려대서 아무짝에도 쓸모가 없다. 얼마쯤 시간이 흐르면 이 소리를 이용해서 방향을 잡고 움직이는 요령을 어느 정도 터득하게 된다. 이 단계에 이르면 필요한 것은 인지적 연습이다. 높고 낮은 소리들을 열심히 해석해야 하기 때문이다.

중요한 일은 이보다 조금 뒤에 찾아온다. 몇 주 또는 몇 달 뒤 사용자들은 좋은 성과를 보이기 시작한다.[34] 하지만 단지 소리의 해석 방법을 암기했기 때문만은 아니다. 어떤 의미에서 그들은 정말로 앞을 보고 있다. 비록 해상도가 낮고 조금 기묘하긴 해도, 시각을 경험하고 있는 것이다.[35] vOICe 사용자 중 스무 살 때 시력을 잃은 사람은 다음과 같이 말했다.

> 2~3주 안에 소리의 풍경에 대한 감을 잡을 수 있게 된다. 약 3개월 안에는 주변 풍경이 언뜻언뜻 보이기 시작해서, 그냥 보는 것만으로도 사물을 분간할 수 있다…… 시각이다. 시각이 무엇인지 나는 안다. 기억하고 있다.[36]

철저한 훈련이 열쇠다. 인공와우의 경우와 마찬가지로, 뇌가 신호를 해석하는 법을 배우는 데에는 몇 달이 걸릴 수 있다. 이 단계에 이르면, 뇌 촬영 결과에 확실한 변화가 나타난다. 뇌의 특정 부위(측면 후두피질)가 형태에 관한 정보에 반응하는 것이 보통이다. 형태를 파악하는 수단이 시각이든 촉각이든 상관없다. 사용자가 안경을 쓴 지 여러 날이 지나면, 뇌의 이 부위가 소리의 풍경에 의해 활성화된다.[37] 사용자의 능력 향상은 뇌의 재편 정도에 비례한다.[38]

다시 말해서, 뇌는 신호가 두개골 안쪽 깊숙한 곳까지 어떤 경로를 거쳐 들어왔든 상관없이 형태에 관한 정보를 추출해내는 법을 스스로 알아낸다는 얘기다. 감각을 탐지하는 기관이 무엇인지는 중요하지 않다. 신호에 실린 정보가 중요할 뿐이다.

21세기 초에 여러 연구소는 휴대전화의 카메라에서 입력된 정보를 청각 신호로 출력해주는 앱을 개발하기 시작했다. 시각장애인들은 이어폰으로 소리를 들으면서 휴대전화 카메라가 보는 광경을 볼 수 있게 되었다. vOICe도 지금은 전 세계 어디서나 휴대전화에 무료로 내려받을 수 있다.

시각을 청각 신호로 바꿔주는 앱이 vOICe뿐인 것은 아니다. 최근 몇 년 동안 이런 앱이 많이 만들어졌다. 예를 들어 아이뮤직 앱은 음악의 높낮이를 이용해 화소의 높낮이를 표현한다. 화소가 높을수록 음도 높다. 화소의 좌우 위치를 나타내는 데에는 타이밍이 이용된다. 앞에 나오는 음은 왼쪽에 있는 물체를 가리키고, 뒤에 나오는 음은 오른쪽에 있는 물체를 가리킨다. 색은 여러 악기의 소리로 표현된다. 흰색은 사람 목소리, 파란색은 트럼펫 소리, 빨간색은 오르간 소리, 초록색은 갈대 피리 소리, 노란색은 바이올린 소리다.[39] 다른 방식을 실험하는 사람들도 있다. 예를 들어, 사람의 눈처럼 화면의 중심부를 확대하는 방법을 쓴다든가, 반향정위를 흉내 낸다든가, 거리에 따라 소리의 크기를 조정하는 방식 등이 있다.[40]

누구나 스마트폰을 쓰기 시작하면서 덩치 큰 컴퓨터 대신 뒷주머니에 들어가는 휴대전화에 엄청난 힘이 담기게 되었다. 스마트폰은 효율과 속도를 높여줄 뿐만 아니라, 감각 대체 장치들이 전 세계로 퍼질 수 있는 기회도 제공해준다. 시각장애인의 87퍼센트가 개발도상국에 살고 있기 때문에 이 점이 특히 중요하다.[41] 비싸지 않은 감각 대체 앱은 생산, 물리적인 배포, 재고 보충, 의학적인 부작용 대처에 지속적으로 비용이 들지 않기 때문에 전 세계적으로 쓰일 수 있다. 신경에서 영감을 얻은 방법이 이렇게 비싸지 않은 값으로 신속히 퍼져 전 세계에서 건강 문제를 다룰 수 있다.

시각장애인이 혀나 휴대전화의 이어폰을 통해 앞을 '볼' 수 있다는 말이 놀랍게 들린다면, 시각장애인이 어떻게 점자를 읽을 수 있게 되는지만 떠올리면 된다. 처음 점자를 접했을 때는 손끝에 정체를 알 수 없는 점들만 느껴질 뿐이다. 그러나 오래지 않아 점들이 의미를 갖게 된다. 뇌가 '점'이라는 수단을 뛰어넘어 의미를 직접 경험하게 되기 때문이다. 점자를 읽을 때의 경험과 우리가 눈으로 문장을 읽을 때의 경험은 다를 것이 없다. 글자들이 저마다 임의로 정해진 모습을 하고 있

어도, 우리는 '글자'라는 수단을 뛰어넘어 의미를 직접 경험하게 된다.

혀 전극판이나 음파 헤드폰을 처음 사용하는 사람은 쏟아져 들어오는 정보를 해석해야 한다. 시각적인 장면(예를 들어 개가 뼈를 입에 물고 거실로 들어오는 모습)에서 생성된 신호가 앞에 실제로 무엇이 있는지 거의 알려주지 않기 때문이다. 마치 신경이 외국어로 메시지를 전달해주는 것 같다. 그러나 충분한 연습을 거치고 나면 뇌가 신호를 해석하는 법을 터득한다. 그러고 나면, 시각으로 접하는 세계를 곧바로 이해할 수 있다.

훌륭한 진동

세계 인구의 5퍼센트가 청각장애를 갖고 있으므로, 몇 년 전 과학자들은 청각장애의 유전적인 요인을 찾아내는 데 관심을 갖게 되었다.[42] 안타깝게도 청각장애와 관련된 유전자는 지금까지 220개가 넘게 발견되었다. 간단한 해결책을 원한 사람들에게는 실망스러운 결과겠지만, 놀랄 일은 아니다. 청각 시스템은 많은 섬세한 악기들이 함께 교향곡을 연주할 때처럼 작동한다. 복잡한 시스템이 모두 그렇듯이, 고장 날 가능성이 수백 가지나 된다. 시스템의 어느 한 부분이 잘못되면 전체에 문제가 생기고, 그 결과가 '청각 상실'이라는 말 안에 뭉뚱그려져 있다.

많은 학자가 청각 시스템에서 고장 난 부위를 어떻게 수리할지 알아내려고 애쓰는 중이다. 하지만 생후배선의 시각에서 다음과 같은 질문을 한번 던져보자. 감각 대체 원칙이 이 문제 해결에 얼마나 도움이 될 수 있을까?

나는 이 질문을 마음에 품고, 옛 대학원 제자인 스콧 노비치와 함께 청각장애인을 위한 감각 대체 방법을 연구하기 시작했다. 우리는 먼저 전혀 거슬리지 않는 장치를 만들려고 했다. 사용자가 그 장비를 사용하는지 아무도 알아보지 못할 정도로 눈에 띄지 않는 장치가 우리 목표였다. 이를 위해 우리는 고성능 컴퓨터의 여러 발전된 기능을 녹여 넣은 장치를 만들었다. 셔츠 속에 착용하게 돼 있는, 소리를 촉각으로 바꿔주는 장치였다. 우리가 네오센서리 조끼라고 명명한 이 장치는 주위의 소리를 포착해서 피부에 부착된 진동 모터에 전달한다. 소리의 세계를 정말로 몸으로 느낄 수 있는 것이다.

이런 방법이 효과가 있다는 말이 이상하게 들린다면, 우리의 내이가 하는 일이 바로 이것과 같다는 점을 알아주기 바란다. 내이는 소리

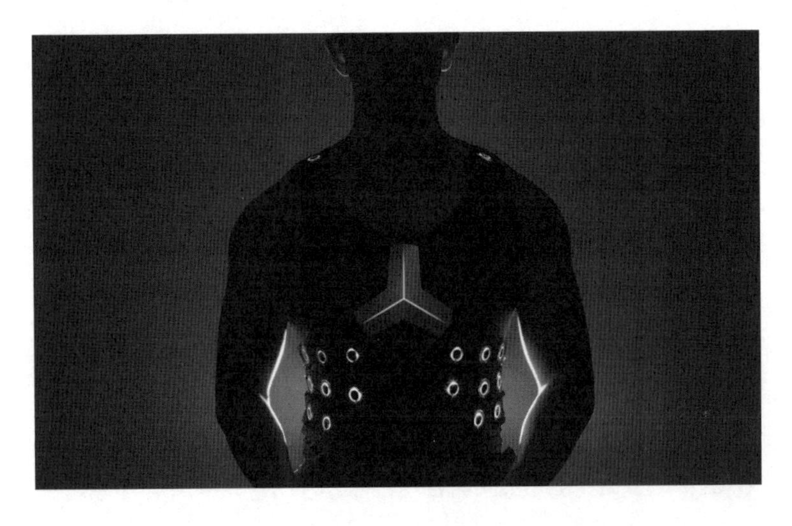

네오센서리 조끼. 소리가 피부에 닿는 진동 패턴으로 변환된다.

를 저주파에서 고주파까지 다양한 주파수로 분해해 그 데이터를 뇌로 보내 해석하게 한다. 간단히 말해서, 네오센서리 조끼는 내이를 피부로 옮겨주는 장치다.

피부는 정신이 멍해질 정도로 복잡한 소재이지만, 현대 생활에서는 피부가 그리 많이 쓰이지 않는다. 만약 실리콘밸리의 공장에서 합성된 물질이라면 거액을 주고 사들일 수도 있겠으나, 현재 이 피부라는 물질은 옷 속에 숨겨진 채 거의 하는 일 없이 놀고 있다. 여러분은 피부가 소리의 정보를 모두 전달할 수 있을 만큼 충분한 대역帶域을 갖고 있는지 궁금할 것이다. 사실 달팽이관은 지극히 전문화된 조직으로서, 소리를 포착해서 암호화할 줄 아는 걸작이다. 반면 피부는 다른 기능에 초점이 맞춰져 있으며, 공간적인 해상도가 형편없다. 내이가 처리하는 만큼의 정보를 피부에 전달하려면 수백 개의 진동 촉각 모터가 필요할 것이다. 한 사람이 몸에 지니기에는 너무 많은 숫자다. 하지만 말에 담긴 정보를 압축하면, 모터의 개수를 서른 개 미만으로 줄일 수 있다. 어떻게 하는 거냐고? 압축이란 중요한 정보를 최대한 짧은 설명으로 뽑아내는 작업이다. 휴대전화로 수다를 떨 때를 생각해보자. 내가 말하면 상대는 내 목소리를 듣는다. 하지만 내 목소리를 뜻하는 신호가 직접적으로 전달되는 것은 아니다. 휴대전화는 내 말을 1초마다 8000번씩 디지털 방식으로 샘플링한다(말을 순간적으로 기록한다). 그러면 알고리즘이 그 수천 개의 샘플에서 중요한 요소들을 요약하고, 이렇게 압축된 신호가 휴대전화 기지국으로 전송된다. 네오센서리 조끼는 이런 압축 기술을 이용해서 소리를 포착해, 피부에 부착한 여러 모터로 압축된 정보를 '재생'한다.[43]

우리 실험에 가장 먼저 참여한 사람은 서른일곱 살의 조너선이었다. 날 때부터 소리를 전혀 듣지 못한 그는 네오센서리 조끼로 하루에 두 시간씩 나흘 동안 훈련하며 30개의 단어를 익혔다. 닷새째 되던 날, 스콧은 조너선이 자신의 입술을 읽을 수 없게 입을 가리고 '만지다'라는 단어를 말했다. 조너선의 몸에 그 소리가 복잡한 진동 패턴으로 전달되자, 그는 화이트보드에 '만지다'라고 썼다. 이번에는 스콧이 '어디'라는 단어를 말하자, 조너선이 또 화이트보드에 그 단어를 썼다. 조너선은 복잡한 진동 패턴을 해석해서 상대가 말한 단어를 이해할 수 있었다. 진동 패턴이 워낙 복잡하기 때문에 그가 의식적으로 그 암호를 해석한 것은 아니다. 그의 뇌가 패턴을 해독하고 있었다. 우리가 새로운 단어들을 제시했을 때도 조너선은 좋은 성적을 기록했다. 그가 단순히 단어를 외운 것이 아니라, 듣는 법을 배우고 있다는 뜻이었다. 평범한 청각을 지닌 사람이 처음 듣는 단어('schmegegge'[이디시어로 '허튼수작'이라는 뜻—옮긴이])를 잘 알아듣는 것과 같다. 이 단어를 알고 있어서가 아니라, 듣는 법을 알기 때문이다.

우리는 이 장치를 다양한 형태로 만들었다. 어린이들을 위해 가슴에 묶을 수 있게 디자인한 것이 한 예다. 우리는 두 살에서 여덟 살까지의 청각장애 어린이들에게 이 장치를 시험해보았다. 아이들의 부모가 아이들을 찍은 동영상을 우리에게 보내는 방식이다. 처음에는 아이들에게 변화가 있기는 한 건지 분명하지 않았다. 하지만 누군가가 피아노 건반을 하나 누를 때 아이들이 움직임을 멈추고 주의를 기울이는 모습이 곧 눈에 띄었다.

아이들은 또한 입으로 소리를 더 많이 내게 되었다. 자신이 소리를 낸 뒤 그것을 즉시 감각기관으로 받아들이는 경험을 처음으로 하는 중이었다. 우리는 잘 기억하지 못하지만, 우리가 어렸을 때 처음 귀를 훈련하는 방법이 바로 이것이다. 옹알이를 하고, 손뼉을 치고, 요람의 난간을 쿵쿵 때리면…… 그 소리가 머리 측면의 이상한 감각기관으로 들어온다. 우리는 방금 자신이 한 행동과 그 결과를 연결시켜, 감각기관으로 들어온 신호를 해석한다. 이제 여러분이 직접 가슴에 장치를 고정한 아이가 되었다고 가정해보자. 여러분은 "재빠른 갈색 여우"라고 말하면서 동시에 그 말을 가슴으로 '느낀다.' 그러면 뇌는 이 둘을 조합해서, 그 낯선 진동 언어를 이해한다.[44] 조금 뒤에 살펴보겠지만, 미래를 예측하는 최선의 방법은 직접 미래를 창조하는 것이다.

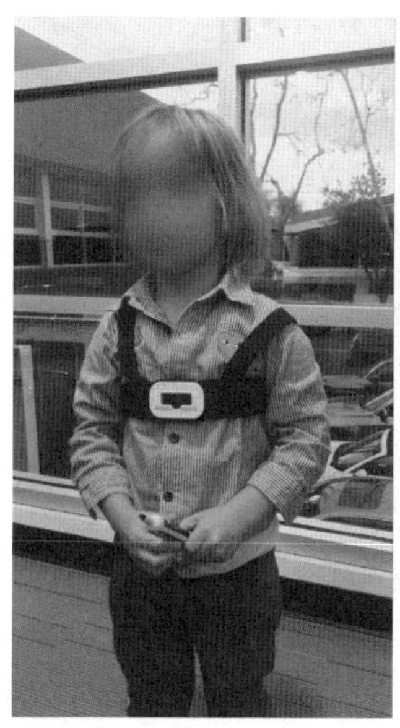

진동 가슴띠를 사용하는 두 명의 어린이.

우리는 모터가 네 개뿐인 손목 밴드(버즈)도 만들었다. 해상도는 낮지만, 많은 사람이 더 실용적으로 사용할 수 있다. 사용자 중 필립은 실수로 공기 압축기를 계속 켜두곤 하던 직장에서 버즈를 착용하고 일하는 경험을 이야기해주었다.

> 내가 그것을 켜놓은 채 사무실 안을 돌아다니곤 해서 동료들이 자주 이렇게 말했다. "어이, 깜박했나봐. 기계를 켜놨어." 하지만 지금은…… 버즈를 사용하기 때문에 뭔가가 돌아가고 있다는 것을 느끼고, 그것이 공기 압축기라는 사실도 알 수 있다. 그래서 이제는 동료들이 깜박 잊고 기계를 끄지 않으면 오히려 내가 알려준다. 동료들은 항상 "잠깐, 그걸 어떻게 알았어?"라고 말한다.

필립은 개가 짖을 때나 수도꼭지가 틀어져 있을 때, 초인종이 울릴 때, 아내가 이름을 부를 때(예전에는 전혀 부르지 않았는데 지금은 이것이 일상이 되었다) 알아차릴 수 있다고 말한다. 필립이 손목 밴드를 사용한 지 6개월이 지났을 때 나는 그와 면담하면서, 내적인 경험에 대해 꼼꼼히 물어보았다. 손목의 진동을 해석해야 할 것 같은 기분이 드는가, 아니면 소리가 직접 인식되는가? 즉, 사이렌을 울리는 차가 지나갈 때 피부가 진동하며 사이렌을 알려준다고 느끼는가…… 아니면 저기 구급차가 지나가고 있다는 생각이 드는가? 필립은 후자라고 분명하게 대답했다. "그 소리를 머리로 인식합니다." 우리가 곡예사를 볼 때(눈에 부딪히는 광자의 수를 헤아리지 않고), 계피 냄새를 맡을 때(점막에 닿는 분자 조합을 의식적으로 해석하지 않고) 그것을 즉각적인 경험으로 인식하듯이, 필립도 세상의 소리를 듣는다.

촉각을 소리로 바꾸자는 생각은 새로운 것이 아니다. 1923년에 노스웨스턴대학의 심리학 교수 로버트 골트는 청각장애와 시각장애를 모두 갖고 있으나 헬렌 켈러처럼 손끝으로 소리를 느낄 수 있다고 주장하는 열 살짜리 여자아이에 대한 이야기를 들었다. 아이의 이야기를 믿지 못한 그는 실험을 실시했다. 먼저 그는 아이의 귓구멍을 막고 머리를 담요로 둘렀다(이렇게 하면 소리를 들을 수 없다는 사실을 대학원생을 상대로 확인했다). 아이는 '포토폰'(목소리를 전달하는 장치)의 진동판에 손가락을 올려놓았고, 골트는 벽장 안에 앉아 포토폰을 통해 말을 했다. 아이는 손끝에 느껴지는 진동을 통해서만 그의 말을 이해할 수 있었다. 골트는 다음과 같이 보고했다.

> 문장이나 질문이 하나 끝날 때마다 아이의 머리를 감싼 담요가 들리고 아이는 내 말을 조수에게 그대로 들려주었다. 몇 군데 바뀐 곳이 있기는 했지만 중요한 변화는 아니었다. (…) 나는 아이가 손가락에 닿는 진동을 통해 인간의 목소리를 해석할 수 있음을 우리가 만족스럽게 증명했다고 믿는다.

골트는 동료가 약 4미터 길이의 유리관을 통해 말을 전달하는 데 성공한 것을 언급한다. 훈련을 받은 뒤 실험에 참가한 사람은 귀를 막은 채로 손바닥을 유리관 한쪽 끝에 대고 있다가, 반대편 끝에서 다른 사람이 말한 단어를 식별해냈다. 과학자들은 이런 실험을 통해 소리를 촉각으로 전환하는 장치를 만들려고 시도했으나, 지난 수십 년 동안 만들어진 장치들은 실용적으로 사용하기에는 너무 크고 정보 처리 능력이 형편없었다.

1930년대 초에 매사추세츠의 어느 학교에서 근무하던 교사가 청각과 시각에 장애가 있는 학생 두 명을 위한 장치를 개발했다. 둘 다 귀가 들리지 않았으므로 입술을 읽을 방법이 필요했으나, 눈 또한 보이지 않는 탓에 그 방법은 불가능했다. 따라서 두 학생은 손을 말하는 사람의 얼굴과 목에 대는 방법을 사용했다. 엄지손가락은 입술에 가볍게 대고, 나머지 네 손가락은 넓게 벌려서 목과 뺨을 덮었다. 이렇게 해서 그들은 입술의 움직임과 성대의 진동은 물론 심지어 콧구멍에서 나오는 바람도 느낄 수 있었다. 이 방법을 사용한 두 학생의 이름이 태드와 오마였기 때문에 이 방법은 태도마로 불리게 되었다. 지금까지 청각과 시각에 모두 장애가 있는 수천 명의 어린이가 이 방법을 배워 거의 귀가 들리는 사람만큼 언어를 이해할 수 있었다.[45] 우리의 목적을 위해 반드시 주목해야 하는 점은, 모든 정보가 촉각을 통해 들어온다는 것이다.

1970년대에 청각장애인 발명가 디미트리 카넵스키는 2채널 진동 촉각 장치를 들고나왔다. 두 채널은 각각 저주파와 고주파를 담당했다. 양쪽 손목에 진동 모터 두 개가 부착되는 형태였다. 1980년대까지 스웨덴과 미국에서 많은 발명품이 쏟아져 나왔다. 생후배선 가설의 힘을 증명해주는 현상이었다. 문제는 이 장치들이 너무 크고, 모터의 개수가 너무 적어서(대부분 한 개뿐) 이렇다 할 영향을 미치지 못했다는 점이었다.[46] 이제야 우리는 내장된 컴퓨터의 능력과 가격, 신호 처리, 오디오 압축, 에너지 저장 면에서 그동안 이루어진 발전을 이용할 수 있게 되었다. 또한 실시간으로 복잡한 신호를 처리할 수 있으며 값도 비싸지 않은 웨어러블 컴퓨터도 나와 있다.

이 방법에는 몇 가지 이 점이 있다. 인공와우(이번 장의 초입에서 만나본 마이클 코로스트의 사례) 수술에 약 10만 달러가 든다는 점을 생각해보라.[47] 하지만 현대적인 기술을 사용하면 약 수백 달러로 청각 상실 문제에 대처할 수 있기 때문에 완전히 새로운 해결책이 열린다. 게다가 몸에 칼을 대야 하는 수술과 달리, 진동 손목띠는 아침에 시계처럼 손목에 차기만 하면 된다.[48]

촉각 시스템을 이용하는 데에는 많은 이유가 있다. 예를 들어, 의족을 착용하고 걷는 법을 배우는 데에 엄청난 노력이 들어간다는 사실은 잘 알려져 있지 않다. 요즘은 의족이 잘 만들어지는 편인데 걷기가 왜 그렇게 어려울까? 답은 간단하다. 의족의 위치를 사용자가 알 수 없다는 것. 정상적인 다리는 엄청난 양의 데이터를 뇌로 보내, 자신의 위치, 무릎이 구부러진 각도, 발목에 가해지는 압력, 발의 각도 등을 알려준다. 하지만 의족이 있는 쪽에서는 오로지 침묵뿐이다. 그러니 뇌는 의족이 어디에 있는지 전혀 알 수 없다. 우리는 의족에 압력과 각도 감지기를 달아 네오센서리 조끼로 정보를 보내게 했다. 그 결과 사

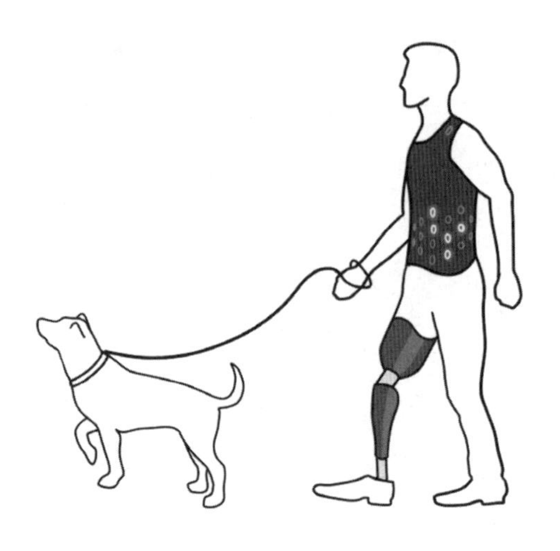

의족에서 몸통의 피부로 데이터가 전달되고 있다.

용자는 정상적인 다리와 거의 비슷하게 의족의 위치를 느낄 수 있었으며, 금방 걷는 법을 배웠다.

다리의 감각이 사라진 사람에게도 이것과 똑같은 방법을 사용할 수 있다. 파킨슨병 등 여러 질병에 걸린 사람들이 이런 경우다. 우리는 움직임과 압력을 측정하는 감지기를 양말 한 짝에 넣어 그 데이터를 버즈 손목띠로 보낸다. 그러면 사용자는 자신의 발이 어디 있는지, 그 발에 체중이 실려 있는지, 딛고 선 곳이 고른 표면인지 알 수 있다.

균형 문제를 해결하는 데에도 촉각을 이용할 수 있다. 폴 바흐이리타가 사용했던 혀 부착 장치를 기억하는가? 그 장치를 시각 외에 다른 곳에도 이용할 수 있다. 재활 상담가인 셰릴 실츠는 내이의 전정기관이 항생제에 오염된 뒤 균형감각을 잃었다. 항상 균형을 잡지 못해 자꾸 넘어졌기 때문에 도저히 정상적인 생활을 할 수 없었다. 그러던 중

머리의 기울기를 알려주는 감지기가 부착된 헬멧이 개발되었다는 소식을 들었다.[49] 머리의 방향이 혀 전극판에 전달되는 방식이었다. 머리가 똑바로 서 있을 때는 전극판 중앙에서 전기자극이 느껴지고, 고개가 앞으로 기울어져 있을 때는 혀끝에서 전기신호가 느껴졌다. 머리가 뒤로 젖혀졌을 때는 전기자극의 위치도 뒤쪽으로 바뀌었다. 좌우 기울기도 전기신호의 좌우 위치로 표시되었다. 그래서 자기 머리의 방향을 감지하는 능력을 모두 잃어버린 사람이라도 혀로 전달되는 해답을 느낄 수 있었다.

셰릴은 처음 이 장치를 시험 삼아 사용할 때 상당히 회의적이었다. 하지만 사용하자마자 즉시 효과가 나타났다. 그녀가 헬멧을 쓰자 뇌가 이 별난 통로를 거쳐 전달된 정보를 이해했고, 그녀는 머리와 몸의 균형을 유지할 수 있었다. 몇 번 훈련을 실시한 뒤, 그녀와 연구팀은 잔상처럼 효과가 남는다는 사실을 깨달았다. 그녀가 헬멧을 10분 동안 쓰고 있다가 벗으면, 그 뒤에도 약 10분 동안 더 정상적으로 균형을 잡을 수 있었다. 셰릴은 너무나 신이 나서 연구원들을 한 사람씩 모두 끌어안았다.

하지만 좋은 소식은 이것으로 끝이 아니었다. 그녀의 뇌가 혀 전극판 연습을 하며 회로를 재편하고 있었기 때문에, 잔상 효과의 지속 시간이 점점 길어졌다. 손상되지 않은 신호의 속삭임을 받아들여 헬멧의 도움으로 신호를 강화하는 법을 뇌가 점점 알아내고 있었다. 헬멧을 사용한 지 몇 달이 지났을 때, 셰릴은 사용 시간을 극적으로 줄일 수 있었다. 혀 전극판이 마치 신경을 훈련시키는 기구처럼 작용해서, 잔상신호의 속삭임을 더 분명하게 해석하는 데 도움이 되었다. 따라서 셰릴은 점차 장치가 필요 없어질 만큼 요령을 터득할 수 있었다.

감각 대체는 감각이 사라진 자리를 메울 새로운 기회를 열어준다.[50] 하지만 이것은 우리를 감각 대체 너머의 세계로 이끌어줄 또 다른 방법, 즉 감각 증강의 첫 단계에 불과하다. 현재의 감각을 더 향상시켜 더 폭넓고 빠르게 만들 수 있다면? 망가진 감각을 수리하는 데서 그치지 않고 기존의 감각을 증강할 수 있다면?

주변기기 증강

치료 장치의 목적은 결함을 정상으로 되돌리는 것이다. 하지만 거기서 그칠 이유가 있을까? 수술이 끝나거나 장치를 몸에 부착한 뒤, 인간의 수준을 뛰어넘을 만큼 성능을 향상시키면 안 되나? 이것은 단순한 가설이 아니다. 우리 주위에는 뇌가 초강력 감각을 갖게 된 사례가 많다.

2004년에 색맹 예술가 닐 하비슨은 시각을 청각으로 변환해준다는 약속을 믿고, 머리에 '아이보그'를 부착했다. 아이보그는 시각 정보를 분석해서 색을 소리로 바꿔주는 간단한 장치다. 소리는 귀 뒤편에

서 뼈전도로 전달된다.

그렇게 해서 닐은 색을 소리로 듣게 되었다. 색깔 견본 앞에 얼굴을 들이대면 색을 식별할 수 있다.[51] "초록색이네요." "그건 자홍색이고요."

그뿐만 아니라 아이보그의 카메라는 육안으로 볼 수 있는 스펙트럼을 '벗어나는' 빛의 파장을 감지할 수 있다. 색을 소리로 변환할 때, 뱀이나 벌처럼 적외선과 자외선을 인식해 신호로 전달할 수 있다는 뜻이다.

닐은 여권 사진을 갱신할 때가 되었을 때, 아이보그를 벗고 싶지 않다고 고집을 피웠다. 아이보그는 자기 신체의 근본적인 일부라는 것이 그의 주장이었다. 여권과에서는 그의 호소를 무시했다. 공식적인

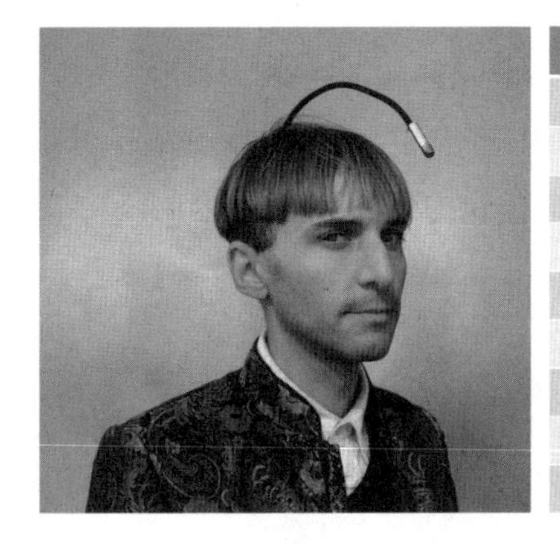

색깔	주파수(단위 헤르츠)
자외선	717.6 초과
보라색	607.5
파란색	573.9
청록색	551.2
초록색	478.4
노란색	462.0
주황색	440.2
빨간색	363.8
적외선	363.8 미만

(왼) 색맹 예술가 닐 하비슨이 아이보그를 착용한 모습.
(오) 카메라가 감지한 색이 어떤 주파수로 변환되는지 나타낸 소리색깔표.
가장 높은 주파수와 가장 낮은 주파수가 포함된 덕분에
청각 시스템이 시각 시스템의 일반적인 한계를 넘을 수 있다.

사진에 전자 장비는 허용되지 않는다는 것이 그들의 방침이었다. 하지만 그의 주치의, 친구들, 동료들이 그를 지지하는 편지를 여권과에 보냈다. 한 달 뒤에 찍은 그의 여권 사진에는 아이보그도 포함되어 있었다. 닐은 이 성공을 두고, 자신이 공식적으로 인정받은 최초의 사이보그라고 주장한다.[52]

동물 실험에서 과학자들은 한 걸음 더 나아갔다. 생쥐는 색맹이지만…… 유전공학으로 광수용체를 손보면 색을 보게 만들 수 있다.[53] 유전자 하나가 첨가된 생쥐는 다양한 색을 감지하고 구분할 수 있다. 다람쥐원숭이도 마찬가지다. 녀석들은 색 수용체가 두 종류밖에 없어서 적록색맹이다. 하지만 유전공학으로 인간처럼 색 수용체를 하나 더 넣어주면, 인간 수준으로 색깔을 즐길 수 있다.[54]

아니, 좀 더 정확히 말하자면, '일반적인' 인간 수준의 색채 경험이다. 지금까지 밝혀진 바에 따르면, 인간 여성 중에는 색을 식별하는 광수용체를 세 종류가 아니라 네 종류나 갖고 있는 사람이 소수 있다. 그리고 그들의 뇌는 이 정보를 이용해 새로운 종류의 감각 경험을 만들어낸다. 그래서 그들은 남들과는 달리 독특한 색깔을 보고, 그 색깔들의 새로운 혼합을 경험한다.[55] 새로운 주변기기가 추가되면, 뇌에서 유용한 정보가 목소리를 얻는다.

때로는 우연히 증강이 이루어지기도 한다. 백내장 수술로 기존의 각막을 인공각막으로 대체하는 경우가 많다. 각막은 원래 자외선을

차단하는 기능을 지닌 것으로 밝혀졌는데, 인공각막에는 이런 기능이 없다. 따라서 환자들은 전자기 스펙트럼에서 전에 보지 못하던 영역을 볼 수 있게 된다. 그런 환자 중에 엔지니어인 알렉 코마니츠키가 있다. 그는 많은 물체가 청보라색으로 은은히 빛나는 것처럼 보인다고 말한다. 다른 사람들의 눈에는 보이지 않는 현상이다.[56] 그는 백내장 수술을 받은 다음 날 아들의 콜로라도 로키스 반바지를 봤을 때 처음으로 그 현상을 경험했다. 다른 사람들은 모두 반바지가 검은색이라고 했지만, 그의 눈에는 청보라색 광택이 은은하게 어려 있는 것으로 보였다. 눈에 자외선 필터를 갖다 대자, 그제야 다른 사람들과 똑같은 색을 볼 수 있었다. 켜져 있는 자외선 조사등을 봐도 우리 눈에는 아무것도 보이지 않지만, 알렉의 눈에는 밝은 보라색 빛이 보인다. 이 새로운 능력 덕분에 평범한 사람보다 더 넓은 스펙트럼을 볼 수 있게 된 그는 일몰, 가스스토브, 꽃 등을 볼 때 새로운 경험을 하고 있다.

우리 네오센서리 본사의 엔지니어 마이크 퍼로타는 우리 제품인 손목띠에 적외선 센서를 연결했다. 내가 처음 그것을 손목에 차고 밤에 건물들 사이를 걷고 있는데 갑자기 그것이 진동했다. 아니, 길거리에 적외선 신호가 울릴 일이 어디 있다고? 나는 기계나 컴퓨터 코드에 오류가 있는 것 같다고 짐작하면서도, 신호가 가리키는 방향을 따라갔다. 그러자 진동이 점점 더 강해졌다. 마침내 나는 적외선 LED등에 둘러싸인 적외선 카메라와 마주쳤다. 야간에 사용하는 이런 카메라는 대개 눈에 띄지 않는 상태로 사람들을 감시한다. 하지만 거기에 해당하는 스펙트럼을 볼 수 있는 기계를 몸에 찼더니 곧바로 카메라의 정체가 드러났다.

동물에게도 비슷한 유형의 시각 증강이 시행된 적이 있다. 2015년에 과학자인 에릭 톰슨과 미겔 니콜레리스는 쥐의 뇌에 적외선 탐지기를 직접 끼워 넣었다. 그러자 쥐는 그 기계의 사용법을 터득해서, 적외선을 보고 이용할 수 있어야만 통과할 수 있는 시험에서 성과를 거뒀다. 탐지기 하나를 쥐의 체성감각피질에 접속시켰을 때, 쥐가 과제를 배우는 데에는 40일이 걸렸다. 다른 쥐를 상대로 한 또 다른 실험에서는 세 개의 전극이 추가로 뇌에 이식되었다. 그러자 쥐는 겨우 나흘 만에 완벽하게 과제를 해냈다. 쥐의 시각 피질에 직접 적외선 탐지기를 이식했을 때는 쥐가 과제를 정복하는 데 겨우 하루밖에 걸리지 않았다.

적외선 정보는 쥐의 뇌가 이용할 수 있는 또 하나의 신호일 뿐이다. 그 정보가 어떻게 뇌로 들어오는지는 중요하지 않다. 뇌에 전달되기만 하면 된다. 중요한 점은, 적외선 센서가 추가되었어도 체성감각피질의 정상적인 기능이 거기에 잠식되거나 방해받지 않았다는 것이다. 쥐는 여전히 수염이나 앞발을 이용해 주위를 감지할 수 있었다. 거기에 새로운 감각이 매끄럽게 통합되었다. 이 연구를 이끈 박사후 연구원 에릭 톰슨은 이런 사실의 의미를 깨닫고 느낀 열정적인 기분을 다음과 같이 표현했다.

> 지금도 정말 놀랍다. 뇌가 새로운 정보원에 항상 굶주려 있는 것은 사실이지만, 완전히 낯설고 새로운 이 정보를 그토록 빨리 흡수했다는 사실은 신경보철 분야의 경사다.

길고 긴 진화과정의 이런저런 일들 때문에 우리는 머리 앞쪽에 자리 잡은 두 눈으로 약 180도의 시야를 확보하게 되었다. 반면 집파리의 겹눈은 거의 360도를 볼 수 있다. 만약 우리가 현대기술을 이용해서 파리와 같은 시야를 얻는다면 어떻게 될까?

프랑스의 한 연구팀이 360도를 볼 수 있게 해주는 헬멧인 플라이비즈를 이용해서 바로 이런 실험을 했다. 헬멧에 장착된 카메라가 주변을 스캔한 뒤 압축해서 사용자의 눈앞에 있는 디스플레이로 보여주는 방식이었다.[57] 플라이비즈의 설계자들은 사용자가 처음 헬멧을 썼을 때 (구토를 할 것 같은) 적응기를 거친다는 사실을 발견했다. 하지만 그 기간이 놀라울 정도로 짧다. 헬멧을 쓰고 15분만 지나면, 사용자는 자기 주위 어디서나 물체를 잡을 수도 있고, 몰래 다가오는 사람을 피할 수도 있고, 때로는 뒤에서 날아오는 공을 붙잡기도 한다.

시야가 360도로 넓어질 뿐만 아니라, 어둠 속에서 주위에 자리 잡은 여러 사람의 위치처럼 눈에는 보이지 않는 것들을 감각으로 느낄

360도 시야.

수 있게 된다면 어떨까?

용병들이 낙하산을 타고 적지에 침투해 적의 안드로이드를 사냥하는 장면을 상상해보자. HBO에서 방영된 〈웨스트월드〉의 한 장면 같은가? 사실 그 드라마의 과학 자문으로서 나는 그런 연출에 우리 기술을 쓰자고 제안했다. 시즌 1 마지막에 '호스트들'(안드로이드)은 반란을 일으킨다. 따라서 시즌 2에서는 엘리트 군대가 반란 세력을 제압하려고 한다. 우리 회사의 조끼를 입은 전사들은 예상치 못한 장소에서 어둠 속이나 바리케이드 뒤편 등에 숨어 있는 호스트의 위치를 '느낄' 수 있다. 왼쪽으로 약 200미터 앞, 또는 바로 뒤, 또는 벽 뒤편에 있는 적의 존재를 알아차리는 것이다. 〈웨스트월드〉의 시간적 배경은 지금으로부터 30년 뒤의 미래지만, 방금 설명한 일들은 모두 지금의 기술로도 쉽게 해낼 수 있다. 기술은 아름답지만 제한된 능력을 지닌 안구를 넘어서서 인간의 감각을 넓혀준다.

나는 구글과 협력해서 시각장애에 대한 아주 멋진 실험을 실시하고 몇 달 뒤 〈웨스트월드〉의 플롯을 떠올렸다. 구글의 여러 사무실에는 라이더(빛 레이더)가 갖춰져 있다. 자율주행 자동차의 지붕에서 빙빙 돌아가는 장치가 바로 라이더다. 사무실 공간에서 라이더는 모든 움직이는 물체의 위치, 즉 사무실 안을 돌아다니는 사람들의 위치를 추적할 수 있게 해준다.

우리는 이 라이더의 데이터스트림을 우리 조끼와 연결했다. 그러고 나서 시각장애인인 알렉스를 데려와 조끼를 입혔다. 그러자 〈웨스트월드〉의 군인들처럼 그도 주위에서 움직이는 사람들의 위치를 느낄 수 있었다. 시야도 360도가 되었으니, 시각장애인에서 제다이로 변신한 셈이었다. 사용법을 터득하느라 시간을 쓸 필요도 없었다. 그는 즉시 장치를 사용할 수 있었다.

알렉스의 경험은 감각 확장이 아주 쉽다는 점을 증명했을 뿐만 아니라, 포테이토 헤드 모델 또한 확인해주었다. 새로운 데이터스트림이 연결되면 뇌는 사용법을 알아낸다. 알렉스의 조끼, 플라이비즈 카메라, 쥐에게 이식된 적외선 탐지기는 생물에게 전통이 중요하지 않다는 것을 보여준다. 우리는 유전적으로 물려받은 관습을 넘어 우리 자신을 확장시킬 수 있다.

시각만 확장시킬 수 있는 것도 아니다. 청각을 예로 들어보자. 보청기에서부터 우리의 버즈 손목띠에 이르기까지 여러 장치가 이미 평범한 청각의 범위를 초월했다. 그렇다면 초음파 대역까지 범위를 넓혀서 고양이나 박쥐만 들을 수 있는 소리까지 들으면 어떤가? 아니면 코끼리들이 의사소통에 사용하는 초저주파를 들을 수 있게 된다면?[58] 청각 관련 기술이 발전하면서, 굳이 인류의 일반적인 수준으로만 감각 정보를 제한할 이유가 없어졌다.

후각은 또 어떤가. 우리가 이해할 수 있는 수준을 훨씬 넘어선 후각을 지닌 블러드하운드를 기억하는가? 분자 탐지기를 여러 개 배치한 장치를 만들어 다양한 냄새를 느낄 수 있게 되면 어떨까? 주둥이가 커다란 마약 탐지견이 없어도, 우리가 직접 냄새 탐지의 세계를 깊이 경험할 수 있을 것이다.

이 모든 프로젝트가 세상을 향해 우리의 창문을 활짝 열어젖혀서, 전에는 보지 못하던 세계를 볼 수 있게 해준다. 그러나 감각을 확장하는 수준을 넘어서서, 우리가 아예 새로운 감각을 창조할 수 있다면 어떨까? 우리가 자기장이나 트위터의 실시간 데이터를 직접 인식할 수 있다면? 뇌가 워낙 유연하기 때문에, 이런 데이터스트림이 곧바로 지각으로 전환될 가능성이 있다. 지금까지 배운 원칙들을 감안할 때, 이제는 감각 대체와 감각 증강을 넘어 감각 추가의 영역까지도 생각해볼 수 있게 되었다.[59]

새로운 감각중추 상상하기

토드 허프먼은 바이오해커(대학이나 연구기관 등에 소속되지 않은 채 생명과학 연구를 하는 사람—옮긴이)다. 그의 머리는 이런저런 원색으로 염색되어 있을 때가 많은데, 그 점을 제외하면 그의 외모는 벌목꾼과 구분하기 힘들다. 몇 년 전, 토드는 작은 네오디뮴 자석 하나를 우편으로 주문했다. 그는 배달된 자석을 소독하고, 수술칼도 소독하고, 자신의 손도 소독한 뒤, 자석을 손가락에 이식했다.

이제 토드는 자기장을 느낄 수 있다. 전자기장에 그가 노출되면 자석이 작동하고, 그의 신경이 이 감각을 인지한다. 보통 인간은 알 수 없는 정보가 그의 손가락에 있는 감각통로를 통해 뇌로 전달된다.

그의 지각은 그가 처음 전기스토브 위의 팬에 손을 뻗었을 때 확대되었다. 스토브는 커다란 자기장을 발산한다(코일에 흐르는 전기가 원인이다). 토드는 그런 토막 지식을 몰랐지만, 이제는 몸으로 느낄 수 있다.

그가 손을 뻗으면, (여러분의 노트북컴퓨터에 연결된 것과 같은) 전원코드 변압기에서 나오는 전자기 버블을 감지할 수 있다. 눈에 보이지 않는 거품에 손을 대는 것과 비슷하다. 그는 거품의 표면을 따라 손을 움직여 모양을 알아볼 수 있다. 전자기장의 강도는 그의 손가락 안에 있는 자석의 움직임이 얼마나 강력한지를 기준으로 측정한다. 자기장의 주파수에 따라 자석의 진동이 영향을 받기 때문에, 그는 여러 변압기의 각각 다른 특징을 '질감' '색깔' 같은 단어들로 표현한다.

또 다른 바이오해커인 섀넌 래럿은 전선을 타고 흐르는 전류를 느낄 수 있으며, 따라서 전압기를 꺼낼 필요 없이 손가락만으로 하드웨어 문제를 진단할 수 있다고 한 인터뷰에서 설명했다. 그는 이식한 것을 제거한다면 시력을 잃은 느낌이 들 것이라고 말한다.[60] 전에는 감지할 수 없던 세계를 감지할 수 있게 되었다. 전자레인지, 컴퓨터 팬, 스피커, 지하철 변압기 주위에서 다양한 형태들이 생생하게 살아 움직인다.

물체 주위의 자기장뿐만 아니라 행성 주위의 자기장까지 감지할 수 있다면 어떨까? 사실 동물들은 이런 능력을 갖고 있다. 거북은 자신이 알을 깨고 나온 그 해변으로 다시 돌아와 알을 낳는다. 철새들은 매년 그린란드에서 남극대륙까지 날아갔다가 다시 같은 장소로 돌아온다. 왕이나 군대가 전서구로 이용하는 비둘기들은 인간 전령보다 더 정확하게 길을 찾아간다.

러시아의 과학자 알렉산드르 폰 미덴도르프는 이 동물들이 어떻게 이런 마법을 부리는지 궁금해서, 1885년 체내에 나침반이 있을 것 같다는 추측을 내놓았다. 옳은 추측이었다. "배에서 사용하는 나침반의 자석 바늘처럼 하늘의 항해자인 새들도 몸에 자기를 느끼는 기능이 있고, 그것이 전자기 흐름과 연결될 수 있을지 모른다."[61] 다시 말해서, 동물들이 지구의 자기장을 이용해 항로를 찾아간다는 뜻이다.

오스나브뤼크대학의 과학자들은 인간이 웨어러블 장치를 이용해 지구의 자기장을 이용할 수 있을지 2005년부터 연구하기 시작했다. 그들이 만든 필스페이스라는 허리띠에는 진동 모터가 빙 둘러 붙어 있는데, 그중에 북쪽을 가리키는 모터가 진동한다. 따라서 사용자는 방향을 바꿀 때마다 자기장의 북쪽을 가리키는 진동을 느낄 수 있다.

처음에는 귀찮게 윙윙거리는 것처럼 느껴지지만, 시간이 흐르면서 거기에 담긴 공간 정보, 즉 북쪽이 어디인지 알려주는 느낌을 해독할 수 있게 된다.[62] 이 허리띠를 몇 주 동안 사용한 사람들은 방향을 찾아가는 방식이 달라진다. 방향감각이 좋아져서 새로운 전략을 개발하고, 여러 장소들 사이의 관계를 더 잘 인식하게 된다. 주위가 더 정돈된 것처럼 느껴지기도 한다. 여러 장소의 위치를 기억하기도 쉬워진다.

실험 참가자 중 한 명은 다음과 같이 표현했다. "도시에서 방향을 찾는 것이 흥미로웠다. 돌아온 뒤 나는 모든 장소, 방, 건물의 상대적인 위치를 기억해낼 수 있었다. 내가 실제로 그곳에 있을 때 별로 주의를 기울이지 않았는데도."[63] 그들은 연달아 이어지는 단서를 토대로 공간을 생각하는 것이 아니라, 지구적인 관점에서 이동 경로를 생각했다. 또 다른 사용자는 다음과 같이 말했다. "단순한 촉각 자극과는 달랐다. 허리띠가 공간 감각을 전달했기 때문에…… 나는 집이나 사무실이 있는 방향을 직관적으로 인식했다." 이것은 감각 '대체'(다른 채널을 통해 시각이나 청각 정보를 전달하는 것)도, 감각 '증강'(시각이나 청각을 향상시키는 것)도 아니다. 감각 '추가'다. 인간이 겪어보지 못한 새로운 종류의 경험이다. 사용자는 계속 말을 이었다.

> 처음 2주 동안에는 정신을 집중해야 했으나, 나중에는 직관적으로 알 수 있었다. 심지어 내가 가끔 머무르는 장소와 방의 배치도를 상상으로 그려볼 수도 있었다. 흥미로운 것은, 밤에 허리띠를 벗은 뒤에도 여전히 진동이 느껴진다는 점이다. 내가 몸의 방향을 돌리면, 진동도 함께 움직인다. 정말 매혹적인 감각이다![64]

사용자들이 허리띠를 벗은 뒤에도 한동안 방향감각이 예전에 비해 좋아진다고 말하는 경우가 많다는 점이 흥미롭다. 효과가 오래 지속되는 셈이다. 균형을 잡아주는 헬멧의 경우에서 본 것처럼, 외부 장치의 확인으로 내부에서 전달되는 신호의 속삭임이 강화될 수 있다.[65]

과학자들은 사람들의 이런 경험을 쥐를 이용해 더 깊이 탐구했다. 2015년에 과학자들은 쥐의 눈을 가린 뒤 시각 피질에 디지털 나침반을 연결했다. 그러자 쥐는 머리에서 전해지는 방향 신호만을 이용해서 미로 속의 먹이를 찾아내는 법을 재빨리 알아냈다.[66]

뇌는 어떤 데이터를 수신하든 사용 방법을 찾아낸다.

1938년에 더글러스 코리건이라는 비행사가 비행기 한 대를 되살려(나중에 이 비행기에 '69.90달러의 정신'이라는 별명이 붙었다) 미국에서 아일랜드 더블린까지 비행했다. 인간이 하늘을 날기 시작한 지 얼마 안 된 당시에는 항법 보조장치가 별로 없었다. 일반적으로 비행기를 기준으로 상대적인 기류 방향을 알려주는, 끈과 나침반을 하나로 묶은 장치뿐이었다. 〈에드워즈빌 인텔리젠서〉는 코리건의 비행을 설명하면서, 그를 "엉덩이 감각으로by the seat of his pants 비행하는" 비행사라고 묘사한 정비사의 말을 인용했다. 감으로 조종한다는 뜻이다. 대부분의 사람들은 영어에서 이 표현이 쓰이기 시작한 것이 이때부터라고 알고 있다. 어쨌든 비행사의 신체에서 비행기와 가장 많이 접촉하는 부위는 엉덩이니까, 정보가 비행사의 뇌로 전달되는 통로 또한 그곳이었다. 비행사는 비행기의 움직임을 느끼고 그때그때 반응했다. 만약 선회 도중 기체가 낮게 위치한 날개 쪽으로 쏠린다면, 비행사의 엉덩이도 아래로 미끄러질 것이다. 만약 기체가 선회하는 방향의 바깥쪽을 향해 미끄러진다면, 약한 중력이 비행사를 위로 밀어 올릴 것이다. 비행기의 이런 움직임을 알려주는 장치는 제1차 세계대전 말에야 발명되었다. 따라서 초창기 비행사들은 특히 구름 속이나 안개 속을 비행할 때 촉각에 면밀하게 주의를 기울여 여러 요소(기울기, 풍속, 외부 기온, 비행기의 전체적인 상태)를 추정하는 솜씨가 노련했다.

이런 맥락에서 몸으로 데이터를 느끼는 일은 오랜 역사를 갖고 있다. 우리는 네오센서리에서 이것을 한 단계 더 높은 곳으로 끌어올리려고 애쓰는 중이다. 구체적으로 말하자면, 드론 조종사의 지각 능력을 확장시키려고 한다. 네오센서리 조끼는 쿼드콥터(로터가 네 개인 드론—옮긴이)에서 들어오는 다섯 가지 정보(피치, 요, 롤, 오리엔테이션, 헤딩)를 전달하고, 그 덕분에 조종사의 조종 능력이 향상된다. 간단히 말해서, 조종사의 피부가 드론이 위치한 곳까지 뻗어 있는 것과 같다.

혹시 낭만적인 생각에 빠지는 사람들이 있을까봐 분명히 말한다. 기계의 도움 없이 비행사가 엉덩이의 감각으로 비행하던 시절이 지금보다 더 좋았다고 생각하면 안 된다. 조종실에 기계가 가득해져서 비행사가 다양한 요소를 측정할 수 있게 되면서 비행이 더 안전해졌다. 예를 들어, 비행사의 엉덩이 감각만으로는 비행기가 수평으로 날고 있는지 선회하고 있는지 알 수 없다.[67] 도구가 없을 때보다는 많을 때가 더 낫다. 그러나 그 풍부한 데이터를 뇌에 전달하는 것이 문제다. 현대의 비행기를 보면, 조종실에 온갖 기계가 가득하다. 시각에만 의존해서 계기판을 한 번에 하나씩 일일이 읽으려면 속도가 느리다. 그래서 최신식 조종실을 다시 생각해보게 된다. 조종사는 계기판을 눈으로 읽으려 하지 않고 느낌으로 받아들인다. 몸으로 받아들이는 고차원의 데이터스트림을 통해 조종사는 비행기의 상태를 순식간에 파악한다. 이 방법이 어떻게 효과를 발휘할 수 있느냐고? 몸에서 전해지는 고차원 데이터를 읽어내는 뇌의 재주가 뛰어나기 때문이다. 예를 들어, 우리가 한 발로 균형을 잡을 수 있는 데에도 이 점이 작용한다. 다리, 몸통, 팔의 다양한 근육이 모두 데이터를 보내면, 뇌는 상황을 요약해서 재빨리 수정된 명령을 내보낸다.

따라서 엉덩이 감각으로 비행할 때와 몸통의 피부 감각으로 비행할 때의 차이점은 수신되는 데이터의 양에 있다. 지금은 정보가 가득한 세상이므로, 우리가 빅데이터에 접근하는 단계에서 직접적으로 경험하는 단계로 옮겨가게 될 가능성이 높다.

그런 맥락에서, 수십 대의 기계가 한꺼번에 돌아가는 공장의 상태를 느끼기 위해 접속한다고 상상해보자. 우리가 곧 공장이 되는 것이다. 우리는 수십 대의 기계에 동시에 접근해서 상대적인 생산 속도를 느낄 수 있다. 어딘가가 어긋나서 주의를 기울여야 할 때도 느낌으로 알 수 있다. 기계가 고장 나는 경우를 말하는 것이 아니다. 그런 문제가 발생하면 간단히 경보 시스템과 연결하기만 하면 된다. 그보다는 기계들의 작동 상태를 상대적으로 어떻게 판단할 것인가 하는 문제를 말하는 것이다. 이런 식으로 빅데이터에 접근하면 더 깊은 통찰력이 생긴다.

감각 확장의 응용 범위가 아주 넓다는 점을 생각해보라. 외과 의사가 수술 중에 일일이 모니터를 올려다보지 않아도 환자의 상태를 알 수 있게 환자의 실시간 데이터를 의사의 등으로 전달하면 어떨까? 자기 몸의 혈압, 맥박, 체내 미생물의 상태 등 눈에 보이지 않는 요소들을 몸으로 느껴서 무의식적인 신호를 의식의 수준으로 끌어올릴 수 있다면? 우주비행사가 국제우주정거장의 건전도를 몸으로 느낄 수 있다면? 공중에 둥둥 떠서 항상 모니터만 빤히 바라보는 대신, 우주정거장의 여러 곳에서 들어오는 데이터를 촉각으로 요약해서 느낄 수 있다면?

여기서 한 걸음 더 나아가보자. 네오센서리에서 우리는 지각 '공유'라는 개념을 탐구하고 있다. 부부가 서로의 데이터를 느낀다고 상상해보자. 배우자의 호흡, 체온, 피부의 전기적인 반응 등을 느낄 수 있다면? 지금 우리는 둘 중 한 사람의 이런 데이터를 모아 인터넷을 이용해서 다른 한 사람의 버즈로 전송해줄 수 있다. 상호이해의 새로운 장을 열 수 있는 잠재력을 지닌 연구다. 먼 곳에 가 있는 배우자가 전화해서 이렇게 묻는다고 상상해보라. "당신 괜찮아? 스트레스를 받는 것 같은데." 이것이 두 사람의 관계에 축복이 될지 저주가 될지는 알 수 없지만, 경험 공유의 새로운 가능성을 열어주는 것은 확실하다.

이 모든 아이디어에 가능성을 부여하는 것은, 우리 머릿속으로 들어오는 데이터스트림이 배경 속으로 희미하게 물러난다는 점이다. 우리는 기대와 어긋났을 때에야 비로소 우리의 감각 정보를 인식한다. 오른발에 신은 신발을 지금 느끼고 있는가? 주의를 기울이면 신발의 존재를 느낄 수 있지만, 평소에는 오른발 피부에서 들어오는 데이터가 의식 아래에 머무른다. 신발에 돌이라도 하나 들어가야 우리는 오른발에서 들어오는 정보에 주의를 기울인다. 우주정거장이나 배우자에게서 전송되는 데이터스트림도 마찬가지다. 우리가 주의를 기울이지 않는 한, 또는 주의를 기울여야 하는 놀라운 일이 생기지 않는 한, 우리는 그 데이터를 의식하지 못할 것이다.

진동 패턴을 이용해 인터넷에서 뇌로 곧장 정보를 전달한다고 생각해보자. 네오센서리 조끼를 입고 돌아다니면서 반경 320킬로미터 안에 있는 기상관측소의 데이터를 느낄 수 있다면 어떨까? 어느 시점

부터 우리는 해당 지역 날씨 패턴을 직접 지각할 수 있게 될 것이다. 인간이 보통 인식할 수 있는 것보다 훨씬 범위가 넓어지는 것이다. 그러면 비가 올지 어떨지 친구들에게 알려줄 수도 있다. 어쩌면 기상학자들보다 훨씬 더 정확한 예보를 할 수 있을지도 모른다. 이것은 사람들에게 새로운 경험이다. 지금과 같은 작고 제한적인 인체에는 다 담을 수 없는 경험이기도 하다.

네오센서리 조끼가 실시간 주식 데이터를 알려준다면 어떨까? 뇌는 전 세계 주식시장의 복잡하고 다면적인 움직임에서 의미를 뽑아낼 수 있을 것이다. 우리가 의식적으로 주의를 기울이지 않을 때도 뇌는 통계 패턴을 추출해내는 엄청난 작업을 할 수 있다. 따라서 하루 종일 조끼를 입고 다니면서 주변의 일들(뉴스, 거리에 모습을 드러낸 새로운 패션, 경제에 대한 느낌 등)을 대체적으로 인식하기만 해도 시장의 흐름을 (전문가들의 모델보다 더 훌륭하게) 예측하는 강한 직관을 얻을 수 있을지 모른다. 이것 역시 인간에게 아주 새로운 종류의 경험이 될 것이다.

여기에 그냥 눈이나 귀를 이용하면 안 되느냐는 의문을 품는 사람도 있을 것이다. 주식 투자자가 가상현실VR 고글을 쓰고 수십 개 주식의 실시간 차트를 볼 수 있지 않을까? 문제는 일상생활에서 시각이 필요한 부분이 너무 많다는 점이다. 주식 투자자는 카페테리아를 찾을 때도, 직장 상사가 들어오는지 관찰할 때도, 이메일을 읽을 때도 눈을 사용해야 한다. 반면 피부는 잘 사용되지 않는 광대역 정보 채널이다.

주식 투자자는 고차원 데이터를 피부로 느낀 덕분에 개별 변수(애플 주가 상승, 엑손 하락, 월마트 보합세)를 알아차리기 훨씬 전에 전체적인 그림을 알려주는 데이터(유가油價 곧 붕괴)를 인식할 수 있게 될지 모른다.

어떻게 이런 일이 가능할까? 마당에 나가 있는 개를 볼 때 우리가 어떤 시각신호를 받는지 생각해보자. "음, 저기 광자가 하나 있군. 이쪽 광자는 아주 조금 어두워. 저쪽에는 밝은 광자가 한 줄로 있고." 이렇게 말하는 사람은 없을 것이다. 우리는 전체적인 그림을 인식할 뿐이다.

인터넷에서 전송받을 수 있는 데이터스트림은 상상도 할 수 없을 만큼 많다. 스파이더맨의 직감에 대해서는 모두 들어보았을 것이다. 근처에 문제가 발생했을 때 그가 감지하는 따끔따끔한 감각. 그럼 트위터 감각은 어떤가? 먼저 트위터가 지구의 의식이 되었다고 가정해보자. 트위터가 지구를 빙 둘러싼 신경계를 타고 돌아다니는 동안, 중요한 아이디어들(과 일부 중요하지 않은 아이디어들)이 시끄러운 바닥에서 떠올라 인기 검색어 상위권으로 올라간다. 기업이 사람들에게 전하고 싶은 메시지가 아니라, 방글라데시에서 발생한 지진이나 유명인의 죽음, 또는 우주에서 새로 발견된 사실 등이 전 세계 수많은 사람의 상상력을 사로잡는다. 동물의 신경계를 타고 가장 중요한 문제들이 전달되듯이(배고파, 누가 다가오고 있어, 물을 찾아야 해), 세상의 관심이 높아진다. 트위터에서는 위로 치고 올라오는 아이디어들이 중요할 수도 있고 중요하지 않을 수도 있지만, 매 순간 전 세계 사람들의 생각이 분명히 거기에 반영되어 있다.

2015년 TED 회의에서 스콧 노비치와 나는 'TED'라는 해시태그가 달린 모든 트윗을 알고리즘으로 추적했다. 그렇게 수백 개의 트윗이 모일 때마다 감정분석 프로그램에 밀어넣었다. 그리고 수많은 단어를 바탕으로 긍정적인 트윗('굉장하다' '의욕이 생긴다' 등)과 부정적인 트윗('지루하다' '멍청하다' 등)을 분류할 수 있었다. 우리는 그 통계 결과를 실시간으로 네오센서리 조끼에 입력했다. 그러자 회의장 안의 감정 변화를 내가 직접 느낄 수 있었다. 그 덕분에 나는 개인이 일반적으로 경험할 수 있는 것보다 더 큰 일, 즉 수백 명의 전체적인 감정 상태를 한꺼번에 전달받는 일을 해낼 수 있었다. 아마 정치가라면 수만 명의 사람들 앞에서 연설할 때 이 조끼를 입고 싶을 것이다. 자기 말에 청중이 어떻게 반응하는지 즉석에서 들여다볼 수 있을 테니까.

크게 생각하고 싶다면, 해시태그는 잊어버리고 전 세계에서 오가는 모든 트윗의 자연어 처리에 도전해봐도 된다. 1초당 100만 개의 트윗을 압축해서 조끼에 입력한다고 생각해보자. 전 세계 사람들의 의식에 접속하게 된다는 뜻이다. 그러면 혼자 길을 걷다가 워싱턴에서 발생한 정치적 추문이나 브라질의 숲에서 발생한 화재나 중동에서 발생한 가벼운 충돌을 갑자기 감지할 수 있게 된다. 세상일에 더 밝은 사람이 되는 것이다. 신체적인 감각을 통해서.

이렇게 전 세계 사람들의 의식에 접속하고 싶어하는 사람이 많을 거라는 말을 하려는 게 아니다. 원칙을 증명함으로써 많은 것을 배울 수 있다는 말을 하고 싶을 뿐이다. 새로운 감각을 추가하는 상상을 할 때, 일반적인 수준을 한참 뛰어넘는 자유로운 사고가 가능하다는 점을 강조하고 싶다.

애당초 컴퓨터가 아니라 사람을 이런 데이터스트림과 연결하겠다는 생각을 한 이유가 무엇이냐는 질문을 받을 때가 있다. 훌륭한 인공신경망이라면 패턴인식 능력이 사람보다 더 낫지 않겠는가?

꼭 그렇지는 않다. 컴퓨터의 패턴인식 능력이 놀라운 것은 사실이지만, 인간에게 무엇이 중요한지 알아내는 특별한 능력은 없다. 사실

인간들도 인간에게 무엇이 중요한지 미리 알아내지 못할 때가 많다. 그래서 인간이 패턴인식의 주체가 될 때 인공 신경망보다 더 넓은 렌즈로 더 유연한 판단을 내릴 수 있다. 주식시장 조끼를 예로 들어보자. 내가 뉴욕이나 상하이나 모스크바의 거리를 걷다가 사람들의 옷차림, 그들의 시선을 끄는 물건, 그들의 감정이 낙관적인지 비관적인지 여부 등을 섬세하게 알아차린다. 내가 찾으려는 것이 무엇인지 아직 확실히 알지는 못하지만, 내가 보고 듣는 모든 것이 머릿속의 경제모델에 입력된다. 여기에 조끼가 알려주는 개별 주식의 가격 변동이 첨가되면, 나는 풍성한 시각을 얻는다. 인공 신경망은 자신에게 입력되는 숫자들 속에서 단순히 패턴만을 찾으려 하기 때문에, 프로그래머의 선택이 처음부터 제한 요소로 작용한다.

르네 데카르트는 자신을 둘러싼 '진짜' 현실을 어떻게 알 수 있을지 고민하는 데 많은 시간을 쏟았다. 그는 우리의 감각이 우리를 속일 때가 많다는 것, 우리가 꿈속의 일을 생시의 경험으로 착각할 때가 많다는 것을 알고 있었다. 만약 악마가 세상에 대해 계속 거짓을 말하면서 체계적으로 그를 속이고 있는 거라면, 그걸 어떻게 알아차릴 수 있을까? 1980년대에 철학자 힐러리 퍼트넘은 이 질문을 업그레이드한 "나는 수조 속에 든 뇌인가?"라는 질문을 던졌다.[68] 과학자들이 내 뇌를 몸에서 분리한 뒤 피질을 자극해 내가 실제로 책을 만지고 있다거나 피부로 온도를 감지한다거나 눈으로 손을 보고 있다고 믿게 만드는

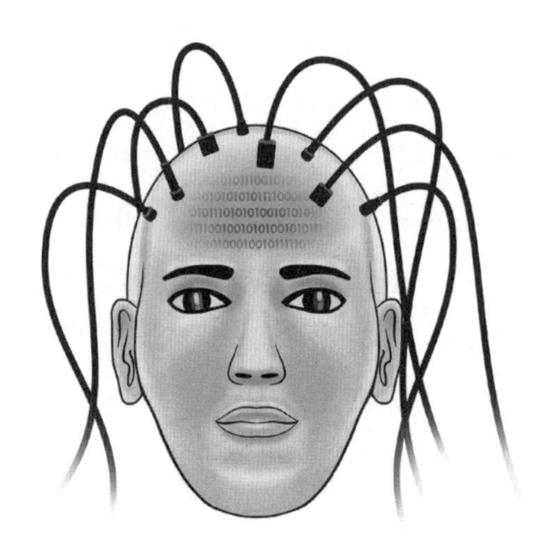

새로운 데이터스트림을 뇌에 직접 연결하면 새로운 종류의 증강현실이 가능해진다.
이 그림에서는 설명을 위해 전선이 연결된 것처럼 표현했지만, 미래에는 당연히 전선이 없다.
전선을 신부의 긴 면사포처럼 등 뒤로 질질 끌고 다니다가
누군가의 발에 밟히는 사고가 일어나는 것은 누구에게도 반갑지 않을 것이다.

거라면? 내가 그것을 알아낼 길이 있는가? 1990년대에 이 질문은 "나는 매트릭스 안에 있는가?"로 바뀌었다. 그리고 지금은 "나는 컴퓨터 시뮬레이션 안에 있는가?"가 되었다.

이런 질문들은 과거 철학 강의실에서만 활발히 논의되었지만, 지금은 신경과학 실험실로 슬금슬금 스며들고 있다. 우리의 일상적인 경험이 감각기관에서 들어오는 정보에 불과하다는 점을 생각해보라. 그렇다면 뇌에 신호를 직접 입력할 때도 정확히 똑같은 결과를 얻을 수 있다. 사실 우리의 감각기관을 침범하는 모든 신호는 똑같은 전기화학 흐름으로 전환되기 때문에, 우리가 감각기관을 우회해서 전기화학 신호를 직접 만들어내는 것도 얼마든지 가능하다. 중간 매개체를 생

략하고 넘어갈 수 있다는 뜻이다. 그렇다면 뇌라는 본체에 직접 잭을 꽂을 수 있는데, 우리는 왜 굳이 귀나 혀를 통해 시각 데이터를 전달하는가?

뇌에 직접 잭을 꽂는 기술은 이미 나와 있다. 뇌에 전극을 심을 때는 보통 한 개에서 수십 개까지 소수의 전극만을 사용하며, 피질 아래쪽에 깊이 심어서 경련, 우울증, 중독 등의 문제를 처리한다. 감각적으로 의미가 있는 메시지로 피질을 자극하려면 훨씬 더 많은 전극(아마 수십만 개쯤)으로 수많은 패턴의 자극을 만들어내야 한다.

이것을 현실로 만들기 위해 연구 중인 팀이 여럿 있다. 스탠퍼드대학의 신경과학자들은 10만 개의 전극을 원숭이에게 심는 방법을 연구 중이다. (조직 손상을 최소화할 수 있다면) 신경망의 세세한 특징을 새로이 밝혀낼 수 있을지 모른다. 아직 젖먹이 단계인 여러 신생기업은 직접적인 접속을 통해 신경 데이터 작성과 해독 속도를 높이는 방식으로 뇌와 외부세계의 통신 속도를 높일 수 있을 것이라고 기대하고 있다.

문제는 이론이 아니라 현실이다. 뇌에 전극을 심으면, 주변 조직이 전극을 서서히 밀어내려고 한다. 손가락에 가시가 박혔을 때, 피부가 가시를 밀어내는 것과 같다. 하지만 이건 작은 문제고, 큰 문제는 이 수술을 해줄 신경외과 의사가 없다는 점이다. 수술대에서 수술 대상이 죽거나 감염이 발생할 위험이 항상 있기 때문이다. 파킨슨병이나 심한 우울증 같은 병에 걸린 상태가 아니라면, 친구에게 더 빠른 속도로 문자를 보내는 기쁨만을 위해 머리를 여는 수술을 받을 사람이 과연 있을지도 분명치 않다. 대안으로는 뇌 전체에 나뭇가지처럼 뻗어 있는 혈관에 슬그머니 전극을 들여보내는 방법이 있겠으나, 그러다 혈관이 손상되거나 막힐 우려가 있다는 점이 문제다.

그래도 세포 단위에서 뇌에 정보를 입력하고 출력하는 일이 어쩌면 가능해질지도 모른다. 굳이 전극을 심을 필요도 없을 것이다. 앞으로 10~20년 안에 뇌에 직접 신호를 전달하는 방법이 대규모 소형화를 통해 급격히 바뀔 것이다. 이를테면 신경 먼지 같은 장치가 있다. 먼지처럼 작은 신경 장치를 뇌 표면에 흩어 놓고 데이터 기록, 신호 전송, 뇌 자극 등을 수행하게 하는 방법이다.[69]

나노로봇도 있다. 원자 수준의 정밀성을 지닌 3D 프린터를 생각해보라. 이 프린터를 이용하면, 기본적으로 초소형 로봇 역할을 하는 복잡한 분자들을 설계해서 만들 수 있다. 이론적으로는 이런 로봇을 1000억 개나 프린트해서 작은 알약에 넣어 사람에게 먹이는 것이 가능하다. 이 나노로봇들은 설계에 따라 혈액뇌관문을 통과해 뉴런에 스며들어서, 뉴런이 신호를 쏠 때마다 함께 신호를 쏘고, 뉴런을 활성화시키는 신호를 수신할 것이다. 그러면 뇌 속의 뉴런 수백억 개와 개별적인 송수신이 가능해진다. 유전학을 이용해서 DNA에 암호를 집어넣는 방식으로, 단백질에서 바이오 나노로봇을 만드는 것도 가능하다. 뇌에 정보를 전달할 수 있는 방법이 다양하기 때문에, 앞으로 수십 년 뒤에는 각각의 뉴런을 따로 읽어내고 제어하는 수준에 도달할 가능성이 높다. 그때쯤이면 우리 뇌가 직접적인 감각 증강 장치가 되어, 조끼나 손목띠가 필요하지 않을 것이다.

지금까지 피부의 진동, 혀의 전기 충격, 직접적인 뉴런 활성화 등 뇌에 데이터를 입력하는 방법에 대해 이야기했다. 하지만 아직 중요한 의문 하나가 남아 있다. 새로운 입력 정보는 어떤 '느낌'일까?

새로운 색깔 상상하기

어두운 두개골 안에서 뇌가 접근할 수 있는 것은 전문화된 세포들 사이를 질주하는 전기신호뿐이다. 뇌가 직접 뭔가를 보거나, 듣거나, 만지지는 않는다. 입력된 정보가 교향곡의 음파든 눈 덮인 조각상에서 반사된 빛의 패턴이든 갓 구운 사과파이에서 솟아오른 냄새 분자든 벌에 쏘인 통증이든 모두 뉴런의 전압 스파이크로 표시된다.

뇌 조직의 한 부위에서 앞뒤로 번쩍이는 스파이크를 관찰하다가 이 부위가 시각 피질인지 청각 피질인지 체성감각피질인지 물어보면, 여러분은 대답하지 못할 것이다. 나도 대답하지 못할 것이다. 모두 똑같아 보이기 때문이다.

여기서 생겨난 의문이 하나 있다. 신경과학이 아직 답을 찾지 못한 의문이다. 시각과 후각이 그토록 다르게 느껴지는 이유가 무엇인가? 미각은 또 어떤가? 물결치는 소나무의 아름다움과 페타치즈의 맛을 우리가 결코 혼동하지 않는 이유는 무엇인가? 손끝에 닿는 사포의 느낌과 신선한 에스프레소의 맛을 혼동하지 않는 이유는 무엇인가?[70]

어쩌면 이것이 유전자와 관련되어 있다고 생각할 수 있다. 청각을 담당하는 부위와 촉각을 담당하는 부위가 처음부터 다르게 만들어졌다고 보는 것이다. 하지만 자세히 살펴보면, 이 가설이 맞지 않는다는 것을 알 수 있다. 이번 장에서 보았듯이, 우리가 시력을 잃으면 시각 피질이라고 불리던 부위가 촉각과 청각에 점령당한다. 뇌의 회로가 이처럼 재배열된다는 점을 감안하면, '시각' 피질에 시각에만 특화된 근본적인 차이가 있을 것이라고 주장하기가 힘들다.

그렇다면 다른 가설이 필요해진다. 감각의 주관적인 경험(감각질이라고도 불린다)이 데이터의 구조에 의해 결정된다는 가설이다.[71] 다시 말해서, 2차원인 망막에서 들어오는 정보와 고막의 1차원 신호에서 들어오는 정보의 구조가 서로 다르다는 뜻이다. 손끝에서 들어오는 다차원 데이터의 구조 역시 다르다. 따라서 각각의 데이터스트림이 모두 다르게 느껴진다. 이것과 밀접하게 연관된 가설은, 운동기능이 감각기관의 입력 정보를 어떻게 바꿔놓는가에 따라 감각질이 형성된다는 것이다.[72] 우리가 눈 주위의 근육에 명령을 내리면 시각 데이터가 변한다. 그리고 뇌에 입력되는 시각 정보가 변하는 방식을 우리는 학습할 수 있다. 왼쪽으로 시선을 돌리면, 시야 가장자리에서 흐릿하게 보이던 물체가 또렷해진다는 사실을 알게 되는 것이다. 우리가 눈을 움직이면, 시각 세계가 변한다. 하지만 소리의 경우는 다르다. 소리의 세계가 변하려면 사람이 실제로 고개의 방향을 바꿔야 한다. 그래야 데이터스트림이 달라진다. 촉각 또한 다르다. 우리는 손가락을 움직여 어떤 물체를 만지면서 탐구한다. 후각은 킁킁거리는 동작을 통해 증폭되는 수동적인 과정이다. 미각은 우리가 뭔가를 입에 넣었을 때 비로소 꽃을 피운다.

이런 특징들은 이동이 가능한 로봇의 데이터, 피부의 전기 반응, 장파장 적외선 온도 데이터 등 새로운 데이터스트림을 우리가 뇌에 직접 제공해줄 수 있음을 시사한다. 데이터의 구조가 명확하고 우리의 행동과 피드백 고리가 형성되어 있다면, 이 데이터가 궁극적으로 새로운 감각질을 만들어낼 것이다. 그리고 이 감각질은 시각이나 청각이나 촉각이나 후각이나 미각처럼 느껴지지 않고, 완전히 새로운 것으로 느껴질 것이다.

그런 새로운 감각을 미리 상상해보기는 확실히 몹시 어려운 것 같다. 사실 상상이 불가능하다. 이유를 알고 싶다면, 새로운 색을 상상하려고 시도해보라. 눈을 가늘게 뜨고 열심히 머리를 굴려 생각해보는 거다. 아주 간단한 일처럼 보이겠지만, 실제로 해보면 가망이 없다. 이것과 마찬가지로, 새로운 감각을 상상하는 일도 불가능하다.

그래도 만약 뇌가 드론에서 실시간 데이터(피치, 요, 롤, 오리엔테이션, 헤딩)를 받아 사용하고 있다면, 그 데이터가 광자나 음파와 마찬가지로 어떻게든 느껴질까? 그리고 그 결과로 드론이 우리 몸과 직접 연결된 것처럼 느껴지게 될까? 공장에서 벌어지는 일처럼 추상적인 정보가 입력된다면 어떨까? 트위터의 정보라면? 주식시장의 정보라면? 적절한 데이터가 제공된다면, 뇌는 공장에서 이루어지는 제조과정, 다양한 해시태그, 지구상의 실시간 경제 상황을 직접 인식하는 경험을 하게 될 것이다. 감각질이 생겨나는 데에는 시간이 걸린다. 뇌가 대량의 데이터를 자연스럽게 요약하는 방법이 바로 감각질이기 때문이다.

이런 예측이 합당한가, 아니면 공상에 불과한가? 이 예측을 마침내 과학적으로 시험해볼 수 있는 때가 가까워지고 있다.

새로운 감각을 학습한다는 말이 낯설게 들린다면, 우리가 이미 이런 일을 해냈음을 기억해야 한다. 아기들은 손뼉을 치거나, 옹알이를 하는 등의 방식으로 자신의 귀를 사용하는 법을 배운다. 처음에 음파는 뇌에서 단순한 전기활동일 뿐이지만, 점차 소리로 인식된다. 어른이 된 뒤 인공와우 수술을 받은 선천적 청각장애인에게서도 이런 학습과정을 볼 수 있다. 인공와우를 통해 접하는 경험이 처음에는 소리로 인식되지 않는다. 인공와우 수술을 받은 내 친구는 처음에 머릿속에서 아프지 않은 전기 충격이 일어나는 것 같았다고 설명했다. 그것이 소리와 관련되어 있다는 감각은 전혀 없었다. 하지만 한 달쯤 뒤 그 전기 충격은 비록 음질이 나쁜 라디오처럼 형편없는 소리이긴 해도 '소리'로 인식되었다. 궁극적으로 친구는 소리를 아주 잘 듣게 되었다. 우리가 어린 시절 귀의 사용법을 익힐 때도 똑같은 과정을 거친다. 다만 기억하지 못할 뿐이다.

이번에는 신생아와 눈을 마주칠 때의 기쁨을 예로 들어보자. 이 순간은 결코 길게 이어지지 않지만, 우리는 세상에 새로 태어난 이 아기가 처음으로 본 것 중에 우리가 포함된다는 사실에 큰 기쁨을 느낀다. 하지만 아기가 사실은 우리를 보는 게 아니라면? 시각을 사용하기 위해서는 발전시키는 과정이 필요하다는 말을 하려는 것이다. 뇌는 눈에서 들어오는 수천조 번의 스파이크를 받아들이다가 결국 패턴을 추출하는 법을 배운다. 패턴 위에 또 패턴이 있고, 그 위에 또 패턴이 있다……. 이 모든 패턴을 요약한 것이 바로 우리가 시각이라고 부르는 것이다. 뇌는 보는 법을 '학습'할 필요가 있다. 팔다리를 제어하는 방법을 학습해야 하는 것과 마찬가지다. 태어날 때부터 스윙댄스를 출 줄 아는 아기는 없다. 시각이라는 주관적인 경험을 처음부터 지니고 태어나는 아기도 없다. 지금처럼 감각기관을 사용하기 위해 우리는 학습과정을 거쳐야 했다. 이 원칙을 그대로 적용하면, 새로운 감각기관의 사용법도 배울 수 있을 것이다.

우리가 새로운 색을 상상할 수 없다는 사실에는 엄청나게 많은 정보가 들어 있다. 먼저 우리가 지닌 감각질의 경계선을 알 수 있다. 우리가 결코 넘어갈 수 없는 경계선이다. 따라서 새로운 감각을 창조하는 것이 가능하다고 증명되는 경우, 우리는 다른 사람에게 그 감각을 '설명'할 수 없다는 놀라운 결과에 직면하게 된다. 예를 들어, 우리는 보라색이 무엇인지 직접 경험해야 보라색을 알 수 있다. 색맹인 사람은 학문적인 설명을 아무리 많이 들어도 보라색의 특징을 이해하지 못할 것이다. 날 때부터 앞을 보지 못하는 친구에게 시각을 설명할 때도 비슷하다. 우리가 열심히 노력하면 친구가 그 말을 이해한 척할지도 모른다. 하지만 궁극적으로는 결실을 거둘 수 없다. 시각을 이해하려면 직접 시각을 경험해야 한다.

같은 맥락에서, 우리가 완전히 새로운 감각을 뇌에 연결해서 새로운 감각질을 얻게 되더라도 다른 사람에게 설명할 길이 없을 것이다. 먼저, 그것을 설명할 단어가 없다. 언어는 전능하지 않다. 우리가 공통적으로 아는 것에 이름표를 붙이는 수단일 뿐이다. 언어는 공통의 경험에 대한 합의를 바탕으로 이루어진다. 우리가 새로 얻은 감각을 설명하려고 시도할 수는 있겠으나, 그 말을 이해할 수 있는 기초를 갖춘 사람이 전혀 없을 것이다.

필스페이스 벨트(자기장의 북극을 가리키는 장치)를 착용했던 사람들에 대한 보고서에서, 연구팀은 인식의 변화를 이야기한 사용자가 두 명 있었다고 썼다. 하지만 그들에게는 다음과 같은 문제가 있었다.

> 자신이 접근한 인식의 특징과 색다른 공간 인식에서 유래한 정성적인 경험을 명확히 설명하기가 힘들었다. 관찰자는 그들에게 경험을 설명할 개념이 없다는 인상을 받았다. 그래서 그들은 설명에 근접한 은유와 비교를 사용할 수 있을 뿐이었다.[73]

참가자의 설명 능력이 문제였을까? 아니면 실험자의 상상력이 문제였을까? 이 논문의 저자들은 나중에 다음과 같이 썼다. "경험이 없는 통제 집단에게 인식의 변화를 설명하기보다는 실험 참가자들끼리 인식의 변화에 대해 이야기하는 편이 훨씬 쉬웠다."

새로운 감각이 개발되었을 때의 상황도 이러할 것이다. 새로운 감각을 이해하기 위해 우리는 데이터를 받아 그 경험을 학습해야 한다. 따라서 앞으로 수십 년 뒤, 새로운 감각을 장착한 사람이 남들에게 이해받지 못해 외롭다는 생각을 하게 된다면, 같은 감각을 지닌 사람들과 공동체를 형성하는 것이 최선의 해결책이다. 그러면 내적인 경험을 묘사하는 새로운 단어, 예를 들어 '젯젠플래비시' 같은 단어를 만들어 낼 수 있을 것이고, 그 공동체에 속한 사람들만 그 단어를 알아들을 것이다.

데이터 압축을 제대로 할 수 있다고 가정할 때, 우리가 받아들일 수 있는 데이터의 종류에 어떤 한계가 있을까? 진동하는 손목띠로 여섯 번째 감각을, 직접적인 접속으로 일곱 번째 감각을 추가할 수 있을까? 혀의 전극판으로 여덟 번째 감각을, 조끼로 아홉 번째 감각을 추가하는 건 어떤가? 한계가 어디까지인지 지금 알아내는 것은 불가능하다. 우리가 아는 것은 다양한 종류의 입력 정보 사이에서 영역을 공유하는 뇌의 능력이 탁월하다는 것뿐이다. 이 과정이 얼마나 매끄럽게 이루어지는지는 앞에서 이미 보았다. 쥐의 체성감각피질에 적외선 감지기를 연결하자, 쥐는 몸의 정상적인 감각을 잃지 않고 적외선 대역을 볼 수 있게 되었다. 그렇다면 피질이 굳이 승자독식 방침을 채택하지 않고, 우리 예상보다 훨씬 큰 감각 공동체를 구축할 수 있을지도 모른다. 반면 뇌의 영역이 유한하다는 점을 감안하면, 감각이 하나 추가될 때마다 다른 감각의 해상도가 감소할 가능성이 있다. 그래서 결국은 새로운 감각 때문에 시각이 조금 흐릿해지고 청각이 조금 떨어지고 촉각이 조금 둔감해질지도 모른다. 누가 알겠는가? 실제로 시험해보기 전에는 우리의 한계에 대한 추측은 순전히 추측일 뿐이다.

우리가 추가할 수 있는 감각이 몇 개든 상관없이, 흥미로운 의문이 하나 더 있다. 새로운 감각에 감정적 무게가 실릴 것인가? 예를 들어, 갓 구운 레몬파이 냄새와 길가에 누군가가 쏟아 놓은 설사 냄새에 우리는 다른 반응을 보인다. 이것은 화면에 0과 1로 나타나는 정보가 아니라, 온전히 감정이 실린 반응이다.

이 점을 이해하려면, 파이 냄새는 왜 좋게 느껴지고 배설물 냄새는 왜 나쁘게 느껴지는지 생각해봐야 한다. 사실 이 냄새들이 보내는 신호는 크게 다르지 않다. 두 경우 모두 공기 중에 흩어진 냄새 분자들이 콧속의 수용체에 달라붙는 방식으로 신호가 전달된다. 레몬파이 분자나 배설물 분자에 태생적으로 좋은 냄새와 나쁜 냄새를 결정하는 요소는 없다. 단순히 공기 중을 떠도는 화학 분자일 뿐이다. 커피, 피튜니아, 물에 젖은 기니피그, 계피, 금방 칠한 페인트, 강둑의 이끼, 군밤 등에서 빠져나온 분자들과 같다. 이들은 모두 콧속에서 다양한 냄새 수용체에 달라붙는다.

하지만 우리가 레몬파이 냄새를 좋아하는 것은, 그 분자들이 풍부한 에너지원의 존재를 알려주기 때문이다. 배설물 냄새에 나쁜 감정을 품는 것은, 거기에 병균이 가득하기 때문이다. 진화과정에서 우리는 어떤 상황에서든 배설물에 입을 대면 안 된다는 것을 알게 되었다. 시각의 경우도 비슷하다. 풀밭의 존재를 알려주는 광자들과 맞닥뜨렸을 때 우리는 기쁨을 경험할 것이고, 훼손된 시체를 알려주는 광자들과 맞닥뜨렸을 때는 혐오감에 몸을 떨 것이다. 내이에 닿는 스파이크의 패턴이 우리가 속한 문화권에서 감미롭게 여겨지는 노래를 뜻한다면 우리는 기뻐할 것이고, 고통에 겨운 아기의 비명을 뜻한다면 우리는 반감을 느낄 것이다. 이런 감정은 우리의 목표와 진화의 압박이라는 맥락 속에서 해당 데이터가 우리에게 갖는 의미를 반영한다. 진화과정에서 생겨난 감정적 반응도 많지만, 우리가 태어난 뒤 겪은 일에서 생겨난 것도 있다. 고등학교 때 즐거웠던 어느 날 밤을 연상시키기 때문에 좋아하는 노래가 라디오에서 흘러나온다든가, 애인에게 차인 기억을 자극하기 때문에 기분이 나빠지는 옷가지를 옷장에서 보는 것이 그런 사례다.

만약 포테이토 헤드 모델이 옳아서 뇌가 범용 컴퓨터처럼 행동한다면, 뇌에 입력되는 정보가 궁극적으로 감정적인 경험과 연결될 것이라고 봐야 한다. 데이터스트림의 종류가 무엇이든, 전달 방식이 무엇이든, 거기에 감정이 실릴 수 있다.

따라서 인터넷에서 새로운 데이터스트림을 받아들일 때에도 우리는 갑자기 즐겁게 웃음을 터뜨리거나, 가슴이 아파서 울음을 터뜨리거나, 소름이 돋을 수 있다. 우리 반응은 새로운 데이터가 우리 목표나 포부와 어떤 관계인지에 따라 달라진다. 주식시장 데이터를 새로 받아 보았는데, 자신이 많은 투자를 한 분야에서 기술이 뒷걸음질치고 있다는 정보를 갑자기 알게 되었다면 기분이 나쁠까? 단순히 인지적인 측면이 아니라, 감정적인 반감을 말하는 것이다. 썩은 고기의 냄새를 맡았을 때나 개미에 물렸을 때처럼. 반면, 그 정보에 내 투자가 6퍼센트의 이윤을 올렸다는 밝은 내용이 들어 있다면 기분이 좋아질까? 역시 단순히 인지적인 측면이 아니라 감정적인 즐거움을 말하는 것이다. 아기의 웃음소리를 듣거나 따뜻한 초콜릿 칩 쿠키를 먹었을 때처럼.

새로운 데이터스트림에 우리가 이런 감정적인 반응을 보이는 것이 이상하게 느껴진다면, 우리 삶의 '모든' 의미가 우리 목표와 관련해서 중요성을 지닌 데이터스트림으로 구축되어 있음을 기억해야 한다.

마지막으로 이야기를 마치기 전에 제기할 가치가 있는 의문이 하나 더 있다. 새로운 감각이 우리를 압도하거나 스트레스가 될까?

그렇지는 않을 것 같다. 시각장애인 친구가 앞을 보게 된다면 틀림없이 스트레스를 받을 거라고 주장한다면 어떨까. 데이터스트림이 하나 더 늘어나는 거잖아! 저 멀리 지평선에서부터 날아온 수십억 개의 광자를 계속 받아들인다고? 800미터 떨어진 곳에서 사람들이 뭘 하는지 다 보인다고? 그런 밀도의 정보를 항상 받아들인다면 신경이 남아나지 않을 거야.

앞이 보이는 사람이라면, 시각이 특별히 스트레스를 주지 않는다는 것을 안다. 보통 시각은 '아름답다'와 '지루하다' 사이의 어디쯤 위치한다. 그리고 우리는 시각이 받아들이는 정보를 별로 힘들이지 않고 현실과 융합시킨다. 시각은 하나의 데이터스트림이고, 데이터를 통합하는 것이 뇌가 하는 일이기 때문이다.

새로운 감각을 맞을 준비가 되었는가

이번 장에서 우리는 새로운 감각의 창조를 살펴보았다. 진화과정에서 우연히 발생한 유전적 돌연변이가 어떤 정보원을 전기신호로 변환해 준다면, 뇌는 그것을 플러그 앤드 플레이처럼 취급해서 해석할 수 있다. 피질의 어느 영역과 눈을 연결하면, 그곳이 시각 피질이 된다. 거기에 귀를 연결하면 청각 피질이 되고, 피부를 연결하면 체성감각피질이 된다. 여기서 우리는 자연이 부리는 커다란 술수 중 하나를 알 수 있다. 세상의 새로운 에너지원을 이용하기 위해 매번 백지상태에서부터 뇌를 재설계할 필요는 없다는 것. 대신 새로운 주변장치만 설계하면 된다. 빛 감지기, 가속도계, 압력계, 적외선 감지기, 전기 수용체, 손가락처럼 생긴 코 등 자연이 상상할 수 있는 모든 장치가 여기에 속한다.

또한 자연의 피조물들이 스스로 상상해내는 장치들도 마찬가지다.

마이클 코로스트의 인공와우나 테리 바이랜드의 인공망막에서 보았듯이, 원래 있던 주변장치를 인공장치로 대체할 때도 뇌의 유연성을 이용할 수 있다. 대체된 장치는 뇌의 언어를 굳이 배우지 않아도, 그것과 비슷한 방언만으로 그럭저럭 역할을 할 수 있다. 데이터 사용법을 뇌가 알아내기 때문이다.

이 아이디어를 한 단계 더 발전시켜서, 우리는 감각 대체의 가능성을 살펴보았다. 회로를 재편할 수 있는 능력 덕분에 엄청난 유연성을 지닌 뇌는 데이터를 흡수해서 상호작용을 주고받기 위해 역동적으로 스스로를 재편한다. 따라서 혀에 붙인 전극판을 이용해 시각 정보를 입력하거나, 피부에 부착한 진동 모터를 이용해 청각 정보를 입력하거나, 귀에 댄 휴대전화를 이용해 동영상 스트림을 입력하는 방법이 가능하다. 감각 증강이나 추가의 사례에서 보았듯이, 이런 장치들을 이용하면 뇌에 새로운 능력을 부여할 수 있다. 처음에는 컴퓨터와 유선으로 연결된 형태이던 이런 장치들은 매끈한 웨어러블 장치로 급속히 바뀌었다. 이들에 대한 연구와 사용자가 늘어나는 데에 이런 발전이 기초과학의 어떤 변화보다 더 영향을 미칠 것이다.

앞으로 더 자세히 설명하겠지만, 뇌는 세상을 받아들이는 최적의 방법을 찾아 회로를 재편한다. 따라서 우리가 새롭고 유용한 데이터를 입력하면, 뇌는 그것을 감싸듯이 받아들인다. 여기에는 두 가지 조건이 작용한다. 새로운 데이터가 사용자의 목표와 연결되어 있고, 그의 행동과 결합되어 있을 때 학습 효과가 가장 뛰어나다는 것. 이에 대해서는 나중에 다시 설명하겠다.

현재의 지식수준을 감안할 때, 우리는 감각 확장을 무한히 상상할 수 있다. 전자기 스펙트럼에서 우리가 볼 수 없는 영역을 보게 되거나, 초음파를 들을 수 있게 되거나, 우리 몸의 눈에 보이지 않는 생리적 상태와 직접 연결된다면……. 이런 기술로 인해 혹시 사회 계층이 가진 자와 못 가진 자로 나뉘지 않을지 걱정하는 사람도 있을 것이다. 내가 보기에 이런 경제적 계층화의 위험은 낮은 편이다. 이런 장치들이 비싸지 않기 때문이다. 스마트폰을 세상에 소개한 기술혁명(개인용 컴퓨터 혁명을 뛰어넘어 이 단계에 진입한 나라가 많다)이 그랬던 것처럼, 감각 기술은 휴대전화보다도 훨씬 싼 가격에 전 세계로 퍼질 수 있다. 이것은 부자들만 사용할 수 있는 기술이 아니다.

나는 미래가 단순히 가진 자와 못 가진 자의 계층화보다 훨씬 더 낯선 모습을 하게 될 것이라고 추측한다. '가지다'의 의미가 아주 다양해질 것이다. 스마트폰은 전 세계에서 똑같이 사용되지만, 미래에는 사람들이 저마다 다른 초감각을 갖게 될지도 모른다. 나는 석유 선물시장에 대한 감각을 갖고 있는 반면, 이웃은 우주정거장의 상태에 감각이 맞춰져 있고, 어머니는 자외선 인식능력을 이용해 정원을 가꾼다고 상상해보라. 혹시 한 종이 여러 종으로 갈라지는 종 분화가 가까운 것 아닐까? 누가 알겠는가? 특수한 능력을 지닌 슈퍼 히어로들이 서로 아귀가 맞는 퍼즐 조각처럼 팀을 이뤄 최고의 악당을 물리치는 할리우드 영화 같은 현실이 펼쳐질지도 모른다.

미래를 예측하는 건 쉬운 일이 아니다. 우리가 앞으로 나아가는 동안 확실한 사실은 플러그 앤드 플레이 주변장치를 점점 더 많이 선택하게 되리라는 것뿐이다. 우리는 어머니 자연이 새로운 감각을 선물해줄 때까지 수백만 년을 기다려야 하는 자연스러운 종에서 이미 벗어났다. 어머니 자연은 훌륭한 부모답게 우리에게 스스로 나아가 경험을 만들어낼 수 있는 인지능력을 주었다.

지금까지 우리가 다룬 사례들은 모두 몸의 감각기관에서 입력되는 정보와 관련된 것이다. 그렇다면 뇌의 다른 기능, 즉 몸으로 명령을 송출하는 기능은 어떨까? 그것도 유연할까? 생각만으로 제어되는 다른 세상에서는 더 많은 팔, 기계 다리, 로봇 같은 것으로 몸을 꾸밀 수 있을까?

좋은 질문이다.

5장

더 좋은 몸을 갖는 법

진짜 닥터 오크께서는 손을 들어주시겠습니까?

〈어메이징 스파이더맨〉 3편(1963년 7월)에서 오토 군터 옥타비우스라는 과학자가 어떤 장치를 자기 뇌에 직접 꽂아 로봇 팔 네 개를 조종한다. 진짜 팔만큼 매끄럽게 움직이는 이 금속 팔 덕분에 그는 방사성물질을 안전하게 다룰 수 있다. 옥타비우스 박사의 이 기계 팔들은 또한 각각 독자적으로 움직일 수 있다. 한쪽 손으로는 운전대를 조종하고 다른 손으로는 라디오 주파수를 바꾸면서, 발로는 가속페달을 밟는 것과 같다.

그런데 안타깝게도 폭발로 인해 옥타비우스 박사의 뇌가 손상되면서, 그는 악당의 길을 걷게 된다. 부도덕을 새로운 지침으로 삼아, 기계 팔로 금고를 부수고, 빌딩을 오르고, 여러 개의 손을 사용하는 새로운 격투술을 개척한다. 이렇게 새로 바뀐 인격을 바탕으로 그는 닥터 옥토퍼스 또는 닥터 오크라고 불리게 된다.

1963년에 처음 발표되었을 때 이 만화책은 뇌와 로봇 팔을 직접 연결해서 쉽게 조종할 수 있을 것이라는 상상을 담은 순수한 SF 작품이었다. 하지만 이 상상은 놀라울 정도로 급속히 현실이 되었다.

앞에서 우리는 사람이 신체 일부를 잃었을 때 뇌가 스스로를 재편하는 것을 목격했다. 허레이쇼 넬슨의 팔이 총탄에 맞았을 때의 사례가 여기에 해당한다. 하지만 그것은 정보의 '입력' 측면만을 다룬 이야기였다. '출력' 측면에서 몸을 움직이는 피질(운동 지도) 역시 스스로 적응한다. 예전에는 존재하던 신체 부위가 더 이상 존재하지 않는다는 사실을 신경계가 알아내면, 피질에서 그 부위에 할당되었던 영역이 줄어든다.[1] 새로운 신체 형태에 맞게 뇌가 재편되기 때문이다.

로라라는 여성의 사례를 살펴보자. 그녀는 충격적인 사고로 한 손을 잃었다.[2] 그러자 몇 주에 걸쳐 그녀의 일차 운동피질이 변하기 시작했다. 손과 이웃한 팔 근육(예를 들어 이두박근과 삼두박근)을 제어하는 뇌 부위들이 전에 손을 제어하던 영역을 서서히 병합한 것이다. 이것을 다르게 표현하면 다음과 같다. 예전에 그녀의 손을 움직이던 뉴런들에 임무가 재할당되어, 이제 위팔 근육팀에 합류하게 되었다. 로라의 머리에 약한 자기펄스를 쏘아(경두개 자기자극법) 어떤 근육이 움찔거리는지 관찰하는 방식으로 운동 지도를 측정한 결과, 과학자들은 그녀의 위팔 근육에 할당된 영역이 몇 주 만에 확장된 것을 볼 수 있었다.

앞으로 우리는 뇌가 어떻게 이런 일을 해내는지 알아볼 것이다. 하지만 여기서는 운동 시스템이 이런 식으로 자신을 조정해 적응하는 이유에만 초점을 맞출 것이다. 그 이유는 바로 이것이다. 자신이 사용할 수 있는 부위들을 조종하기 위해 운동영역이 스스로를 최적화한다는 것. 이 원칙 덕분에 다양한 신체 형태의 가능성이 열린다.

표준 청사진은 없다

동물계를 훑어보면 개미핥기에서부터 별코두더지, 나무늘보, 드래곤피시, 문어, 오리너구리에 이르기까지 기묘한 생김새의 동물들이 눈에 띈다.

하지만 여기에 수수께끼가 하나 있다. (우리를 포함한) 모든 동물의 게놈이 놀라울 정도로 유사하다는 것.

그런데 왜 동물들은 저마다 물건을 쥘 수 있는 꼬리, 발톱, 후두, 촉수, 수염, 몸통, 날개 등 엄청나게 다양한 장비를 갖추고 있는 걸까? 산양은 바위로 뛰어오르는 실력이 왜 그리 좋은가? 올빼미는 쥐를 향해 내리꽂히는 솜씨가 왜 그리 좋은가? 개구리는 혀로 파리를 잡는 솜씨가 왜 그리 좋은가?

이런 의문들을 이해하기 위해 뇌의 포테이토 헤드 모델로 다시 돌아가보자. 이 모델에 따르면, 뇌에 다양한 입력장치를 연결할 수 있다. 출력에도 정확히 똑같은 원칙이 적용된다. 이 가설에서 어머니 자연은 별스러운 플러그 앤드 플레이 운동 장치들로 마음껏 실험할 자유를 누린다. 날개든 물갈퀴든 지느러미든, 두 다리든 네 다리든 여덟 다리든, 손이든 발톱이든 날개든, 뇌의 기본적인 작동 원칙을 매번 재설계할 필요가 없다. 운동 시스템이 자기 몸에 붙어 있는 장치들을 어떻게 움직여야 하는지 간단히 알아내기 때문이다.

여기서 잠깐 제동을 걸 독자도 있을지 모르겠다. 게놈을 살짝 비틀기만 해도 몸의 형태를 그토록 쉽게 바꿀 수 있다면, 기묘하고 다양한 신체를 지니고 태어나는 사람이 왜 없는 거지?

사실은 그런 사람들이 있다. 예를 들어, 가끔 꼬리가 달린 아이들이 태어난다는 사실[3]은 유전자 도미노가 차례대로 쓰러지면서 신체에 큰 변화를 만들어내기가 쉽다는 것을 보여준다.

꼬리 외에 가끔 팔이나 다리가 더 달린 형태로 태어나는 사람도 있다. 예를 들어 얼마 전 상하이에서 태어난 지에지에라는 사내아이의 몸에는 완전히 형성된 팔이 하나 더 달려 있었다.[4] 왼팔이 위아래로 두 개 달려 있는 형태였다.

때로는 엄마 뱃속에 있을 때의 '기생 쌍둥이' 때문에 이런 일이 발생한다. 쌍둥이 중 한 명이 제대로 발달하지 못하고, 건강한 쌍둥이의 신체에 흡수되는 것이다. 하지만 지에지에의 경우는 달랐다. 유전자가 세 번째 팔의 성장을 지시한 것이 원인이었다. 중국의 외과 의사들은 여러 시간에 걸친 수술로 두 개의 왼팔 중 아래쪽 팔을 제거했다. 두 개의 왼팔 모두 잘 발달한 상태였다. 보통은 추가로 자라난 부위가 쪼그라든 형태라서 제거 수술을 할 때 선택하기가 쉬운 편이다. 지에지에의 경우에는 두 개의 왼팔에 모두 어깨뼈까지 착실히 붙어 있었기 때

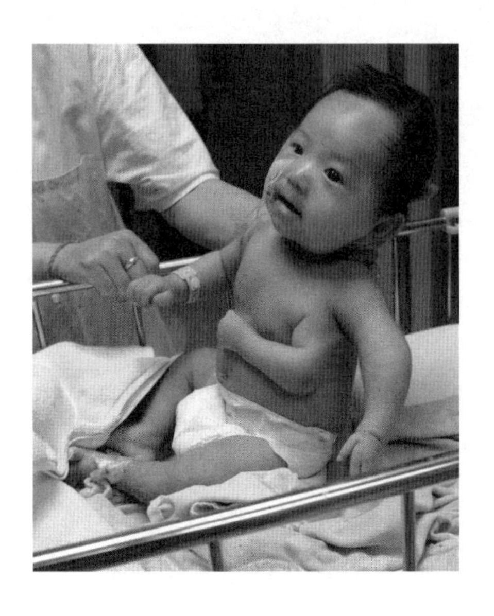

지에지에는 팔이 하나 더 있었다.

문에 수술이 힘들었다.

꼬리와 세 번째 팔은 유전자의 작은 변화만으로 신체 형태가 확실하게 바뀔 수 있음을 보여준다. 이런 종류의 유전자 동요가 우리 주위에서 사소한 결과들을 만들어낸다는 사실은 말할 필요도 없을 것이다. 남보다 팔이 긴 사람, 손가락이 뭉툭한 사람, 엄지발가락이 두 번째 발가락보다 짧은 사람, 엉덩이가 펑퍼짐한 사람, 어깨가 넓은 사람 등이 그런 예다.

침팬지는 우리의 가장 가까운 친척으로 거의 똑같은 유전자를 갖고 있는데도, 신체 형태에는 많은 차이가 있다. 우선 침팬지의 이두박근 부착점이 더 높고, 엉덩이가 더 밖을 향하고 있으며, 발가락이 더 길다. 어두운 두개골 안에서 옥좌에 앉아 있는 침팬지의 뇌는 침팬지의 몸을 조종해 나무에서 나무로 이동하거나, 손마디를 바닥에 대고 걷는 법을 쉽게 알아낸다. 인간의 뇌 역시 탁구 경기를 하는 법이나 살사를 추는 법을 쉽게 알아낸다. 두 경우 모두 뇌는 자신에게 부여된 신체 부위들을 움직이는 최선의 방법을 멋지게 알아낸다.

이 원칙이 어떤 힘을 지니고 있는지 이해하기 위해 맷 스투츠먼을 생각해보자. 두 팔이 모두 없이 태어난 그는 양궁에 매력을 느꼈기 때문에 활과 화살을 발로 조작하는 법을 터득했다.

그는 물 흐르듯이 자연스럽게 움직이면서 발가락으로 화살을 재고, 오른발로 활을 들어올린다. 활을 끈으로 어깨에 묶어두었기 때문에, 눈높이까지 들어올릴 수 있다. 그는 발로 활등을 밀어 활시위를 당기고, 과녁을 안정적으로 겨냥한 뒤 화살을 날린다. 맷은 양궁에 단순히 재능이 있는 수준이 아니라, 세계 최고의 선수다. 필자가 이 글을 쓰고 있는 현재, 그는 최장거리 명중 기록을 갖고 있다. 두 팔이 없는 아기가 처음 세상에 나왔을 때 의사들이 예상한 미래는 이런 것이 아니었을 것이다. 그의 뇌가 바깥세상의 문제들을 해결하기 위해 가진 자원을 얼마나 쉽사리 개조할 수 있는지 아마 그들도 잘 몰랐을 것이다.

이런 유연성은 동물계 전체에서 나타난다. 페이스라는 이름의 개를 살펴보자. 페이스는 앞발 없이 태어나, 인간처럼 두 다리로 걷는 법을 터득했다. 우리가 생각하기에는 개의 뇌가 표준적인 개의 신체에 고정되어 있을 것 같지만, 페이스는 뇌가 자신에게 주어진 조건이 무엇이든 그것만으로 쉽사리 세상을 헤쳐 나갈 수 있음을 보여준다.

팔 없는 궁사와 두 다리로 걷는 개는 뇌가 특정한 형태의 신체에 선천적으로 고정된 것이 아니라, 몸을 성공적으로 움직이고 상호작용

팔 없는 궁사 맷 스투츠먼.

을 하기 위해 스스로를 개조할 수 있음을 보여준다. 단순히 타고난 신체만을 말하는 것이 아니다. 살아가면서 만나는 모든 기회가 여기에 포함된다. 캘리포니아에 사는 불도그 블레이크 경을 예로 들어보자. 스케이트보드를 능숙하게 탈 수 있는 블레이크 경은 스케이트보드에 훌쩍 뛰어 올라간 뒤 한쪽 앞발로 바닥을 긁어 추진력을 얻는다. 그러다 적절한 순간이 오면 그 앞발을 보드에 올리고 라이딩을 시작한다. 장애물을 만나면 인간과 똑같이 체중을 싣는 방향을 바꿔 보드의 방향을 조종한다. 라이딩을 끝낼 때는 보드의 속도를 서서히 늦추다가 정지 상태에 가까워졌을 때 보드에서 내려온다. 개의 진화 역사에 바퀴가 존재했던 적이 없다는 점을 감안하면, 블레이크 경의 사례는 새로운 가능성에 대한 뇌의 적응력을 강조해준다.

뇌는 몸이 제시하는 기회에 적응한다. 페이스는 앞다리가 없는 탓에 두 다리로 걸을 수밖에 없었다. 신체의 운동 시스템이 신체 형태에 적응하면서 페이스는 정상적인 삶을 살 수 있었다(파파라치의 관심을 많이 받기는 했다).

또 다른 개 슈거의 사례도 있다. 서핑을 선택한 슈거는 국제 서핑 개 명예의 전당에 이름이 올라가 있다. 아니, 다시 생각해보니 슈거는 그냥 잊어버려도 될 것 같다. 국제 서핑 개 명예의 전당이 정말로 존재한다는 사실에 놀라기만 하면 된다. 긴 서핑보드에 매달려 버티는 개의 뇌를 과학적인 맥락에서 연구하는 사람은 거의 없다. 하지만 연구해봐도 좋을 것이다. 기회만 주어지면, 개의 운동 시스템이 답을 찾아낼 것이다.

블레이크 경과 슈거 그리고 그들의 경쟁견들은 땅에서든 바다에서든 보드를 타는 솜씨가 충격적일 정도다. 그 스포츠를 발명한 창의력 넘치는 생물보다 실력이 더 좋은 경우도 있다. 이 개들은 어떻게 실력을 이만큼 기를 수 있었을까?

운동 옹알이

아기는 입 모양과 호흡을 조절해 말을 만들어내는 법을 배운다. 유전자가 가르쳐주는 것도 아니고, 아기가 위키피디아를 뒤져서 알아내는 것도 아니다. 옹알이를 통해 배운다. 입에서 소리가 나오면, 아기의 귀가 그 소리를 포착한다. 그러면 뇌는 어머니나 아버지가 내는 소리와 방금 그 소리가 얼마나 흡사한지 비교할 수 있다. 아기가 어떤 소리를 냈을 때 주위 사람들이 보여주는 반응은 이 과정을 돕는다. 이 지속적인 피드백 덕분에 아기는 말하는 법을 점점 세련되게 다듬어서 마침내 영어, 중국어, 벵골어, 자바어, 암하라어(에티오피아의 공용어—옮긴이), 페몬어(베네수엘라, 브라질, 가이아나에 사는 원주민 언어—옮긴이), 축치어(시베리아 동북부에 살던 고대 아시아 민족의 언어—옮긴이) 등 전 세계 7000여 개의 언어 중 자신에게 맞는 언어를 유창하게 말하게 된다.

뇌가 운동 옹알이를 통해 몸을 조종하는 법을 배우는 과정도 똑같다.

요람 안의 아기를 잘 관찰해보자. 아기는 제 발가락을 깨물기도 하고, 이마를 찰싹 때리기도 하고, 머리카락을 잡아당기기도 하고, 손가락을 구부리기도 한다. 그러면서 감각기관을 통해 들어오는 피드백과 자신의 동작이 어떻게 상응하는지 배워간다. 이런 방식으로 몸의 언어를 점차 이해하게 되는 것이다. 이런 과정을 거쳐서 우리는 궁극적으로 걷는 법, 딸기를 입에 넣는 법, 수영장에서 물에 둥둥 뜨는 법, 정글짐에 매달리는 법, 체조하는 법을 몸에 익힌다.

게다가 똑같은 학습 방법을 통해 도구를 몸의 연장처럼 사용할 수 있게 된다는 점이 더욱 좋다. 자전거 타기를 생각해보자. 우리 게놈은 아마 자전거라는 기계가 언젠가 나타나리라는 사실을 미리 알지 못했을 것이다. 원래 우리 뇌는 나무 타기, 먹을 것 옮기기, 도구 만들기, 먼 거리 걷기에 맞게 스스로를 다듬었다. 그러나 자전거를 능숙하게 타려면 새로운 과제들을 해결할 필요가 있었다. 예를 들면 공들여 몸통의 균형을 잡는 법, 팔을 움직여 방향을 수정하는 법, 핸들을 꽉 쥐어서 급정거하는 법 등이 있다. 매우 복잡한 과제들인데도, 일곱 살짜리 아이라면 누구나 운동피질에 새겨진 원래의 신체 형태에 자전거를 쉽게 추가할 수 있다.

평범한 자전거에만 이 원칙이 적용되는 것도 아니다. 친구에게서 아주 이상하게 생긴 자전거를 받은 엔지니어 데스틴 샌들린의 사례를 살펴보자. 이 자전거는 정교한 기어 시스템을 갖추고 있어서, 데스틴이 핸들을 왼쪽으로 돌리면 앞바퀴가 오른쪽으로 돌아갔다. 반대의 경우도 마찬가지였다. 그래도 데스틴은 이 자전거 조종법을 배우기가 어렵지 않을 것이라고 확신했다. 가고자 하는 방향의 반대편으로 핸들을 돌리기만 하면 되니까 아주 간단하다고 본 것이다. 하지만 막상 해보니 견딜 수 없을 만큼 어려웠다. 이미 알고 있던 기존의 자전거 조종법을 지워야 하기 때문이었다. 새로운 방법을 운동피질에 훈련시키는 것은 머리로 이해할 때만큼 간단하지 않았다. 그는 이 자전거의 작동 방식을 분명히 알고 있었지만, 그것이 곧 자전거를 잘 조종할 수 있다는 뜻은 아니었다.

하지만 데스틴은 점차 감을 잡기 시작했다. 그가 움직이려고 할 때마다, 세상이 그에게 피드백을 주었다(지금 왼쪽으로 쓰러지고 있어, 우편함이랑 부딪힐 거야, 그렇게 꺾으면 픽업트럭 앞이야). 그래서 그는 이 피드백을 이용해 움직임을 조절했다. 여러 주 동안 매일 연습했더니 상당히 능숙해졌다. 유년 시절에 평범한 자전거 타기를 배울 때처럼 이번에도 그는 운동 옹알이 덕분에 이상한 자전거 타는 법을 완전히 익힐 수 있었다.

자동차 운전대의 위치가 반대인 나라에서 차를 몰아본 경험이 있다면, 데스틴이 겪은 것과 같은 어려움을 잘 알 것이다. 미국인이 영국에서 운전하거나 영국인이 미국에서 운전할 때는, 몇 번이나 틀린 방향으로 핸들을 꺾으면서 차츰 요령을 터득하게 된다. 우리가 하는 행동의 결과를 눈으로 보고, 거기에 맞춰 움직임을 조절하기 때문이다. 일이 잘 풀린다면, 우리가 차를 몰고 건초더미 속으로 뛰어들기 전에 신경계의 수정이 끝날 것이다.

우리에게 운동피질이 딱 하나밖에 없다는 점을 감안하면, 몸을 움직이는 법을 다양한 방식으로 배울 수 있다는 사실이 이상하게 보인다. 다행히 뇌는 어떤 프로그램을 가동해야 하는지 맥락을 통해 알아내는 능력이 비상하다. 이때 뇌가 사용하는 것이 도식schema(다양한 종류의 정보를 정돈하기 위한 패턴)이다. 예를 들면, 자전거를 탈 때는 허벅지를 둥글게 움직여 이동하지만, 달리기를 할 때는 팔을 흔들면서 발을

들어올려 앞에 있는 물체를 피해 내딛는다는 것이 하나의 도식이다.

내가 최근 나의 도식을 의식적으로 경험하게 된 사례를 하나 제시하겠다. 며칠 전 내 트럭의 백미러가 부러졌다. 나는 곧바로 그것을 수리할 생각이었지만 이 책을 쓰느라 바빠서 몇 주 동안 백미러 없이 차를 몰고 돌아다녔다. 그러다 결국 백미러를 수리한 것은 도저히 참을 수 없는 일이 하나 있었기 때문이다. 내가 운전석에 앉을 때마다 내 눈이 오른쪽 위를 곧장 바라본다는 것. 그때마다 난데없이 내 눈에 들어오는 것은 가로수뿐이었다. 분명히 내 눈은 뒤를 볼 요량으로 계속 백미러가 있던 자리를 향했다. 물론 부엌이나 사무실이나 헬스클럽에서 뒤를 보기 위해 내 눈이 오른쪽 위를 향하는 일은 결코 없다. 그 버릇이 나오는 것은 내가 운전석에 앉았을 때뿐이다. 재미있는 것은, 이 도식, 즉 내 주위 환경의 행위유발성affordance(대상의 특정 속성이 특정한 행동을 유도하는 성질—옮긴이)을 평가해서 그 결과에 맞게 내 운동 기능을 수정하는 과정이 항상 완전히 무의식적으로 이루어졌다는 점이다. 달리기를 하다가 멈추기 위해 손을 꼭 쥐는 행동을 하지 않고, 자전거를 타다가 바닥에 떨어진 막대를 피하기 위해 발을 들어올리지 않는 것도 마찬가지다.

데스틴의 뇌도 같은 과정을 거쳐 새로운 도식을 배웠다. 마침내 그 이상한 자전거에 능숙해졌을 때, 그는 평범한 자전거를 다시 탈 수 없게 되었음을 깨달았다. 하지만 그것은 일시적인 현상이었다. 약간의 연습 끝에 그는 두 종류의 자전거를 모두 능숙히 다루게 되었다. 이제는 그가 어떤 자전거에 올라타든, 뇌가 그때그때 맥락에 맞는 경로를 따라 근육을 움직인다.

이제 운동 옹알이로 돌아가보자. 운동 옹알이는 아기들이 몸을 움직이는 법이나 자전거 타기를 배울 때만 유용한 것이 아니다. 로봇공학에서도 새로운 방안으로서 강력한 힘을 발휘한다. 불가사리라고 불리는 로봇을 살펴보자. 이 로봇은 그때그때 상황에 따라 움직인다는 모델을 따르기 때문에, 자신이 어떤 일을 할 수 있는지 차츰 터득해나간다. 일반적인 프로그래밍은 필요하지 않다. 로봇이 제 몸을 스스로 알아가기 때문이다.[5]

불가사리 로봇은 아기가 팔다리를 허우적거릴 때처럼 어떤 움직임을 시도하면서 그 결과를 평가한다. 아무래도 로봇인 만큼, 자이로

여러 개의 다리, 관절, 구동부를 갖추고 태어난 불가사리 로봇은
제 몸의 구조와 작동 방법을 스스로 알아낸다.

스코프를 이용해서 몸의 중심이 어떻게 기울어지는지를 측정하는 방식이다. 다리를 한 번 뻗는 것만으로는 제 몸이 어떻게 생겼으며 세상과 어떤 상호작용을 주고받는지 알 수 없다. 하지만 피드백이 가능한 답의 폭을 줄여준다. 즉, 자신의 생김새에 대한 가설의 폭이 좁아진다는 뜻이다. 이제 다음 동작을 취할 때다. 로봇은 아무렇게나 움직이지 않고, 폭이 좁아진 몇 가지 가설들을 잘 구분할 수 있는 움직임을 선택한다. 이렇게 다양한 가능성을 적절히 분류하는 방식으로 움직임을 이어나가다 보면, 몸의 생김새에 대한 인식이 점점 또렷해진다.[6]

이 로봇은 구동부를 작동하는 법을 운동 옹알이를 통해 배운다. 따라서 우리가 이 로봇의 다리 하나를 떼어내도 로봇은 자신의 달라진 형태를 다시 파악할 수 있다. 새라 코너가 불에 태우고 다리를 으스러뜨려도 계속 움직이는 터미네이터와 같다. 로봇은 달라진 몸으로 움직이면서 계속 목표를 향해 나아간다.

옹알이가 가능하고 자신을 탐구할 줄 아는 로봇을 만드는 편이 미리 정해진 대로 움직이도록 프로그램을 짜 넣는 방식보다 더 효율적이고 유연하다. 동물계에서 자연은 고작해야 수만 개의 유전자만 가지고 생물을 만들어내기 때문에 그 생물에게 가능한 모든 행동의 프로그램을 도저히 미리 짜 넣을 수 없다. 그렇다면 남은 방법은? 스스로를 파악할 줄 아는 시스템을 구축하는 것이다.

이 방법 덕분에 개도 스케이트보드나 서핑에 통달할 수 있다. 개는 자기 몸의 옹알이를 통해 다양한 동작, 자세, 균형을 시험해보고 그 결과를 평가한다. 왼쪽으로 기울이면 몸이 파도를 잘 타는가, 아니면 차가운 물속으로 빠지는가? 앞으로 기울인 자세에서 뒷다리를 밀면

스케이트보드가 계속 움직이고 주인이 환성을 지르는가, 아니면 스케이트보드가 소화전에 충돌해 몸이 아파오는가? 운동 시스템은 이런 피드백을 이용해서 헤아릴 수 없이 많은 요소를 섬세하게 조정해 다음에는 더 나은 실력을 발휘한다. 생물이 세상과 자기 몸의 상호작용 모델을 구축하는 방식이다. 그렇게 해서 생물은 자신의 능력을 파악하고 자신의 행동이 낳는 결과를 알아낸다. 환경이 허락하는 행동이 무엇인지도 알게 된다. 아기도, 운동을 좋아하는 개도, 불가사리 로봇도 끊임없이 이어지는 피드백 덕분에 자신의 신체를 움직이는 법을 배운다. 그래서 자신의 내부와 바깥세상 사이의 피드백 고리를 잘 가꾼다.

행동과 피드백의 고리는 운동 옹알이뿐만 아니라 사회적 옹알이 또한 이해할 수 있게 해주는 열쇠다. 다른 사람들과 의사소통하는 법을 어떻게 배웠는지(지금도 배우고 있는지) 생각해보라. 우리는 세상을 향해 항상 사회적인 행동을 하면서 피드백을 평가해 행동을 조정한다. 어렸을 때는 다양한 페르소나를 시험하며 가능성의 폭을 조정한다. 상황에 따라 유머를 발휘하는 방법, 반항적으로 팔짱을 끼는 방법, 울면서 동정심을 유발하는 방법 중 무엇이 나을지 시험하는 것이다. 특정한 상황에서 특정한 페르소나에 매력이 있음을 알게 되면, 우리는 업데이트가 필요해질 때까지 그 페르소나를 고수하는 경향이 있다. 사람들이 때에 따라 산악자전거, 스케이팅, 행글라이더를 즐기듯이, 우리는 다양한 사회적 상황에서 다양한 도식을 채택한다. 그리고 운동 피드백에 의존할 때처럼 사회적 피드백에 의존한다. 이런 상황에서는 강력한 지도력이 효과적인가? 여기서는 상냥한 말로 원하는 결과를 얻어낼 수 있나? 업무 회의 때 점잖지 못한 농담을 던지면 웃음거리가 되는데, 저녁 식사 때는 오히려 그것이 성공을 거둘 수 있나?

이렇게 끊임없이 세상을 시험하면서 우리는 어쩌면 생각하는 법 또한 배우는 건지 모른다. 우리 뇌의 관점에서 보면, 생각은 동작과 놀라울 정도로 흡사하다. 폭풍처럼 일어나는 신경 활동으로 우리가 팔을 들게 되는 것처럼, 우울한 친구에게 무슨 말을 해줄지, 양말이 어디로 사라져버렸을지, 점심 식사로 무엇을 주문할지 생각할 때도 아주 비슷한 신경 활동의 폭풍이 일어난다. 생각은 팔다리를 움직이는 것과 같다. 뇌가 발차기, 돌진하기, 손에 쥐기를 조종할 때처럼, 생각이 사고의 공간 안에서 개념들을 이리저리 움직이는 것일 수도 있다. 다시 말해서, 생각은 커피 잔 대신 개념을, 냅킨 대신 관념을 이리저리 움직이는 행동이다. 이런 생각의 출발점 역시 같은 종류의 옹알이, 즉 생각을 만들어내고 그 결과를 평가하는 과정이다. 어떤 생각은 세상에서 분명한 결과를 예측하지만(내가 이 선을 잡아당기면 잔디 깎는 기계에 시동이 걸릴 거야), 결과를 얻지 못하는 생각도 있다(만약 내가 팬케이크를 식탁 저편으로 던지면 어떻게 될까?). 동작이나 말과 마찬가지로 생각도 세상에서 가장 잘 작동하는 법을 배워야 한다.

그러니 다시 블레이크 경과 슈거 같은 개들에게로 돌아가보자. 그들은 구경하는 우리에게 기쁨을 안겨줄 뿐만 아니라, 기본적인 원칙 하나를 강조해준다. 만약 개의 유전자가 네 다리 대신 두 다리, 앞발 대신 바퀴, 서핑보드 같은 골격을 만들어내더라도, 개의 두개골 안에 자리 잡은 뇌를 다시 설계할 필요는 없다는 원칙이다. 뇌가 스스로를 재조정할 것이다.

이 전략이 얼마나 효과적으로 생물다양성을 만들어내는지 생각해보자. 생후배선이 이루어지는 뇌는 유전자의 작용으로 신체가 변하더라도 스스로 적응한다. 그래서 진화과정에서 동물들은 어떤 서식지에서든 거기에 잘 맞는 형태로 바뀔 수 있다. 발굽과 발가락, 지느러미와 팔, 코끼리의 코와 꼬리와 발톱 중에 어떤 것이 주어진 환경에 더 적합하든, 어머니 자연이 추가 작업을 할 필요가 없다. 사실 다른 방식이 사용되었다면 진화가 이루어질 수 없었을 것이다. 신체의 변화가 쉽고 뇌가 그 뒤를 따라 쉽게 변하지 않았다면 진화가 빠르게 이루어지지 못했을 것이다.

이런 엄청난 유연성 덕분에 우리는 새로운 몸에 쉽게 안착할 수 있다. 1979년에 개봉한 오리지널 〈에일리언〉의 주인공인 엘런 리플리를 생각해보자. 영화의 결정적인 장면인 점액질 외계인과의 사투에서 리플리는 서둘러 거대한 로봇 수트를 입는다. 그녀의 움직임을 증폭해서 강력한 금속 팔과 다리로 실현해주는 기계다. 처음에는 동작이 어설프지만, 조금 연습을 거친 뒤 그녀는 점액이 뚝뚝 떨어지는 외계인의 턱에 퍽퍽 주먹을 먹이는 데 성공한다. 리플리가 이처럼 거대해진 몸의 제어법을 터득한 것은, 출력(팔 휘두르기)과 입력(거대한 오른팔이 지금 어디 있지? 내가 지금 왼쪽으로 너무 기울어 있나?) 사이의 관계를 조정해주는 뇌의 능력 덕분이다. 지게차나 크레인 기사, 복강경 수술을 하는 의사의 사례에서 볼 수 있듯이, 이 관계를 배우는 일은 어렵지 않다. 만약 엘런 리플리의 뇌가 키가 2미터인 표준 형태의 인간 육체만 조종할 수 있는

단일목적 장치였다면 그녀는 외계인의 간식거리가 되었을 것이다.

리플리의 사례는 지어낸 이야기에서 나온 것이지만, 같은 원칙이 롤러블레이드, 외바퀴 자전거, 휠체어, 서핑보드, 전동 킥보드, 스케이트보드 등 우리가 몸에 밀착시켜 사용하는 수많은 장치에도 적용된다. 각종 장치의 무게, 관절, 동작, 제어기의 구체적인 사양과 우리가 그 장치를 가지고 할 수 있는 모든 일이 알아서 뇌의 신경회로에 새겨지는 것이다.

인류가 비행을 시작한 초기에 조종사들은 밧줄과 레버를 이용해서 비행 기계를 자기 몸의 연장延長으로 만들었다.[7] 현대 조종사들의 임무 역시 다르지 않다. 조종사의 뇌는 비행기를 자신의 일부로 만든다. 피아니스트, 기계톱을 사용하는 벌목꾼, 드론 조종사의 경우도 마찬가지다. 그들의 뇌는 각자가 사용하는 도구를 자신이 제어해야 할 자연스러운 몸의 연장으로 받아들인다. 시각장애인의 지팡이가 단순히 앞으로만 뻗어나가는 것이 아니라, 뇌의 신경회로 속으로도 들어가는 셈이다.

그렇다면 이것이 인류의 근미래와 관련해서 어떤 의미를 지니는지 생각해보자. 우리가 뇌 활동만으로 로봇을 원격조종할 수 있다면 어떨까? 엘런 리플리와 달리 우리는 아예 움직일 필요도 없을 것이다. 동작을 단순히 '생각'하기만 하면 된다. 로봇이 팔을 드는 것을 우리가 원하면, 로봇은 즉시 팔을 들 것이다. 로봇이 쪼그려 앉는 것, 발레리나처럼 한 바퀴 도는 것, 점프하는 것을 우리가 원하면, 로봇은 우리가 머리로 내리는 명령을 지체 없이 정확히 수행할 것이다. SF 같은 이야기지만, 이미 이런 작업이 진행 중이다.

운동피질, 마시멜로, 달

1995년 12월 초에 장도미니크 보비는 세계 최고였다. 파리에서 잡지 〈엘〉의 편집장으로 일하면서 프랑스 사교계 최고의 인물들과 어울렸다.

어느 날 오후 아무런 예고도 없이 심한 뇌중풍 발작이 그를 덮쳤다. 그는 즉시 깊은 혼수상태에 빠졌다.

20일 뒤 그는 깨어났다. 의식이 깨어나서 주위를 보고, 사람들의 말도 알아들을 수 있었다. 하지만 몸을 움직일 수는 없었다. 팔도, 손가락도, 얼굴도, 발가락도 전혀 움직이지 않았다. 말도 할 수 없고, 소리를 지를 수도 없었다. 그는 자신이 유일하게 움직일 수 있는 부위가 왼쪽 눈꺼풀임을 알게 되었다. 그곳만 제외하면, 그는 자신의 몸이라는 얼어붙은 감옥에 갇힌 신세였다.

끈기 있는 치료사 두 명의 도움으로 그는 마침내 아주 천천히 의사를 전달할 수 있게 되었다. 말이 아니라, 유일하게 움직이는 눈꺼풀을 깜박이는 방식으로. 치료사가 알파벳 글자들을 가장 많이 쓰이는 순서대로 천천히 불러주면, 그는 그것을 듣다가 자신이 원하는 글자가 나왔을 때 눈을 깜박였다. 그러면 치료사가 그 글자를 종이에 적고 다시 글자들을 불러주기 시작했다. 이렇게 단어 하나당 2분이라는 기가 막히는 속도로 그는 의사소통을 할 수 있었다. 상상조차 할 수 없는 끈기를 발휘해서, 잠금 증후군을 겪고 있는 자신의 경험을 책으로 쓰기까지 했다. 그의 몸이 처한 상태와 달리 그 책의 문장은 유창하고 우아했다. 그는 바깥세상과 상호작용을 주고받지 못하는 고통을 사람들에게 전했다. 예를 들어, 비서의 가방이 반쯤 열린 채 탁자 위에 놓여 있는 것을 보았을 때의 고통을 묘사한 부분이 있다. 가방 안에 들어 있는 호텔 열쇠, 지하철 승차권, 100프랑 지폐를 보며 그는 영원히 잃어버린 삶을 다시 떠올렸다.

1997년 3월에 그의 책이 출판되었다. 《잠수종과 나비》라는 제목의 이 책은 발매 첫 주에 15만 부가 팔려 유럽 전역의 베스트셀러 1위가 되었다. 보비는 책이 출간되고 이틀 뒤 세상을 떠났다. 그 뒤로 수많은 독자가 책을 읽으며 페이지를 넘길 때마다 눈물을 떨어뜨렸다. 거대한 살덩이 로봇을 성공적으로 조종하는 제어센터가 있다는 것, 그 센터의 솜씨가 워낙 뛰어나서 우리는 그 엄청난 작업을 인식하지도 못하는 축복을 누리고 있다는 것, 이런 단순한 기쁨을 그들은 아마 생전 처음으로 제대로 인정하게 되었을 것이다.

보비는 왜 움직이지 못했을까? 보통 뇌가 팔이나 다리를 움직이겠다는 결정을 내리면, 일련의 신경활동이 일어나 척수에 있는 데이터 케이블을 거쳐 말초신경으로 명령을 내려보낸다. 그러면 뇌에서 보낸 전기신호가 전환되어 화학물질(신경전달물질)이 풀려나고, 그 결과 근육이 수축한다. 하지만 보비의 경우에는 신호가 결코 뇌를 벗어나지 못했다. 따라서 그의 근육도 뇌의 연락을 받지 못했다.

어쩌면 미래에는 손상된 척수를 고칠 수 있을지도 모르지만, 지금은 불가능하다. 그렇다면 해결책은 하나뿐이다. 만약 우리가 보비의 눈 깜박임 대신 뇌의 스파이크를 측정할 수 있었다면 어떨까? 그의 신경회로들이 나누는 대화를 엿들어 그들이 근육에 전달하고자 하는 메시지를 알아낼 수 있었다면? 그리고 다친 부위를 우회해서 근육이 실제로 움직이게 만들 수 있었다면?

보비가 세상을 떠나고 1년 뒤, 에머리대학의 연구팀은 잠금 증후군 환자인 조니 레이에게 뇌-컴퓨터 인터페이스를 심었다. 그리고 조니는 단순히 머리로 상상하는 것만으로 컴퓨터 커서를 움직이는 법을 터득했다.[8] 그의 운동피질은 손상된 척수를 통해 신호를 전달할 수 없었지만, 인터페이스가 그 신호를 듣고 컴퓨터로 전달해주었다.

몸이 마비된 전직 미식축구선수 맷 네이글은 의수를 어설프게나마 움직여 주먹을 쥐었다 펴고, 불빛을 조절하고, 이메일을 열고, 비디오게임 '퐁'을 하고, 화면에 원을 그리는 법을 2006년 무렵 터득했다.[9] 맷이 이런 동작을 할 수 있는 것은, 거의 100개의 전극이 있는 4×4밀리미터 전극판이 그의 운동피질에 직접 이식되어 있기 때문이었다. 그가 근육을 움직이는 상상을 하면 운동피질이 활발해지기 때문에, 연구팀은 그 활동을 탐지해서 그의 의도를 대략적으로 파악할 수 있었다.

조니와 맷에게 사용된 기술은 아직 다듬어지지 않은 임시변통이지만, 그래도 가능성을 증명해주었다. 피츠버그대학의 신경과학자 앤드루 슈워츠는 2011년에 연구팀과 함께 거의 진짜 팔만큼 섬세하고 유연한 로봇 팔을 만들었다. 잰 쇼이어만이라는 여성은 척수소뇌변성증이라는 병 때문에 몸이 마비된 상태였는데, 이 인공 팔을 움직이기 위한 신경외과수술을 받겠다고 자원했다.[10] 이제 잰이 팔의 움직임을 상상하면, 로봇 팔이 그대로 움직인다. 로봇 팔이 그녀와 조금 떨어진 곳에 있어도 결과는 똑같다. 그녀의 뇌와 기계를 연결한 전선다발을 통해서 그녀는 로봇 팔이 유연하게 방향을 바꿔 뭔가를 잡게 만들 수 있다. 오래전 자신의 팔을 움직일 때와 기본적으로 똑같다. 사람들이 팔을 움직일 생각을 하면, 운동피질의 신호가 척수를 타고 말초신

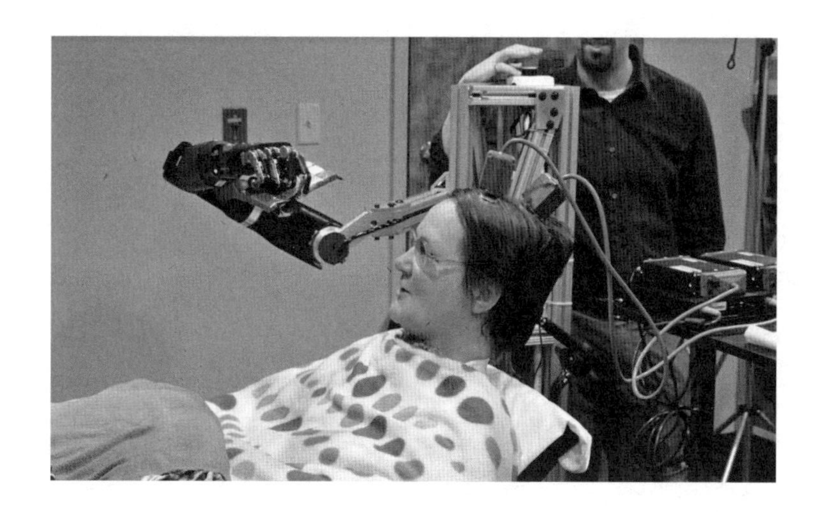

동작을 상상해서 로봇 팔을 제어한다.

경으로 내려가 근육섬유에 전달된다. 잰의 경우에는 뇌에서 나온 신호가 다른 경로를 따라간다. 근육과 연결된 뉴런이 아니라 모터와 연결된 전선을 타고 흐르는 것이다. 시간이 흐르면서 팔을 사용하는 잰의 솜씨가 점점 나아진다. 기술이 발전한 덕분이기도 하고, 그녀의 뇌가 이 새로운 팔을 제어하는 최선의 방법을 찾아 회로를 재편하고 있기 때문이기도 하다. 일반 자전거와 반대인 자전거, 서핑보드, 엘런 리플리의 로봇 수트의 사례와 똑같다.

잰은 이렇게 말한다. "다리보다는 뇌를 갖는 편이 훨씬 더 낫다."[11] 뇌가 있다면 새로운 몸을 만들 수 있지만, 반대의 경우는 불가능하다.

현재 몸이 마비된 사람들이 전신을 다시 움직일 수 있게 해주는 뇌-기계 인터페이스가 활발히 개발 중이다.[12] 워크어게인 프로젝트는 뇌의 명령에 따라 움직이는 전신 수트를 이용해 마비된 몸을 다시 움직이는 방법을 연구하는 국제적인 팀이다. 그들의 목표는 실험에 자원한 사람들의 뇌 열 군데에 수술로 고밀도 마이크로 전극판을 심어, 뇌가 정교한 로봇 장치에 명령을 내릴 수 있게 하는 것이다.[13]

2016년에 뉴욕 파인스틴 연구소의 과학자들은 조금 다른 방식을 시도했다. 운동 시스템을 엿들어 뇌가 근육을 움직이고 싶어하는 때를 알아냈으나, 이 정보를 로봇 팔이나 수트에 전달하는 대신 팔에 부착한 전기자극 시스템을 통해 근육을 직접 활성화했다.[14] 실험 참가자가 팔을 움직이는 생각을 하면, (폭풍 같은 신경활동을 해석하는 최선의 방법을 터득하게 해주는 기계 학습 알고리즘을 통과한) 신호가 손상된 경추를 우회해 근육 자극기로 훌쩍 넘어간다. 그리고 팔이 움직인다. 몸이 마비된 참가자는 손과 손목으로 물체를 잡는다든가, 조작한다든가, 손에서 놓는 등의 다양한 동작을 할 수 있다. 심지어 손가락도 하나하나 따로 움직일 수 있어서 전화번호를 누르거나, 키보드를 사용하거나, 손가락으로 미래를 가리키는 것이 가능해진다.

뇌에서 밖으로 나가는 신호의 방향을 바꿔 로봇 팔을 조종하는 방법에는 단점이 하나 있다. 뇌가 손끝에서 들어오는 감각의 피드백을 받지 못한다는 것. 지금 달걀을 너무 세게 잡았는지 너무 가볍게 잡았는지 알려면 눈으로 보는 수밖에 없다. 그러다 보니 대개는 때가 너무 늦은 뒤에야 달걀을 잘못 잡았다는 사실을 깨닫게 된다. 귀마개를 하고 입으로 옹알이를 하는 아기와 비슷하다.

해결책은 피드백 고리를 연결하는 것이다. 이를 위해서는 활동의 패턴을 체성감각피질로 재빨리 전달해야 한다. 로봇 팔이 목표에 닿았을 때 특정한 활동 패턴이 체성감각피질로 전달된다면(손끝의 감촉이 전달될 때와 같다), 로봇 팔 사용자는 손이 구체적인 질감과 접촉한 것 같은 느낌을 받는다. 로봇 팔이 또 다른 물체를 만지면, 질감도 달라진다. 이렇게 해서 사용자는 손을 뻗어 세상과 접촉하며 온전히 상호작용을 주고받는 감각을 누릴 수 있다. 유연한 뇌는 결국 이런 감각을 해석해서, 로봇 팔이 원래 사용자의 팔이었던 것처럼 인식하게 해준다. 뇌는 피드백 고리가 연결되었을 때 몸의 사용법을 가장 잘 터득한다. 세상과의 상호작용을 확인해주는 입력 정보와 뇌에서 나가는 신호가 서로 연결되어야 한다는 뜻이다. 예를 들어, 아기는 요람 난간에 팔을 부딪

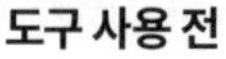

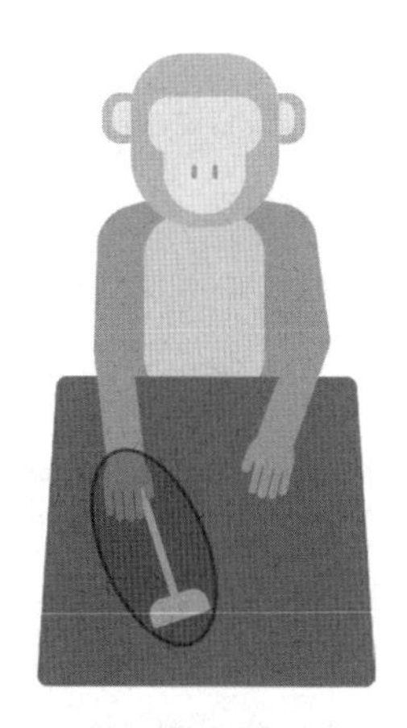

도구 사용 후

원숭이가 갈퀴를 이용해 멀리 있는 물체를 끌어올 때, 뇌의 신체 지도가 수정되어 갈퀴 전체가 거기 포함된다. 감각 뉴런을 활성화시키는 부분을 동그랗게 표시했다.

혔을 때, 그 경험을 느끼고, 눈으로 보고, 귀로 듣는다.

뇌의 학습이 대부분 이 피드백 고리 안에서 발생하므로, 운동 지도와 감각 지도가 보통 함께 변하는 것도 무리가 아니다. 예를 들어, 원숭이에게 갈퀴를 들어 먹이를 가져오라고 강요하면, 운동 지도와 체성 감각 지도가 모두 재편되어 갈퀴가 거기에 포함된다. 갈퀴가 문자 그대로 몸의 일부가 되는 것이다.[15] 운동 시스템과 감각 시스템은 근본적으로 독립적인 조직이 아니라, 피드백 고리에 매여 있다.

뇌-기계 인터페이스가 손상된 신체를 되살리거나 대체할 수 있다는 것을 보았다. 그렇다면 같은 기술을 이용해서 신체 일부를 추가하는 것도 가능할까?

2008년, 평범한 팔 두 개를 지닌 원숭이가 생각만으로 별도의 금속 팔을 조종했다. 뇌에 심어진 소형 전극판을 이용해 로봇 팔을 제어해서 마시멜로를 집어 입에 넣는 데 성공한 것이다.[16] 이 원숭이는 먼저 화면에서 목표물을 향해 커서를 움직이는 훈련을 받았다. 연구팀은 원숭이가 임무를 잘 수행했을 때 보상을 주었다. 처음에 원숭이는 과제를 수행할 때 자기 팔을 움직였으나, 놀라운 일이 벌어졌다. 원숭이가 더 이상 팔을 사용하지 않게 되었는데도 커서가 계속 움직인 것이다. 원숭이 뇌에서 회로가 재편되어, 진짜 팔에 대응하는 뉴런과 화면 커서에 대응하는 뉴런이 분리된 덕분이었다. 결국 원숭이는 진짜 팔을 전혀 움직이지 않고 로봇 팔만 조종해서 마시멜로를 잡을 수 있었다.

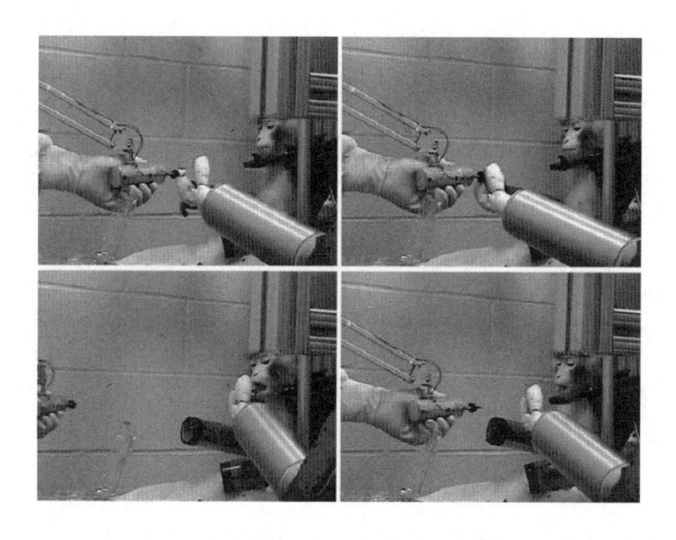

원숭이가 뇌 활동을 이용해 로봇 팔을 조종해서 마시멜로를 입으로 가져오고 있다.

로봇 팔이 새로운 팔로 추가된 것이다.

인간과 원숭이가 생각만으로 로봇 팔을 조종하는 법을 배울 수 있다는 사실이 놀랍게 보이는가? 놀랄 필요 없다. 우리 뇌가 타고난 몸을 조종하는 법을 배울 때도 똑같은 과정을 거치기 때문이다. 앞에서 보았듯이, 아기 때 우리는 팔다리를 허우적거리고, 발가락을 깨물고, 요람 난간을 붙잡고, 자기 눈을 찌르고, 몸을 뒤집는다. 이 모든 것이 몸의 제어법을 섬세하게 다듬으려는 노력이다. 뇌는 명령을 내보낸 뒤, 세상에서 들어오는 피드백과 비교해보고 자기 몸으로 할 수 있는 일이 무엇인지 터득한다. 피부로 덮인 팔이나 투박한 은색 로봇 팔이나 다를 것이 없다. 타고난 팔이 그냥 우리에게 익숙한 표준 장비인 탓에, 우리는 그 팔이 얼마나 대단한 존재인지 잘 알아차리지 못한다.

훌륭한 로봇 팔을 만드는 것은 연구팀의 과제지만, 그 팔을 작동하는 일을 대부분 감당하는 것은 사용자의 뇌다. 어렸을 때부터 금속 팔을 사용하며 자라지 않은 우리는 직관적으로 그 팔을 움직이지 못한다. 잰의 경우처럼 뇌가 그 팔을 조종하는 법을 배워야 한다. 일의 절반은 엔지니어의 몫이고, 나머지 절반은 사용자의 뇌에 있는 뉴런 숲에서 진행된다.

원숭이가 진짜 팔과 별도로 로봇 팔을 사용하는 법을 배운 것을 보니 오크 박사가 생각난다. 그는 진짜 팔로 비커의 화학약품을 쏟거나 차를 운전해 도주하는 재미없는 일을 할 때도 로봇 팔을 계속 제어했다. 원숭이는 뇌의 일부 영역을 진짜 팔과 구분되는 로봇 팔에 할애하기 시작했다. 살과 피로 만들어진 팔이든 금속 팔이든 여러 팔에 자원을 나눠 할당할 수 있었다는 뜻이다.

잰과 원숭이의 로봇 팔은 전선다발로 연결되었다. 하지만 무선으로도 가능하다면, 엄밀히 말해서 팔이 반드시 사용자와 같은 방에 있을 필요는 없다. 지구 반대편에서도 로봇을 조종하는 것이 가능할까? 사실 이런 조종이 이미 이루어진 적이 있다.

몇 년 전 듀크대학의 신경과학자 미겔 니콜렐리스는 연구팀과 함께 원숭이에게 전극판을 연결하고, 지구 반대편에 있는 로봇의 걸음걸이를 조종하게 했다. 실시간으로. 원숭이가 러닝머신에서 걸으면, 연구팀은 녀석의 운동 피질에서 나온 신호를 기록해서 0과 1로 번역한 다음 인터넷을 통해 일본의 실험실로 전송해서 그곳의 로봇에게 입력하게 했다. 키 150센티미터, 몸무게 약 90킬로그램인 로봇은 금속 도플갱어처럼 원숭이와 똑같이 걸었다.

어떻게 이런 일이 가능했을까? 이 시범이 이루어지기 전에 연구팀의 많은 노력이 있었다. 먼저, 니콜렐리스의 연구팀은 붉은털원숭이에게 러닝머신에서 걷는 훈련을 시켰다. 그러면서 근육의 움직임을 관찰하기 위해 원숭이의 다리에 부착된 센서의 결과를 기록하고, 신경활동이 근육수축으로 변환되는 과정을 이해하기 위해 수백 개의 뇌세포에서 나오는 신호를 기록했다. 또한 러닝머신의 속도를 바꿔가며, 걸음의 속도 및 보폭이 뇌 활동과 어떤 상관관계가 있는지 살펴보았다.

단 하나의 뉴런만으로는 많은 것을 알아낼 수 없지만, 뇌의 여러 영역에 분포하는 뉴런들이 타이밍 면에서 서로 특정한 관계를 맺고 있다는 사실이 분명히 드러났다. 그 덕분에 연구팀은 믿을 수 없을 만큼 복잡한 행위인 걷기와 관련된 여러 근육의 암호를 조금씩 풀 수 있었다.[17]

이 연구에 이어 그들은 노스캐롤라이나에 있는 원숭이의 신호를 기록해서 실시간으로 해독한 운동 명령을 교토의 로봇에게 전송하는 데 성공했다. 정보 처리와 전송으로 인한 약간의 지연을 제외하면, 원숭이와 로봇은 동시에 걸었다.

이런 시범을 보인 뒤, 듀크대학의 연구팀은 러닝머신을 껐다. 그러나 원숭이는 화면에 나오는 제 모습을 보고 걷는 '생각'을 했다. 그래서 일본의 로봇도 계속 함께 걸었다. 잰이 동작을 상상하면 팔이 그 동작을 실행하는 것과 마찬가지로, 원숭이의 운동피질이 계속 걷기에 관한 꿈을 꿨기 때문이다.

그리 머지않은 미래에 우리가 집 안 소파에 편안히 앉아 공장, 물속, 달 표면에 가 있는 로봇을 머리로 조종하는 일이 반드시 벌어질 것 같다.[18] 광범위한 훈련을 거치고 나면, 우리의 피질 지도에 로봇의 구동부와 탐지기가 포함될 것이다. 그렇게 해서 우리의 원격 팔다리와 원격 감각기관이 되는 것이다. 살덩어리로 이루어진 우리 몸은 이 독특한 행성의 산소가 많은 환경에 맞춰 진화했다. 그러나 뇌의 가소성을 이용해서 장거리 신체를 구축한다면, 우주탐사를 위한 우리의 핵심 전략이 틀림없이 바뀔 것이다.

자아와 통제력

로봇 팔이나 금속 아바타 등 우리 몸의 확장된 일부를 멀리 떨어진 곳에서 조종하는 경험이 우리 의식에는 어떤 영향을 미칠까? 의식은 로봇을 몸의 일부로 인식할 것이고, 로봇은 또 하나의 팔이나 다리가 될 것이다. 물론 예사롭지 않은 팔다리이긴 하다. 주인인 사용자와 물리적으로 멀리 떨어져 있다는 점에서. 그래도 새로운 팔다리로 간주하기에 부족함이 없을 것이다. 우리가 몸에 직접 연결된 팔다리에 익숙한 것은 순전히 근육, 힘줄, 신경을 잘 꿰매놓은 어머니 자연의 솜씨 때문이다. 자연은 멀리 떨어진 팔다리를 블루투스로 조종하는 법은 결코 알아내지 못했다.[19]

추가된 팔다리 또는 원격 팔다리가 색다르게 보인다면, 우리가 매일 그런 팔다리를 경험한다는 사실을 떠올리자. 거울을 보면서 팔을 움직여보기만 하면 된다. 멀리 있는 물체가 나의 명령과 완벽히 일치하는 동작을 하는 모습이 보일 것이다. 유아들은 거울에 비친 모습을 처음 봤을 때 혼란을 느끼지만, 그 모습이 자신임을 차츰 이해한다. 멀리서 움직이는 그 팔다리에서 직접적인 감각을 느낄 수는 없어도, 자신이 그것을 조종할 수 있다는 사실은 눈으로 직접 목격한다. 그것만으로도 그 팔다리는 자아에 병합된다.

이런 자아 개념은 〈스타트렉〉의 보그와 유사하다. 보그는 자신과 마주치는 모든 것을 자기들의 집단 자아에 동화시킨다. 하지만 생각과 행동을 도저히 예측할 수 없는 피카드 선장처럼 그들이 제어할 수 없는 존재들은 예외다.

자아와 예측 가능성 사이의 관계 덕분에 우리는 자기신체실인증asomatognosia 같은 병을 이해할 수 있다. 이 병명을 번역하면, '자신의 몸을 모르는 것'이라는 뜻이 된다. 뇌중풍이나 종양 등으로 오른쪽 두정엽이 손상된 사람은 특정 부위를 마음대로 제어할 수 없게 된다. 그런데 놀랍게도 환자는 문제의 부위가 자기 것이라는 사실을 부정하며, 때로는 그 부위가 남의 것이라고 주장하기도 한다.[20] 환자는 움직이지 않는 팔이 죽은 친구의 것이라거나, 친척의 것이라거나, 그냥 환상이라거나, 악마의 것이라거나, 자기를 담당한 의료진 중 한 명의 것이라고 주장한다. 그리고 진짜 자기 팔은 도둑맞았거나 그냥 실종되었다고 설명한다. 이 질병의 다양한 증상 중에는, 문제의 신체 부위를 별도의 생명력과 의지를 지닌 동물(예를 들면 뱀)로 추론하는 것도 포함된다.

이 병의 증상은 다양하며, 때로는 기묘하게 보이기도 한다. 환자는 더 이상 자신의 것이 아닌 신체 부위에 무관심해지거나, 그 부위에 대해 망상을 품어서 기묘한 이야기를 지어낸다. 예를 들어 "누가 이 팔을 내 몸에 꿰매두었다"고 설명하는 식이다. 자신의 신체 부위가 싫다고 매정하게 말하는 환자도 있다. "내 다리가 납덩이 같아요." 이보다 더 심한 증상으로는 환자가 낯설어진 신체 부위를 증오하며 욕을 퍼붓고 마구 때리는 것이 있다.[21]

이 질병에 대한 표준적인 설명은 없다. 하지만 이 책의 렌즈를 통해 보면, 내가 이 질병을 어떻게 해석할지 쉽게 짐작할 수 있을 것이다. 내 해석은 이렇다. 뇌가 문제의 신체 부위를 더 이상 조종할 수 없게 되면, 그 부위가 '자아'라는 형제단에서 떨어져 나간다는 것.

이런 환자들이 잠깐 맑은 정신이 돌아왔을 때 그 신체 부위를 자기 것으로 다시 인식하는 경우가 있기는 하지만, 그 순간이 오래 지속되지는 않는다. 나는 문제의 부위가 우연히 환자의 의도대로 움직였을 때, 즉 우연히 예측 가능성을 보였을 때 이런 순간이 올 수 있다는 가설을 세웠다. 탁자 위의 초코바를 향해 팔을 뻗고 싶다는 생각이 들었는데…… 팔이 우연히 그 방향으로 움직이는 바람에 환자가 그것을 자기 의도에 따른 행동으로 받아들이는 경우를 말한다. 환자는 평생 팔을 자기 마음대로 사용하며 살아온 경험이 있으므로, 비록 순간적인 일이라 해도 자신이 팔을 마음대로 움직인 듯한 인상을 받으면서 팔이 다시 자아에 편입되는 것은 놀랄 일이 아니다.

1970년대 초에 신경과 의사이자 저술가인 올리버 색스는 다른 종류의 자아 상실을 겪었다.[22] 노르웨이에서 산길을 걷던 그는 앞에 나타난 황소를 보고 화들짝 놀라 허겁지겁 산길을 내려갔다. 그러나 걸음을 서두르다가 그리 높지 않은 절벽에서 떨어져 대퇴 사두근에 부상을 입었다. 그는 우산을 임시부목으로 다리에 대고, '완전히 쓸모없어진' 다리로 산길을 비틀비틀 내려오다가 다행히 사슴 사냥꾼들을 만났다. 그 뒤로 한동안 병원에 입원해 있으면서 망상과 혼란에 시달렸다. 찢어진 대퇴 사두근 때문에 다리를 움직일 수 없게 되자 그 다리가 자기 것이 아니라고 100퍼센트 확신했다. 그러던 어느 날 그는 자기 다리가 앞으로 쭉 뻗어 있다고 생각했는데, 사실은 침대 옆으로 다리가 늘어져 있음을 알게 되었다. 그리고 경각심을 느꼈다.

> 나는 내 다리를 모르게 되었다. 내 다리는 내 것이 아니라, 철저히 낯선 존재였다. 나는 다리를 지그시 응시했지만, 아무것도 알 수 없었다……. 원통형 분필 같은 깁스를 바라보면 볼수록, 내 다리가 더욱더 낯설고 이해할 수 없는 존재로 보였다. 나는 더 이상 그것이 '내 것'이라고, 나의 일부라고 느낄 수 없었다. 나와는 아무런 상관이 없는 물건처럼 보였다. 그것은 절대로 내가 아니었다. 그런데도, 말도 안 되게, 그것이 내게 붙어 있었다. 그리고 그보다 더 말도 안 되게, 그것이 나와 '연속적으로' 연결되어 있었다. ……감각이 전혀 없었다…… 기분이 나쁠 정도로 낯설게 보이고, 그렇게 느껴졌다. 생기 없는 모조품이 내 몸에 붙어 있었다.

색스의 이러한 경험을 어떻게 이해해야 할까? 보그와 피카드 선장의 경우처럼, 자신이 제어할 수 있는 것은 자아가 되고, 제어할 수 없는 것은 나와 아무런 상관이 없는 존재가 된다. 색스는 자신의 명령을 따르지 않는 다리를 도저히 자기 것이라고 생각할 수 없었다. 그것은 그냥 수십억 개의 세포와 뼈와 피부가 뭉쳐 있고 거기에 이상한 털까지 자라고 있는 낯선 물체였다. 자기 몸을 마음대로 움직일 수 없고 감각도 전혀 느낄 수 없을 때, 사람들은 모두 자기 몸을 이렇게 바라본다.

여담이지만, 예측 가능성과 관련된 이런 느낌은 우리가 잘 아는 사람(예를 들어 가족)이 나의 일부처럼 느껴지는 현상과도 관련되어 있는 것 같다. 물론 인간은 워낙 복잡한 생물이라서 완벽히 예측하기 힘들다. 또한 배우자에게서 드러나는 놀라운 면은 그/그녀의 독립성을 보여준다.

장난감은 우리 자신

새로운 몸을 시험해보기 위해 반드시 보철을 이용하거나 뇌 수술을 받아야 하는 것은 아니다. 아바타 로봇공학이라는 신흥분야 덕분에 멀리서 로봇을 조종하며 로봇이 보는 것을 함께 보고 로봇이 느끼는 것을 함께 느끼는 일이 가능해졌다. 현재 존재하는 의수 중 가장 정교한 섀도핸드를 예로 들어보자. 모든 손가락의 끝에 장착된 감지기는 사용자가 착용한 햅틱 글러브로 데이터를 보낸다. 실리콘밸리에서 인터넷으로 데이터를 전송해 런던의 로봇 손을 조종하는 방법도 있다.[23] 재난구조 아바타를 연구하는 사람들도 있다. 지진, 테러, 화재 등이 진압된 뒤 현장으로 파견되는 로봇이 재난구조 아바타인데, 조종자는 현장이 아닌 안전한 곳에서 로봇을 제어한다. 형태가 기묘한 아바타를 사용하는 사람이 있다는 이야기는 아직 들어보지 못했지만, 그런 일도 얼마든지 가능하다. 뇌는 스키, 트램펄린, 스카이콩콩을 배우듯이, 이상하게 생긴 아바타 신체와의 인터페이스도 배울 수 있다.

아바타 로봇공학 덕분에 소수의 사람이 확장된 신체나 기묘한 형태의 신체를 시험해볼 수는 있겠지만, 그 비용이 무서울 정도로 비싸다. 하지만 다행히 다른 형태의 신체를 시험해볼 수 있는 더 나은 방법이 있다. 바로 가상현실이다. 우리는 가상현실 공간에서 자신의 신체 형태를 값싸고 빠르게 대규모로 바꿀 수 있다.

가상현실 세계에서 거울을 본다고 상상해보자. 내가 팔을 들면, 거울 속의 가상현실 아바타도 팔을 든다. 내가 고개를 갸우뚱하면, 아바타도 갸우뚱한다. 이번에는 아바타의 얼굴이 내 것이 아니라 에티오피아 여자, 노르웨이 남자, 파키스탄 소년, 한국 할머니의 것이라고 상상해보자. 뇌가 자아를 어떻게 파악하는지(내가 움직임을 통제할 수 있는 대상이 나다) 방금 보았듯이, 나는 거울 앞에서 고작 몇 분만 겅중겅중 뛰어다녀도 내가 새로운 몸을 갖게 되었다고 자신을 설득할 수 있다. 그렇게 새로운 사람이 되어 가상 세계를 돌아다니며 현실과는 다른 삶을 경험할 수 있다. 자아 정체감은 놀라울 정도로 유연하다. 최근 과학자들은 다른 사람의 얼굴로 변하면 감정이입이 강화되는지 연구하고 있다.[24]

그러나 새로운 얼굴을 갖는 것은 시작에 불과하다. 1980년대 말에 코딩 실수 때문에 이례적인 신체에 대한 가상현실 연구가 시작되었다. 여기서 말하는 코딩 실수란, 한 과학자가 아바타인 부두 노동자로 활동하고 있을 때, 프로그래머가 실수로 환산계수에 0을 너무 많이 넣는 바람에 아바타의 팔이 거대해진(건설 현장의 크레인과 비슷한 크기) 사고였다. 그런데도 그 과학자는 그 초거대 팔을 정확하고 효율적으로 움직이는 법을 알아내서 모두를 놀라게 했다.[25]

이것을 보고 사람들은 우리가 과연 어떤 형태의 신체들을 사용할 수 있을지 궁금해졌다. 가상현실 개척자인 재런 러니어와 앤 래스코는 사람들이 다리 여덟 개인 바닷가재의 몸으로 살 수 있는 환경을 만들었다. 사용자는 두 팔로 바닷가재의 다리 두 개를 조종했고, 프로그래머들은 나머지 다리를 조종할 (복잡한) 알고리즘 여러 개를 시험해보았다. 다리 여덟 개를 조종하는 것은 쉬운 일이 아니었지만, 몇몇 사람은 그럭저럭 해낼 수 있었던 것 같다. 러니어는 뇌에 새겨지는 신체 지도가 놀라울 정도로 유연하게 바뀔 수 있다는 점을 표현하기 위해 '호문쿨루스 유연성homuncular flexibility'이라는 용어를 만들어냈다.

몇 년 뒤 스탠퍼드대학의 제러미 베일린슨은 연구팀을 만들어, 호문쿨루스 유연성을 좀 더 과학적으로 시험해보았다. 그들은 사람이 가상현실에서 두 팔 외에 또 다른 팔의 정확한 조종법을 배울 수 있는지 의문을 품었다.[26] 가상현실 고글을 쓰고 손에 조종기 두 개를 잡으면, 가상공간 안의 자기 팔과 가슴 한복판에 붙은 세 번째 팔을 볼 수 있다. 실험 참가자에게 주어진 과제는 간단했다. 상자의 색이 변하자마자 거기에 손을 갖다 대는 것. 공간 안에 상자가 아주 많았으므로, 이 과제를 잘 해내려면 팔 세 개를 모두 사용해야 했다. 원래 팔 두 개는 가상공간에서도 사용자 본인의 팔로 간단히 조종되었다. 하지만 세 번째 팔을 조종하려면 손목을 돌려야 했다. 사용자들은 3분 안에 요령을 터득해서, 새로운 몸에 적응할 수 있었다. 그 결과는 과제 수행 성적으로 측정되었다.

우리가 탐구할 수 있는 형태는 무한하다. 가상공간에서 꼬리뼈에 가상 꼬리가 붙어 있고, 사용자가 엉덩이를 움직여 꼬리를 정확히 조종할 수 있다면 어떨까?[27] 아니면 몸이 골프공 크기가 되거나, 건물 크기가 되거나, 손가락이 여섯 개가 되거나, 사용자 자신이 날개 달린 집파리가 된다면? 오크 박사처럼 문어가 된다면?

뇌의 유연성과 가상현실 설계 분야에서 발전하는 창의력을 결합시켜, 우리는 가상 세계의 자기 모습이 더 이상 원래 타고난 몸에만 국한되지 않는 시대로 들어가고 있다. 이제 진화의 속도를 억겁의 세월에서 몇 시간으로 앞당길 수 있다. 어머니 자연이 꿈도 꾸지 못한 몸을 시험하면서, 가상 아바타를 신경계 속의 현실로 만들 수 있다.

한 가지 흥미로운 가능성은, 몸을 바꾸면 정신도 바뀔지 모른다는 것이다. 한 연구에서는, 노인의 아바타를 사용하는 대학생들이 돈을 저축계좌에 넣을 가능성이 높고, 여성의 아바타를 사용하는 남성은 남을 돌보는 행동을 할 때가 많으며, 자기 아바타가 운동하는 모습을 본 사람들이 곧 운동을 시작할 가능성이 높다는 결론을 내렸다.[28] (픽션의 세계에서 이런 신체 변화는 오크 박사가 악행을 저지르게 된 근간으로 제시되었다. 추가로 생겨난 팔 네 개를 수용하기 위해 신경회로가 재편되는 과정에서 그의 사고방식 또한 바뀌었다는 것이다.[29]) 다시 말해서, 우리의 사람됨이 뇌의 신경회로에 달려 있다는 뜻이다. 몸을 비틀면 그 사람 자체가 비틀릴 수 있다.

현실 속의 사례로 금속 제련 일을 하던 나이절 애클랜드를 살펴보자. 작업 중 사고로 팔을 잃은 그는 신체적으로도 정신적으로도 폐인처럼 지내다가 생물공학이 적용된 아름다운 팔을 얻게 되었다.[30] 그의 뇌가 아직 남아 있던 신경과 근육에 명령을 내리면, 그 신호는 손을 매끄럽게 움직여 10여 가지의 다양한 동작을 하라는 내용으로 해석된다. 그런데 여기서 놀라운 점이 하나 있다. 나이절에게 손목을 돌려보라고 하면 그는 팔을 들어 손을 돌린다. 그리고 손이 계속 돌고, 돌고, 또 돈다. 그가 원하는 한 손은 천천히 도는 팽이처럼 계속 돌아간다. 나이절은 다른 사람들보다 더 나은 신체를 얻었다. 그의 행동에 제약이 줄어들었다는 뜻이다. 생물공학자들은 이 손을 만들 때, 동작을 제한하는 인대와 힘줄에 맞추려고 애써 봤자 딱히 이로운 점이 없다는 것을 깨달았다. 아마 나이절은 우리가 생각할 수 없는 것, 예를 들어 "손을 계속 돌려"라든가 "단번에 전구를 끼워" 같은 생각을 할 수 있을 것이다.

하나의 뇌, 무한한 신체 형태

궁사 맷의 사례나 개 페이스의 사례에서 보았듯이, 뇌는 자신에게 부여된 몸이 어떤 형태든 거기에 적응한다. 잰의 로봇 팔이나 원숭이의 마시멜로 집게 사례처럼, 뇌는 또한 새로 추가된 하드웨어를 사용하는 법도 알아서 터득한다. 두개골 안의 신경망은 운동 명령을 내리고(왼쪽으로 기울여), 피드백을 평가하고(스케이트보드가 기울어져서 흔들리네), 매개변수를 조정해서 전문적인 기술이라는 산을 오른다.

뇌가 적응하지 못하는 세상이나 신체 형태가 있을까? 앞으로 몇 백 년 뒤에는 인간 아기들이 달이나 화성에서 태어날 가능성이 높다. 그 아기들은 지구와 중력이 다른 곳에서 자랄 테니, 신체 또한 다르게 발달할 것이고 이동할 때 사용하는 신체 부위의 모양도 다를 것이다. 먼 미래의 신경과학자들은 그들의 몸과 뇌에 관한 의문을 연구할 뿐만 아니라, 이러한 변화의 결과로 그 아기들이 기억력, 인지력, 경험에 대한 의식 등 다른 부분에서도 기존의 인간들과 달라질지 의문을 품을 것이다.

우리가 생후배선의 원칙을 터득한다면, 그것이 산업에 어떤 의미가 될까. 자동차 제조업체가 엔진 하나를 설계한 뒤, 그 엔진이 최적의 구동을 위해 알아서 적응할 것이라 믿고 온갖 모델의 탈것(잔디깎이, 삼륜차, 트럭, 우주선)에 장착한다고 생각해보라. 또한 서비스 센터에서 자동차에 지느러미나 접이식 다리를 장착한 뒤 자동차가 그 장치들을 이용하는 법을 스스로 터득하게 한다면 어떨까.

우리는 타고난 신체보다 더 성능이 좋고 내구성도 좋은 장비를 사용할 수 있는 생물공학 시대로 접어들고 있다. 지금으로부터 100만 년 뒤, 지금과는 완전히 다른 모습으로 변해버린 후손들이 우리를 연구한다면, 지금 이 순간이 우리가 느린 발전과정에서 벗어나 우리 몸의 미래를 처음으로 직접 조종하기 시작한 때로 간주될 것이다. 생물공학은 앞으로 점차 일상이 될 것이다. 우리 증손주들의 세대에는 다리가 말을 듣지 않더라도 사람들이 그 사실을 받아들이고 가만히 앉아 있기만 하지는 않을 것이다. 팔을 절단하더라도 남의 온정에만 기대어 살지 않을 것이다. 뇌가 새로운 팔다리를 다루는 법을 터득할 것이라 확신하고, 인공 팔이나 인공 다리를 몸에 장착할 것이다. 하반신이 마비된 사람도 생각으로 조종하는 외골격 슈트를 입고 춤을 출 것이다.[31]

이런 보철물들은 사라진 신체 기능을 되살리는 수준을 넘어, 우리의 생물학적인 신체로는 불가능한 능력도 발휘할 것이다. 수백 년 뒤의 미래에는 팔이 여덟 개인 오크 박사의 이야기가 인간이 대서양을 건너는 데 하루도 채 걸리지 않을 것이라는 쥘 베른의 공상과학적 백일몽만큼이나 고색창연하게 보일 것이다. 우리 후손들은 신체의 한계에 구애받지 않고, 자신이 조종할 수 있는 도구들을 이용해 우주 저 너머까지 뻗어나갈 수 있을 것이다.

6장

중요하게 여기는 것이 왜 중요한가

라슬로 폴가르에게는 딸이 셋 있다. 그는 체스를 사랑하고 딸들도 사랑하기 때문에 작은 실험을 시작했다. 아내와 함께 홈스쿨링으로 다양한 주제를 아이들에게 가르치며, 혹독한 체스 훈련을 시킨 것이다. 아이들은 매일 64개의 사각형 위에서 다양한 말들을 이리저리 움직였다.

장녀 수전은 열다섯 살 때 세계 최상급 체스 기사가 되었다. 1986년에는 남성 세계선수권대회 출전 자격을 얻었고(여성으로서는 최초의 성과였다), 그로부터 5년 안에 남성 그랜드마스터 칭호를 따냈다.

수전이 한창 놀라운 활약을 벌이던 1989년에 수전의 바로 아래 동생인 열네 살의 소피아가 '로마 약탈'(이탈리아에서 열린 토너먼트에서 거둔 놀라운 승리)로 명성을 얻었다. 이때의 성적은 열네 살짜리 선수가 보여준 최고의 플레이 중 하나로 꼽혔다. 소피아는 계속 앞으로 나아가 인터내셔널 마스터와 여성 그랜드마스터가 되었다.

이번에는 막내 유디트 차례였다. 기록상 최고의 여성 체스 기사로 지금도 널리 인정받는 유디트는 고작 열다섯 살 4개월의 나이로 그랜드마스터 지위에 올랐고, 세계체스연맹의 기사 순위 100위 안에 유일한 여성으로 남아 있다. 한동안은 10위 안에 들기도 했다.

이런 성공의 요인이 무엇일까?

이 세 자매의 부모는 천재는 태어나는 것이 아니라 만들어진다는 철학을 고수했다.[1] 그들은 딸들의 훈련을 하루도 거르지 않았다. 단순히 딸들에게 체스를 가르쳤을 뿐만 아니라, 체스를 양분으로 삼았다. 아이들은 체스 성적에 따라 부모의 포옹, 엄격한 시선, 승인, 관심 등을 받았다. 그 결과 그들의 뇌에는 체스에만 할애된 회로가 아주 많아졌다.

뇌가 입력되는 정보에 따라 어떻게 스스로를 재편하는지 앞에서 보았다. 하지만 사실 파이프라인을 타고 흘러오는 모든 정보가 똑같이 중요하지는 않다. 뇌가 스스로를 조정할 때 중요한 역할을 하는 것은 우리가 어떤 정보에 시간을 쏟는가 하는 점이다.[2] 만약 내가 조류학자를 새로운 직업으로 결정한다면, 설사 그 전에는 새에 대해 다소 조잡한 인식을 갖고 있었다 해도(저거 새인가 비행기인가?) 곧 다양한 새들 사이의 미묘한 차이(날개 형태, 가슴의 색깔, 부리 크기)를 배우는 데 뇌의 신경자원이 많이 할애될 것이다.

펄먼의 운동피질 vs. 아시케나지의 운동피질

바이올리니스트 이츠하크 펄먼에 대한 이야기가 하나 있다. 어느 날 콘서트가 끝난 뒤, 그를 좋아하는 관객 한 명이 그에게 이렇게 말했다. "저도 그렇게 연주할 수만 있다면 평생이라도 바칠 수 있어요."

그러자 펄먼은 이렇게 대답했다. "저는 그렇게 했습니다."[3]

펄먼은 매일 아침 5시 15분에 침대에서 힘들게 몸을 일으킨다. 샤워와 아침 식사를 마치고 나면, 네 시간 반 동안의 오전 연습이 시작된다. 점심을 먹은 뒤 운동, 그리고 또 네 시간 반 동안 오후 연습. 그는 콘서트가 있는 날만 빼고 1년 내내 매일 이런 생활을 한다. 콘서트 날에는 오전 연습만 있다.

뇌의 신경회로에는 우리가 하는 일이 반영된다. 따라서 고도로 훈련된 음악가의 대뇌 피질은 확연히 다른 모습으로 변한다. 전문지식이 없는 사람도 뇌 촬영 영상에서 알아볼 수 있을 정도다. 운동피질에서 손의 움직임과 관련된 구역을 잘 살펴보면, 놀라운 사실이 드러난다. 음악가가 아닌 사람과 달리 음악가의 뇌에서는 그리스어 문자 오메가(Ω)와 비슷한 모양의 주름이 발견된다는 것.[4] 수천 시간의 연습이 음악가의 뇌를 물리적으로 바꿔놓는 것이다.

놀라운 사실은 이것만이 아니다. 바이올리니스트 펄먼과 피아니스트 블라디미르 아시케나지는 모두 자신의 일에 깊이 헌신하고 있으며, 헤아릴 수 없이 많은 시간을 연습에 쏟고 전 세계를 돌아다니며 힘든 스케줄을 소화하는 생활을 한다. 하지만 두 사람의 뇌는 완전히 다른 모양을 하고 있어서 어떤 뇌가 누구의 것인지 쉽게 구분할 수 있다.

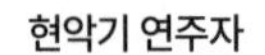

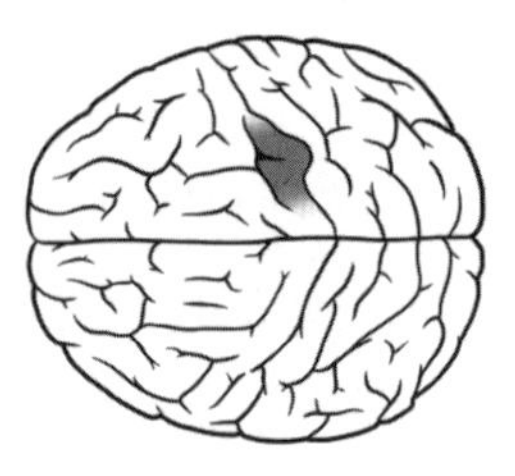

피아니스트

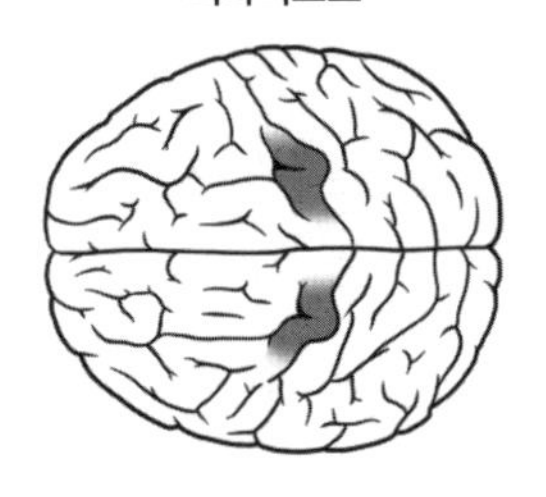

바이올린 연주자와 피아노 연주자의 차이는 운동피질만 봐도 알 수 있다.

펄먼 같은 현악기 연주자의 뇌에서는 한쪽 반구에만 오메가 형태가 나타난다. 왼손 손가락이 섬세한 작업을 모두 담당하는 반면, 오른손은 현 위로 활을 긋는 동작만 하기 때문이다. 아시케나지와 같은 피아니스트의 뇌에서는 두 반구에 모두 오메가 형태가 나타난다. 건반 위에서 양손이 모두 세심한 패턴을 그리며 연주하기 때문이다. 따라서 운동피질만 봐도, 현재 뇌 영상을 촬영 중인 사람이 어떤 악기를 다루는 음악가인지 알 수 있다.

뇌의 재편에서 우리는 이밖에도 더 많은 정보를 읽어낼 수 있다. 뇌에 나타난 변화는 손이 담당하는 일이 많은지 적은지뿐만 아니라, 손이 하는 일이 무엇인지도 보여준다. 조립라인에서 일하는 사람들에게 작은 공깃돌을 병에 넣는 일과 그 병의 뚜껑을 돌려서 닫는 일 중 아무거나 하나를 골라 맡긴다고 가정해보자. 두 작업 모두 오른손을 사용하는 일이지만, 첫 번째 작업에서는 손끝을 섬세하게 움직여야 하고 두 번째 작업에서는 손목과 팔이 사용된다. 따라서 병에 공깃돌을 넣는 일을 맡은 사람의 대뇌 피질에서는 손목과 팔을 담당하는 부분이 줄어들고 손가락을 담당하는 부분이 늘어날 것이다. 뚜껑을 닫는 사람의 뇌에서는 반대의 현상이 일어난다.[5]

우리가 자꾸만 반복하는 일이 이런 식으로 뇌의 구조에 반영된다. 게다가 이런 변화가 운동피질에서만 일어나는 것도 아니다. 예를 들어, 몇 달 동안 점자 읽는 법을 배우고 나면, 집게손가락의 촉각을 담당하는 부분이 커질 것이다.[6] 어른이 된 뒤 저글링을 배운다면, 뇌의 시각 영역이 커진다.[7] 뇌에는 그냥 바깥세상뿐만 아니라, 그 뇌의 주인이 경험하는 바깥세상이 더 구체적으로 반영된다.

어떤 일을 하는 솜씨가 좋아지는 현상의 저변에 바로 이런 사실이 있다. 세리나 윌리엄스, 비너스 윌리엄스 같은 프로 테니스선수는 몇 년 동안 훈련을 거듭하기 때문에 경기가 한창 달아오른 순간에도 스텝, 회전, 백핸드, 돌진, 후퇴, 겨냥, 스매시 등 그때그때 딱 맞는 동작들이 자동으로 이루어진다.[8] 그들은 이런 동작들을 뇌의 무의식 회로에 새겨 넣기 위해 수천 시간을 연습에 쏟는다. 순전히 고도의 의식만으로 경기에 임한다면, 이길 가능성이 별로 없다. 승리는 뇌를 지나치게 훈련된 기계로 바꾸는 데서 나온다.

아마 1만 시간의 법칙이라는 말을 들어보았을 것이다. 서핑이든 동굴 탐험이든 색소폰 연주든 어떤 일의 전문가가 되려면 그만큼 많은 시간을 연습에 쏟을 필요가 있다는 뜻이다. 비록 정확히 몇 시간을 쏟아야 하는지 알아내기는 불가능하지만, 이 법칙의 기본 개념은 옳다. 뇌에 지도를 그려 넣으려면 엄청난 횟수의 반복이 필요하기 때문이다. 데스틴 샌들린이 핸들의 방향이 반대인 자전거를 타려고 애쓴 것이 기억나는가? 그는 그 자전거의 조종법을 머리로 분명히 알고 있었지만, 그것만으로는 그 자전거를 탈 수 없었다. 몇 주 동안 연습을 해야 했다. 원숭이들에게 갈퀴로 먹이를 끌어오라고 강요한 실험도 비슷하다. 나는 원숭이들의 뇌에 새겨진 신체 지도가 갈퀴까지 포함하는 것으로 재편되었다고 앞에서 말했다. 갈퀴가 신체 형태의 일부가 된 것이다.[9] 하지만 이러한 변화가 발생하려면 반드시 원숭이가 갈퀴를 '적극적으로' 사용해야 한다. 만약 원숭이가 수동적으로 도구를 들고 있기만 한다면, 뇌의 재편은 일어나지 않는다. 뇌에는 도구를 사용하는 반복적인 연습이 필요하다. 그래서 나온 것이 1만 시간의 법칙이다.

집중적인 연습이 신경계에 미치는 영향은 바이올린 연주, 테니스 라켓 휘두르기, 갈퀴 조종하기 등 운동으로 나타나는 출력 결과에만 한정되지 않는다. 입력 정보에도 영향이 미친다. 의대생들이 마지막 시험을 위해 3개월 동안 공부하다 보면, 뇌의 회백질 부피가 크게 변해서 뇌 촬영 영상에서 육안으로도 알아볼 수 있을 정도가 된다.[10] 어른이 거울을 통해 글자를 거꾸로 읽는 법을 배울 때도 비슷한 변화가 나타난다.[11] 런던 택시 기사들의 뇌에서는 공간적인 이동과 관련된 영역이 다른 사람들에 비해 눈에 띄게 다른 모습을 하고 있다. 택시 기사들의 뇌 좌우반구에서 바깥세상의 지도를 머릿속에 저장할 때 관여하는 해마 일부가 커져 있는 것이다.[12] 우리가 무엇에 시간을 쏟는가에 따라 뇌가 달라진다. 우리가 먹는 음식만 우리를 좌우하는 것이 아니다. 우리는 자신이 소화하는 정보 그 자체가 된다.

폴가르의 딸들도 바로 그 덕분에 세계 체스 챔피언으로 꽃을 피울 수 있었다. 체스를 잘하는 유전자를 타고났기 때문이 아니라, 그들이 연습을 거듭하며 뇌의 신경 통로를 갈고닦아 기사, 성장城將, 주교, 졸, 왕, 여왕의 능력과 이동 패턴을 새겨 넣었기 때문이다.

그래, 뇌가 세상을 반영하는 것은 이제 알겠다. 그럼 그 방법은?

풍경 다듬기

최근에 본 인터넷 짤이 하나 있다. 인간의 뇌 사진에 "이봐, 당신 주머니에서 방금 휴대전화 진동이 울린 것 같은데"라는 말이 적혀 있고, 아래쪽에는 "농담이야. 당신 휴대전화는 주머니에 있지도 않아, 멍청아"라고 적혀 있는 것이었다.

휴대전화가 진동하는 듯한 느낌은 21세기만의 독특한 위협이다. 다리의 순간적인 경련이나 떨림, 또는 무엇이 닿는 감각 때문에 발생하는 현상인데, 이 떨림의 주파수와 지속 시간이 휴대전화의 진동과 조금이라도 비슷할 때면 뇌는 누가 전화를 걸어온 것 같다고 결론을 내려버린다. 만약 30년 전이라면 다리가 움찔거리는 것을 파리가 내려앉은 탓이거나, 옷의 천이 움직인 탓이거나, 누가 자기도 모르게 가까이 스치고 지나간 탓이라고 해석했을 것이다.

세대가 바뀌면서 해석도 달라진 이유가 무엇일까? 지금은 다양한 움찔거림을 설명할 수 있는 최적의 도구가 바로 휴대전화이기 때문이다.

뇌에서 일어나는 일을 이해하기 위해, 구릉지대의 풍경을 상상해보자. 빗방울이 최종적으로 호수에 닿기 위해 반드시 호수 수면에 직접 떨어져야 하는 것은 아니다. 호수를 에워싼 산들의 능선 어딘가에 떨어지기만 하면 된다. 빗방울이 떨어진 곳이 북쪽 능선이든 남쪽 능선이든, 동쪽 비탈이든 서쪽 비탈이든, 빗방울은 결국 호수로 미끄러져 들어갈 것이다. 비슷한 맥락에서, 다리의 떨림이 반드시 휴대전화의 진동 때문이라고 볼 수는 없다. 입고 있는 청바지가 살짝 움직인 탓일 수도 있고, 허벅지 근육이 움찔한 탓일 수도 있고, 가려움증 때문일 수도 있고, 그 부위가 소파를 살짝 스친 탓일 수도 있다. 하지만 감각이 비슷하기만 하다면, 빗방울이 산비탈을 흘러내리듯이 뇌의 해석도 하나의 결론을 향해 미끄러진다. '중요한 연락이 온 것 같으니까 당장 확인해야 해.' 우리 세상에서 중요한 것들이 풍경을 만든다.

우리가 언어의 소리를 해석하는 방식을 생각해보자. 사람이 모국어의 소리를 이해하는 것은 자연스럽게 보이지만, 다양한 외국어의 소리는 서로 구분할 수 없을 만큼 비슷하게 들린다. 이유가 무엇일까? 알고 보니, 그 언어들을 사용하는 사람들의 뇌에 다른 점이 있었다.

하지만 그들과 우리의 뇌가 태어날 때부터 다른 것은 아니었다.

인간이 입으로 만들 수 있는 모든 소리를 늘어놓으면 비교적 매끄러운 연속선이 만들어진다. 그런데도 우리는 말하는 사람이 아버지든, 베이비시터든, 선생님이든 어느 특정한 소리가 항상 똑같은 것을 가리킨다는 사실을 경험으로 터득한다. 예를 들어 e를 길게 늘여서 발음하든 짧게 발음하든 뇌는 그 소리가 모두 e의 범주에 속한다는 것을 저절로 알아낸다는 뜻이다. 텍사스에서 온 친구의 사투리와 오스트리아에서 온 친구의 말씨도 같은 방식으로 해석된다. 우리는 두 친구의 발음이 달라도 모두 같은 소리를 의미한다는 사실을 경험으로 알고 있기 때문에, 신경망은 그들의 모든 발음이 똑같은 해석을 향해 능선을 타고 굴러내리는 풍경을 만들어낸다.

서로 이웃한 여러 계곡에서 우리는 A, I, O 등에 해당하는 소리를 모은다. 이렇게 세월이 흐르다 보면 우리 신경망이 그려내는 풍경은 다른 언어를 모국어로 사용하는 사람의 풍경과 다른 모습이 된다. 그들은 소리의 연속선을 우리와 다른 방식으로 구분하기 때문이다.

일본에서 태어난 아기(이름을 하야토라고 하자)와 미국에서 태어난 아기(윌리엄)를 예로 들어보자. 두 아기의 뇌에는 아직 다른 점이 전혀 없다. 하지만 오사카에서 태어난 하야토의 주변에는 처음부터 온통 일본어 소리뿐이다. 팔로알토에서 태어난 윌리엄의 주위에서는 영어가 들려온다. 두 아기가 서로 다르게 듣게 될 소리를 하나 꼽아보면, R과 L이 있다. 영어에서 이 두 글자의 발음 차이에는 정보가 실려 있다(right와 light, raw와 law). 하지만 일본어에는 이런 차이가 존재하지 않는다. 그 결과 윌리엄의 내면 풍경에는 R과 L의 해석 사이에 커다란 산맥이 하나 들어서서 이 두 소리의 차이를 명확히 인식할 수 있게 해주는 반면, 하야토의 뇌에서는 해당 풍경이 계곡으로 발전해 R과 L이 모두 같은 해석으로 흘러 들어가기 때문에 이 두 소리를 구분할 수 없게 된다.[13]

처음 태어났을 때 두 아이의 뇌는 분명 이렇게 다르지 않았다. 만약 윌리엄의 어머니가 임신 중에 오사카로 이주하고 하야토의 어머니가 임신 중에 팔로알토로 이주했다면, 두 아이는 해당 지역의 언어를 유창하게 말하고 듣는 데 아무 어려움이 없었을 것이다. 유전적으로 타고난 인종과 상관없이, 두 아이의 주위 환경이 그들의 내면 풍경을 만들어냈다.

이 풍경은 상당히 일찍부터, 즉 하야토와 윌리엄이 말하는 법을 배우기 훨씬 전부터 만들어진다. 아기가 젖꼭지를 빨다가 갑자기 소리가 변했을 때 어떤 반응을 보이는지 관찰해보면 알 수 있다. 계속 R 소리를 내다가 갑자기 L로 바꿔보라. RRRRLLLL. 그러면 아기는 소리의 변화를 감지하고 젖꼭지를 더 빠르게 빨 것이다. 생후 6개월 때에는 하야토와 윌리엄이 모두 똑같은 반응을 보인다. 하지만 12개월이 되면 하야토는 이미 소리의 차이를 감지하지 못한다. R과 L 소리가 모두 같은 계곡으로 미끄러지기 때문에 하야토에게는 같은 소리로 들린다. 그의 뇌는 이 두 소리를 구분하는 능력을 잃어버렸다. 반면 윌리엄의 뇌는 부모가 수만 개의 영어 단어를 말하는 소리를 계속 들었기 때문에 두 소리의 차이에 의미가 있다는 사실을 터득했다. 하야토의 뇌는 그동안 R이나 L과는 다른 소리를 구분할 수 있게 되었으나, 이번에는 윌리엄의 뇌가 그 소리를 구분하지 못한다. 청각 시스템이 태어날 때는 보편적이지만, 각자 어머니 뱃속에서 얼굴을 내민 곳이 지구상 어디인가에 따라 해당 지역 언어 특유의 소리 차이를 가장 잘 알아들을 수 있게 곧 신경회로가 스스로 재편된다고 요약할 수 있다.

따라서 휴대전화가 진동하는 것 같은 느낌도 우리가 날 때부터 그렇게 감지하는 것이 아니다. 휴대전화의 진동이 워낙 현실과 깊이 관련되어 있어서, 우리가 비슷한 감각을 포괄적으로 그렇게 느끼도록 내면 풍경이 만들어지는 것이다. 하야토가 R과 L을 뭉뚱그려서 알아듣듯이, 우리는 움찔거림, 진동, 떨림을 모두 뭉뚱그려서 단 하나의 의미로 해석한다.

지금까지의 내용을 읽다보면, 반복적인 연습이나 노출이 뇌의 회로 형성에 열쇠가 된다고 생각하기 쉽다. 하지만 사실은 그보다 더 심오한 원칙이 작용하고 있다.

성공의 비결

전구를 가는 데 정신과 의사가 몇 명이나 필요한가?

한 명뿐. 하지만 전구가 스스로 바뀌기를 원해야 한다.

두 다리로 걸어다니는 개 페이스 이야기로 돌아가보자. 앞 장에서 나는 페이스의 뇌가 이례적인 신체 형태를 마법처럼 알아낸 듯이 묘사했다. 하지만 이제 숨은 보석을 찾기 위해 조금 더 깊이 파고들 때가 됐다. 페이스에게 특별한 점이 있었나? 다른 개도 같은 결과를 얻을 수 있었을까? 그럴 수 있다면, 왜 모든 개가 두 발로 걷지 않는가?

페이스의 뇌에서 수정된 신체 지도는 모두 녀석의 생활과 관련된 것이었다. 페이스의 뇌는 녀석이 달성하고자 하는 목표에 의해 형성되었다. 우선 페이스는 먹이를 구할 방법이 필요했다. 다리가 네 개인 형제자매들과 같은 방법을 사용할 수도 없고, 택배 배달을 주문할 수도 없었다. 새로운 해결책을 생각해내야 했다. 페이스의 뇌는 다양한 전략을 시도하다가, 마침내 효과적인 방법을 찾아냈다. 두 다리로 균형을 잡고 한 발, 한 발 위태롭게 앞으로 나아가는 것. 이런 방식으로 페이스는 필요한 것을 손에 넣을 수 있었으며, 얼마쯤 시간이 흐른 뒤에는 이 방식에 상당히 능숙해졌다. 만약 이런 해답을 찾아내지 못했다면, 페이스는 굶어 죽었을 것이다. 하지만 생존을 향한 욕구 덕분에 뇌의 유연한 회로들이 다양한 가설을 시도해 해결책을 찾아냈고, 페이스는 먹이와 잠잘 곳 그리고 자신을 아끼며 보살펴주는 손길을 얻을 수 있었다.

뇌가 변화하는 시기와 방식에서 뇌의 목표는 결정적인 역할을 한다. 폴가르 자매들, 이츠하크 펄먼, 블라디미르 아시케나지가 전문적인 능력을 얻는 데 결정적인 역할을 한 것은 그런 능력을 얻고 말겠다는 '욕망'이었다. 세리나 윌리엄스와 비너스 윌리엄스에게 아무짝에도 쓸모없는 형제 프레드가 있고, 부모가 프레드의 손에 테니스라켓을 쥐여주며 오랫동안 연습을 강요했다고 잠시 상상해보자. 알고 보니 프레드는 테니스를 몹시 싫어한다. 학교 친구들에게서 테니스 실력에 대해 좋은 말을 들은 적도 없고, 경기에서 우승한 적도 없고, 어른들이 칭찬을 마구 쏟아주지도 않았다. 그럼 그의 오랜 연습은 어떤 결과를 낳을까? 아무 결과도 낳지 않는다. 프레드의 뇌에서는 재편의 흔적이 거의 나타나지 않을 것이다. 몸이 동작을 흉내 내더라도, 내적인 유인이 그것과 맞지 않기 때문이다.

이것은 실험실에서 쉽게 증명할 수 있다. 누군가가 내 발을 두드려 모스부호를 전달하고, 그 사람과 완전히 분리된 누군가는 일련의 소리를 들려주는 실험을 한다고 상상해보자. 내가 모스부호를 해석해서 상금을 받을 수 있다면, 해당 부위의 촉각을 담당하는 뇌 영역(체성감각피질의 일부)의 해상도가 높아질 것이다. 그러나 청각을 담당하는 영역(청각 피질)은 소리라는 자극을 수신하고 있는데도 전혀 변하지 않을 것이다. 이번에는 반대의 실험을 상상해보자. 여러 소리 사이의 미세한 차이를 묻는 질문에 대답하면 상금을 받고, 모스부호에는 신경을 써도 아무런 보상이 없다. 그러면 청각 피질이 변하고, 체성감각피질은 변하지 않을 것이다.[14] 두 경우 모두 세상에서 입력되는 정보는 똑같지만, 어느 쪽이 변할지는 보상에 달려 있다.

프레드 윌리엄스가 코트에서 좀처럼 실력이 나아지지 않는 이유가 바로 이것이다. 테니스에서 아무런 보상을 얻지 못한다는 것. 우리 뇌와 마찬가지로 프레드의 뇌에서도 긍정적인 피드백에 따라 피질 영역의 지도가 달라진다.

이런 지식은 뇌손상에서 회복할 수 있는 새로운 길을 열어준다. 한 친구가 뇌중풍 발작을 겪어 운동피질 일부가 손상되는 바람에 한쪽 팔이 대부분 마비되었다고 상상해보자. 친구는 약해진 팔을 사용하려고 수없이 시도한 끝에 좌절감에 빠져 건강한 팔만으로 일상생활을 하게 된다. 그렇게 해서 약해진 팔은 점점 더 약해지는 것이 일반적인 시나리오다.

그러나 생후배선의 교훈은 제약 요법이라는 엉뚱한 해결책을 내놓는다. 멀쩡한 팔을 묶어 사용할 수 없게 만드는 치료법이다. 그러면 환자는 약해진 팔을 쓸 수밖에 없다. 이 간단한 방법이 손상된 피질을 다시 훈련시킨다. 욕망 및 보상과 관련된 신경 메커니즘을 영리하게 이용하는 방법이다. 환자는 샌드위치를 들어 입으로 가져오고, 잠긴 출

입문을 열쇠로 열고, 휴대전화를 귀에 대는 등 남의 도움 없이 인간적인 품위를 유지하며 생활하는 데 필요한 모든 행동을 할 필요가 있다. 제약 요법을 처음 시행할 때는 갑갑하고 절망스럽지만, 최고의 방법임이 증명되었다. 뇌에 새로운 전략들을 시도해보라고 강요하고, 그러다 효과 있는 방법이 발견되면 보상이 따른다.

신체 지도가 바뀐 실버스프링의 원숭이들을 기억하는가? 사실 제약 요법 아이디어는 이 연구에서 나왔다. 원숭이 각자의 팔 신경이 손상된 상태에서, 연구자인 에드워드 토브는 원숭이들이 손상된 팔을 사용하지 않게 된 것은 순전히 건강한 팔이 과제를 더 잘 수행하기 때문인지 궁금해졌다. 토브는 이 생각을 시험해보기 위해, 건강한 팔을 전혀 사용할 수 없게 묶었다. 원숭이에게는 곤란한 상황이었다. 한 팔은 신경이 끊어졌고, 나머지 팔은 묶인 상태였으니까. 먹이를 먹으려면 방법은 하나뿐이었다. 손상된 팔을 지금부터라도 다시 사용하는 것. 그래서 원숭이는 그렇게 했다. 원숭이의 병을 치료하는 방법이 상황을 악화시키는 것이라니 역설적으로 보이겠지만, 바로 이것이 해결책이었다.[15]

이제 페이스에게 다시 돌아가자. 모든 개가 뒷다리로 걸을 수 있는가? 물론이다. 하지만 대부분의 개는 그 방법을 시도할 이유도 동기도 없다. 그 방법에 통달해야 할 이유도 없다. 그래서 페이스가 유명해진 것이다. 두 다리로 걸을 수 있는 유일한 개라서가 아니라, 실제로 그 일을 해낸 유일한 개라서. 반향정위를 사용하는 시각장애인의 사례도 비슷하다. 시력에 아무런 이상이 없는 사람들도 반향정위를 배울 수 있는 것으로 드러났다.[16] 그러나 앞을 볼 수 있는 사람들은 대부분 피질 영역 재편에 시간을 쏟을 동기가 충분하지 않다.

보상은 뇌의 재편에 강력한 영향을 발휘하지만, 다행히 우리 뇌가 재편될 때마다 쿠키나 상금이 필요한 것은 아니다. 대개는 우리가 달성하려는 목표에 따라 변화가 이루어진다. 북극에서 얼음낚시 하는 법과 다양한 종류의 눈을 구분하는 법을 배워야 할 때, 뇌에 그 정보가 기록될 것이다. 적도에서 피해야 하는 뱀과 먹을 수 있는 버섯을 구분하는 법을 배워야 할 때는 뇌가 이 상황에 맞춰 자원을 할애할 것이다. 뇌는 이처럼 중요성을 북극성으로 삼아 중요하고 세세한 정보를 유연하게 받아들인다. 수백억 개의 뉴런은 우리 주위의 세상을 그려내는 거대한 캔버스 역할을 하며, 그 덕분에 우리는 농구, 연기演技, 배드민턴, 그리스 고전 읽기, 절벽 점프, 비디오게임, 라인댄스, 포도주 만들기 등 자신에게 필요한 기술을 발전시킨다. 우리의 큰 목표와 대략 일치하는 임무가 나타나면, 뇌의 회로에도 그 점이 반영된다.

정부가 끊임없이 스스로를 설계하는 것과 비교해보자. 미국 정부는 2001년 9월 11일의 공격이 있은 뒤 구조를 수정했다. 국토안보부를 신설해서, 이미 존재하던 22개 기관을 흡수해 구조조정을 실시한 것이다. 냉전이 차츰 끓어오르던 1947년에도 중앙정보국이 신설되는 커다란 변화가 있었다.[17] 정부는 나라의 목표와 바깥세상의 사건들을 반영해서 수도 없이 섬세하게 변화한다. 정책의 우선순위에 따라 예산이 부풀거나 줄어든다. 외부의 위협이 다가오면 군대의 금고가 커지고, 평화가 오면 사회 정책이 힘을 얻는다. 뇌와 마찬가지로, 나라도 변화하는 상황에 맞춰 자원의 배분을 바꾸고 조직도를 다시 그린다.

영역 변화 허락

뭔가 중요한 일이 일어나서 회로를 바꿔야 한다는 사실을 뇌는 어떻게 알아차릴까?

우선 세상에서 일어난 사건들이 서로 연결되어 있을 때 가소성을 발동시키는 전략을 꼽을 수 있다. 다시 말해서, 소의 모습과 음매 하는 소리처럼 동시에 발생하는 일들만 뇌에 새기는 방법이다. 그러면 서로 관련된 사건들이 뇌 조직 속에서 하나로 묶인다. 여기서는 느린 변화가 중요하다. 때로 사건들이 잘못 연결될 수 있기 때문이다. 예를 들어, 눈에는 소가 보이는데 귀에는 개 짖는 소리가 들릴 수 있다. 뇌가 이처럼 우연히 동시에 발생한 사건을 모두 영구히 저장하는 것은 현명하지 못한 일이므로, 한 번에 조금씩 느릿느릿 변하는 것이 해결책이다. 그러면 자주 동시에 발생하는 일들만 뇌에 새길 수 있다. 진짜 짝은 몇 번이고 거듭해서 함께 발생하는 법이다.

이처럼 느리고 꾸준한 변화가 지혜로운 방법이긴 해도, 평균치를 뽑아내는 것만이 전부는 아니다. 뜨거운 난로에 한 번 손을 대보고는 두 번 다시 손대지 않는 것처럼 단번에 학습하는 경우도 있다. 응급 메커니즘은 생명이나 신체 일부에 위협이 되는 일을 영원히 구속하기 위해 존재한다. 하지만 이것이 전부가 아니다. 어렸을 때 이모에게서 새로운 단어를 배우던 것을 돌이켜보자("이건 석류라고 하는 거야"). 응급 상황에서는 이 단어를 배울 필요가 없다. 이모가 석류라는 단어를 100번쯤 가르쳐줄 필요도 없다. 이모가 한 번만 차분하게 말해주면 우리는 알아듣는다. 왜냐고? 우리는 이모를 사랑했고, 새로운 단어를 배워 그 과일을 달라고 요구할 수 있게 됨으로써 사회적인 이득을 보았다. 이것은 위협이 아니라 중요성 때문에 단번에 학습이 이뤄진 사례다.

뇌는 신경조절물질을 방출하는 광범위한 시스템을 통해 이런 중요성을 표현한다.[18] 이 화학물질들은 대단히 한정적으로 방출되기 때문에, 특정한 때에 특정한 위치에서만 변화가 일어난다.[19] 특히 중요한 화학적 메신저가 아세틸콜린이다. 이 물질을 방출하는 뉴런은 보상과 처벌의 영향을 모두 받는다. 동물이 어떤 과제를 학습하느라 변화가 필요할 때 이 뉴런들이 활성화되지만, 일단 학습이 잘 끝난 뒤에는 활

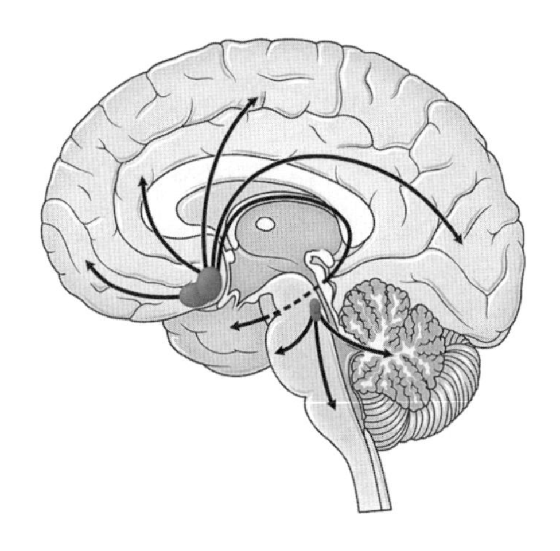

아세틸콜린은 광범위하게 영향을 미치지만, 아주 특정한 지점에서만 방출되는 경향이 있다.
그 덕분에 일부 영역에서만 회로 재편이 이루어진다.

성화되지 않는다.[20]

아세틸콜린은 자신이 가 닿은 뇌의 영역을 향해 변화하라고 말하지만, 변화하는 '방법'까지 일러주지는 않는다. 다시 말해서, 콜린성 뉴런(아세틸콜린을 뱉어내는 뉴런)이 활성화되면, 그들이 겨냥한 영역의 가소성이 증가할 뿐이다. 그들이 비활성화되면, 가소성은 거의 또는 전부 사라진다.[21]

사례를 하나 들어보자. 내가 여러분을 위해 피아노로 F# 음을 연주한다고 치자. 이 음을 들은 여러분의 청각 피질이 활동을 시작하지만, 이 음에 할애된 피질 영역의 넓이가 바뀌지는 않는다. 이유가 뭘까? 이 음이 여러분에게 특별한 의미를 지니지 않기 때문이다. 그럼 이번에는 내가 이 음을 연주할 때마다 여러분에게 따뜻한 초콜릿 칩 쿠키를 하나 준다고 가정해보자. 이 경우에는 이 음에 의미가 생기고, 이 음에 할애된 피질 영역이 넓어진다. 뇌가 이 음에 해당하는 주파수에 더 많은 영역을 할애하는 것은, 보상이 존재한다는 사실을 바탕으로 틀림없이 이 음이 중요하다는 판단을 내렸기 때문이다.

이번에는 내게 남은 쿠키가 없다고 가정해보자. 나는 여러분에게 쿠키를 주는 대신, F#을 연주하는 순간 여러분의 머리에서 아세틸콜린을 방출하는 뉴런을 자극한다. 그러면 쿠키를 줄 때와 정확히 똑같이 그 음을 담당하는 피질 영역이 넓어진다.[22] 뇌가 그 주파수에 더 많은 영역을 할당하는 것은, 아세틸콜린이 존재한다는 사실을 바탕으로 그 소리가 틀림없이 중요하다는 판단을 내렸기 때문이다.

아세틸콜린은 뇌 전체에 널리 영향을 미쳐, 모든 종류의 관련 자극에 따른 변화를 일으킬 수 있다. 자극이 악기로 연주되는 음이든, 질감이든, 칭찬의 말이든 상관없이. 아세틸콜린은 '이건 중요한 거니까 잘 감지해야 돼'라고 말하는 보편적인 메커니즘이다.[23] 그래서 해당 영역을 넓혀 중요성을 표시한다.

피질 영역의 변화는 실력에 반영된다. 이것이 처음 증명된 것은 쥐를 대상으로 한 연구를 통해서였다. 쥐를 두 무리로 나눠 놓고 좁은 틈을 통해 둥글게 뭉친 설탕을 잡는 어려운 임무를 훈련시키는 연구였다. 한 무리의 쥐들은 약물로 아세틸콜린의 방출을 막아놓은 상태였다. 정상적인 쥐들은 2주 동안 연습한 결과 속도와 재주가 향상되었으며, 뇌에서 앞발의 움직임을 담당하는 영역도 그에 맞춰 크게 확장되었다. 그러나 아세틸콜린이 방출되지 않은 쥐들의 피질 영역은 넓어지지 않았고, 설탕을 잡는 정확도도 향상되지 않았다.[24] 단순히 반복적인 행동만으로는 임무를 수행하는 실력이 향상되지 않는다는 뜻이다. 중요성이 뇌에 새겨지려면 신경조절물질의 작용도 필요하다. 아세틸콜린이 없으면 1만 시간의 연습은 시간 낭비일 뿐이다.

앞에서 예로 들었던 프레드 윌리엄스를 다시 불러보자. 그는 세리나 윌리엄스, 비너스 윌리엄스와 달리 테니스를 몹시 싫어한다. 그가 두 누이와 똑같은 시간을 연습에 할애했는데도 그의 뇌가 변하지 않은 이유는 무엇일까? 그의 신경조절물질이 활동하지 않았다는 것이 답이다. 백핸드를 몇 번이나 연습할 때의 그는 아세틸콜린 없이 설탕을 잡으려고 애쓰던 쥐와 같은 상태다.

콜린성 뉴런은 뇌 전역에 널리 영향을 미친다. 그런데도 이 뉴런들이 서로 수다를 떨기 시작할 때 그들이 닿는 모든 곳에서 가소성에 불이 켜져 광범위한 변화가 일어나지 않는 이유는 무엇일까? 아세틸콜린의 방출(과 효과)이 다른 신경조절물질의 조절을 받는다는 것이 답이다. 아세틸콜린이 가소성을 작동시킨다면, 다른 신경전달물질(예를 들어 도파민)은 변화의 방향에 관여한다. 어떤 요소가 처벌인지 보상인지를 뇌에 기록한다는 뜻이다. 전 세계의 과학자들은 신경조절 시스템의 복잡한 안무를 해석하는 데 지금도 노력을 쏟고 있다. 하지만 이 화학적 메신저들이 힘을 합해 일부 지역의 재편만 허용하고 나머지 지역은 잠가둔다는 사실은 이미 알려져 있다.

런던의 택시 기사들은 런던 시내의 지도를 통째로 외워야 하는 것으로 유명하다. 그들은 몇 달에 걸쳐 지도를 외우는데, 그 결과 그들의 뇌 구조가 물리적으로 변한다는 사실을 앞에서 이미 언급했다. 택시 기사들이 이런 엄청난 일을 해낼 수 있는 것은 지도가 그들에게 중요하기 때문이다. 택시 운전은 그들이 원하는 일이고, 담보대출을 갚을 돈이나 아이들의 학비, 다가오는 결혼식 비용이나 이혼 비용을 벌 수 있게 해준다.

하지만 택시 기사들을 대상으로 한 연구가 2000년에 처음 발표된 뒤 지도를 통째로 외우는 것이 예전만큼 중요하지 않게 되었다는 점이 흥미롭다. 지금은 구글에 저장된 런던 시내 지도, 아니 전 세계에 뻗어 있는 모든 도로의 지도를 쉽게 이용할 수 있다.

그런데 현재의 AI 알고리즘은 중요성에 신경 쓰지 않고, 무엇이든 지시가 떨어지는 대로 전부 암기한다. 이것은 AI의 유용한 점인 동시에, AI가 인간과 딱히 비슷하게 보이지 않는 이유다. AI는 어떤 문제가 흥미로운지 또는 중요한지 전혀 관심이 없다. 그냥 우리가 입력하는 정보를 모두 외우기만 한다. 10억 장의 사진에서 말과 얼룩말을 구분하는 일이든 지구상의 모든 공항에서 출발하는 항공기의 비행 데이터를 추적하는 작업이든 AI에게는 통계적인 의미 이외에 중요한 의미를 전혀 지니지 못한다. 현재의 AI는 자신이 미켈란젤로의 특정한 조각 작품에 저항할 수 없는 매력을 느끼는지, 쓴맛이 나는 차가 몹시 싫은지, 다산의 징조들을 보면 성적으로 흥분하는지 혼자 힘으로 결코 판단하지 못한다. AI는 1만 나노초 동안 1만 시간 분량의 집중적인 연습을 해낼 수 있지만, 정보를 구성하는 0과 1 중에 특별히 어떤 0이나 1에 호감을 느끼지는 않는다. 따라서 AI는 놀라운 일들을 해내면서도, 인간과 조금이라도 비슷해지는 재주는 부리지 못한다.

디지털 원주민의 뇌

뇌의 가소성 및 중요성과의 관계가 아이들을 가르치는 일에 어떤 의미가 있을까? 전통적인 수업은 교사가 지루하고 단조로운 목소리로 계속 이야기를 하는 방식이다. 슬라이드를 띄워놓고 그 자료를 읽을 때도 있다. 뇌의 변화를 위한 최적의 방법은 아니다. 학생들이 수업에 흥미가 없으니 가소성이 거의 또는 전혀 발동하지 않아서, 교사가 전달하는 정보가 뇌에 새겨지지 않는다.

우리 세대가 처음으로 이런 사실을 알아차린 것은 아니다. 고대 그리스인들도 이 사실을 알아차렸다. 현대의 신경과학 연구에 사용되는 도구는 없어도 예리한 눈을 지닌 그들은 학습의 레벨을 다양하게 구분했다. 최고의 학습이 이루어지는 최고 레벨은 학생이 흥미와 호기심을 느끼며 주의를 기울일 때 도달할 수 있다. 현대식 렌즈를 통해 다시 설명한다면, 신경회로의 변화에 신경전달물질의 특정한 조합이 필요하며 그 조합은 학생의 흥미, 호기심, 주의와 상관관계가 있다고 말할 수 있다.

여러 전통적인 학습 방법에는 호기심을 불러일으키는 요령이 포함되어 있다. 예를 들어, 유대교 학자들은 둘씩 짝을 지어 서로에게 흥미로운 질문을 던지는 방식으로 탈무드를 공부한다.(저자가 이 단어를 굳이 사용한 이유가 무엇인가? 이 두 권위자의 설명이 왜 서로 다른가?) 모든 것이 질문의 형태로 던져지기 때문에, 파트너는 단순 암기를 하는 대신 적극적으로 참여할 수밖에 없다. 이것은 아주 오래된 학습법이지만, 나는 최근 미생물학에 대한 '탈무드식 질문'을 던지는 웹사이트를 우연히 발견했다. "박테리아의 생존을 확보하는 데 포자가 대단히 효과적이라는 점을 감안할 때, 왜 모든 종의 생물이 포자를 만들지 않는가?" "생물의 도메인이 세 가지(세균류, 고세균류, 진핵생물류)밖에 없는 것이 확실한가?" "효소적으로 만들어진 펩타이드는 왜 한데 늘어서서 상당한 크기의 단백질이 되지 못하는 것처럼 보이는가?" 이런 질문이 수백 개나 게시되어 있는 이 웹사이트는 사람들에게 간단히 답을 알려주지 않고 적극적인 참여를 유도하고 있다. 더 보편적으로 이야기를 넓히면, 스터디 그룹이 항상 공부에 도움이 되는 이유도 마찬가지다. 미적분에서 역사 공부에 이르기까지 스터디 그룹은 뇌의 사회적 메커니즘을 활성화해서 참여 욕구를 자극한다.

1980년대에 작가 아이작 아시모프는 텔레비전 기자인 빌 모이어스와 인터뷰를 했다. 여기서 아시모프는 전통적인 교육 시스템의 한계를 명확히 지적했다.

> 오늘날 사람들은 학습이라는 것을 강요당합니다. 모두 같은 날 같은 수업 시간에 같은 속도로 같은 것을 배워야 한다고 강요당하죠. 하지만 사람은 모두 다릅니다. 어떤 학생에게는 수업 속도가 너무 빠르고, 어떤 학생에게는 너무 느리고, 어떤 학생에게는 수업의 방향이 맞지 않습니다.[25]

아시모프는 수업의 개인화라는 비전을 갖고 있었다. 비록 상세한 부분까지 보지는 못했어도, 그는 눈을 가늘게 뜨고 미래를 바라보며 인터넷의 등장을 예측했다.

> 모두에게 기회를 주는 겁니다…… 처음부터 자신이 좋아하는 것을 따라갈 수 있는 기회, 무엇이 됐든 관심이 있는 주제에 대한 자료를 자기만의 속도로 집에서 찾아볼 수 있는 기회…… 그러면 모두 학습을 즐기게 될 겁니다.

빌 게이츠와 멀린다 게이츠 같은 자선사업가들은 바로 이렇게 흥미를 유발하는 방식을 통해 적응형 학습을 구축할 계획이다. 학생들 각자의 지식수준을 신속히 파악해서 이 다음에 정확히 무엇을 학습해야 하는지 알려주는 소프트웨어를 이용하면 된다는 것이다. 학생과 교사가 일대일 수업을 할 때처럼, 이 방법은 각각의 학생이 자신에게 적합한 속도로 학습할 수 있게 해주며, 각자 수준에 딱 맞고 개인의 흥미를 사로잡을 만한 자료를 내놓는다.

아시모프, 게이츠 등 수많은 사람과 마찬가지로, 나 역시 교육이라는 주제에 대해서는 사이버 낙관론자다. 미리 정해진 계획도 없이 위키피디아라는 두더지 구멍 속으로 무작정 파고 내려가는 것이 어쩌면 거의 최적의 학습법으로 입증될지 모른다. 인터넷 덕분에 학생들은 머리에 의문이 떠오르는 순간 그 호기심의 맥락에 맞는 답을 찾아볼 수 있다. '혹시나' 정보(혹시 필요해질 경우에 대비해서 여러 사실을 학습하는 것)와 '딱 맞는' 정보(답을 원하는 순간에 정보를 받는 것)의 차이는 강력하다. 일반적으로 말해서, 신경조절물질의 조합이 제대로 작동하는 것은 후자의 경우뿐이다. 중국에 이런 말이 있다. "현자와 보내는 한 시간은 1000권의 책보다 귀하다." 인터넷의 이점을 고대식으로 표현한 말이라고 해도 될 것이다. 학습하는 사람이 (답을 원하는 질문을 현자에게 정확히 묻는 방식으로) 학습의 방향을 적극적으로 정할 수 있을 때 중요성과 보상을 알리는 신경조절물질 분자들이 뇌에 모습을 드러낸다. 그리고 그 덕분에 뇌의 재편이 이루어진다. 적극적이지 않은 학생에게 지식을 던져주는 것은 돌담에 흠집을 내려고 자갈을 던지는 것과 같다. 프레드 윌리엄스에게 테니스를 가르치는 것과 같다.

이런 맥락에서 교육의 게임화는 엄청난 기회를 제공해준다. 적응형 소프트웨어는 힘들지만 그래도 계속 애쓰면 정답을 찾아낼 수 있는 정도로 학습의 수준을 유지한다. 학생이 답을 찾아내지 못하면, 소프트웨어가 던지는 질문의 수준은 그대로 유지된다. 그러다 학생이 답을 찾아내면 한층 더 어려운 질문이 제시된다. 그렇다고 교사의 역할이 없는 것은 아니다. 기초적인 개념을 가르치고 학습의 길잡이가 되는 것이 교사의 일이다. 하지만 뇌가 변화에 적응해서 회로를 재편한다는 점을 감안할 때, 근본적으로는 신경과학이 적용된 교실에서 학생들이 각자의 열정을 좇아 인류의 방대한 지식을 탐구할 수 있을 것이다.

———

따라서 교육의 미래는 밝아 보이지만, 한 가지 의문이 남는다. 뇌의 신경회로가 경험으로 만들어진다는 점을 감안할 때, 모니터 화면만 보며 자라는 것이 신경계에 어떤 결과를 낳을까? 디지털 원주민의 뇌는 그 이전 세대의 뇌와 다를까?

이 점에 대한 신경과학 연구가 생각만큼 많지 않다는 사실에 놀라는 사람이 많다. 우리 사회는 디지털 시대의 뇌와 아날로그 시대의 뇌가 어떻게 다른지 알고 싶지 않은 건가?

아니, 알고 싶다. 그런데도 연구가 별로 이루어지지 않은 것은 의미 있는 연구를 하기가 너무나 어렵기 때문이다. 디지털 원주민의 뇌와 비교할 좋은 통제집단이 없는 것이 문제다. 열여덟 살 청소년 중에서 인터넷을 모르고 자란 집단을 찾는 일은 쉽지 않다. 펜실베이니아주 아미시(문명사회에서 벗어나 대략 18세기의 환경을 유지하며 살아가는 기독교 일파—옮긴이) 사회의 10대들을 대상으로 시도해볼 수도 있겠지만, 그들은 종교, 문화, 교육 등에 대한 신념을 비롯해 일반 청소년과 다른 점을 수십 가지나 갖고 있다. 그러면 같은 연령대에서 인터넷을 접하지 못한 사람을 또 어디서 찾을 수 있을까? 중국의 시골이나 중앙아메리카의 마을, 북아프리카의 사막에 사는 가난한 아이들이 혹시 어떨지 모르겠다. 하지만 이들 역시 가난, 교육, 주로 먹는 음식 등 디지털 원주민 아이들과 다른 점이 많다. 혹시 2000년대에 태어난 청소년들과 그 이전 세대를 비교해볼 수 있을까? 어렸을 때 인터넷을 접하지 못했지만 대신 길에서 동네 아이들과 막대기 하나로 야구를 하고 〈유쾌한 브래디 일가〉(1969~1974년에 방영된 미국 드라마—옮긴이)를 보며 트윙키(간식용 케이크의 상표명—옮긴이)를 입에 쑤셔 넣던 부모 세대와의 비교는 어떨까? 하지만 여기에도 문제가 있다. 두 세대 사이에 정치, 영양 상태, 공해, 문화적 혁신 등 헤아릴 수 없이 많은 차이점이 있어서 뇌의 차이가 어디에서 기인한 것인지 결코 확실히 알 수 없다.

따라서 잘 통제된 실험을 통해 인터넷과 함께 보낸 성장기의 영향을 밝혀내는 것은 풀기 힘든 난제 중 하나다. 그래도 내가 왜 낙관적인 전망을 갖고 있는지 그 뿌리를 여기서 밝힐 수는 있다. 주머니 안에 들어 있는 직사각형 물건에 인류의 지식 전체를 넣어두고 항상 즉시 원하는 정보를 찾아볼 수 있게 된 것은 역사상 처음 있는 일이다. 어떤 독자들은 도서관에서 《브리태니커 백과사전》 중, 예를 들어 H로 시작하는 항목이 들어 있는 책을 꺼내 책장을 넘기며 원하는 정보를 찾던 시절을 기억할 것이다. 그 사전에 들어 있는 설명글들은 대개 10년이나 20년 전에 작성된 것이었다. 우리는 거기서 정보를 충분히 찾기를 바라는 수밖에 없었다. 그렇지 않으면 색인함에서 카드를 넘기며 이

도서관에 다른 자료가 있기를 기도해야 했다. 그러다 보면 저녁 식사 시간이 다 돼서 부모님이 우리를 데리고 집으로 돌아갔다.

그런데 놀라울 정도로 짧은 기간 안에 이 모든 것이 변했다. 그 결과 저녁 식탁에서 벌어지는 토론 양상도 변했다. 예전에는 가장 목소리가 크거나 말솜씨가 좋은 사람이 토론의 승자가 되었지만, 지금은 휴대전화를 가장 빨리 척 꺼내서 구글 검색을 할 수 있는 사람이 이긴다. 요즘의 토론은 문제를 차례로 해결하면서 신속하게 앞으로 나아간다. 혼자 있을 때도 위키피디아를 찾아보며 끊임없이 학습할 수 있다. 위키피디아에서는 링크가 폭포처럼 계속 이어지기 때문에, 링크를 따라 여섯 번쯤 점프하고 나면 우리가 모른다는 사실조차 몰랐던 사실들을 학습하게 된다.

이런 환경의 이점은 간단하다. 우리 뇌가 새로 생각해내는 모든 아이디어가 전에 학습했던 정보의 혼합인데, 요즘 우리는 그 어느 때보다 많은 새로운 정보를 받아들이고 있다는 것.[26] 요즘 아이들은 사상 유례가 없는 풍요를 누리며 살고, 우리 지식은 폭발적으로 늘었으며, 그 과정에서 우리 앞에 더 많은 문이 생겨났다. 젊은이들은 완전히 다른 영역에서 얻은 지식을 결합해 이전 시대에는 상상도 못하던 아이디어를 만들어낼 수 있다. 인류의 학식이 기하급수적으로 늘어나는 이유 중 하나가 이것이다. 통신의 속도도 그 어느 때보다 빨라서 많은 지식의 결합이 이루어진다. 인터넷이 사회적·정치적으로 어떤 영향을 미칠지 지금 완전히 파악할 수는 없다. 하지만 신경과학의 관점에서 볼 때, 훨씬 더 풍요로운 교육의 새로운 단계가 개방되기 직전인 것 같다.

앞서 우리는 신체 형태의 변화에서 유래하는 뇌의 변화를 감각기관이나 팔다리 위주로 살펴보았다. 이번 장에서는 훈련된 동작이나 감각기관을 통한 보상에서 유래한 변화에 주의를 돌렸다. 이 모든 시나리오를 하나로 묶어주는 큰 원칙은 '중요성'이다. 우리 뇌는 우리가 시간을 쏟는 일이 보상이나 목표와 관련되어 있기만 하다면, 그 일에 맞춰 스스로를 조정한다. 시력을 잃으면 다른 감각을 확장하는 일이 더 중요해지고, 이것이 근본적인 원인이 되어 시각 피질이 다른 감각에 점령되는 변화가 일어난다. 시각장애인이 점자를 손으로 자꾸만 더듬으면서도 그것을 배우겠다는 의욕이 없으면, 신경회로 재편은 일어나지 않는다. 변화에 알맞은 신경조절물질이 방출되지 않기 때문이다. 비슷한 맥락에서, 몸에 새로운 원격 팔을 하나 추가하는 것이 우리에게 중요한 일이라면, 몸은 그 팔의 조종법을 학습할 것이다. 페이스가 독특한 자신의 신체를 완전히 정복한 것과 같다.

중요성에 따른 조정이라는 원칙을 바탕으로 우리는 동물들이 끊임없이 상처를 입으면서도 계속 나아가 목표에 도달하는 데 필요한 뇌의 변화를 일으키는 이유를 이해할 수 있다. 이 원칙을 이용해서, 축이 부러지거나 머더보드의 일부가 타버리거나 나사가 하나 빠지더라도 계속 작동하는 새로운 로봇을 만드는 법을 나중에 살펴보겠다.

하지만 그 전에 약의 금단증상과 실연 사이의 공통점이 무엇인지, 놀라움이라는 요소가 뇌의 연금술에 왜 중요한지를 이해할 필요가 있다.

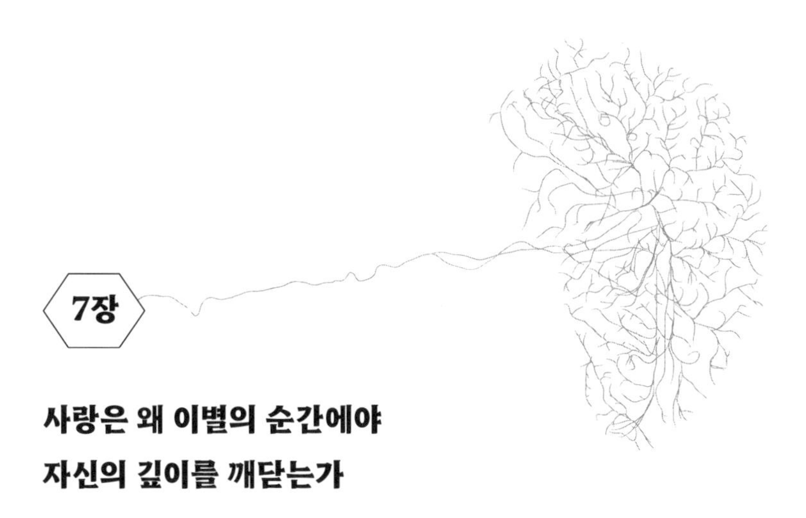

사랑은 왜 이별의 순간에야 자신의 깊이를 깨닫는가

1980년대에 수만 명의 사람이 이상한 현상 하나를 차츰 알아차리기 시작했다. 흑백의 IBM 로고가 앞에 찍혀 있는 플로피디스크 봉투를 볼 때, 글자에 살짝 붉은색이 들어간 것처럼 보이는 현상이었다. 책을 읽을 때도 글자들이 살짝 빨갛게 보이는 현상이 발생했다. 이 일은 오로지 1980년대에만 일어났다. 그 전에도 그 이후에도 사람들이 불그스름한 기운을 인식한 적은 없었다. 그 기간 동안 뇌의 무엇이 변하고 있었을까? 이 질문의 답을 구하려면, 먼저 2400년 전으로 거슬러 올라가야 한다.

강에 빠진 말

착시 현상에 대한 최초의 기록은 언제나 관찰력이 뛰어난 아리스토텔레스가 남겼다. 그는 흐르는 강물에 말 한 마리가 빠진 것을 보고, 그 말을 구해내는 과정에서 눈을 떼지 못했다. 그러다 마침내 시선을 돌렸을 때 바위, 나무, 땅 등 세상의 모든 것이 강물과는 반대 방향으로 흐르는 것처럼 보였다.

아리스토텔레스가 그날 느낀 혼란과 기쁨을 직접 경험하는 가장 쉬운 방법은 폭포를 빤히 바라보는 것이다. 폭포에 한동안 시선을 고정하고 있다가 그 옆의 바위로 시선을 옮기면, 바위가 위로 올라가는 것처럼 보인다.

이런 환상은 운동잔상이라고 불리게 되었다. 왜 이런 현상이 생길까? 시각 피질에는 하강 운동을 볼 때 활성화하는 뉴런과 상승 운동을 볼 때 활성화하는 뉴런이 따로 있다. 이 둘은 항상 전투를 벌인다. 대부분의 경우 둘은 대등한 경쟁을 하며 서로를 억제한다. 그래서 우리는 위로 올라가지도 않고 아래로 내려가지도 않는 세상을 볼 수 있다.

이 점을 염두에 두고 운동잔상을 설명하는 가장 대중적인 말은 바로 '피로'다. 하강 운동을 빤히 바라보느라 그 운동을 담당하는 뉴런의 에너지가 상당 부분 소진되면, 뉴런은 일시적으로 활기를 잃는다. 따라서 상승 운동을 담당하는 뉴런이 전투에서 승기를 잡기 때문에 우리 눈에는 상승 운동만 보이게 된다.

피로 가설은 단순하다는 점에서 매력적이다. 하지만 옳은 가설이 아니다. 실제로 이 가설은 운동잔상의 아주 중요한 점 몇 가지를 설명하지 못한다. 우리가 한동안 폭포를 보다가 눈을 꾹 감는다고 상상해보자. 그러니까, 한 세 시간쯤. 그 뒤에 눈을 떠도 우리는 바위가 위로 기어 올라가는 광경을 보게 될 것이다. 그렇다면 뉴런의 에너지가 일시적으로 고갈된 탓은 아니라는 뜻이다. 그보다 더 깊은 원인이 있다.

이 현상은 수동적인 피로가 아니라 적극적인 재조정에서 기인한다. 시각이 지속적인 하강 운동에 노출된 채로 얼마쯤 시간이 흐르면, 우리 뇌는 이것이 새로운 기준이라고 생각하게 된다. 뇌가 하강 운동을 처음 인식했을 때는 그것이 극적인 정보였다. 하지만 한참 동안 폭포만 보고 있으면, 더 이상 새로운 정보가 들어오지 않는다. 뇌의 입장에서 보면, 위로 흐르는 것보다 아래로 흐르는 것이 더 많은 세상이 새로운 현실이 되는 것이다. 그래서 시각 시스템은 이 변화를 반영해서 기대치를 조심스레 조정한다. 상승 운동보다 하강 운동을 더 기대하게 된다는 뜻이다. 그때 우리가 폭포에서 시선을 돌려 그 옆의 절벽을 바라보면, 재조정된 기준이 분명히 모습을 드러낸다. 바위와 나무가 하늘을 향해 흐르는 것처럼 보인다는 뜻이다. 기준(즉, 정지 상태를 파악하는 기준)이 바뀌었기 때문이다.[1]

시스템은 변화를 잘 감지하기 위해서 항상 기준을 정해두고 싶어 한다. 방금 예로 든 상황에서, 폭포의 모습이 시야를 가득 채우면, 우리 뇌는 하강 운동을 제외하려고 한다. 아래를 향하는 흐름은 이제 새로운 정보를 주지 못하므로, 신경회로는 새로운 정보에 가장 민감해지게 스스로를 조정한다.

우리는 이런 식의 적극적인 재조정을 항상 겪는다. 소형 보트에서 내리고 나면 한동안 땅이 출렁거리는 것처럼 느껴진다. 아직 물 위에 있는 것 같은 느낌이 이어지는 것이다. 이것을 음성陰性 잔상이라고 한다. 물의 움직임의 '네거티브 이미지'라는 뜻이다.

달리기를 하는 사람도 이런 환상을 경험한다. 달리다 보면, 몸이 다리를 향해 달리라는 명령을 내리는 것과 그 결과로 시각 정보가 스치듯 흘러가는 것에 익숙해진다. 하지만 헬스클럽의 러닝머신에서 뛸 때는 시각 정보가 스치듯 흘러가지 않는다. 오히려 사람들은 달리는 동안 내내 바로 앞의 벽만 바라본다. 그러다 기계에서 내려오면 러닝머신 환상을 겪는다. 로커룸을 향해 한 발씩 걸을 때마다 주변 풍경이 실제보다 더 빠르게 흘러가는 것처럼 보이는 현상이다. 그래서 사람은 자신이 실제보다 더 빠르게 앞으로 나아가는 것처럼 느낀다.[2] 아리스토텔레스가 본 말이나 폭포를 보았을 때의 잔상, 또는 배에서 내린 뒤 땅이 출렁거리는 현상과 마찬가지로, 이 역시 뇌가 세상에 대한 기대치를 재조정하고 있기 때문에 생기는 일이다. 이 경우에는 다리를 움직이는 행위와 시야를 스쳐 지나가는 풍경의 흐름 사이의 관계가 재조정 대상이다.

또 다른 예로, 오른쪽의 흑백 선들을 보자. 별로 특별한 것은 없다. 그렇지 않은가?

자, 이제는 내 홈페이지(eagleman.com/livewired)에 접속해서 라이브와이어드 로고를 보자. 이 로고는 초록색 가로선과 빨간색 세로선으로 이루어져 있다. 빨간 선을 몇 초, 초록 선을 몇 초씩 번갈아가며 약 3분 동안 이 선을 본다.

그리고 나서 흑백 선들을 다시 보면, 가로선들 사이의 공간이 불그

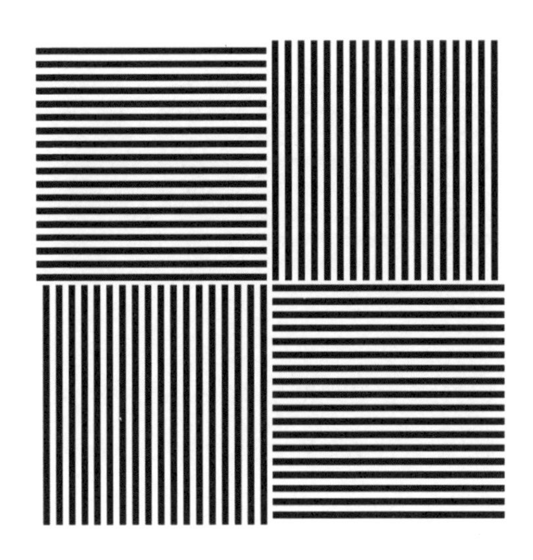

스름하게 보일 것이다. 세로선들 사이의 공간은 약간 초록색을 띤다.[3]

뇌가 색이 있는 선을 바라볼 때 초록색은 가로선과, 빨간색은 세로선과 한데 묶여 있음을 알아차리고 이 기묘한 특징을 상쇄하기 위한 조정 작업을 했기 때문이다. 그래서 흑백 선들을 다시 볼 때 잔상을 경험한다. 우리 머릿속에서 가로선은 반대 색인 빨간색 쪽으로 조금 이동되고, 세로선은 초록색 쪽으로 조금 이동되었다. (다시 말하지만, 이 현상은 피로와 아무런 관련이 없다. 우리가 빨간색과 초록색 선들을 15분 동안 빤히 바라보면, 잔상이 3개월 반까지 지속될 수 있음을 1975년에 두 과학자가 증명했다.[4])

1980년대에 많은 사람이 책을 읽을 때 불그스름한 기운을 느끼기 시작한 것도 이런 적극적인 재조정 때문이었다. 당시는 문서 작성에 컴퓨터 모니터가 차츰 쓰이던 시기였다. 현대의 모니터와 달리, 당시의 초창기 모니터는 한 가지 색밖에 표현할 수 없었으므로, 문서는 검은

바탕에 초록색 글자로 구현되었다. 그래서 사람들이 책을 읽을 때, 글자들이 초록색의 보색인 빨간색을 띤 것이다. 사람들의 뇌는 수평으로 뻗은 초록색 문자열에 적응하던 중이었으므로, 뇌가 인식하는 현실도 거기에 맞게 변했다. 컴퓨터 사용자들은 플로피디스크 커버에 찍힌 IBM 로고를 볼 때도 같은 현상을 경험했다. 글자가 불그스름하게 보였다는 뜻이다. IBM의 디자이너들은 당황했다. 흑백 잉크로 찍은 로고에 빨간색은 전혀 들어가지 않았는데도, 소비자들은 틀림없이 빨간색이 보인다고 주장하고 있었다.

이 세상에 움직이는 것이 얼마나 많은지, 땅은 얼마나 단단한지, 우리가 다리를 움직일 때 풍경이 우리를 스쳐 지나가는지, 선에 색이 들어가 있는지, 이 모든 것은 우리 유전자에 미리 결정되어 있지 않다. 경험에 따라 조정될 뿐이다.

보이지 않는 것을 예상할 수 있는 일로

완전히 한 가지 색(예를 들어 노란색)으로만 이루어진 심심한 광경을 보다 보면, 그 색이 금방 중간색이 된다. 시험 삼아 노란색 탁구공을 반으로 잘라 그 노란색 반구를 양쪽 눈에 하나씩 올려놓아보자. 그러면 처음에는 온 세상이 노란색으로 매끈하게 덮여 있는 것처럼 보이겠지만 곧 아무 색도 보이지 않게 될 것이다. 마치 시각을 상실한 것 같다. 시각 시스템이 세상이 예전보다 더 노랗게 변했다는 결론을 내리고, 우리가 다른 변화를 민감하게 느낄 수 있도록 노란색에 적응했기 때문이다.

반드시 아무런 특징이 없는 심심한 광경만 이런 식으로 사라지는 것은 아니다. 1804년에 스위스의 의사 이냐츠 트록슬러는 놀라운 사실을 알아차렸다. 여러 얼룩 사이에서 중앙의 한 점만 빤히 바라보면, 주변부의 모든 분주함이 결국 사라진다는 사실이었다. 중앙의 검은 점에 약 10초 동안 시선을 굳게 고정해보자. 주위의 얼룩들에는 시선

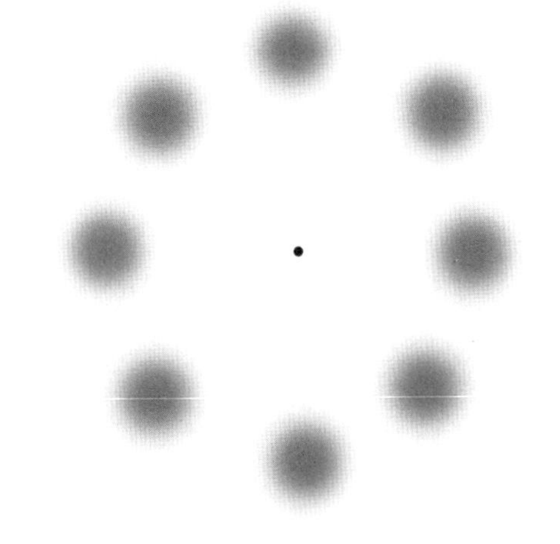

트록슬러 효과. 중앙의 점에 시선을 고정하면,
주위의 얼룩들이 모두 존재하지 않는 것처럼 사라질 것이다.

을 주지 말고, 그들이 어떻게 배경 속으로 사라지는지 관찰한다. 그러다 보면 눈앞에는 아무것도 없는 회색 사각형만 보일 것이다.

트록슬러 효과라고 불리는 이 환상은 주변부 시야에서 전혀 변화하지 않는 자극은 곧 증발하듯 사라진다는 사실을 보여준다. 왜 이런 현상이 생길까? 우리의 시각 시스템이 항상 움직임과 변화를 찾으려 하기 때문이다. 고정된 것은 곧 보이지 않게 된다. 좋은 정보는 업데이트해야 하지만, 변하지 않는 정보는 시스템이 무시해버린다.

그렇다면 우리 집의 부엌이나 우리가 일하는 직장에서 트록슬러 효과처럼 움직이지 않는 것들이 모두 사라져버리는 현상이 일어나지 않는 원인은 무엇일까? 첫째, 세상 대부분은 얼룩이 아니라 단단한 경계들로 구성되어 있어서 시각 시스템이 비교적 쉽게 계속 붙들 수 있다. 하지만 이보다 더 심오한 이유가 존재한다. 비록 우리는 보통 잘 인식하지 못하지만, 우리 눈은 항상 펄쩍펄쩍 뛰고 가볍게 흔들린다. 친구의 눈을 잘 관찰해보면, 친구가 깨어 있는 동안 1초마다 약 세 번씩 빠른 점프를 한다는 사실을 알 수 있을 것이다. 더욱더 면밀하게 관찰하면, 큰 점프와 점프 사이에 미세한 흔들림이 항상 일어난다는 사실도 알 수 있다.[5] 친구의 눈에 무슨 문제가 있는 걸까? 아니다. 크든 작은 이런 빠른 안구운동은 망막에 맺히는 이미지를 신선하게 유지해준다. 친구의 눈은 망막에 계속 변화하는 이미지가 맺히게 하기 위해 철저히 무의식적으로 움직인다. 왜 이런 수고를 하는 걸까? 망막의 한 위치에 꼼짝도 하지 않고 고정된 이미지는 눈에 보이지 않게 되기 때문이다.

여러분 스스로 이것을 증명할 방법이 있다. 콘택트렌즈 사용자라면, 마커를 꺼내서 렌즈 앞면 중앙에 작은 도형을 하나 그린다. 그리고 그 렌즈를 끼면 처음에는 그 도형이 보이겠지만, 금방 흐릿해져서 보이지 않게 된다.[6] 이 현상은 뇌가 변화를 좋아한다는 기본적인 사실을 강조해준다. 트록슬러 효과에서 그랬던 것처럼, 변하지 않는 요소들은 세상에 대한 정보를 별로 알려주지 않는다. 중요한 정보는 모두 변하는 것에서 나온다. 콘택트렌즈를 끼지 않는 사람도 걱정할 필요 없다. 자기도 모르는 사이에 이미 비슷한 실험을 하고 있기 때문이다. 눈 뒤편의 망막에는 혈관이 거미줄처럼 분포해 있다. 혈관들이 광수용체 바로 앞에 있으므로, 우리가 무엇을 보든 이 혈관들이 겹쳐 보여야 마땅하다. 그러나 우리는 그들을 전혀 보지 못한다. 콘택트렌즈에 그린 도형과 마찬가지로 이 혈관들은 망막에 대해 상대적으로 고정된 위치에 있기 때문에, 안구가 아무리 많이 움직여도 이 혈관들의 이미지는 갱신되지 않는다. 그래서 이 혈관들은 세상과 우리 사이에 놓여 있는데도 우리 시야에서 마법처럼 사라져버린다.

안과 의사가 펜라이트로 우리 눈을 비출 때 이 혈관들이 언뜻 보일 수는 있다.[7] 펜라이트의 빛 때문에 평소와는 다른 각도로 혈관의 그림자가 드리워지는 경우, 시각 시스템이 갑자기 혈관의 존재를 인식하기 때문이다. 이처럼 망막에서 뜻밖의 일이 일어나야만, 우리는 시야를 가로막는 그물 모양의 혈관들을 목격할 수 있다. (아직 이 혈관들을 보지 못했다면, 책을 내려놓고 어두운 방으로 들어가 비스듬한 각도로 눈에 빛을 비추면 된다. 그러면 눈앞에 혈관들이 나타날 것이다. 시각 시스템의 적응 속도가 상당히 빠르기 때문에, 혈관을 계속 보고 싶다면 빛의 각도를 계속 바꿔야 한다.)

변하지 않는 것을 무시하는 전략 덕분에 시스템은 무엇이든 움직이거나 변하는 것을 감지할 태세를 유지할 수 있다. 이것은 파충류의 시각 시스템이 작동하는 방식과 같다. 파충류는 오로지 변하는 것만 인식하기 때문에 우리가 가만히 서 있으면 우리를 보지 못한다. 그들은 움직이지 않는 것의 위치에는 신경 쓰지 않는다. 이런 시스템만으로도 전혀 부족함이 없는지, 파충류는 수천만 년 동안 잘 살고 있다.

이제 폭포의 착시 현상으로 돌아가보자. 폭포가 가만히 있는 것처럼 보일 만큼 우리 시각 시스템의 조정 폭이 넓지 않은 이유는 무엇일까? 첫째, 재조정에 한계가 있을 가능성이 있다.[8] 그렇다면 폭포의 엄청난 움직임을 제외할 수 있을 정도의 재조정이 아예 불가능하다. 하지만 다른 가능성도 있다. 우리가 폭포를 바라본 시간이 충분하지 않았다는 것. 아주 오랫동안 바라본다면, 조정 폭도 커질 것이다. 그럼 얼마나 바라보아야 할까? 두 달? 2년? 이론적으로는 충분히 오랜 시간 동안 폭포를 바라보았을 때, 시각 시스템의 단기적인 변화가 궁극적으로 더 장기적인 변화로 이어지고, 이것이 시스템의 최심층부에 변화를 야기할 것이다(이런 연쇄적인 변화에 대해서는 10장에서 다시 설명하겠다). 그러면 배경에 항상 존재하는 움직임이 우리 눈에 보이지 않게 될 것이다.

이런 생각을 하다 보니 논리적으로는 탄탄하지만, 사실은 좀 황당한 추측을 하게 된다. 혹시 눈에 보여야 마땅한 세상의 일부를 우리가 지금도 못 보고 있는 건 아닌가? 우리가 태어난 순간부터 내내 이 세상에 우주 입자들이 비처럼 떨어지고 있었다고 가정해보자. 우리는 이 입자들을 전혀 보지 못할 것이다. 부지런한 시각 시스템은 다른 광경을 본 적이 없으므로 아래로 떨어지는 입자들의 움직임을 영점zero point으로 설정한다. 만약 이 입자들이 갑자기 멈춘다면, 우리 눈에는 온 세상이 갑자기 위로 올라가는 것처럼 보일 것이다. 사실은 입자의 비가 그친 결과인데도, 우리는 위로 올라가는 빗줄기가 방금 나타났다고 믿어버릴 것이다. 이런 상황은 모든 감각기관에 일어날 수 있다. 일시 정지 버튼이 없는 우주 자명종이 삐삐삐 하고 울리는 광경을 상상해보자. 항상 우주 전역에서 삐삐삐 소리가 울린다. 만약 이 소리가 철저히 규칙적으로 들려온다면 우리는 이 소리를 전혀 듣지 못할 것이다. 뇌가 이 소리에 적응하기 때문이다. 그러다 이 자명종이 갑자기 멈춘다면, 모두 엄청 커다란 삐삐삐 소리를 들을 것이다. '외부의' 소리가 완전히 머릿속에 자리 잡아서 잔상을 경험하는 중이라는 사실을 전혀 깨닫지 못한 채로.[9] 적응에 성공하면, 규칙적인 일들은 인식할 수 없게 된다.

일어날 것이라고 짐작했던 일과 실제 일어난 일의 차이

우리는 이런 환상이 적응의 결과라고 말했지만, 이것을 예언으로 보는 다른 시각도 있다. 폭포의 하강 운동이나 배의 흔들림이나 콘택트렌즈에 그린 도형을 제쳐두면, 이런 환상은 그 현상들이 계속 존재할 것이라는 예측과 맞먹는다. 뇌의 신경회로는 스스로를 조정하면서 다음 순간에 세상이 어떤 모습일지 추측한다. 앞으로도 계속 이어질 것 같은 소식에는 관심을 끊는다. 망막의 혈관들을 생각해보라. 우리가 그 혈관들을 보지 못하는 것은 시각 시스템이 그들의 존재를 예측하고 치워버렸기 때문이다. 혈관이 다음 순간에도 거기 있을 것을 확실히 알고 무시해버린다는 뜻이다. 이런 예측이 어긋났을 때만(예를 들어, 이상한 각도에서 빛이 들어올 때), 뇌는 그 데이터에 에너지를 사용한다.

뇌는 뉴런에 스파이크를 일으키는 에너지를 아끼려 하므로, 최대한 에너지 낭비를 막기 위해 신경망을 재편하는 것이 목표가 된다. 만약 예측할 수 있거나 부분적인 추측이라도 가능한 패턴 정보가 들어오면, 시스템은 에너지를 절약하기 위해 아예 그 정보를 중심으로 하나의 구조를 만든다. 그래야 그 정보에 깜짝 놀라지 않을 수 있다. 신경계가 조용하다는 것은 기대치에 어긋나는 일이 별로 없다는 뜻, 즉 바깥세상이 대략 예측대로 굴러간다는 뜻이다. 다시 말해서, 에너지에 관심이 많은 뇌가 뜻밖의 일들만 처리하는 방식으로 에너지를 절약하기 위해 미리 예측해서 치워버릴 수 있는 일이라면 무엇이든 그렇게 하려고 한다는 뜻이기도 하다. 침묵은 금이다. 많은 신경과학자는 뉴런의 활동에 세상사가 반영된다고 생각하지만, 사실은 정반대일 가능성이 있다. 미처 예측하지 못해서 에너지가 많이 들 때만 스파이크로 나타난다는 것이다. 철저히 예측했던 일은 뉴런의 숲에 조용히 떨어질 뿐이다.

시스템의 조정은 시스템이 깜짝 놀랐을 때만 이루어진다. 모든 벽돌의 무게가 똑같다고 뇌가 알고 있는 상황에서 우리가 납으로 만든 벽돌을 들려고 한다면, 기대치에 어긋나는 무게가 느껴지기 때문에 이 새로운 현상을 처리하기 위해 연쇄적인 변화가 일어난다. 반면 모든 예측이 착착 맞아 들어가면, 무엇도 바꿀 필요가 없다. 그래서 처음 우리가 트록슬러 그림을 봤을 때는 주변의 얼룩이 보이는 것이다. 콘택트렌즈에 도형을 그렸을 때 처음에만 그 도형이 보이는 이유도 같다. 뇌는 금방 적응해서 얼룩이나 도형의 존재에 놀라지 않게 된다.

뇌가 예측을 통해 일을 줄이는 사례를 하나 더 들어보자. 네오센서리 손목띠(소리를 진동 패턴으로 변환해서 피부로 전달하는 장치)를 처음 경험하는 사람들은 대부분 깜짝 놀라서 이렇게 말한다. "와, 이게 내 목소리를 듣고 있어요!" 사람들은 항상 이 점에 깜짝 놀란다. 자기가 자기 목소리를 인식하는 일이 있을 리 없다고 생각하는 것 같다. 하지만 우리 귀는 당연히 항상 우리 목소리를 듣는다. 게다가 자신의 목소리는 대화 중에 가장 큰 목소리이기도 하다. 우리 입이 우리 귀에 가장 가까이 있기 때문이다. 하지만 우리는 자기 목소리를 완전히 예측할 수 있다는 이유로 잘 '듣지' 못한다. 손목띠를 착용한 사람들은 또한 (자신이 만든 소리라서) 평소 주의를 기울이지 않던 다른 예측 가능한 소리들이 아주 크다는 사실에도 깜짝 놀란다. 변기 물을 내리는 소리, 방에서 나와 문을 닫는 소리, 자신의 발소리 등이 여기에 속한다. 우리 청각 시스템이 이 소리들을 듣지 못하는 것은 아니지만, 우리는 이 소리들을 적극적으로 예측한 뒤 한쪽으로 밀어버린다. 그러다 손목띠를 착용하면 이 점이 분명히 드러난다. 팔에서 올라오는 신호를 예측하는 법을 뇌가 아직 배우지 못했기 때문이다.

뇌는 에너지 절약을 위해 적극적으로 자신을 재조정한다. 하지만 여기에 작용하는 깊은 원칙이 하나 더 있다. 어두운 두개골 안에서도 뇌는 바깥세상의 내적인 모델을 구축하려고 분투한다.

우리는 집 안을 돌아다닐 때 주변 환경에 별로 주의를 기울이지 않는다. 이미 좋은 모델을 구축해서 갖고 있기 때문이다. 하지만 낯선 도시에서 차를 운전하며 특정한 식당으로 가는 길을 찾으려고 애쓸 때는 도로표지판, 상점 이름, 건물에 적힌 번지수 등 모든 것을 두리번거릴 수밖에 없다. 어디에 무엇이 있는지 예측할 수 있는 좋은 모델이 없는 탓이다.

그럼 훌륭한 내적인 모델을 구축하는 방법이 무엇일까? 우리가 이미 잘 아는 것들을 무시해버리고 기대치와 맞지 않는 부분에만 집중하게 해주는 기술이 무엇일까?

답은 주의력이다. 우리는 갑자기 들려온 큰 소리, 예상치 못했던 손길, 시야 주변에서 갑자기 발생한 움직임에 주의를 기울인다. 그러면 고해상도 감지기들을 문제의 현상에 돌려 그것을 자신의 모델에 통합하는 법을 알아낼 수 있다. '아, 저건 그냥 잔디 깎는 기계잖아.' '저건 부엉이잖아.' '저건 집파리잖아.' 이렇게 모델이 업데이트된다. 하지만 왼발에 신은 신발의 느낌에는 주의를 기울이지 않는다. 그것에 대해서는 이미 내적인 모델을 갖고 있기 때문이다. 그 모델은 그 발에서 들어올 정보를 끊임없이 예측한다. 그러다 신발 안에 갑자기 작은 돌멩이라도 들어오면 내적인 모델이 업데이트를 요구하고, 우리는 주의를 기울인다.

예측과 결과 사이의 차이가 학습의 기묘한 속성을 이해하는 열쇠다. 예측이 완벽하다면 뇌는 더 이상 변화할 필요가 없다. 휴대전화의 띵동 소리가 문자메시지의 도착을 알린다는 사실을 우리가 학습했다고 가정하자. 문자메시지가 사회생활에서 지니는 중요성을 고려해서 뇌는 이 둘 사이의 관계를 재빨리 학습할 것이다. 그런데 어느 날 휴대전화 소프트웨어가 업데이트돼서 문자메시지 도착을 알리는 소리가 띵동+진동으로 바뀌었는데도, 뇌는 진동을 학습하지 않는다. 이런 효과를 '차단'이라고 부른다. 뇌는 띵동 소리로 문자메시지를 예측하는 법을 이미 알고 있으므로, 새로운 것을 배울 필요가 없다. 휴대전화가 띵동 소리 없이 진동만 한다면, 뇌는 진동을 학습한 적이 없으므로 그 의미를 알아차리지 못할 것이다.[10] 예측했던 일과 실제로 일어난 일 사이에 차이가 있을 때만 뇌의 변화가 일어난다는 점을 이해하고 나면, 차단 현상도 이해할 수 있다.

우리는 세상에 대한 내적인 모델을 바탕으로 예측을 하고, 문제가 발생했을 때 재빨리 감지한다. 그렇게 해서 어디에 주의를 기울여야 하고, 어떻게 업데이트를 해야 하는지 알 수 있다. 기계의 미래를 생각하는 엔지니어들이 요즘 이런 시스템에 점점 흥미를 보이고 있다. 트랙터부터 비행기에 이르기까지, 이런 방식으로 움직이는 기계를 연구하기 시작한 기업도 여러 곳이다. 세상에 대한 내적인 모델을 갖고 있는 기계는 앞으로 펼쳐질 것이라고 짐작되는 일에 대해 최선의 추측을 할 수 있다. 만약 기계의 알고리즘이 내놓은 예측과 일치하는 일이 일어나면, 변화는 필요 없다. 입력되는 정보가 예측에서 어긋날 때만 소프트웨어가 기계 모델의 업데이트에 주의를 기울이면 된다.

이런 배경을 알고 나면, 마약이 신경계를 개조하는 과정을 쉽게 이

해할 수 있다. 마약을 사용하면 뇌에서 그 약을 받아들이는 수용체의 수가 달라진다. 죽은 사람의 뇌에서 분자 수준의 변화만 측정해도 그 사람의 중독 여부를 파악할 수 있을 정도다. 사람들이 마약에 점점 내성이 생기는 이유도 같다. 뇌가 약의 존재를 예측하고 수용체 수를 조정해서, 다음에 약이 들어왔을 때 안정적인 평형이 이루어진다. 문자 그대로, 뇌가 약의 존재를 예상하게 되는 것이다. 그리고 다른 세세한 부분들도 여기에 맞춰 스스로를 조정한다. 이제 시스템은 일정량의 약이 항상 몸에 있을 것이라고 예측하기 때문에, 처음과 같은 황홀경을 맛보려면 약을 더 많이 사용해야 한다.

이런 재조정이 금단증상이라는 고약한 현상의 기반이다. 뇌가 마약에 적응하면 할수록, 약을 끊었을 때 충격이 크다. 금단증상은 약의 종류에 따라 식은땀, 떨림, 우울증 등 다양하게 나타나지만, 예측했던 강력한 물질의 부재가 공통적인 원인이다.

뇌의 예측과 그 결과를 이렇게 이해하고 나면, 사랑하는 사람을 잃었을 때의 아픔도 이해할 수 있다. 우리가 사랑하는 사람은 우리의 일부가 된다. 비유적으로만 그런 것이 아니라, 물리적으로도 그렇다. 그 사람이 우리의 내적인 모델에 흡수된다는 뜻이다. 뇌는 그 사람의 존재에 대한 예측을 중심으로 스스로를 재편한다. 그런데 애인과 헤어지거나, 친구 또는 부모님이 세상을 떠나면, 그 갑작스러운 부재로 인해 항상성이 크게 깨진다. 칼릴 지브란은 《예언자》에서 그것을 다음과 같이 표현했다. "항상 사랑은 이별의 순간에야 자신의 깊이를 깨닫는다."

이렇게 보면 우리 뇌는 우리가 접촉한 모든 사람의 네거티브 이미

지와 비슷하다. 애인, 친구, 부모님이 각자 예상대로 자리를 차지하고 있다. 우리가 배에서 내린 뒤에도 파도를 느끼거나 약을 끊은 뒤 갈망하는 것과 마찬가지로, 뇌는 우리 삶에서 한자리를 차지하던 그 사람이 그 자리에 계속 있기를 원한다. 그런데 그 사람이 우리를 거절하고 떠나거나 세상을 떠나 그 자리에서 사라지면 뇌는 어긋난 예측 때문에 괴로워한다. 시간을 들여 천천히, 그 사람이 없는 세상에 다시 적응하는 수밖에 없다.

우리가 향하는 곳은 빛인가 설탕인가 데이터인가

식물에 굴광성이라는 것이 있다. 최대한의 빛을 받으려고 자신의 형태를 바꾸는 것을 말한다. 식물이 자라는 모습을 빨리 감기로 지켜보면, 식물이 빛을 향해 일직선으로 자라지 않고, 조금 궤도를 벗어났다가 다시 또 조금 반대 방향으로 휘어지기를 반복하는 것을 알 수 있다. 미리 정해진 계획대로 움직이는 것이 아니라, 이쪽저쪽으로 조금씩 움직이며 끊임없는 수정을 거친다는 뜻이다.

박테리아의 움직임에서도 비슷한 전략이 발견된다. 박테리아는 먹이(예를 들어 부엌 조리대에 떨어진 설탕)의 중심부를 찾아갈 때, 훌륭하고 단순한 규칙 세 개를 따른다.

1. 임의로 방향을 정해서 일직선으로 움직인다.
2. 상황이 좋아지면 계속 간다.

3. 상황이 나빠지면 몸을 굴려 임의로 방향을 바꾼다.

다시 말해서, 상황이 점점 나아지면 기존 방식을 고수하고, 효과가 없으면 그 방식을 버리는 전략이다. 박테리아는 이 단순한 방침을 이용해 먹잇감이 가장 조밀하게 모여 있는 곳으로 빠르고 효율적으로 찾아갈 수 있다.[11]

나는 뇌에서도 비슷한 원칙이 작동한다고 본다. 식물은 빛을, 박테리아는 먹이를 추구한다면, 뇌가 원하는 것은 정보를 최대한 받아들이는 것이다. 나는 이 전략을 '굴정보성'이라고 부른다. 이 가설에 따르면, 신경회로는 주변 환경에서 추출해내는 정보의 양을 최대화하기 위해 끊임없이 변화한다.

앞에서 우리가 본 것들을 생각해보자. 우리는 감각기관이 포착하는 정보가 광자든 전기장이든 냄새 분자든 상관없이 뇌가 감각기관을 어떻게 사용하는지 살펴보았다. 몸에 달린 것이 지느러미든, 다리든, 로봇 팔이든 뇌가 몸을 조종하는 방식도 보았다. 어떤 상황에서든 뇌는 세상에서 들어오는 데이터를 최대화하기 위해 회로를 섬세하게 조정한다. 이런 조정 작업에 도움을 주는 것이 보상인데, 그 덕분에 어떤 방법이 효과가 있었는지 회로 전체에 널리 퍼져 나간다. 이런 방식으로 시스템은 최소한의 선先프로그래밍만으로 세상과의 상호작용을 최적화하는 방법을 스스로 찾아낸다.

예를 들어, 오사카에서 태어난 아기 하야토와 팔로알토에서 태어난 아기 윌리엄의 뇌에서 신경 풍경이 스스로 형성되어 그들이 서로 다른 소리를 구분하게 된 것을 생각해보자. 나는 보상을 바탕으로 한 수정의 사례로 이 둘의 이야기를 했지만, 이제는 '굴정보성'이라는 더 높은 차원에서 이들의 사례를 볼 수 있다. 아기들의 뇌는 중요한 데이터를 주위에서 최대한 수집하기 위해 스스로를 조정한다.

우리는 사람이 시력을 잃었을 때, 다른 감각들이 시각 피질을 점령하는 것도 살펴보았다. 다음 장에서 뉴런이 어떻게 이런 일을 해내는지 살펴보겠지만, 지금은 이런 영역 점령을 굴정보성으로 해석할 수 있다는 점을 새겨두자. 어떤 데이터가 들어와도 해석할 수 있도록 뇌가 자원을 최대화하는 과정이라는 뜻이다.

색이 들어간 가로선과 세로선이 착시 현상을 일으킨 사례도 보았다. 우리의 시각 시스템은 세상에서 최대한 많은 정보를 받아들이려고 하기 때문에, 색과 방향이라는 요소를 분리하려고 한다. 두 요소를 섞고 싶어하지 않는다는 뜻이다. 그 결과 흔히 재미있게만 여기는 착시 현상이 일어나지만, 여기에는 더 심오한 이유가 있다. 가로선과 세로선이 다른 색으로 살짝 물든 것처럼 보이게 하는 요소(예를 들어 이상한 전등이나 시력의 문제)가 있다면, 뇌는 스스로를 재편해서 그 효과를 상쇄할 것이다. 그렇게 해서 색과 방향에 대한 정보를 따로따로 추출해내는 능력이 최대화된다. 두 요소를 계속 분리해두는 것은 뇌가 세상에서 정보를 수집하는 최선의 방법이다.

뉴런 차원에서 굴정보성의 예를 하나 들어보자. 눈 뒤쪽에 있는 망막은 낮과 밤에 세상을 다르게 받아들인다. 주위가 밝아서 포착할 수 있는 광자가 아주 많은 한낮에는 각각의 광수용체가 알아서 해상도 높은 풍경을 보여준다. 하지만 밤에는 이야기가 다르다. 광자가 낮에 비해 적기 때문에 이제는 해상도가 낮더라도 저기에 '뭔가'가 있다는 사실을 알아내는 것이 중요하다. 그래서 밤에 광수용체는 낮과 달리 서로 힘을 합친다. 어둠 속에서는 뭔가의 존재를 알아차리는 데 시간이 더 오래 걸리지만, 광수용체들이 힘을 합치면 아주 어두운 빛도 감지할 수 있다.[12] 이런 정교한 전략 덕분에 망막은 조도가 높아질 때와 낮아질 때 다른 방식으로 작동할 수 있다. 주위가 밝을 때는 시스템이 고해상도를 구현하고, 어두울 때는 광수용체들이 힘을 합쳐 광자를 포착할 가능성을 높인다. 그 결과 우리 눈이 흐릿한 빛에 더 민감해지지만 해상도는 낮아진다. 시스템은 정보를 최대화하기 위해 스스로를 변화시키는 데 엄청난 노력을 쏟는다. 광자가 많든 적든, 망막은 데이터를 포착하기 위해 스스로를 최적화한다. 낮에는 멀리 있는 토끼를 발견할 수 있을 만큼 아주 세세한 부분까지 포착하고, 빛이 희미할 때는 어둠 속에 그림자처럼 숨어 있는 재규어를 발견할 수 있게 비록 세세한 부분은 흐릿할지라도 저기에 뭔가 있다는 사실을 포착하는 민감성을 높인다. 어머니 자연은 눈을 만드는 법뿐만 아니라, 다양한 상황에서 다양한 방식으로 작동할 수 있게 회로를 조정하는 방법까지 알아냈다. 모두 우리가 가진 것을 최대한 이용하기 위해서다. 그것이 굴정보성이다.

뜻밖의 일을 예상할 수 있게 적응하기

식물이 빛을 향하고 박테리아가 설탕을 향하듯이, 뇌는 정보를 향한다. 그래서 세상에서 최대한 많은 데이터를 뽑아내려고 신경회로를 끊임없이 바꾸려 한다. 바깥세상의 내적인 모델을 만들어 예측을 하기도 한다. 세상이 예상대로 흘러가면 뇌는 에너지를 절약할 수 있다. 앞에서 살펴본 축구선수들을 생각해보라. 아마추어 선수의 뇌는 크게 활성화되었지만, 프로 선수의 뇌에는 활동이 별로 없었다. 프로 선수의 신경회로에 경기 흐름에 대한 예측이 이미 직접 새겨져 있기 때문이다. 반면 아마추어는 합리적인 예측을 위해 아직 허둥거리는 중이다.

뇌는 기본적으로 예측 기계다. 끊임없이 자기조정을 하는 이유도 그것이다. 뇌는 세상의 형상을 모델로 구축하고, 거기에 맞춰 자신을 조정해서 예측의 성능을 높인다. 그래야 뜻밖의 일에 최대한 민감해질 수 있다.

이제 우리는 다음 의문을 마주할 준비가 되었다. 우리가 이 책에서 지금까지 살펴본 것을 감안할 때, 이 모든 것이 뇌의 세포 수준에서 어떻게 실행되는가?

8장

변화의 가장자리에서 균형잡기

여러분이 1962년 10월에 우연히 지구를 방문한 외계인이라고 상상해 보자. 마침 지구에서는 쿠바 미사일 위기가 진행 중이다.

하지만 여러분의 입장에서는 이렇다 할 일이 벌어지지 않는다고 생각할 수 있다. 외계인의 눈에 미국은 아무 일도 안 하는 것처럼 보인다. 쿠바와 소련도 마찬가지다. 여러분은 초록색 손으로 입을 가리고 하품을 하면서, 여기 정치체제는 활기가 없거나 무기력하거나 화석화되었다는 결론을 내릴 가능성이 높다.

서로 대결 중인 세력들이 완벽한 균형을 이루고 있기 때문에 아무 일도 일어나지 않는다는 생각을 여러분은 하지 못할 것이다. 양편은 스프링을 단단히 조이고, 미사일로 서로를 겨냥하고, 군대도 대기시켜 둔 상태다.

우리가 항상 쉽게 알아차리지는 못하지만, 뇌가 바로 이런 상황에 있다. 뇌의 지도가 안정적으로 보이는 것은 순전히 서로 대결하는 세력들이 완벽한 균형을 이루고 있기 때문이다. 뇌는 고요히 안정되어 있다는 환상을 주지만, 서로 경쟁하는 세력들이 일촉즉발의 변화 앞에서 잔뜩 도사리고 있다. 차분한 모습에 속으면 안 된다. 신경망이 안정적으로 보이는 것은 오로지 각각의 영역이 냉전에 묶여 있기 때문이다. 그들은 스프링을 단단히 조이고, 새로운 경계선을 그리기 위해 경쟁할 준비가 되어 있다.

아이티가 사라질 때

아이티와 도미니카공화국은 카리브해의 섬 히스파니올라를 나눠 쓰고 있다. 만약 해일이 도미니카공화국을 덮쳐 그 땅이 사람이 살 수 없는 곳으로 변한다면 어떻게 될까? 추측해볼 수 있는 결과는 도미니카 사람들이 지도상에서 사라지고, 아이티인들은 그냥 평소처럼 살아간

다는 것이다. 하지만 가능한 결과가 하나 더 있다. 아이티인들이 나라의 영토를 서쪽으로 몇백 킬로미터나 옮겨서 자기 영토를 줄이고 남은 땅을 통 크게 도미니카 사람들과 나눠 쓴다면? 그러면 너그러운 아이티 덕분에 두 나라가 더 작아진 땅에서 비좁지만 평화롭게 살아갈 것이다.

다시 뇌 이야기로 돌아가보자. 질병, 수술, 뇌손상 등으로 뇌에서 사용할 수 있는 영역이 줄어든다면 어떻게 될까? 이웃한 나라들의 경우와 마찬가지로, 여기에도 두 가지 가능성이 있다. 뇌가 지도에서 사라진 조직에 해당하는 부분을 빼버리거나, 원래 지도를 더 작아진 영역에 억지로 집어넣는 것.

어느 쪽이 답인지 알아보기 위해 앨리스라는 소녀의 사례를 살펴보자. 앨리스는 세 살 6개월 때부터 자잘한 발작을 겪었다. 부모가 아이를 병원에 데려가 뇌 검사를 했더니, 소녀의 머리에는 태어날 때부터 뇌의 좌반구밖에 없었다. 의사들도 깜짝 놀랐다. 우반구가 아예 없는 희귀한 이상이었다.[1]

그런데도 앨리스가 정상적인 유년 시절을 보내고 있다는 점이 놀라웠다. 눈과 손이 서로 협조해서 움직이는 능력 같은 것들 역시 놀랍게도 영향을 받지 않았다. 발작을 일으키기는 했으나 약으로 조절할 수 있는 수준이었고, 뇌의 한쪽 반구가 없기 때문에 겉으로 드러난 증상은 곧 왼손을 섬세하게 움직이지 못하는 점 하나만 남았다.

앨리스를 보면서 우리는 근본적인 의문을 품게 된다. 뇌의 한쪽 반구만 제대로 발달한다면, 보통 두 반구에 걸쳐 분포되어 있는 신경회로들은 어떻게 될까?

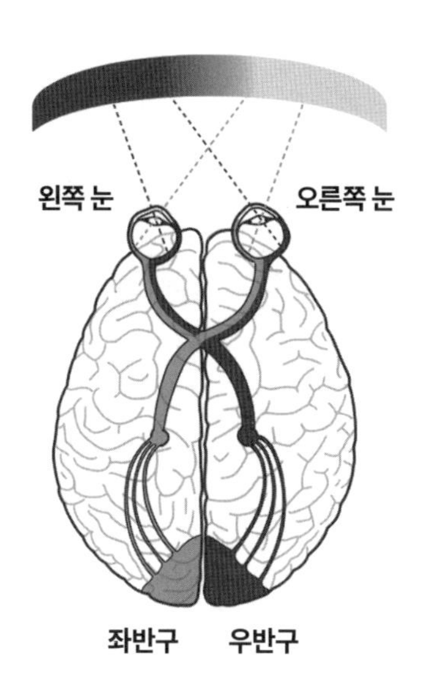

보통 세상의 왼쪽은 뇌의 오른쪽이 담당한다.
그럼 우반구가 없는 앨리스의 뇌에서는 시신경이 어디로 이어졌을까?

이 의문의 답을 찾기 위해서는 먼저 사람의 왼쪽 눈에서 뇌까지 정보가 어떻게 전달되는지 살펴보아야 한다. 망막의 왼쪽 절반에서 뻗은 시신경 섬유들이 왼쪽 시각 피질 뒤쪽으로 정보를 전달한다. 여기까지는 아무런 문제가 없다. 앨리스에게 뇌의 좌반구가 있기 때문이다. 하지만 망막의 '오른쪽' 절반에서 들어온 정보는 보통 중간선을 넘어 '우반구' 뒤편으로 연결된다. 그럼 우반구가 없는 앨리스의 뇌에서 그 섬유들은 어디로 갔을까?

예전에는 짐작조차 할 수 없었던 놀라운 생후배선을 통해, 왼쪽과 오른쪽에서 뻗은 섬유들이 모두 좌반구로 연결되었다. 시야 전체를 절반밖에 안 되는 뇌가 모두 처리한 것이다. 다시 말해서, 아이티가 남은

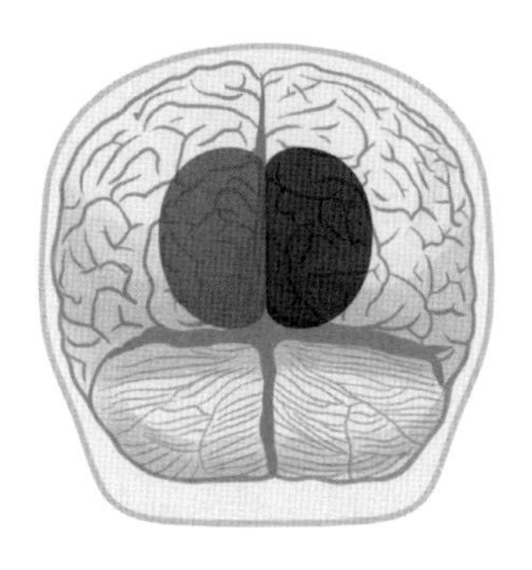
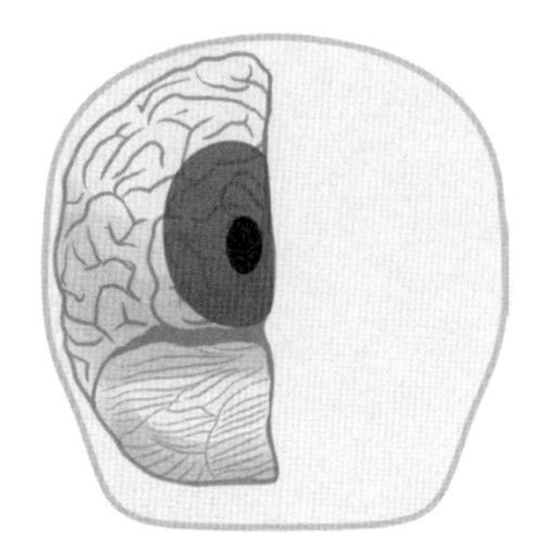

뇌 뒤편의 시각 피질. 왼쪽은 일반적인 뇌의 모습으로,
회색은 오른쪽 시야(시야의 오른쪽)를 담당하고, 검은색은 왼쪽 시야를 담당한다.
오른쪽에 제시된 앨리스의 뇌에서는 시각 시스템의 회로가 재편되어
좌우 시야 모두 하나밖에 없는 반구에서 담당하고 있다.

영토를 공유하는 것과 같은 현상이었다.

앨리스가 시력도 정상이고 눈과 손의 협조도 정상이라는 것에서 우리는 놀라운 사실을 하나 더 알 수 있다. 앨리스의 시각 시스템에서 첫 단계가 일반적인 형태로 연결되어 있지 않은데도, 그 인근의 뇌 영역들은 이 이례적인 지도의 사용법을 찾아내는 데 아무런 어려움이 없었다는 점이다. 다시 말해서, 앨리스의 시각 피질이 시스템의 작동을 위해 일반적인 유전자 안내서를 따를 필요가 없었다는 뜻이다. 앨리스의 유전자가 만들어낸 시스템이 설계도에서 크게 어긋난 점이 있을 때 기능 부전을 일으키는 연약한 시스템이 아니라는 사실은 우리가 이 책에서 내내 살펴본 내용과 일치한다. 앨리스의 유전자는 일을 수행하는 법을 스스로 알아내는 생후배선 시스템을 풀어놓았다.

앨리스는 날 때부터 한쪽 반구가 없었지만, 앞에서 언급한 매슈는

수술로 한쪽 반구를 제거한 사례였다. 매슈는 살짝 다리를 저는 것 외에는 겉으로 크게 드러나는 증상 없이 독립적인 생활이 가능하다. 앨리스의 경우와 마찬가지로, 하나밖에 남지 않은 매슈의 반구도 필요한 일들을 해내는 법을 알아낼 수 있었다. 뇌가 급격한 변화를 겪었는데도, 뇌 조직은 회로들을 새로 연결해서 여느 때처럼 기능을 수행했다. 앨리스와 매슈의 뇌는 반으로 줄어든 땅에서 스스로를 재편해 기존의 관계, 임무, 기능을 계속 지켜나갔다.

어떻게 이처럼 근본적인 회로 재편이 일어날 수 있을까? 첫 번째 힌트는 시각 시스템이 사람보다 단순한 개구리에게서 발견되었다. 개구리의 눈에서 뻗어 나온 신경은 시개視蓋(포유류의 일차 시각 피질과 대략 비슷한 곳)라는 곳으로 이어진다. 오른쪽 눈의 신경은 왼쪽 시개로, 왼쪽 눈의 신경은 오른쪽 시개로 질서정연하게 연결된다. 눈의 위쪽에서 뻗은 시신경 섬유는 시개의 위쪽과, 눈의 왼편은 시개의 왼편과 연결되는 식이다. 눈에서 나온 각각의 섬유에 과녁이 어디인지 알려주는 주소가 미리 적혀 있는 것 같다. 그럼 성장과정에서 시신경이 연결되기 전에 시개의 반쪽을 제거하면 어떻게 될까? 앨리스의 사례와 비슷하게, 반밖에 남지 않은 시개가 시야 전체를 담당한다.[2] 지도는 정상적으로 보인다. 섬의 동쪽 절반이 사라진 뒤 상냥한 아이티의 지도가 줄어든 것처럼, 시개의 크기가 줄어들었을 뿐이다.

이제 다음 단계의 실험으로 넘어가보자. 올챙이의 머리 한편에 눈 하나를 추가로 이식한다면 어떻게 될까? 느닷없이 나타난 시신경이 시개라는 과녁을 나눠 써야 하는 상황이다. 눈은 두 가지 색이 번갈아 가며 나타나는 줄무늬 모양으로 시개의 영역을 나눈다. 그리고 이 각

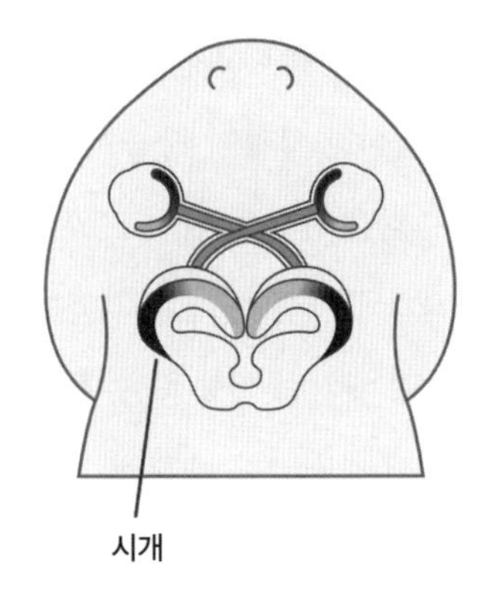

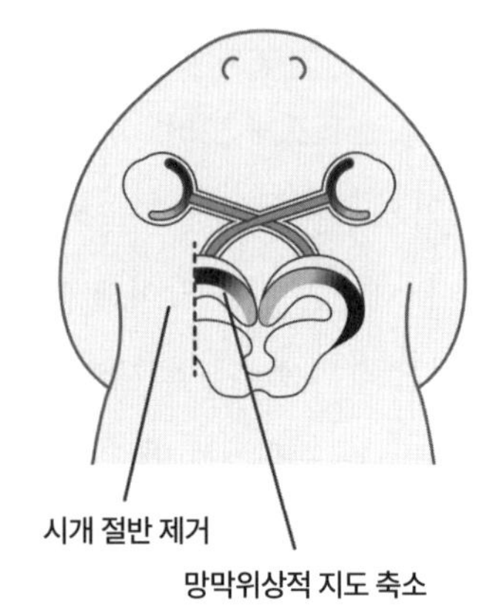

더 작아진 영역에 맞게 줄어들기. 왼쪽은 망막과 시개의 일반적인 지도이고,
오른쪽은 시개의 절반이 사라졌을 때 그 영역에 맞게 줄어든 지도다.

각의 줄무늬 세트에 눈의 온전한 지도가 들어 있다.[3] 눈에서 뻗어 나온 섬유들은 이번에도 기존의 공간을 나눠 써야 한다. 마치 새로운 나라가 히스파니올라섬으로 밀고 올라오자, 아이티가 자신의 영토를 줄무늬 한 세트로 줄이고 나머지 땅을 나눠주기로 결정한 것과 같다.[4]

이런 실험을 통해, 필요할 때는 뇌의 지도가 스스로 줄어들어서 영토를 나눠줄 수 있음을 알 수 있다. 그렇다면 영토가 늘어났을 때 지도가 늘어날 수도 있을까? 이 의문을 해결하기 위해 과학자들은 망막의 절반을 제거했다. 그러자 정상적인 크기의 시개에 도달하는 시신경의 수도 절반으로 줄었다. 그래서 어떻게 되었을까? (시야의 절반만이 수록된) 지도가 넓게 퍼져서 시개 전체를 사용하게 되었다.[5]

앨리스, 매슈, 개구리의 사례에서 얻을 수 있는 교훈은 유전자라는 도시계획위원회가 신경 지도를 미리 정하는 게 아니라는 점이다.

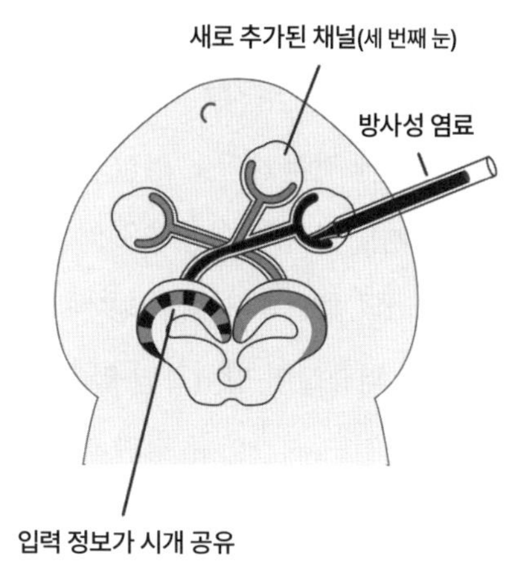

세 번째 눈을 이식하면, 시개는 그 추가 정보를 줄무늬 모양으로 받아들인다.

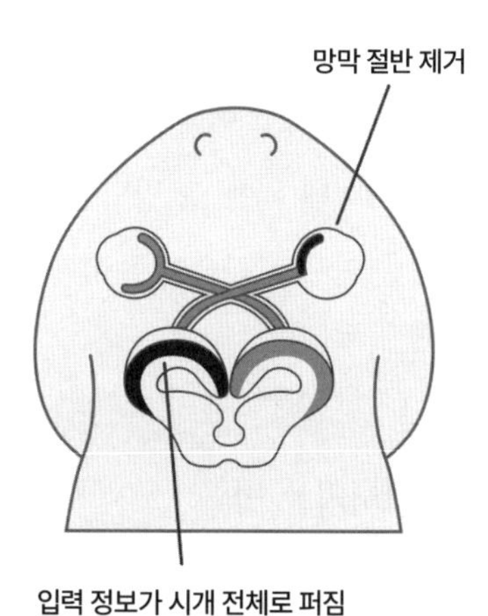

망막 신경의 절반만이 시개에 도달하면, 지도가 늘어난다.

그냥 있는 땅만 사용할 뿐이다.

이런 역동적인 회로 재편은 뇌중풍으로 뇌손상이 발생했을 때 최고의 희망이 된다. 뇌의 부기가 빠진 뒤부터 뇌의 진짜 작업이 시작된다. 여러 달 또는 여러 해에 걸쳐 대규모 피질 재편이 발생하며, 때로는 손실된 기능이 회복되기도 한다. 언어능력을 잃은 환자에게서 이런 회복 사례를 자주 볼 수 있다. 대다수 사람의 뇌에서 언어는 좌반구 소관이기 때문에, 좌반구에 뇌중풍이 발생하면 말을 하거나, 알아듣지 못하게 된다. 그러나 어느 정도 시간이 흐르면 언어기능이 점차 회복되는 경우가 많다. 좌반구의 죽은 조직이 치유되어서가 아니라, 언어기능이 우반구로 옮겨간 덕분이다. 한 보고서에 따르면, 두 환자가 좌반구 뇌중풍을 겪은 뒤 언어기능에 장애가 발생했으나 나중에 이 기능을 (부분적으로) 회복했다. 그러나 이 두 사람은 안타깝게도 나중에 우반구 뇌중풍을 겪어 언어기능이 다시 나빠졌다. 언어기능이 우반구로 옮겨갔다는 증거였다.[6]

지금까지 우리는 뇌 지도가 늘어나거나, 줄어들거나, 기능을 이전하는 것을 살펴보았다. 그런데 뇌는 그 방법을 어떻게 아는 걸까? 이 답을 찾기 위해 뉴런의 숲 안으로 깊숙이 들어가볼 필요가 있다.

마약상을 고르게 분포시키는 법

나는 뉴멕시코주 앨버커키에서 어린 시절을 보냈다. 이 도시에도 의사, 변호사, 교사, 엔지니어가 있고, 텔레비전 드라마 〈브레이킹 배드〉를 본 사람이라면 누구나 알듯이 마약상도 있다. 나이를 먹으면서 나는 각각의 마약상이 어떻게 영역을 정하는지 궁금해졌다. 그들은 가난한 동네에서만 활동하지 않는다(하지만 경찰들은 대부분 그런 동네에서 활동한다). 그들은 도시의 모든 곳에 점점이 흩어져서 각자 몇 블록 크기의 구역에서 마약 판매를 관장한다.

그들은 누가 어떤 구역을 맡을지 어떻게 결정했을까? 두 가지 가능성이 있다.

첫째, 앨버커키 도시 계획가들이 모든 마약상을 시청에 모아 접의자에 앉혀 놓고 공정하고 공평하게 구역을 나눠줬을 가능성. 이것을 하향식 방식이라고 부르자.

두 번째 방법은 상향식이다. 마약상들이 서로 경쟁을 벌이는데, 거기에 걸린 몫이 크다면? 마약상 각자가 경쟁을 겪으면서, 자신이 믿음직하게 관리할 수 있는 구역의 넓이에 한계가 있음을 깨달을 것이다. 그들은 이웃 구역 마약상들과의 경쟁 때문에 더 뻗어나가지 못하고 각자 자기 일을 하면서 결국 도시 전체에 걸쳐 자연스럽게 분포될 것이다.

이런 상향식 방식에서 어떤 결과가 도출될까? 앨버커키의 일부가 토네이도로 파괴된다고 가정해보자. 그러면 어떻게 될까? 도시가 충격에서 감정적으로 회복한 뒤, 마약상들은 더 좁아진 땅에서 자신의 구역을 줄여 비좁게 자리 잡는 법을 터득한다. 누구도 그들에게 이래라 저래라 지시할 필요가 없다. 땅이 줄어들었으니 모두 그 땅을 나눠 갖는 수밖에 없다.

반대로 앨버커키의 면적이 갑자기 두 배로 늘어난다면, 마약상들은 더 넓어진 땅과 느슨해진 경쟁을 이용해 넓게 퍼져서 빈 구역을 메울 것이다. 이번에도 역시 그들에게 지시하는 사람은 필요하지 않다.

이 도시의 마약상 분포 패턴은 개인 간 경쟁의 산물이다. 마약상들은 모두 경쟁관계다. 그들 모두 사랑하는 가족을 부양해야 하고, 월세도 내야 한다. 어쩌면 차를 새로 사고 싶어질 수도 있다. 따라서 그들은 자신의 구역을 지키기 위해 항상 분투한다. 이 도시 마약상 분포도가 유연하게 변화하는 것은 도시 계획가들의 독창적인 설계가 아니라 개인의 행동이 낳은 우연한 결과다.

이제 뇌에 다시 눈을 돌려보자. 신경과학 교과서 중 아무거나 하나를 들고 신경전달, 즉 뉴런에서 화학 메신저가 소량 방출되는 현상에 대해 읽어보자. 이 화학물질이 다른 세포의 수용체와 결합하면 전기활동이나 화학적 활동이 빽 하고 일어난다. 뉴런은 이런 식으로 서로에게 메시지를 전달한다.

이번에는 세포들 사이의 이 상호작용을 다른 시각에서 생각해보자. 우리 주위의 미생물 왕국 전역에서 단세포 생물들이 화학물질을 방출한다. 하지만 이 화학물질들은 우호적인 메시지가 아니라, 방어기제 역할을 한다. 활에 걸어둔 화살이라고 보면 된다. 뇌에 있는 수백억 개의 세포들을 수백억 마리의 단세포 생물이라고 보면 어떨까? 우리는 보통 뉴런들이 즐겁게 서로 협조한다고 생각하지만, 그들이 만성적인 전투에 계속 붙들려 있다고 볼 수도 있다. 이 경우 그들이 방출하는 화학물질은 서로에게 전달하는 정보가 아니라, 서로에게 뱉는 침이다. 이런 시각으로 봤을 때, 뇌조직의 활발한 활동은 수백억 마리나 되는 개별 생명체들이 자신의 목숨을 지키기 위해 자원을 놓고 다투는 경쟁이 된다. 앨버커키의 마약상들과 마찬가지로, 이 세포들은 각자 이기적이다.

이런 시각으로 봤을 때 이해가 쉬워지는 실험 결과가 몇 가지 있다. 예를 들어 1960년대 초에 신경생물학자 데이비드 허블과 토르스텐 비셀은 포유류의 시각 피질에 나타난 줄무늬가 왼쪽 눈 또는 오른쪽 눈에서 들어온 신호를 담고 있음을 보여주었다. 평범한 상황에서 각각의 눈은 피질의 영역을 공평하게 나눠 갖는다. 하지만 어렸을 때부터 한쪽 눈을 뜰 수 없게 만든다면, 다른 쪽 눈에서 들어오는 강한 신호가 점점 더 많은 영역을 차지하게 된다. 다시 말해서, 시각 피질의 지도가 경험에 의해 급격히 변할 수 있다는 뜻이다. 튼튼한 눈에서 들어온 신호는 살아남아 강화되는 반면, 감긴 눈에서 들어온 신호는 약해져서 결국 소실된다.[7] 이 실험이 증명한 것은 두 가지였다. 첫째, 이런 지도가 완전히 선천적인 것은 아니다. 둘째, 활동 여부가 뇌의 영역 보존을 좌우한다. 영역을 보존하려면 지속적으로 활기를 유지해야 한다. 들어오는 신호가 감소하면, 뉴런은 활동이 있는 곳을 찾아 연결 상대를 바꾼다.

1981년에 허블과 비셀에게 노벨상을 안겨준 이 연구 결과는 어린이들의 사시를 어떻게 치료해야 할지 알려준다. 외사시 또는 내사시로 태어난 아이들은 두 눈 중 덜 사용되는 쪽의 시력을 결국 잃어버린다. 하지만 문제는 눈 그 자체가 아니라 시각 피질에 있다. 지배적인 역할을 하는 한쪽 눈이 경쟁에서 다른 쪽 눈을 이겨 뇌에서 더 많은 영역을 차지해버리기 때문이다. 그럼 해법은? 약한 쪽 눈을 수술해서 사시를 교정한 다음, 건강한 눈을 안대로 가리는 것이다. 그러면 약한 눈이 시각 피질에서 잃어버린 영역을 되찾을 기회를 얻는다.[8] 두 눈의 균형이

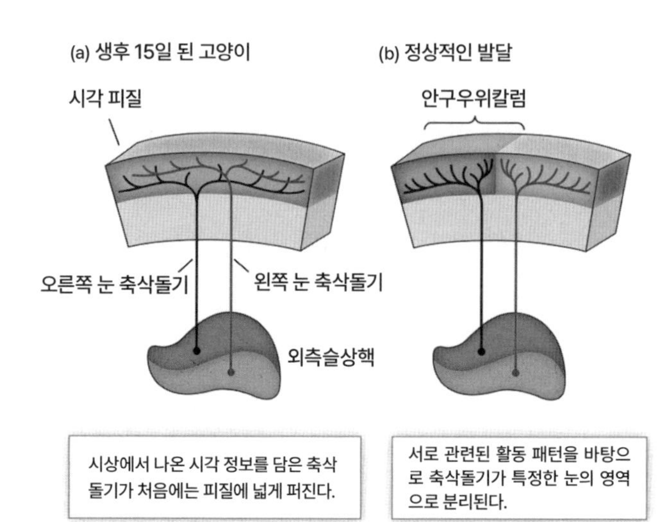

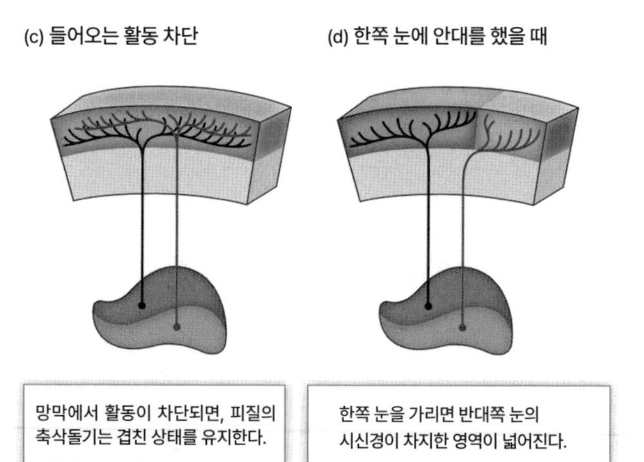

(a) 어린 동물의 일차 시각 피질 입력 층에는 왼쪽 눈과 오른쪽 눈의 신호가 균일하게 들어온다.
(b) 동물이 성장하면서 두 눈과의 연결이 시각 피질의 영역을 번갈아가며 차지하게 된다.
(c) 두 눈이 모두 빛을 빼앗기면, 두 눈의 정보를 각각 담은 섬유들이 분리되지 않는다.
(d) 한쪽 눈에만 빛을 차단하면, 그 눈의 신호가 점차 줄어들고 반대편 눈의 신호가 더 많은 영역을 얻는다.

회복된 뒤 안대를 제거하면 두 눈이 똑같이 기능을 발휘할 수 있다.

이 유용한 방법은 뉴런들 사이의 선천적인 경쟁을 이해하면서 자연스럽게 도출되었다. 뇌의 신체 지도인 호문쿨루스를 생각해보자. 3장에서 우리는 어두운 두개골 안에 갇힌 뇌가 신체의 형태를 어떻게 아느냐는 수수께끼와 직면했다. 신체 형태의 변화에서 떠오른 교훈은 뇌가 간단한 규칙을 이용해 신체 지도를 파악한다는 것이다. 이 지도는 세상과의 상호작용을 통해 자연스럽게 굳어지며, 몸에서 서로 인접한 부위들은 뇌에서도 이웃한 영역을 차지한다.[9] 마약상이나 사시의 경우와 마찬가지로, 이 과정도 경쟁에 의해 좌우된다. 그래서 넬슨 제독의 팔처럼 신체 일부가 없어지자마자 피질의 인근 영역이 그 자리를 차지한다. 영역을 유지하기 위해서는 각각의 뉴런으로 끊임없이 신호가 들어와야 한다. 활동이 느려지면, 뉴런들은 활동적인 신호를 찾아 팀을 바꾸려 한다.

참고로, 이것은 호문쿨루스가 상당히 이상한 모양을 띤 이유이기도 하다. 손과 입술과 성기는 엄청나게 크고, 몸통과 다리는 작다. 이것 역시 경쟁의 결과다. 손가락, 입술, 성기에는 수용체의 밀도가 훨씬 높은 반면, 몸통과 허벅지의 해상도는 낮다. 가장 많은 정보를 보내는 부위가 뇌에서도 가장 넓은 영역을 차지한다.

따라서 작은 경쟁이 큰 결과(영역의 확장, 축소, 공유)를 낳는다고 보는 것이 옳다. 평생 끊이지 않는 국지전을 통해 뇌의 지도는 자꾸 다시 그려진다. 각각의 뉴런이 도시의 마약상들과 똑같은 과제, 즉 자기만의 구역을 찾은 뒤 온 힘을 다해 그 구역을 사수해야 한다는 과제를 갖고 있기 때문이다. 뇌에서 뉴런들은 영역을 놓고 끊임없이 생사를 건 싸

움을 벌인다. 그렇게 자원을 확보해야만 살아남을 수 있다. 그렇다면 그들이 경쟁을 통해 얻으려는 것은 무엇인가? 마약상에게는 현금이 최고다. 뉴런에게는 무엇이 최고일까?

1941년에 리타 레비몬탈치니라는 젊은 이탈리아 여성이 독일인과 이탈리아인을 피해 고향인 토리노에서 도망쳐 시골의 작은 오두막에 숨어 살았다. 그녀는 유대인이라서 목숨이 위태로웠고, 조국인 이탈리아는 나치의 동맹이었다. 숨어 사는 동안 그녀는 오두막에 작은 실험실을 차려 놓고 닭의 태아에서 다리가 발달하는 과정을 밤낮없이 연구했다. 그 결과 그녀는 신경성장인자를 발견해 1986년 노벨 생리의학상을 수상했다.

그녀가 발견한 것은 생명을 보존해주는 화학물질의 통칭인 뉴로트로핀(신경영양인자의 일종—옮긴이) 중 최초의 물질이었다.[10] 뉴런의 겨냥 대상이 분비하는 단백질인 뉴로트로핀은 뉴런과 시냅스가 경쟁을 통해 얻으려고 하는 현금과 같다. 이를 얻기 위해 그들은 안정적인 연결을 이룬다. 생명을 보존해주는 이 화학물질을 성공적으로 손에 넣은 뉴런은 번성하고, 그렇지 못한 뉴런은 다른 곳에 가지를 뻗어 다시 시도한다. 그러다 어디서도 성공을 거두지 못하면 결국 죽고 만다.

뉴런은 뉴로트로핀이라는 보상을 구할 뿐만 아니라, 위험한 유독성 인자도 피하려 한다. 예를 들어 시냅토톡신은 기존의 시냅스를 없애버리는 물질[11]인데, 축삭돌기는 이 해로운 영향에서 벗어나기 위해 계속 활동성을 유지하려고 한다. 활동성이 어느 수준 이하로 떨어지자마자 제거당하기 때문이다.[12]

인력과 척력을 발휘하는 다양한 분자가 이런 식으로 피드백을 제공해주면, 뉴런은 지금의 자리를 지키며 꽃을 피우다가 쪼그라들어 다른 곳으로 살금살금 도망칠지 아니면 공동의 이익을 위해 스스로 사라질지를 결정할 수 있다.

개별 뉴런의 단계에서 작용하는 인자들과 병행해서, 좀 더 스케일이 큰 이슈가 전체 시스템의 유연성 여부를 결정한다. 뉴런에는 두 종류가 있다. 메시지를 전달해서 이웃을 자극하는 (흥분성) 뉴런과 이웃의 활동을 방해하는 (억제) 뉴런이다. 이 두 종류의 뉴런들은 신경망을

함께 구성하면서, 시스템의 유연성을 결정한다. 억제가 너무 강하면 뉴런들이 제대로 경쟁할 수 없으므로 변화도 일어나지 않는다. 억제가 너무 약하면 경쟁이 지나치게 강해져서 승자가 나오지 못한다. 섬세하게 조정된 유연한 시스템이 만들어지기 위해서는 억제와 흥분의 균형이 딱 맞아떨어져야 한다. 그래야 뉴런들이 너무 약하지도 너무 치열하지도 않은 경쟁을 벌일 수 있다. 경쟁이 줄어들면 시스템은 그대로 굳어진다. 경쟁이 지나치게 사나워지면, 승자들이 꼭대기까지 올라가지 못한다.

북한과 베네수엘라를 여기에 비유해보자. 북한은 억제가 너무 강해서 국민들이 정부의 사전 승인을 받지 못한 일은 전혀 할 수 없는 나라다. 베네수엘라에서는 정부의 억제가 너무 약해서 마약 카르텔, 마피아, 범죄자가 멋대로 날뛴다. 두 나라 모두 번영하지 못한다. 북한은 억제가 너무 강하기 때문이고, 베네수엘라는 억제가 너무 약하기 때문이다. 전 세계의 생산적인 나라들은 지나치게 무르지도, 지나치게 엄격하지도 않은 지점에서 균형을 유지하고 있다. 여기에는 양당제도가 매우 유용하다. 이것을 뉴런의 세계에 비유한다면, 보수당과 자유당이 각각 억제와 흥분 역할을 하며 경쟁을 벌이는 두 종류의 신경전달과 유사하다고 볼 수 있다. 대개 두 정당 중 한쪽이 지배적인 위치를 차지하지만 다른 당과의 차이는 아주 근소하다. 대체로 의회는 대통령이 속한 여당이 아니라 야당의 기조를 따라간다. 양당제도에서 벌어지는 만성적인 논쟁을 한탄하는 사람이 많지만, 이 제도는 유용한 변화를 실행에 옮기기에 이상적이다. 반면 한 정당이 모든 것을 지배하는 시스템은 역사적으로 그 나라에 고통의 불씨가 되었다.[13] 나라와 뇌에서 모두 유용한 마법은 세력들 사이의 평형에서 나온다. 그것이 시스템을 안정시키고 통제해서 쉽사리 변화할 수 있게 한다.

뉴런이 자기들의 사회적 연결망을 확장하는 법

앞에서 우리는 겨우 한 시간밖에 안 되는 아주 짧은 시간 안에 뇌에서 신속히 변화가 일어날 수 있음을 보았다. 그런 대규모 변화가 어떻게 그토록 빨리 일어날 수 있을까?

실험 대상자의 눈을 가리고 한 시간도 지나지 않았을 때, 시각 피질이 촉각에 반응하기 시작한 것이 기억나는가?(3장 참조) 촉각과 청각을 담당한 영역에서 새로운 시냅스가 자라나 일차 시각 피질까지 뻗어오기에는 너무 짧은 시간이다. 따라서 이 실험 결과는 시냅스가 이미 존재했음을 시사한다.[14] 사실 많은 뉴런이 이미 서로 연결되어 있지만, 억제가 워낙 강해서 기능하지 못할 뿐이다. 억제에서 풀려나면 그들은 목소리를 낼 수 있게 된다.[15]

내 친구들 사이에 큰 불화가 생겼다고 상상해보자. 어느 파티(그날은 모두 제정신이 아니었다)에서 발생한 비극적인 오해 때문에 나는 가장 친한 친구들을 모두 잃었다. 친구들과의 관계에서 들어오던 신호가 갑자기 예전보다 줄어들자, 나는 더 먼 지인들, 전에는 한 번도 온전히 주의를 기울인 적이 없는 사람들의 신호에 귀를 기울이게 된다. 내가 그동안 친구들과 맺은 아주 밀접하고 강렬한 관계 때문에 그들의 목소리가 억눌려 있었다. 하지만 이제 그들의 목소리가 들리기 시작하면서, 나는 그들과의 미약한 연결을 강하게 가꿔서 사회생활의 빈자리를 차츰 메운다.

이 비유를 읽으며 짐작했겠지만, 숨어 있던 시냅스들의 존재가 드러나는 것은, 강렬한 시냅스들이 제공하던 억제가 사라졌을 때다. 이 억제를 전문용어로 측방억제라고 하는데, 각각의 강렬한 시냅스가 자신에게 가장 가까운 이웃들의 활동을 억눌렀다는 의미다.[16] 원래 들어오던 신호들이 조용해지면, 빠르게 변화가 일어난다(팔을 마취하거나 눈을 가리는 식의 아주 단기적인 변화도 같은 영향을 미친다). 이 변화의 원인은 피질의 변화일 수도 있고, 시상에서 피질까지 이미 존재하던 이웃 시냅스들의 억제가 풀린 것일 수도 있다.[17] 다시 말해서, 억제가 풀리면서 예전에는 인식되지 않던 조용한 신호들이 기능을 발휘하게 된다.

이런 현상이 가능한 것은 순전히 뇌의 신경회로가 중복된 상태로 많이 교차 연결되어 있기 때문이다. 중복된 회로들은 처음에는 강하지만 시간이 흐르면서 점점 힘을 잃는다. 누군가에게 삐 소리를 크게 들려준 뒤 두피에 부착한 전극(뇌파검사)으로 뇌의 반응을 측정해보자. 평범한 성인의 경우, 삐 소리는 청각 피질에서 분명하게 측정되는 전기적 반응을 일으킨다. 하지만 시각 피질에서는 신호가 약하거나 아예 측정되지 않는다. 이제 이것을 생후 6개월 아기의 뇌에서 일어나는 반응과 비교해보자. 아기의 청각 영역과 시각 영역은 거의 똑같은 반응을 보인다. 아기의 뇌에는 중복된 회로들이 많아서, 청각 영역과 시각 영역이 서로 크게 다르지 않기 때문이다.[18] 생후 6개월에서 3년 사이에 시각 영역이 삐 소리에 보이는 반응이 점차 감소한다. 뇌는 처음에 빽빽하게 교차 연결되어 있던 신경회로 중에서 겹치는 부분을 조금씩 잘라내지만 교차 연결된 회로들이 완전히 사라지는 것은 아니다. 어른의 뇌에서도 일차 청각신경이 일차시각 피질에 곧바로 연결되어 있다. 반대의 경우도 마찬가지다.[19] 이 교차 연결 덕분에 필요한 경우 신속한 재배치가 가능하다.

조용하던 시냅스들이 모습을 드러내는 것만이 변화를 일으키는 방법은 아니다. 속도가 느린 다른 방식이 하나 더 있다. 축삭돌기가 자라나 다른 영역으로 들어가서 많은 신경회로들을 만드는 방법이다.[20] 친구 관계의 비유를 계속 이어가자면, 내가 전에는 별로 신경을 쓰지 않았던 지인들과 점점 많은 메시지를 주고받는다고 상상해보자. 어차피 나는 친구들과 만나던 시간이 많이 비어 있는 상태인데, 시간이 좀 흐르면 전에는 관계가 멀었던 이 새 친구들이 집에 와서 식사나 같이 하자고 나를 초대할 것이고, 나는 그들과 새로운 우정을 쌓게 될 것이다. 거리가 비교적 멀었던 무리에서 뻗어나온 새로운 관계를 내가 적극적으로 찾아내서 강화한 것이다. 뇌의 경우도 마찬가지다. 시간이 흐르면, 통신에서 단절되었던 영역에서 새로운 회로들이 생겨난다.[21]

지금까지 본 것을 요약해보자. 회로 재편의 일반 원칙은, 뇌가 조용한 회로들을 아주 많이 감추고 있다는 것이다. 이 회로들은 평소 억제되어 있기 때문에 이렇다 할 기여를 하지 않지만, 언젠가 필요해지면 금방 활동할 수 있다. 뇌는 이 점을 이용해서 들어오는 신호의 변화에 신속하게 대응한다. 그러나 이 조용한 회로들의 수가 제한되어 있어서 더 광범위하고 장기적인 변화에는 다른 방법이 사용된다. 유용하다고 판단된 단기적 변화가 장기적인 변화(새로운 시냅스의 생성, 새로운 축삭돌기 성장 등)로 굳어지는 방식이다. 이 방법들 외에 시스템이 스스로를 관리하는 데 도움이 되는 또 하나의 방법은 바로 죽음이다.

훌륭한 죽음의 이점

미켈란젤로가 대리석을 조금씩 깎아서 걸작 조각상을 만들어나가는 모습을 상상하기는 어렵지 않다. 그가 손가락, 코, 이마, 흐르는 듯한 옷자락을 차례로 조각한다. 하지만 처음에는 거대한 대리석 덩어리만 있었음을 잊으면 안 된다. 그는 거기에 뭔가를 덧붙이는 방식이 아니라 돌을 깎아내는 방식으로 작품을 만들었다. 돌 안에 이미 존재하던 것을 그가 발견해서 꺼내놓은 것이 바로 그의 걸작이다.

뇌가 장기적인 변화를 꾀할 때도 같은 원칙을 사용한다. 사실 뉴런들은 항상 자신에게 딱 맞는 장소를 찾아 헤매며 살아간다. 그래서 촉수를 밖으로 뻗는다. 거기서 좋은 반응이 돌아오면 계속 나아간다. 반응이 냉담하면 근처의 다른 뉴런을 시험해본다. 그러다 더 이상 긍정적인 피드백이 돌아오지 않으면 그들은 자신이 여기에 전혀 어울리지 않는다는 사실을 이해한다.

세포의 죽음에는 두 가지 방법이 있다. 영양분이 충분히 들어오지 않을 때(예를 들어 동맥이 막히면 조직은 피에 굶주리게 된다) 세포는 조금 너절한 죽음을 맞는다. 염증을 일으키는 화학물질들이 새어나가 인근에 손상을 입히기 때문이다. 이것을 괴사라고 부른다. 세포의 죽음 두 번째 방법은 아폽토시스, 즉 깔끔한 자살이다. 세포는 단호히 일을 접고 볼일을 마친 뒤 스스로를 소모한다. 이 죽음은 나쁜 것이 아니다. 오히려 신경계를 조각하는 데 쓰이는 엔진이다. 물갈퀴가 있던 태아의 손은 세포를 깎아내는 과정을 통해 손가락이 뚜렷이 구분되는 손으로 발전한다. 세포가 추가되는 것이 아니다. 뇌를 조각할 때도 같은 원칙이 적용된다. 발달과정에서 필요한 것보다 50퍼센트 많은 뉴런이 만들어진다. 따라서 대량의 죽음은 표준 운영 절차다.

암은 뒤틀린 가소성이 빚어낸 현상인가

내 생각에는 암 연구가 결국 가소성 연구와 겹치는 일이 가능할 것 같다.

암을 카툰으로 묘사한다면 다음과 같을 것이다. 세포가 돌연변이를 일으켜 분열을 거듭한다. 이 복제과정이 통제를 벗어나자 종양이 만들어져 몸 전체에 영향을 미친다.

하지만 진짜 암은 이보다 복잡하다. 종양 안에서는 수십억 개의 세포가 생존을 위해 경쟁한다. 이 세포 중에는 서로 아주 다른 것도 있다. 뇌의 신경회로와 마찬가지로, 이 세포들도 생존을 위해 끊임없이 경쟁한다. 영양분은 한정되어 있다. 일반적으로 암은 어떤 세포가 돌연변이를 일으켜, 생사를 건 경쟁에서 아주 조금 우위를 차지하는 데서 시작된다.[22] 우위라고 해봤자 정말 사소할 수 있다. 가장 가까운 이웃들과의 경쟁에서 조금 유리해질 정도. 그러나 이 돌연변이 세포가 복제되고 나면, 이 복제된 세포들이 서로 싸우기 시작한다. 그러다 새로운 돌연변이가 나타나 또 조금 유리한 후손이 만들어진다. 이 세포들은 계속 싸우고 진화하면서 점점 싸움의 기술이 좋아지다가, 결국은 주인을 죽인다.

이제 뇌와 몸의 이야기로 돌아가보자. 우리는 생후배선이 일어나는 생물이다. 뇌의 뉴런들은 생존을 건 싸움에 붙들려 있다(일반적으로는 몸의 모든 세포도 마찬가지다). 그러다 경쟁의 열기가 병적으로 변할 때가 있다. 돌연변이로 어떤 세포가 유리한 위치를 점하게 될 때, 그 대가로 몸 전체가 죽음의 나선 속으로 떨어진다.

나는 다세포생물이 유익한 결과를 낳는 경쟁과 주인을 죽일 만큼 격렬한 경쟁 사이에서 균형을 잡으려고 애쓰며, 혼돈의 칼날 위에서 진화의 가능성을 찾아낸다고 본다. 동물들에게 암이 엄청나게 많이 발생하는 이유를 이런 식으로 이해할 수 있다는 것이 내 생각이다. 예를 들어 대부분의 포유류 동물이 삶의 끝을 맞을 때까지 암에 걸릴 가능성은 약 30퍼센트다. 암에 걸리기가 놀라울 정도로 쉽다고 할 수 있다.

심한 경쟁에 붙들려 있는 상태에서는, 아주 사소한 우위가 재앙을 일으킬 수 있다. 시스템 전체가 돌연변이를 향해 경쟁의 속도를 올릴 가능성이 있기 때문이다. 모든 부품이 사이좋게 공존하는 시스템에서는 아마 다수의 돌연변이로 암이 발생하는 일이 없을 것이다. 그럴 필요가 없기 때문이다.

뇌의 숲 구하기

이번 장에서 우리는 영역을 차지하려는 경쟁의 간단한 규칙들 덕분에 뇌의 지도가 늘어나기도 하고 쪼그라들기도 하는 것을 보았다. 뇌의 한쪽 반구가 없는 채로 태어난 앨리스를 만나보았고, 뇌의 한쪽 반구를 수술로 제거한 매슈를 다시 불러왔다. 두 사람 모두 뇌의 신경회로가 재편되어, 남은 한쪽 반구가 두 눈의 정보를 처리하게 되었다. 시냅스와 뉴런의 수준에서 벌어지는 경쟁 덕분에 가능해진 일이다. 이 경쟁으로 새로운 축삭돌기가 성장하고 새로운 시냅스가 만들어졌을 뿐만 아니라, 이미 존재하던 회로들도 신속히 모습을 드러냈다. 앨리스와 매슈가 걷기, 술래잡기, 자전거 타기 등을 원한 것이 중요성에 관한 신호가 되어 뇌의 재편이 이루어질 수 있었다.

열대우림의 복잡한 모습을 보고 나는 뇌의 숲에 존재하는 복잡성을 생각한다. 우리는 860억 개의 뉴런을 모두 서로 사이좋게 지내는 나무와 덤불처럼 생각하는 경향이 있다. 하지만 사실 뉴런들이 살아남기 위해 끊임없이 경쟁하는 숲의 구성원들과 비슷하다면 어떨까? 나무와 덤불은 키를 키우거나 몸을 불리기 위해, 경쟁에서 이기기 위해 무한히 많은 전략들을 끊임없이 시도한다. 그들이 애쓰는 것은 햇빛을 받기 위해서다. 빛이 없으면 그들은 죽는다. 우리가 앞에서 본 신경영양인자는 뉴런에게 햇빛과 같다. 뉴런들이 서로 경쟁하며 사용하는 술수라는 측면에서 뉴런의 전략을 이해할 수 있는 날이 언젠가 올지도 모른다.

앞에서 강조했듯이, 이번 장에서 우리가 본 것은 모두 우리가 지금의 기술을 구축하는 방식과 근본적으로 다르다. 엔지니어들은 효율성, 최소 요건, 깔끔함을 직관적으로 추구한다고 자랑한다. 이처럼 정돈된 상태를 추구하다 보면, 연결된 선들이 적어진다. 그러나 혼돈의 가장자리에서 균형을 잡는 능력, 뜻밖의 사태에 대비하는 능력, 신속한 변화를 실행할 능력은 심을 수 없는 방법이기도 하다.

이제 우리는 뒤편에서 내내 어른거리던 의문에 주의를 돌릴 준비가 되었다. 어린이의 뇌가 어른의 뇌보다 훨씬 더 유연한 이유가 무엇일까?

9장

나이 든 개에게 새로운 재주를 가르치기가 더 어려운 이유

여럿으로 태어나다

1970년대에 MIT의 심리학 교수 한스루카스 튜버는 거의 30년 전인 제2차 세계대전 때 머리 부상을 입은 군인들이 어떻게 되었는지 궁금해졌다. 그래서 전투 중 뇌손상을 입은 군인 520명을 추적했다. 상당히 잘 회복한 사람도 있고, 결과가 좋지 않은 사람도 있었다. 튜버는 기록을 샅샅이 뒤진 결과, 중요한 변수를 찾아냈다. 부상을 당했을 때 나이가 어릴수록 지금의 상태가 좋고, 나이가 많을수록 손상은 더 영구적이었다.[1]

젊은 뇌는 5000년 전 지구와 같다. 다양한 사건이 경계선을 다양한 방향으로 밀어낼 수 있다는 점이 비슷하다. 그때로부터 수천 년이 흐른 지금 지구의 지도는 훨씬 더 안정되어 있다. 인간들이 수백 년 동안 챙챙 칼을 맞부딪히고 빵빵 총을 쏘아댄 결과, 고집스럽게 제자리를 지키는 국경선들이 만들어졌다. 떠돌아다니는 약탈자 무리와 말에 올라탄 정복자 대신 이제는 유엔이 힘을 행사하고 국제교전규칙이 적용된다. 약탈한 보물보다 정보와 전문기술에 대한 경제 의존도가 점점 커졌을 뿐만 아니라, 핵무기 때문에 이제는 우발적인 분쟁조차 엄두를 내기 힘들어졌다. 따라서 무역 분쟁과 이민 문제를 둘러싼 논란 앞에서도 나라들 사이의 국경선이 바뀔 것 같지는 않다. 각 나라는 이미 안정적으로 자리를 잡았다. 지구의 땅덩어리들은 처음에 국경선이 그어질 위치에 대해 엄청난 가능성을 품고 있었으나, 세월이 흐르면서 잠재적인 가능성이 줄어들었다.

뇌도 행성처럼 성숙해진다. 오랫동안 경계선을 둘러싸고 분쟁을 겪으면서 신경 지도의 경계선이 점점 굳어진다. 그 결과 나이 많은 사람에게 뇌손상은 엄청나게 위험하지만, 젊은 사람에게는 덜 위험하다. 나이를 먹은 뇌는 기존의 영역을 새로운 임무에 쉽게 할당하지 못하는 반면, 아직 전쟁의 초입에 서 있는 뇌는 지도의 경계선들을 새로이 상상할 여력이 있다.

아기 하야토와 윌리엄의 사례를 다시 생각해보자. 처음 태어났을 때 두 아이는 인간의 언어가 만들어내는 소리를 모두 이해할 수 있었다. 그뿐만 아니라, 자기들이 속한 문화의 세세한 부분들을 잡아내고, 종교적 신앙을 흡수하고, 사회적 상호관계의 규칙도 배울 수 있었다. 아기들은 엄청난 양의 정보를 모으는 방법을 터득한다. 시대에 따라 두루마리를 펼치거나, 책의 페이지를 넘기거나, 작은 직사각형 화면을 캡처하는 식으로 그 방법이 달라질 뿐이다.

그러나 두 아기가 어른이 되었을 때는 상황이 조금 바뀌었다. 하야토는 특정한 정당에 들어갔는데, 마음이 바뀔 가능성은 별로 없다. 윌리엄은 피아노를 상당히 잘 치지만 다른 악기를 공부할 생각은 별로 없다. 하야토는 요리를 좋아하며, 항상 자신에게 익숙한 열네 가지 재료를 조합한 음식을 만든다. 윌리엄은 수십 억 개나 되는 웹사이트 중 몇 군데만 방문한다. 하야토는 골프를 잘 치는 편이지만, 다른 스포츠에는 관심이 없다. 윌리엄은 800만 명이 사는 도시에 살지만 친한 친구는 세 명뿐이다. 하야토는 학교에서 배운 것 외에는 과학에 딱히 관심이 없다. 윌리엄은 옷을 사러 갔을 때 항상 입는 셔츠와 비슷한 것을 찾으려고 매장을 뒤지다가 원하는 것을 발견하면 항상 입는 색으로 두 벌을 고른다. 하야토는 여덟 살 때부터 줄곧 똑같은 머리 모양을 유지하고 있다.

이런 삶의 궤적들은 일반적인 사실 하나를 강조해준다. 인간 아기들에게는 처음부터 내장된 기술이 거의 없고 가소성이 대단히 큰 반면, 어른들은 유연성을 희생하고 특정한 작업에 통달하게 된다는 것이다. 적응력과 효율 사이에 거래가 이루어져, 우리 뇌는 특정한 작업을 잘 수행하게 되는 대가로 다른 작업들과 씨름하는 능력을 조금 잃어버린다.

6장에서 다룬 바이올리니스트 이츠하크 펄먼의 이야기를 다시 생각해보자. 어떤 팬이 그에게 그런 연주 솜씨를 가질 수 있다면 평생이라도 바치겠다고 말하자, 펄먼은 “저는 그렇게 했습니다”라고 대답했다. 삶의 현실을 지적한 말이다. 한 가지 일을 잘하게 되기 위해 다른 일들로 통하는 문을 닫아야 한다는 것. 우리 인생은 한 번뿐이므로,

자신이 어떤 일에 헌신하는가에 따라 특정한 길을 따라가게 되고 나머지 길은 모두 영원히 '가지 않은 길'로 남는다. 철학자 마르틴 하이데거의 말 중에서 내가 좋아하는 인용구로 이 책을 시작한 이유가 바로 그것이다. "모든 사람은 여럿으로 태어나 하나로 죽는다."

신경망의 관점에서 본다면, 패턴과 습관에 빠지는 것이 무슨 의미일까? 서로 몇 킬로미터 떨어진 거리에 두 마을이 있다고 상상해보자. 한 마을에서 다른 마을로 여행하는 데 흥미가 있는 사람들은 가능한 경로를 모두 택할 수 있다. 어떤 사람은 산등성이 꼭대기를 따라 풍경을 감상하며 걸어가는 길을 택하고, 어떤 사람은 절벽 아래 그늘진 곳을 선호하고, 어떤 사람은 강가의 미끄러운 바위 사이를 걷고, 어떤 사람은 위험하지만 빠른 숲속 길을 택한다. 세월이 흘러 경험이 쌓이다 보면, 더 인기 있는 길이 어디인지 드러난다. 많은 사람의 발길이 닿아 자국이 남은 그 길은 점점 표준이 되고, 얼마 뒤 지방 정부가 거기에 도로를 놓는다. 수십 년이 흐르면 도로가 넓어져 고속도로가 된다. 다양한 선택의 가능성이 하나의 표준으로 줄어든 것이다.

뇌도 처음에는 신경망 전체에 걸쳐 가능한 경로를 많이 갖고 있다. 그러나 시간이 흐르면서, 경험이 쌓인 경로들은 잘 사라지지 않게 되고, 사용 빈도가 낮은 경로들은 점점 희미해진다. 세상과의 상호작용에서 성공하지 못한 뉴런들은 결국 일을 접고 자살을 택한다. 이렇게 수십 년 동안 경험이 쌓이면, 뇌에는 주변 환경의 영향이 물리적으로 새겨지고, 우리는 단단히 다져져 살아남은 경로들을 따라 결정을 내린다. 좋은 점은 문제의 해결책을 빛의 속도로 찾아낼 수 있다는 것이고, 나쁜 점은 야생적이고 창의적인 방법으로 문제를 공략하기가 점점 힘들어진다는 것이다.

경로의 선택 가능성이 줄어든다는 점 외에, 나이 많은 뇌의 유연성이 줄어드는 이유가 하나 더 있다. 나이를 먹은 뇌는 변화하더라도 아주 작은 일부만이 변화한다는 점이다. 반면 아기의 뇌에서는 광대한 영역 전체에 걸쳐 변화가 일어난다. 아기의 뇌는 아세틸콜린처럼 널리 소식을 전할 수 있는 시스템을 이용해서 뇌 전체에 뜻을 알려, 경로와 신경회로를 바꾼다. 뇌의 그림이 선명해지는 데 폴라로이드 사진처럼 시간이 걸리기 때문에 어디서나 변화가 가능하다. 어른의 뇌는 한 번에 조금씩만 변한다. 대부분의 신경회로가 굳게 자리를 지키고, 뇌는 이미 학습한 것에 매달린다. 알맞은 신경전달물질들의 조합을 통해 아주 작은 영역만 유연해질 뿐이다.[2] 어른의 뇌는 거의 완성된 그림에서 점 몇 개의 색조만 수정하는 점묘화가와 같다.

참고로, 유연성이 엄청난 아기의 뇌를 갖고 있을 때의 느낌이 궁금할 것이다. 우리 모두 한때 아기였지만, 그때를 기억하지 못한다. 신기하고 다양한 일을 유연하고 자유롭게 새로 배우는 느낌은 어떨까? 우리 의식과 가소성이 총동원되는 다른 상황들을 생각해보면 어느 정도 이해가 갈 것 같다. 낯선 나라를 여행할 때 우리는 정신을 바짝 차리고 낯선 풍경을 한껏 받아들이며 신기한 것들을 더 많이 보고 더 많이 배운다. 여기저기 주의가 분산될 때도 많다. 집에 있을 때는 주의를 기울일 일이 별로 없다. 모든 것이 너무나 익숙하기 때문이다. 그러나 여행할 때는 잠시도 풀어져 있을 수 없다. 뭔가에 잔뜩 몰두해서 주의를 기울일 때는 다시 아기와 비슷해진다.[3]

아기와 어른의 차이는 쉽게 알 수 있지만, 신경계가 아기의 것에서 어른의 것으로 넘어가는 과정은 매끄럽지 않다. 그 변화는 여닫이문과 같다. 그 문이 일단 닫히고 나면, 대규모 변화가 끝난다.

민감기

이 책의 앞부분에서 만난 매슈를 생각해보자. 수술로 뇌의 절반이 제거된 아이 말이다. 반구절제술이라고 불리는 이 과격한 방법은 보통 환자가 여덟 살 미만일 때에만 권고된다. 매슈는 여섯 살 때 수술을 받았다. 이 수술을 받을 수 있는 상한선에 가까웠다는 얘기다. 아이의 나이가 더 많았다면(예를 들어 청소년기), 뇌가 세상에 적응할 것이라고 믿는 대신 그의 뇌에 맞게 여러 일을 조정해가며 살아야 했을 것이다.[4]

문이 닫히고 있다는 사실은 뇌에 일어나는 아주 작은 변화들을 통해 알 수 있다. 플로리다에서 심하게 방치된 상태로 발견된 아이 대니엘을 생각해보자. 유년기 내내 작은 방에 갇혀 애정도 대화도 접하지 못한 대니엘은 말도 하지 못하고, 먼 거리를 보지도 못하고, 사람들과 정상적인 상호작용을 하지도 못했다. 대니엘의 회복 가능성은 낮았다. 너무 늦게 발견되었다는 것이 가장 중요한 이유였다. 경찰이 아이를 발견했을 때, 아이의 뇌 지도는 이미 대부분 안정적으로 굳어진 뒤였다.

매슈와 대니엘의 이야기가 보여주는 결론은 똑같다. 뇌는 생애 초기, 민감기라고 불리는 기간 동안 가장 유연하다.[5] 이 기간이 지나면 신경 지도의 변화가 어려워진다.

대니엘의 경우에서 보았듯이, 어린이의 뇌는 민감기 동안 말을 아주 많이 들어야 한다. 이런 정보가 입력되지 않으면, 뉴런들은 언어의 기본 개념을 포착할 수 있는 형태를 끝내 갖추지 못한다. 청각신호를 듣지 못하는 청각장애 아기들의 경우는 어떤지 궁금할 것이다. 부모가 아기에게 수어를 보여주기만 한다면, 아기의 뇌는 의사소통에 적합한 신경회로를 갖추게 된다. 또한 청각장애 아기는 손을 사용해서 수어와 비슷한 옹알이를 한다. 귀가 들리는 아기들이 언어에 노출되었을 때 성대를 이용해서 옹알이를 하는 것과 같다.[6] 민감기 중에 포착할 신호가 들어오기만 한다면 아기는 그 신호를 포착한다. 민감기의 문이 닫힌 뒤에는 이미 때가 늦어서 의사소통의 기본을 터득할 수 없다.

의사소통 능력뿐만 아니라, 특유의 말씨처럼 언어의 섬세한 측면을 포착하는 데에도 정해진 시기가 있다.[7] 배우 밀라 쿠니스는 외국어 말씨가 없는 미국 영어를 구사하기 때문에 대부분의 사람들은 그녀가 우크라이나에서 태어나 일곱 살 때까지 거기 살면서 영어를 한 마디도 한 적이 없다는 사실을 알지 못한다. 반면 20대 초반부터 할리우드와 미국의 영화계를 접한 아널드 슈워제네거는 오스트리아식 말씨를 떨쳐버릴 가망이 거의 없다. 뇌의 관점에서 봤을 때, 그가 영어를 사용하기 시작한 시기가 너무 늦었다. 보통 일곱 살 이전에 새로운 나라로 이주한다면, 그 나라의 언어를 원래 그 나라 사람들만큼 유창하게 구사할 수 있다. 소리를 포착하는 민감기의 문이 아직 열려 있기 때문이다. 여덟 살에서 열 살 사이에 이주한 사람은 새로운 나라에 섞여드는 데 조금 어려움을 겪겠지만 그래도 흡사한 발음을 할 수 있다. 아널드처럼 10대 이후에 이주한다면, 유창하게 언어를 구사할 수 있는 능력이 낮은 수준에 머무르고 원래 출신지가 드러나는 말씨도 끈질기게 남을 것이다. 언어의 발음이라는 측면에서 다른 문화에 완전히 동화될 수 있는 능력은 약 10년 동안만 열려 있을 뿐이다.

앞에서 우리는 경쟁의 원칙을 이용해 사시로 태어난 아이를 도울 수 있다는 것을 살펴보았다. 건강한 눈을 한동안 가려두면, 약한 눈이 잃어버린 영역을 되찾기 위한 싸움에 나설 수 있다. 하지만 반드시 민감기(생후 약 6년까지) 중에 건강한 눈을 가려야 한다. 그 시기가 지나면 너무 늦어서 시력을 회복할 수 없을 것이다.[8] 생후 6년 뒤에는 뇌의 비포장도로를 고속도로로 포장하는 작업이 끝나서 바꿀 수 없게 된다.

완전한 시각 상실에도 같은 교훈이 적용된다. 앞에서 보았듯이, 다른 감각에 점령당하는 시각 피질의 면적은 선천적으로 앞을 볼 수 없는 사람, 유년기 초기에 시각을 잃은 사람, 나이를 먹은 뒤에 시각을 잃은 사람 순이다. 입력되는 신호가 일찍 변할수록 뇌가 쉽게 대처할 수 있다. 성능이라는 렌즈로 살펴보아도 역시 같은 원칙이 관찰된다. 시각 피질이 많이 점령당한 사람일수록 단어 목록을 암기하는 능력이 좋다. 예전에 시각 피질이었던 곳의 일부가 이제 암기에 사용되고 있기 때문이다.[9] 예상하겠지만, 선천적으로 앞을 보지 못하는 사람이 암기력 면에서 가장 큰 이득을 본다. 두 번째로 실적이 좋은 것은 어렸을 때 시각을 잃은 사람이고, 나이를 먹은 뒤 시각을 잃은 사람은 암기력 향상의 폭이 좁거나 아예 없다.[10] 타이밍이 중요하다.

의사가 여러 치료법을 놓고 고민할 때 이런 지식이 매우 중요하다. 환자의 나이에 따라, 시각을 회복시키려는 수술의 결과가 크게 다를 수 있기 때문이다. 나이가 어린 환자는 시각 경험을 빨리 다시 발달시킬 수 있지만, 나이가 많은 환자는 그렇지 않다. 사실 오랫동안 앞을 보지 못하던 사람의 후두엽 피질에 시각 데이터를 다시 연결하면 촉각과 청각 시스템의 안정성이 흐트러지는 경우가 있다.[11]

흰족제비의 시신경을 청각 피질에 연결했던 실험을 다시 살펴보자. 시각 정보가 이례적인 영역으로 들어오는데도, 피질은 그 데이터를 분석하는 방법을 알아냈다. 그러나 청각 피질의 변신이 완전하지 않았다는 점이 중요하다. 시각 피질에 비해 조금 어지럽게 신경회로가 형성된 것을 보면, 청각 피질이 선천적으로 다른 입력신호에 최적화되었을 가능성이 있다.[12] 피질의 변화 능력이 적어도 일부의 유전자 사양에 의해 상쇄될 가능성이 있다는 뜻이다. 그러나 실험을 위해 흰족제비의 뇌를 조작했을 때, 청각 피질이 이미 주변에서 들려오는 소리의 통계자료를 어느 정도 작성한 상태였을 가능성도 있다. 만약 시신경이 발달의 첫 순간(즉 자궁 속 태아 상태를 말하는데, 현재로서는 불가능한 실험이다)부터 청각 피질에 연결되었다면, 청각 피질이 완벽히 변화했을지도 모른다.

발달 타이밍이 미치는 영향은 모든 감각에서 공통으로 발견된다. 손가락 하나가 없어지거나 새로운 도구 사용법을 배웠을 때 신체 지도가 거기에 맞게 재조정된 것을 기억하는가. 이런 변화는 나이 든 사람의 뇌보다 젊은 뇌에서 모든 분야에 걸쳐 더 많이 일어난다. 밀라 쿠니스가 순수한 미국 영어를 구사할 수 있는 것과 마찬가지로, 이츠하크 펄먼도 어린 나이에 바이올린을 잡았다. 10대 때 처음으로 바이올린을 잡은 사람이 펄먼 같은 연주자가 될 가능성은 없다. 펄먼만큼 연습 시간을 채우려고 아무리 열심히 노력해도 뇌는 이미 경쟁에서 뒤처진 상태다. 청소년기라면 뇌가 이미 굳어진 뒤이기 때문이다.

시각, 언어, 바이올린 연주 솜씨를 습득하는 데에는 세상에서 들어오는 평범한 신호가 중요하다. 어렸을 때 이 신호를 받지 못한 대니엘 같은 아이는 나중에도 받지 못한다. 언어 습득, 시각 인식, 사회적인 상호작용, 정상적인 걸음걸이, 정상적인 신경발달 등은 유년기 초기 몇 년 동안에만 성취할 수 있다. 어느 시점이 지나면 이런 일들을 해낼 수 있는 능력이 사라진다. 뇌가 가장 유용한 신경회로를 만들기 위해서는 딱 알맞은 시기에 적절한 신호가 입력되어야 한다.

시간이 흐를수록 유연성이 감소하기 때문에 유년기의 일들이 우리에게 큰 영향을 미친다. 흥미로운 사례로, 남자의 키와 봉급 사이의 상관관계를 살펴보자. 미국의 경우, 남자의 키가 1인치 커질 때마다 그가 집으로 가져가는 돈이 1.8퍼센트 늘어난다. 왜 그럴까? 채용과정의 차별 때문이라는 것이 대중적인 의견이다. 사람들은 덩치만으로 주위를 휘어잡을 수 있는 키 큰 남자를 고용하고 싶어한다. 하지만 알고 보니 이보다 더 심오한 이유가 있었다. 남자가 미래에 받을 봉급을 짐작케 해주는 최고의 요인은 '열여섯 살 때'의 키다. 그 이후 그의 키가 아무리 크게 자라더라도 결과는 바뀌지 않는다.[13] 이걸 어떻게 이해해야 할까? 영양 상태의 차이가 영향을 미치는 걸까? 아니다. 과학자들이 일곱 살이나 열한 살 때의 키와 봉급의 상관관계를 살펴보았을 때는 키의 영향이 그렇게 크지 않았다. 10대 시절은 사회적 지위가 점차 정해지는 시기이므로, 이 시기의 모습이 어른이 됐을 때의 모습에 커다란 영향을 미친다. 실제로 수천 명의 어린이를 성인기까지 추적 조사한 연구들은 영업이나 인력관리 등 대인관계 중심의 직업들에 10대 시절 키의 영향이 가장 강하게 나타난다는 것을 보여준다. 육체노동이나 예술 같은 직업들은 영향을 덜 받는 편이다. 성장기에 남들에게서 어떤 대우를 받는지가 자부심, 자신감, 지도력 면에서 사람의 처신에 많은 영향을 미친다.

예를 들어, 대중적인 스타인 오프라 윈프리의 가치는 27억 달러인데, 빈털터리 노숙자 신세가 될지도 모른다는 두려움이 그녀의 마음속에 깊이 뿌리박혀 있다는 보도는 조금 놀랍게 들린다. 그러나 그녀가 지금의 위치에 오르기까지 걸어온 길을 보면 이해할 수 있다. 대중매체의 여왕이 되기 전, 그녀는 미시시피에서 아직 10대이던 어머니의 딸로 태어나 아버지 없이 가난한 어린 시절을 보냈다.

아리스토텔레스는 2400년 전 다음과 같이 지적했다. "유년기에 얻은 습관은 작은 변화를 가져오는 것이 아니라, 모든 것을 바꿔놓는다."

민감기라는 개념을 설명하기 위해 나는 여닫이문의 비유를 가져왔다. 하지만 이제 우리는 이 비유를 한 단계 더 높일 준비가 되었다. 문은 하나가 아니다. 여러 개다.

서로 다른 속도로 닫히는 문

어렸을 때 뇌는 워낙 영향을 잘 받기 때문에 가끔 곤경에 빠진다. 예를

콘라트 로렌츠와 그의 거위들.

들어, 알에서 깨어난 새끼 거위는 처음으로 눈에 들어온 움직이는 대상을 부모로 인식한다. 처음 눈에 보이는 대상이 보통 어미일 테니, 대부분의 경우 이 전략이면 충분하다. 하지만 상황이 잘못돼서 새끼 거위가 상대를 착각할 가능성도 있다. 1930년대에 동물학자 콘라트 로렌츠는 거위들에게 자신을 각인시키기 위해 굳이 열심히 애쓸 필요가 없었다. 새끼가 알에서 깬 직후 뇌가 유연한 그 짧은 시기에 그 앞에 나타나기만 하면, 새끼들은 그를 각인하고 내내 따라다녔다.

거위가 부모를 각인하는 민감기는 아주 빠르게 닫히는 문이다. 그래도 거위는 나중에 강의 위치, 먹이를 찾기에 가장 좋은 곳, 어른이 돼서 만난 다른 거위들의 정체 등 다른 것들을 여전히 학습할 수 있다.

민감기는 뇌가 수행하는 작업마다 다르다. 뇌의 모든 영역이 처음부터 같은 유연도를 타고나서 같은 기간 동안 유연성을 유지하는 것이 아니다.

어떤 영역이 가장 먼저 굳어지는지 일종의 패턴이 존재할까? 망막이 손상된 성인의 시각 피질에 변화가 일어나는지 관찰한 연구를 생각해보자. 시각 피질의 인근 영역들이 놀고 있는 시각 피질을 점령할까? 점령한다면 그 속도는? 놀랍게도 시각 피질에 눈에 띄는 변화가 나타나지는 않았다. 피질의 비활성 부분은 계속 그 상태를 유지했고, 인근 영역들에 점령당하지도 않았다.[14] 가소성 연구의 역사를 생각하면, 이것은 좀 뜻밖의 결과였다. 성인의 체성감각피질과 운동피질도 상당히 유연해서 나이를 먹은 뒤에도 행글라이딩이나 스노보딩을 배울 수 있지 않은가.[15]

그렇다면 시각에 대한 연구와 몸에 대한 연구의 차이점이 무엇이었을까? 일차 시각 피질의 패턴은 몇 년밖에 안 되는 짧은 기간 이후에 단단히 굳어지는데, 체성감각피질과 운동피질은 계속 학습이 가능한 이유가 무엇인가? 사시를 지닌 여덟 살짜리 아이의 한쪽 눈이 시력을 잃고 회복이 불가능해지는가 하면, 몸이 마비된 쉰여덟 살의 환자는 로봇 팔의 조작법을 배울 수 있는 이유가 무엇인가?

뇌의 여러 영역은 가소성 측면에서 저마다 다른 일정에 따라 움직인다. 어떤 신경망은 고집스럽고, 어떤 신경망은 대단히 유연하다. 민감기가 짧은 영역도 있고, 긴 영역도 있다.

이런 다양성을 빚어내는 일반적인 원칙이 있는 걸까? 영역마다 다른 학습 전략 때문에 민감기가 달라졌다는 가설을 세워볼 수 있다.[16] 이 가설에서 어떤 영역은 계속 변하는 세세한 정보를 처리해야 하기 때문에 평생에 걸쳐 학습을 계속할 준비가 되어 있다. 예를 들어 어휘력, 새로운 길을 익히는 능력, 안면 인식 능력 등은 계속 유연성이 필요할 법한 분야다. 반면 시각의 기초 다지기, 음식 씹는 법, 일반적인 문법 규칙 등 안정적인 작업을 담당하는 영역들은 빨리 굳어질 필요가 있다.

그렇다면 뇌는 각각의 영역이 어떤 순서로 굳어져야 하는지 어떻게 미리 아는 걸까? 유전자에 각인되어 있나? 그런 측면이 있기는 하겠지만, 나는 새로운 가설을 제시하고 싶다. 뇌의 특정 영역이 담당하는 데이터가 바깥세상에서 얼마나 변화하는지(또는 변화할 가능성이 있는지)가 그 영역의 유연도에 반영된다는 가설이다. 입력되는 데이터가 흔들림 없이 꾸준하다면, 시스템은 그 데이터를 중심으로 굳어진다. 데이터가 끊임없이 변한다면, 시스템은 계속 유연성을 유지한다. 따라서 안정적인 데이터가 가장 먼저 굳어진다.

귀에서 들어오는 정보와 몸에서 들어오는 정보를 예로 들어보자. 세상의 기본적인 소리를 해독하는 영역(예를 들어 일차 청각 피질)은 변화에 저항성을 갖게 되어 신속하게 굳어진다. 아기 윌리엄과 하야토의 뇌에 그들이 들을 수 있는 소리의 풍경이 고정되었을 때 바로 이런 일이 일어났다. 반면 몸을 움직이는 데 관여하는 운동영역과 체성감각영역은 유연성을 유지한다. 신체 형태가 평생에 걸쳐 변하기 때문이다. 사람은 살이 찌기도 하고 마르기도 하고, 부츠를 신을 때도 있고 슬리퍼를 신을 때도 있고, 목발을 짚을 때도 있고 자전거나 스쿠터에 탈 때도 있고, 트램펄린에 뛰어오를 때도 있다. 그래서 어른이 된 윌리엄과 하야토는 휴가 때 윈드서핑을 문제없이 배울 수 있다. 소리에 대한 정보는 크게 변하지 않지만, 우리 몸과 관련해 바깥세상에서 들어오는 피드백은 끊임없이 변한다. 따라서 일차 청각 피질은 굳어지는 반면, 신체 형태와 관련된 영역은 그만큼 굳어지지 않는다.

이번에는 시각이라는 단 하나의 감각만을 확대경으로 들여다보자. 일차 시각 피질처럼 레벨이 낮은 시각 영역에서 뉴런은 세상의 기본적인 속성, 즉 가장자리 선, 색깔, 각도 같은 것을 해독한다. 반면 시각 피질의 고급 영역들은 자신이 사는 동네의 약도, 올해 나온 스포츠카의 매끈한 외관, 스마트폰에 앱이 배열된 모양 등 특정한 대상을 파악하는 일에 관여한다. 레벨이 낮은 영역의 정보가 가장 먼저 확립되고, 그 기초 위에 다른 층들이 차곡차곡 연결된다. 따라서 선이 어떤 각도를 향할지 파악하는 능력이 고정되더라도, 우리는 신인 영화배우의 얼굴을 익히는 데 아무 문제가 없다. 이렇게 차곡차곡 쌓인 층 가운데 맨 아래층에는 가장 먼저 학습한 정보, 즉 눈으로 볼 수 있는 세계의 기본적인 정보가 담겨 있다. 이런 정보는 변할 가능성이 별로 없다. 이보다 높은 층의 정보(빨리 변할 수 있는 정보)를 우리가 배울 수 있는 것은 이처럼 아래층의 정보가 안정성을 유지하기 때문이다.

비유를 하나 들어보자. 내가 도서관을 짓는다면 책장들의 위치, 듀이 십진분류법, 도서 대출 순서 등 기본적인 것을 먼저 확고히 정해놓으려고 할 것이다. 이것이 정해지면, 소장 도서를 유연하게 유지하면서 흥미로운 분야의 책을 늘리고, 시대에 뒤떨어진 책을 줄이고, 새로 나온 책에 대한 반응을 항상 시험해보는 일을 간단히 해낼 수 있다.

따라서 사람이 나이를 먹은 뒤에도 뇌가 유연한가라는 질문에 한마디로 대답할 길은 없다. 뇌의 어떤 영역을 지칭하는지에 따라 답이 달라진다. 세월이 흐르면서 유연성이 감소하는 것은 맞지만, 각 영역이 담당하는 기능에 따라 감소 속도가 다르다.

이 가설과 흡사한 사례를 유전학에서 찾아볼 수 있다. 과학자들이 아직도 파악하지 못한 부분이 많지만, 게놈이 특별히 돌연변이를 방지하려고 보호하는 뉴클레오티드 배열이 있는 듯하다. 이에 비해 염색체의 다른 부분들은 잘 변하는 편이다. 대략적으로 말해서, 유전자 배열의 변이성에는 세상의 다양한 특징이 지닌 가변성이 반영된다.[17] 예를 들어, 피부색소를 담당하는 유전자는 변이성이 있다. 지구상의 어떤 지역에 사는가에 따라 피부색을 바꿔야 비타민D를 충분히 흡수할 수 있기 때문이다. 반면 당을 분해하는 단백질 생산을 관장하는 유전자는 안정적이다. 당이 변하지 않는 에너지원이자 우리 몸에 반드시 필요한 물질이기 때문이다. 어쩌면 미래에는 과학자들이 사람의 정신적·사회적·행동적 기능의 '가변성'을 정량화해서, 우리 주위 환경 중 가장 가변적인 부분을 담당하는 신경회로가 가장 유연하다는 가설을 시험해볼 수 있을지 모른다.

이렇게 세월이 흘렀는데도 여전히 변화 중

어른은 아이를 부러워한다. 아이는 놀라운 속도로 언어를 습득할 수 있고, 어떤 문제에 대해 마법처럼 기발한 생각을 떠올리며, 비행기에서 창문 밖을 내다보는 일에서부터 처음으로 토끼를 쓰다듬는 일에 이르기까지 모든 일을 신기하게 여기며 즐거워한다. 뇌가 나이를 먹으면 닫힌 문이 많아지는 탓에, 앞서 살펴본 제2차 세계대전 참전군인들은 부상을 당했을 때의 나이가 많을수록 결과가 좋지 않았다. 슈워제네거도 강한 오스트리아 말씨를 버리지 못했다. 도시도 나이를 먹으면, 기반 시설이 변화에 저항하게 된다. 예를 들어, 로마는 구불구불한 길을 곧게 펴서 맨해튼처럼 격자 모양으로 뻗은 도로를 만들지 못한다. 그 구불구불한 길에 역사가 너무 많이 배어 있기 때문이다. 인간이 성장할 때와 마찬가지로, 도시도 초창기의 도로를 따라 더욱더 깊은 발자국을 낸다.

1984년 당시 서른다섯 살이던 물리학자 앨런 라이트먼은 〈뉴욕타임스〉에 기고한 짧은 글 '지나간 기대'에서 자신의 머리가 점점 굳어지는 것 같다며 다음과 같이 탄식했다.

> 운동선수와 마찬가지로 과학자도 대개 젊을 때 유연하게 움직인다. 아이작 뉴턴은 20대 초반에 중력의 법칙을 발견했고, 알베르트 아인슈타인은 스물여섯 살 때 특수상대성이론의 공식을 만들었으며, 제임스 클러크 맥스웰은 서른다섯 살이 되기 전에 전자기이론을 잘 다듬어 내놓고는 시골로 은퇴해버렸다. 나는 몇 달 전 서른다섯 살을 맞아 물리학계에서 내가 걸어온 길을 요약해보는, 불쾌하지만 저항할 수 없는 작업을 해보았다. 지금 이 나이 또는 앞으로 몇 년 뒤쯤이면 가장 창의적이고 눈에 띄는 작업이 완성되어 있어야 한다. 이미 그런 성취를 이룩했거나, 하지 못했거나 둘 중 하나다.

물리학자 제임스 게이츠가 텔레비전 인터뷰에서 한 말에서도 같은 감정을 느낄 수 있다.

> 늙은 물리학자는 죽을 때가 되어야 새로운 생각을 받아들인다는 말이 있다. 새로운 생각으로 결실을 맺는 것은 다음 세대의 몫이다. 나처럼 늙은 물리학자가 되면 아는 것만 많아져서 그 지식이 배의 바닥짐 같은 역할을 한다. 나를 자꾸 아래로 끌어내린다는 뜻이다. 이미 알고 있는 지식의 무게가 온전히 나를 누른다. 그러다 가끔 새로운 아이디어가 작은 요정이나 도깨비처럼 내 옆을 지나가면, 나는 이렇게 말한다. "아, 뭔지는 모르겠지만 별로 중요한 건 아닐 거야." 하지만 중요할 때도 있다.

이런 탄식은 노화의 전형적인 증상이다. 그러나 나이를 먹어 뇌가소성이 감소하더라도 다행히 완전히 사라지지는 않는다. 생후배선은 젊은이들만의 특권이 아니라는 얘기다. 회로 재편은 평생 동안 계속 이루어진다. 우리가 새로운 생각을 해내고, 새로운 정보를 축적하고, 사람과 사건을 기억하기 때문이다. 유연성이 떨어지기는 해도 로마의 발전은 계속된다. 20년 전의 로마와 지금의 로마는 다르다. 조각상들 주위에 이동통신 중계탑과 인터넷카페가 즐비하다. 기본적인 것은 바꾸기 어렵지만, 그래도 세세한 부분들은 새로운 환경에 맞춰 앞으로 나아간다. 도서관 건물은 대체로 변함이 없어도, 그 안에 소장된 책은 계속 바뀌는 것과 같다.

이 책에서 우리는 이런 사실을 보여주는 많은 연구 결과를 보았다. 저글링, 새로운 악기 연주, 런던 지도 등을 익히는 실험이 모두 어른 뇌의 가소성과 관련된 것이었다. 최근에는 수녀원에 사는 수녀 수백 명을 수십 년에 걸쳐 조사한 연구에서 놀라운 결과가 나왔다.[18] 이 수녀들은 모두 정기적으로 인지기능 검사를 받고, 병원 진료 기록을 공유하고, 사망 후 뇌를 기증하는 데 동의했다. 놀랍게도 일부 수녀들은 인지력이 전혀 저하되지 않아 계속 예리한 사고를 유지했는데도 사후 부검에서 알츠하이머병이 뇌를 잔뜩 헤집어놓은 것으로 드러났다. 다시 말해서, 그들의 신경망이 물리적으로 퇴화했는데도 그들의 기능은 저하되지 않았다는 뜻이다. 이걸 어떻게 설명할 수 있을까? 수녀원의 그 수녀들이 마지막 날까지 계속 머리를 사용해야 했다는 점이 열쇠였다. 그들은 각자 맡은 일이 있고, 서로 교류도 했다. 말다툼도 하고, 밤에 간단한 게임도 하고, 집단토론도 했다. 일반적인 팔순 노인들과 달리 그들은 은퇴해서 텔레비전 앞 소파에 털썩 앉아 시간을 보내는 생활을 하지 않았다. 정신적으로 계속 활발한 생활을 했기 때문에 그들의 뇌는 일부 신경망이 물리적으로 무너지는 와중에도 계속 새로운 다리를 만들 수밖에 없었다. 병리 검사에서 알츠하이머병이 밝혀졌는데도 인지적 증상이 나타나지 않은 수녀가 무려 전체의 3분의 1이나 되었다. 아주 나이가 많아도 정신적으로 활발한 생활을 계속하면 새로운 신경회로가 만들어질 수 있다.[19]

그렇다면 나이를 막론하고 학습이 가능하다. 하지만 뇌가 나이를 먹을수록 학습 속도가 느려지는 이유는 무엇일까? 많은 여닫이문이 이미 닫혔다는 사실이 그 이유 중 하나다. 그러나 다른 시각에서 이 문제를 바라볼 수도 있다. 내면의 모델과 바깥세상에서 일어나는 일 사이의 '차이'가 뇌의 변화를 일으킨다는 말을 기억하는가. 뇌는 앞을 예측할 수 없는 상황에서만 변화한다. 우리가 나이를 먹으면서 가정생활, 함께 어울리는 사람들, 좋아하는 음식 등 세상의 여러 규칙을 익혀나가면 뇌에 도전장을 내미는 신선한 자극이 줄어들어서 뇌가 점점 안정된다. 어렸을 때는 내가 믿는 것을 남들도 다 믿는다는 것이 내면의 모델이다. 그러나 세상을 경험하면서 나의 예상과 실제 경험이 다를 수 있다는 것을 배우고 나면, 신경망이 그 차이에 대응해서 변화한다.

새로운 직장에 취직했을 때의 경험과 비교해봐도 된다. 처음에는 직장 동료, 내가 맡은 일, 일을 바라보는 나의 태도 등 모든 것이 새롭다. 그래서 여기에 대응하는 새로운 방법들이 내면의 모델에 통합되는 며칠, 또는 몇 주 동안 뇌는 대단히 유연한 상태를 유지한다. 그렇게 얼마쯤 시간이 흐르면 일이 손에 익어서 유연성 대신 습득된 기술이 그 자리를 차지한다.

나라가 자리를 잡을 때도 이런 패턴을 볼 수 있다. 어떤 나라가 헌법을 수정하는 일은 거의 모두 건국 초기에 일어난다. 그 나라가 스스로를 운영하는 전략을 차츰 배워나가는 시기다. 세월이 흐른 뒤에는 헌법이 점점 굳어져서 예전만큼 신속하게 수정이 이루어지지 않는다. 미국에서도 열두 번의 헌법 수정이 건국 초기 13년 동안 이루어졌다. 그 뒤로는 시대를 막론하고 20년 주기로 끊어서 살펴보아도, 한 주기에 최대 네 건의 수정이 이루어졌을 뿐이다. 그나마 20년 동안 헌법 수정이 전혀 없었던 시기가 대부분이다. 가장 최근의 수정인 수정헌법 27조는 1992년에 비준되었다. 그 뒤로는 헌법이 그대로 고정되어 있다. 나라가 세상에 적응하는 속도는 이런 식으로 꾸준히 느려진다. 처음에는 활발한 수정이 이루어지지만, 세월이 흐르면서 나라 운영에 현실적으로 필요한 모델이 만들어져 나라가 점차 안정된다.

뇌가 굳어지는 방식에도 역시 세상을 얼마나 성공적으로 이해했는지가 반영된다. 신경망이 더욱 단단히 고정되는 것은 기능이 쇠퇴하기 때문이 아니라 필요한 것들을 잘 알아냈기 때문이다. 그렇다면 여러분의 뇌가 아이의 것처럼 다시 유연해지는 것이 정말로 바람직한 일일까? 모든 것을 스펀지처럼 빨아들이는 뇌가 매력적이기는 해도, 인생이라는 게임에서는 규칙을 알아내는 것이 몹시 중요하다. 우리는 유연성을 잃는 대신, 전문성을 얻는다. 우리가 힘들게 구축한 갖가지 연상의 연결망이 100퍼센트 옳지도 않고 심지어 내적인 일관성조차 없을 수도 있지만, 그것들이 합쳐져서 인생 경험, 노하우, 세상을 대하는 태도가 된다. 아이는 회사를 경영하지도 못하고, 심오한 생각을 즐기지도 못하고, 한 나라를 이끌지도 못한다. 유연성이 감소하지 않는다면, 우리는 세상의 관습을 굳건히 새길 수 없을 것이다. 패턴을 인식하는 능력이 좋아지지도 않고, 대인관계를 헤쳐나가지도 못할 것이다. 책을 읽을 수도, 의미 있는 대화를 할 수도, 혼자 걸을 수도, 스스로 먹을 것을 구할 수도 없을 것이다. 완전한 유연성을 계속 유지한다면 아기처럼 무력해진다.

살면서 쌓은 기억은 또 어떤가? 뇌의 유연성을 갱신해주는 알약이 있다고 상상해보자. 이 알약을 먹으면 신경망을 새로 프로그래밍해서 새로운 언어를 빠르게 배우고, 새로운 말씨와 물리학에 대한 새로운 견해를 습득할 수 있다. 그 대가로 우리는 그 전의 기억을 모두 잃는다. 유년기의 기억이 지워지고, 그 위에 새로운 기억이 덧씌워질 것이다. 처음 사귄 연인, 처음 디즈니랜드에 갔던 추억, 부모님과 보낸 시간. 이 모든 것이 꿈처럼 희미하게 사라져갈 것이다. 이런 대가를 치를 만큼 가치가 있는 일인가?

전쟁의 미래에 대한 끔찍한 시나리오 중 하나로, 생물무기가 유연성을 회복시켜주는 상상을 해보자. 누구도 몸을 다치지는 않지만, 병사들은 모두 아기 때의 상태로 돌아간다. 걷는 법, 말하는 법도 잊어버리고, 기억도 싹 사라질 것이다. 지휘관의 명으로 집에 돌아오더라도 가족, 친구, 배우자, 자녀에 대한 기억이 전혀 없다. 엄밀히 말하면 그들은 건강하다. 다시 지식을 배울 수 있고, 손상된 곳은 하나도 없다. 다만 우리 눈에 쉽게 보이지 않는 정신적인 부분, 정신적인 인생이 리셋되어 처음 상태로 돌아갔을 뿐이다.

이런 상상이 끔찍한 것은, 근본적으로 우리가 지닌 기억의 총합이 바로 우리이기 때문이다. 이제 이 주제를 이야기해보자.

10장

기억하나요

그 마지막 날 고통은 사라지지 않았다. 몇 번이나 그녀가 침대에서 거의 공중으로 떠오르다시피 했기 때문에 그들이 그녀를 힘들게 누르고 있어야 했다. 그는 참지 못하고 방을 나갔다. 아무리 울어도 모자라다는 듯이 울었다.

지니가 그를 위로하러 왔다. 여린 목소리로 이렇게 말했다. 할아버지, 할아버지, 울지 마세요. 네 할머니는 저 안에 없어. 나랑 약속했어. 마지막 날, 네 할머니는 처음으로 음악을 들은 그때로, 태어난 마을의 길에 서 있던 어린 소녀로 돌아가겠다고 말했어. 나한테 약속했어. 결혼식에서 두 사람이 춤을 출 때, 플루트 소리가 어찌나 즐겁고 생기 있게 허공을 울렸는지. 그럼 거기에 계속 계시라고 하세요, 할아버지, 괜찮아요. 네 할머니가 약속했어. 돌아와. 돌아와서 저 가엾은 몸이 죽게 해줘.

_틸리 올슨, 〈내게 수수께끼를 말해봐〉

죽음을 앞둔 할머니의 모습을 그린 틸리 올슨의 글은 최근의 기억이 사라진 여성을 보여준다. 반면 그녀의 어린 시절 기억은 풍부하게 잘 남아 있다. 아는 사람 중에 치매 환자가 있다면, 여러분도 이런 패턴을 알아차렸을 것이다.

이것은 신경학에서 가장 처음 발견된 패턴 중 하나다. 1882년 프랑스의 심리학자 테오뒬 리보가 이러한 관찰 결과를 정설로 만들었다. 그는 새로운 기억보다 오래된 기억이 더 안정적이라는 사실을 알아차리고 깜짝 놀랐다.[1] 오늘날 리보의 법칙이라고 불리는 이 패턴은, 말년에 이른 사람 중 일부가 어렸을 때의 말투로 돌아가는 현상을 설명해준다. 알베르트 아인슈타인은 1955년에 뉴저지주 프린스턴의 병원에서 눈을 감으면서 마지막으로 생각한 것을 말했다. 모두 이 위대한 물리학자가 마지막으로 무슨 말을 했는지 알고 싶어하지만, 영영 알 길이 없다. 그의 말을 들어줄 간호사가 곁에 없었기 때문이 아니라, 그가 모국어인 독일어로 말한 탓이었다. 야간 당직 간호사는 영어밖에 할 줄 몰랐으므로 그의 마지막 말은 그냥 묻혀버리고 말았다.

기억의 이상한 패턴에 리보가 놀란 것은 당연하다. 다른 저장 시스템은 그런 식으로 작동하지 않는다. 제도적 기억은 과거의 지도자가 이끌던 시절을 잊어버리고, 교육제도는 최신 트렌드에 초점을 맞추며, 시 정부는 지난 세기에 거둔 성공보다는 최근의 성과를 더 자랑한다.

그런데 왜 뇌는 거꾸로 작동하는 걸까? 오래된 기억이 왜 점점 더 안정되는 걸까? 이것은 뇌의 작동 원리를 이해하는 데 아주 중요한 단서다. 그러니 이제 생후배선의 가장 중요한 측면 중 하나인 기억이라는 현상에 주의를 돌려보자.

미래의 자신에게 말하기

> 헤어질 시간이 지나가기 전에,
> 빨리, 그대여, 기억이여!
> _매슈 아널드

영화 〈메멘토〉에서 레너드 셸비는 단기기억을 장기기억으로 전환하지 못해 고생한다. 순행성 기억상실증이라고 불리는 증상이다. 그는 5분 전의 일까지는 기억할 수 있지만, 그 시간이 지나고 나면 모든 기억이 희미해진다. 그래서 자신의 임무를 잊지 않기 위해 중요한 정보를 살갗에 직접 문신으로 새긴다. 시간을 거슬러 자신과 이야기를 나누는 그만의 방식이다.

우리는 모두 레너드 셸비와 비슷하지만, '과거의 나'에 대한 정보를 살갗 대신 신경회로에 새겨 넣는다. 그 덕분에 미래의 우리는 자신이 어떤 일을 겪었는지 알아내고, 이제 무엇을 할 것인지도 결정한다.

거의 2400년 전 아리스토텔레스가 〈기억과 회상에 관하여〉라는 글에서 처음으로 이 과정을 설명하려고 시도했다. 그는 밀랍 봉인에 문양을 찍는 비유를 사용했다. 하지만 불행히도 그에게는 근거로 삼을 만한 데이터가 없었으므로, 세상의 사건들이 머릿속에서 기억으로 변하는 마법은 수천 년 동안 수수께끼의 장막에 감싸여 있었다.

이제야 비로소 신경과학이 이 수수께끼를 조금씩 풀고 있다. 우리가 새로운 사실, 예를 들어 새로 이사 온 이웃의 이름을 알게 되면, 뇌의 구조에 물리적인 변화가 생긴다는 사실을 이제 우리는 알고 있다. 신경과학자들은 이 변화가 도대체 무엇인지, 뉴런들의 광대한 바다 전역에서 이 변화가 어떻게 조정되는지, 변화가 어떻게 지식을 구현하는지, 수십 년 뒤에도 그 변화를 어떻게 읽어낼 수 있는지를 알아내려고 수십 년 동안 실험실에서 노예처럼 일했다. 아직도 많은 퍼즐 조각이 빠져 있지만, 그래도 그런 노력의 결과 전체적인 그림이 만들어지는 중이다.

간단한 형태의 기억에 대한 연구는 해삼 같은 단순한 생물을 대상으로 세포 수준과 신경망 수준에서 집중적으로 이루어졌다. 왜 하필 해삼일까? 해삼의 뉴런이 크기는 크고 수가 적어서 인간보다 연구하기가 상당히 쉽기 때문이다. 전형적인 실험과정을 묘사하자면 다음과 같다. 과학자가 막대기로 해삼을 가볍게 찌르면, 해삼이 움츠러든다. 그러나 과학자가 이 행동을 90초마다 한 번씩 반복하면 결국 해삼은 움츠러들지 않게 된다. 이 자극이 전혀 해롭지 않다는 것을 '기억'하기 때문이다. 이제 과학자들은 막대기로 찌르면서 꼬리에 전기 충격을 병행한다. 그러고 나서 다시 막대기로 찌르면 해삼은 예전보다 더 크게 움츠러든다. 막대기 자극에 뭔가 위험한 것이 따라붙었다는 사실을 해삼이 '기억'한 것이다.[2]

이런 실험으로 우리는 분자 수준에서 일어나는 변화에 대해 많은 것을 배웠다. 그러나 포유류처럼 진화과정에서 늦게 나타난 동물들의 기억 능력은 무척추동물의 것보다 훨씬 더 강력하고 광범위하다. 인간은 자신의 생애를 세세히 기억할 수 있는 생물이다. 우리는 꿈과 상상도 기억하고, 광대한 지역의 지리도 상세히 기억하고, 복잡한 재주를 익혀 상업적 환경이나 사회적 조건이나 다양한 기후에 대처할 수 있다. 게다가 별로 중요하지 않은 일들, 예를 들어 2주 전 공항에 차를 세워둔 위치라든가 누군가의 정확한 말 같은 정보를 잊어버리는 편리한 능력도 갖고 있다.

포유류를 상대로 기억의 물리적 기반에 대한 체계적 연구가 처음으로 이루어진 것은 1920년대였다. 하버드대학의 신경생물학 교수 칼 래슐리는 쥐에게 새로운 것(예를 들어, 미로를 통과하는 길)을 가르칠 수 있다면, 쥐의 뇌에서 정확한 지점을 조금 잘라내 그 새로운 기억을 지우는 것도 가능할 것이라는 가설을 세웠다. 그가 할 일은 뇌에서 정확한 지점을 찾아내 제거한 다음, 쥐가 길을 기억하지 못한다는 사실을 증명하는 것뿐이었다.

그래서 그는 쥐 스무 마리에게 미로에서 길을 찾는 훈련을 시켰다. 그러고 나서 각각의 뇌에서 피질의 서로 다른 부분을 메스로 갈랐다. 녀석들이 수술에서 회복한 뒤 그는 각각의 쥐를 다시 시험해, 어느 부위가 손상된 쥐가 미로에 대한 지식을 잊어버렸는지 확인하려고 했다.

실험은 실패였다. 모든 쥐가 아주 능숙하게 미로를 통과했다. 길을 잊어버린 쥐는 한 마리도 없었다.

그런데 이 실패가 영원한 성공이 되었다. 래슐리는 미로에 대한 쥐의 기억이 단 한 지점에만 몰려 있는 것이 아니라는 깨달음을 얻었다. 기억은 특정 영역에만 한정된 것이 아니라, 널리 퍼져 있었다. 뇌에 기억에만 할애된 조직은 없다는 사실이 이 실험에서 드러났다. 기억의 저장은 파일함과 다르다. 그보다는 분산 클라우드 컴퓨팅과 비슷하다. 이메일 계정의 받은 메일함이 지구 전역의 여러 서버에 흩어져 있으며, 중복되는 경우가 아주 많은 것과 같다.

하지만 누군가의 이름, 스키를 타러 다녀온 일, 음악 등에 대한 기억이 널리 퍼져 있는 수백억 개의 세포에 어떻게 적히는 걸까? 경험의 영역에서 일어난 일을 물리적인 변화로 바꿔놓는 프로그래밍 언어는 무엇인가?

고해상도 현미경이 나오기 전인 19세기에 사람들은 온몸에 뻗은 수많은 신경 고속도로로 이루어진 신경계가 혈관처럼 계속 이어진 네트워크라고 생각했다. 이런 생각에 도전장을 내민 사람은 1세기 전 스페인의 신경과학자 산티아고 라몬 이 카할이었다. 그는 뇌가 개별 세포 수백억 개의 연합이라는 사실을 깨달았다. 신경계는 고속도로보다 서로 연락을 주고받는 지방도로 프로젝트들을 조각보처럼 이어붙인 형태에 더 가까웠다. 그는 '뉴런 독트린'이라고 명명한 이 연구로 당시 제정된 지 얼마 되지 않은 노벨상을 받았다. 뉴런 독트린은 중요한 의문 하나를 새로이 제시했다. 뇌세포가 각각 독립적으로 존재한다면 어떻게 서로 의사소통을 할까? 이 질문의 답은 금방 발견되었다. 뇌세포가 시냅스라는 특별한 지점에서 서로 연결되어 있다는 답이었다. 라몬 이 카할은 시냅스의 접합 강도 변화에 따라 학습과 기억이 발생할 가능성이 있다는 의견을 내놓았다.

신경과학자 도널드 헤브는 1949년까지 이 생각을 계속 곱씹어 정교하게 다듬을 수 있었다. 그는 세포 A가 세포 B를 움직이는 데 일관

되게 참여한다면, 이 둘 사이의 접합이 강화될 것이라는 주장을 내놓았다.[3] 즉, 함께 발사하는 뉴런은 회로로 이어진다.

헤브가 이 가설을 내놓았을 때는 뒷받침이 될 만한 실험 증거가 없었다. 세월이 흘러 1973년에 헤브의 가설이 옳았을지도 모른다는 연구 결과를 두 과학자가 내놓았다. 그들이 시상이라고 불리는 부위의 입력 신경섬유를 자극했더니, 신호를 받아들이는(시냅스 후부) 세포의 전기적 반응이 증가했다. 그리고 덩치가 큰 신호는 최대 10시간까지 지속되었다. 그들은 이것을 장기 강화로 명명했다. 최근의 활동 결과로 접합의 강도가 변할 수 있음을 증명한 최초의 연구였다.[4]

모두 다음 단계를 재빨리 추측했다. 올라가는 것에는 내려올 능력이 필요한 법이다. 접합이 강화될 수 있다면, 약화되는 것도 가능해야 했다. 그렇지 않으면 네트워크가 포화되어 새로운 것을 전혀 저장할 수 없게 될 것이다. 1990년대까지 과학자들은 다양한 조작(예를 들어, A가 신호를 쏴도 B에서 아무런 응답이 없는 상태)을 통해 장기 약화를 이끌어낼 수 있음을 증명했다. 두 세포 사이의 접합이 약해진다는 뜻이다.

과학자들은 기억의 물리적인 기반을 발견했다는 결론을 내렸다.[5] 접합의 강도가 미세하게 달라지면 네트워크에서 출력되는 행동이 급격하게 달라질 수 있다. 이 과정의 바탕이 되는 것은 과거에 있었던 일이다. 매개변수가 딱 알맞게 조정된다면, 네트워크는 동시에 발생한 일들을 서로 연결할 수 있다. 우리가 살면서 쌓는 모든 기억과 추억의 저변에 깔린 것은 이처럼 간단한 메커니즘이다.

절친한 친구와 그 친구의 집을 생각해보자. 친구가 눈에 들어오면 특정한 뉴런들이 반응하고, 집을 보면 또 다른 뉴런들이 반응한다. 내가 친구 집에 갈 때는 이 두 무리의 뉴런이 동시에 활동하기 때문에 친구와 친구의 집이라는 두 개념이 서로 연계된다. 그래서 이것을 연상학습이라고 부른다. 두 개념 중 하나가 촉발되면, 다른 하나도 살아난다. 이 두 개념이 다른 연상들, 예를 들어 친구와 나눈 대화, 식사, 웃음에 대한 기억 같은 것들을 활성화할 수 있으니 더욱 좋다.

1980년대 초에 물리학자 존 홉필드는 아주 간단하게 제작한 인공 신경망도 소량의 '기억'을 저장할 수 있는지 알아보려고 했다.[6] 그 결과 그는 신경망을 어떤 패턴(예를 들어 알파벳 글자들)에 노출시켜 동시에 신호를 발사하는 뉴런들 사이의 시냅스를 강화하면 신경망이 그 패턴을 기억한다는 사실을 알게 되었다. 글자 E를 예로 들면, 이 글자에 자극받은 특정 뉴런들이 서로 접합을 강화한다. 글자 S도 마찬가지다. 이제 홉필드는 망가진 글자(예를 들어 맨 위의 선을 하나 없앤 E)를 신경망에 제시해보았다. 그러자 신경망 전체에 걸쳐 활동이 폭포처럼 이어지며 온전한 E를 보았을 때 자극받은 뉴런들이 활성화했다. 다시 말해서, 신경망이 이전의 경험들을 바탕으로 자신이 갖고 있는 E의 개념에 맞게 패턴을 완성했다는 뜻이다. 게다가 신경망은 변형에 대해 놀라울 정도로 강한 반응을 보였다. 선을 몇 개 지우더라도, 신경망 전체에 퍼져 있는 기억들을 여전히 불러올 수 있었다. 홉필드가 이처럼 간단한 인공 신경망으로 기억 과정을 분명하게 증명해 보이자, '홉필드 망'에 대한 수많은 연구의 문이 열렸다.[7]

그 뒤로 수십 년 동안, 특히 최근 들어 인공 신경망 분야에 날개가 생겼다. 이 분야의 부상에 크게 기여한 것은 새로운 이론적 발전이 아니라 컴퓨터 능력의 발전이었다. 수억 개 또는 수십억 개의 단말기로 거대한 인공 신경망 시뮬레이션이 가능해졌기 때문이다.[8] 이런 네트워크들은 지금까지 세계 최고의 체스 기사와 바둑 기사를 이기는 놀라운 능력을 보여주었다.

그러나 화려한 팡파르에도 불구하고, 인공 신경망이 인간의 뇌처럼 움직이려면 아직 갈 길이 멀다. 그들의 재주가 정신이 멍해질 만큼 인상적이기는 해도, 고양이와 개를 구분하는 작업에서 새와 물고기를 구분하는 작업으로 옮겨가라는 식으로 작업의 교체를 지시하면 그 결과는 거의 재앙에 가깝다. 인공 신경망은 뇌에서 영감을 얻어 만들어졌으나, 그 나름대로 단순화된 길을 따라 여기까지 왔다. 뇌의 마법(즉, 지금까지 인공 신경망은 해내지 못했으나 뇌는 할 수 있는 일)을 이해하려면, 우리 머릿속에서 만들어지는 진짜 기억의 비결과 과제를 냉철하게 바라볼 필요가 있다.

기억의 적은 세월이 아니라 다른 기억이다

뇌가 직면한 첫 번째 문제는 긴 수명이다. 동물들은 자꾸만 바뀌는 환경에 적응해야 하기 때문에, 몇 년 또는 수십 년에 걸쳐 지속적으로 새로운 정보를 받아들일 필요가 있다. 그러나 평생에 걸친 학습은 과거의 데이터를 보호하는 일과 새로운 정보를 받아들이는 일 사이에서 계속 균형을 잡아야 한다. 인공 신경망은 '훈련기' 때 수많은 사례를 접하며 학습한 뒤, '회상' 단계에서 그 결과를 시험받는다. 동물은 이런 사치를 누릴 수 없다. 평생 동안 그때그때 상황에 따라 학습하고 기억해야 한다.

시냅스의 교과서적인 기본 변화 원칙을 바탕으로 한 기억모델은 안타깝게도 곧장 문제에 부딪힌다. 헤브의 학습이 기억 저장에 좋은 방법이긴 해도, 이 방법이 '계속' 성능을 발휘한다면 이전에 학습한 내용 위에 새로운 정보가 금방 덧씌워진다.[9] 기억으로 가득 찬 인공 신경망은 기억 진창으로 퇴화한다. 새로운 활동이 일어난 뒤 과거의 기억이 흐릿해지는 속도가 워낙 빨라서, 연극의 1막이 끝날 때쯤이면 첫 장면이 기억나지 않을 정도다. 이 문제는 안정성/가소성 딜레마라고 불린다. 뇌가 새로운 정보를 받아들이면서 동시에 과거에 학습한 내용을 보존하는 방법은 무엇인가? 어떤 식으로든 기억을 보호할 필요가 있다. 세월의 행패가 아니라, 다른 기억의 침략이 문제다.

인공 신경망은 이렇게 기억 진창이라는 문제로 고생하지만, 진짜 뇌는 다르다. 새로운 책을 읽는다고 해서, 그 정보가 기억 속 배우자의 이름 위에 덧씌워지지 않는다. 새로운 단어를 배운다고 해서 전체적인 어휘력이 살짝 떨어지는 것도 아니다.

뇌가 이 딜레마를 우회해서 어떻게든 과거의 기억을 붙잡아둘 수 있다는 사실에서 우리는 단순히 시냅스를 강화하거나 약화하는 것만이 전부가 아님을 알 수 있다. 그 밖의 일들이 벌어지고 있다.

안정성/가소성 딜레마의 첫 번째 해결책은 시스템 전체가 한꺼번에 변하지 않게 하는 것이다. 중요성을 기준으로 여기저기서 조금씩 유연성을 켰다가 끄는 방식이 되어야 한다. 앞에서 보았듯이, 신경조절물질이 시냅스의 가소성을 꼼꼼히 조절할 수 있다. 그래서 학습이 이루어질 때마다 그 활동이 신경망 전체를 휩쓸고 지나가지 않고, 적절한 때에 적절한 부위에서만 학습이 이루어질 수 있다.[10] 즉 중요한 일이 일어날 때만, 예를 들어 새로운 동료의 이름을 듣거나 부모의 소식을 듣거나 좋아하는 텔레비전 프로그램의 새 시즌이 시작되었을 때만 시냅스의 강도가 변하기 때문에 신경망이 기억 진창으로 빠지는 속도가 느려진다. 우연히 눈에 들어온 도로 표지판이나 지나가는 사람의 셔츠 색깔, 포석이 갈라진 패턴 같은 것을 볼 때는 신경망이 굳이 변할 필요가 없다. 뇌는 세상이 온갖 이야기를 휘갈겨 쓰는 빈 서판이 아니라는 사실을 다시 생각하게 된다. 뇌는 특정한 상황에서 특정한 유형의 학습을 할 수 있는 장비를 이미 갖추고 세상에 태어난다. 중요한 경험은 기억이 되는데, 두려움이나 즐거움처럼 감정적으로 고조된 상태와 연결된 경험이 특히 그렇다. 다시 말해서, 모든 것이 뇌에 기록되지 않기 때문에 신경망에 과부하가 걸릴 가능성이 줄어든다.

하지만 이것만으로는 안정성/가소성 문제를 '해결'할 수 없다. 저장해야 하는 기억이 아주 많은 탓이다.

그래서 뇌는 두 번째 해결책을 실행한다. 기억을 항상 한 곳에만 보관하지 않고, 다른 곳으로 보내 더 오랫동안 보관하는 방법이다.

뇌의 일부가 다른 일부를 가르친다

창고를 생각해보자. 새로운 배들이 계속 상자를 싣고 들어온다면, 결국 창고가 가득 차게 될 것이다. 그러나 한편으로는 상자를 받으면서 다른 한편으로는 상자를 내보낸다면, 여유 공간을 유지할 수 있다. 기억도 처음 형성된 곳에 머물지 않고 다른 곳으로 옮겨갈 때가 많다.

우리가 기억에 대해 아는 사실 중 일부는 기억 형성에 핵심적인 역할을 하는 해마와 그 주변 지역 데이터를 정제한 것이다. 1953년에 헨리 몰레이슨이라는 스물일곱 살의 환자가 간질 증세 완화를 위한 수술을 받았다. 뇌 양측의 해마를 모두 제거하는 수술이었다. 수술이 끝난 뒤 몰레이슨은 심한 기억상실증에 걸렸음을 알게 되었다. 그는 새로운 기억을 형성할 수도, 새로운 사실을 배울 수도 없었다. 그런데도 제한된 범위의 새로운 재주(예를 들어 거울로 글을 읽는 것)를 배울 수 있다는 것이 놀라웠지만, 그 기술을 배웠다는 기억은 사라져버렸다. 브렌다 밀너의 연구팀은 상세한 연구 끝에, 수술 이전에 발생한 일에 대한 그의 기억은 정상에 가깝다는 사실을 밝혀냈다. 그의 사례를 계기로 과학자들은 해마에 주의를 기울이게 되었다. 구체적으로 말하자면, 사실을 '학습'하는 데는 해마가 필수적이지만 이미 학습한 사실을 '기억'하는 데에는 그렇지 않은 이유가 연구의 초점이었다.[11]

그들이 찾아낸 답은? 학습에서 해마의 역할은 일시적이라는 것이었다. 해마는 기억이 영구적으로 저장되는 장소가 아니기 때문에, 몰레이슨은 수술 이전의 일들을 상세히 기억할 수 있었다.[12] 새로운 기억이 형성되는 데는 해마가 필요하지만, 그곳에 기억이 영구히 저장되지는 않는다. 기억은 피질의 여러 부분으로 옮겨가서 저장된다.

기억은 해마라는 중간역에서 피질의 집까지 어떻게 이동할까? 어떤 행동 패턴이 처음 한 번 피질을 통과했을 때는 안정적인 기억 저장이 이루어지지 않는다는 의견이 있다. 기억이 피질에 단단히 저장되기 위해서는 해마 같은 부위가 그 행동 패턴의 흔적을 여러 번 재활성화해야 한다. 이 주장에는 기억을 단단히 굳히는 데 해마가 필요하다는 뜻이 포함되어 있다. 해마가 피질을 향해 패턴을 자꾸만 알려줘야 한다.[13] 일단 피질에 자리를 잡은 기억은 시간이 흐르면서 안정성을 얻는다. 몰레이슨의 경우에는 해마가 여러 번 연습을 시켜주는 과정이 없어서 장기적인 기억 저장이 이루어지지 않았다.

우리는 기억의 이러한 이동을 뇌의 여러 부위에서 볼 수 있다. 우리가 새로운 규칙을 배운다고 가정해보자. 빨간색 사각형은 팔을 들어야 한다는 뜻이고, 파란색 원은 손뼉을 치라는 뜻이다. 이 규칙을 연습할수록 반응속도가 빨라진다. 그러다 보면 보상이 따르는 연상을 포착하는 뇌의 특정 지역(예를 들어 꼬리핵)에 눈에 띄는 변화가 신속하게 나타난다. 그러나 이 행동을 계속 반복한다면, 다른 부위(전전두피질)가 활성화될 수 있다. 그런 곳의 뉴런이 비교적 느리게 변한다는 사실에서, 처음 변화를 보인 부위가 두 번째 부위에 자신이 배운 것을 가르친다고 짐작해볼 수 있다.[14]

또 다른 사례를 들어보자. 우리가 롤러블레이드를 처음 배울 때는 팔다리의 움직임에 열심히 주의를 기울이며 인지적인 노력을 크게 기울여야 한다. 하지만 여러 날 연습한 뒤에는 굳이 생각을 하며 움직일 필요가 없다. 롤러블레이드를 타는 동작이 이미 자동화되었기 때문이다. 운동학습에 관여하는 뇌 부위(기저핵)가 학습 결과를 소뇌 등 여러 부위로 전해준 결과다.

기억을 옮긴다는 발상이 안정성/가소성 딜레마 해결에 도움이 되기는 하지만, 공간적 제약이라는 문제는 아직 해결되지 않았다. 우리가 상자를 전 세계로 보낸다면 공간은 문제가 되지 않는다. 하지만 상자를 다른 창고로 밀어낼 뿐이라면, 그건 그저 문제 해결을 뒤로 미루는 꼴에 지나지 않는다. 두 번째 창고도 곧 가득 차게 될 것이다.

그러니 이제 이보다 더 깊이 있는 세 번째 해결책의 흔적을 찾아볼 때가 되었다.

시냅스 너머

시냅스의 변화가 증명되면서, 수천 명의 과학자가 이 현상의 상세한 지도를 그려내고, 그런 현상을 일으키는 분자 메커니즘의 정체를 밝혀보자는 의욕을 갖게 되었다. 그러나 시냅스의 강화와 약화는 기억에 관련된 유일한 메커니즘도 아니고, 심지어 가장 중요한 메커니즘도 아니다.[15] 수십 년에 걸친 시냅스 변화 연구를 통해 우리는 학습과 기억에 시냅스 가소성이 필요하다는 사실을 알게 되었지만, 그것만으로 충분하다는 증거는 찾아내지 못했다. 어쩌면 시냅스 강도의 변화는 한데 연결된 세포들이 간질(과잉 흥분)이나 셧다운(과잉 억제)을 피하기 위해 흥분과 억제의 균형을 공들여 맞추는 방법에 불과한지도 모른다. 그렇다면 시냅스의 변화는 기억의 원인이 되는 메커니즘이 아니라 기억 저장의 '결과'가 된다. 개별 시냅스의 변화가 그동안 이론적으로도 실험적으로도 가장 많은 주목을 받았으나, 활성화에 따라 좌우되는 변화를 저장할 수 있는 방법으로 우리가 상상해볼 수 있는 것은 아주 많다. 시냅스 변화에만 너무 주의를 집중하는 바람에 과학자들이 오히려 결정적 단서를 일부 놓치고 있는 것일 수도 있다. 사실 신경계 어디를 봐도, 조정이 가능한 변수들이 눈에 띈다. 자연은 작은 변화들을 저장하는 요령을 수천 가지나 갖고 있으며, 그 방법들은 모두 신경망의 행동을 바꿔놓을 수 있다.

우리가 인간을 처음 본 외계인이라고 상상해보자. 우리는 뇌라고 불리는 시스템이 수많은 움직이는 조각으로 구성되어 있다는 사실에 넋을 잃을 것이다. 외계인이라서 갖고 있는 고해상도 눈으로 하루 동안 인간들의 상호작용을 지켜본다면, 그들이 겪는 일에 따라 가지돌기가 자라기도 하고 줄어들기도 하는 등 뉴런의 모양이 변하는 것을 보게 될 것이다. 더욱 눈을 가늘게 뜨고 이 시스템을 열심히 들여다보면, 한 세포가 다른 세포에 메시지를 전달하기 위해 방출하는 화학 메신저의 양이 어떻게 변하는지 관찰할 수 있다. 그 메시지를 수신하기 위해 모인 수용체들의 숫자가 어떻게 변하는지도 감지할 수 있다. 또한 수용체를 장식하던 화학물질들이 떨어져 나와 수용체의 기능이 변하는 것도 눈에 들어올 것이다. 뉴런 안에서 분자와 이온이 정교하게 움직이며, 새로운 정보가 입력될 때마다 계산을 수행하고 스스로를 조정하는 모습에 우리는 감탄할 것이다. 뉴런의 핵에서 게놈을 살펴보면, 구불구불한 DNA 띠에 화려한 화학 구조물들이 달라붙어 각 유전자의 발현과 억제를 조절하는 모습이 보일 것이다.

외계인인 우리에게 이런 시스템은 십중팔구 당혹스러울 것이다. 이 모든 메커니즘에 가소성이 나타나기 때문이다. 모든 메커니즘이 유연하다. 새로 태어난 뉴런의 성장과 삽입에서부터 유전자 발현의 변화까지 모든 면에서 변수들이 바뀐다. 이토록 자유도가 다양한 생물 시스템이라면, 기억 저장 전략 또한 엄청나게 많을 수 있다.

사실 변화하는 것은 시냅스뿐만이 아닐 것이라고 생각할 이유가 많이 있다. 첫째, 기존 시냅스의 효능을 조율하는 것만이 학습의 역할이라면, 뇌 구조의 큰 변화는 기대할 수 없다. 그러나 실험에 자원한 사람들이 저글링을 배울 때나 의대생들이 시험공부를 할 때나 택시 기사들이 런던 지도를 외울 때 뇌를 촬영해보면 상당한 변화가 눈에 띈다.[16] 단순히 시냅스만 변하는 것이 아니라, 새로운 세포 물질도 첨가되는 듯하다.[17]

둘째, 기억이 단순히 시냅스의 강도에만 좌우된다면, 신경 생성, 즉 새로운 뉴런의 성장과 삽입을 기대할 수 없다.[18] 사실 새로운 뉴런이 신경망에 스스로 끼어들면, 섬세한 시냅스 패턴이 헝클어질 것 같다. 그런데도 해마에서 태어난 새로운 뉴런들이 계속 어른 뇌의 피질로 흘러 들어온다. 이건 우연한 일이 아니다. 기억 형성과 관련된 일이다. 예를 들어, 쥐에게 해마가 필요한 학습을 시킨다면, 새로 생성되는 뉴런의 수가 기준선보다 두 배로 증가한다. 반면 해마가 필요하지 않은 학습을 시킨다면, 새로 생성되는 세포의 수는 변하지 않는다.[19]

셋째, DNA 주위의 당과 단백질이 변하면 유전자 발현 패턴도 변한다.[20] 비교적 새로운 분야인 이 후생유전학을 통해 우리는 우리가 살아가면서 겪는 일들이 유전자의 억제와 증폭을 좌우한다는 사실을 알 수 있다. 한 가지 예를 들어보자. 사랑받고 자란(어미가 자주 혀로 핥아주고 털을 골라주는 것을 뜻한다) 새끼 쥐에게서는 DNA에 달라붙는 분자들의 패턴이 영구적으로 변화한다. 그리고 이런 변화가 불안감을 줄이고, 이 쥐들이 자란 뒤 자신의 새끼를 평생 더 사랑하게 만드는 듯하다.[21] 우리가 살아가면서 겪는 일들은 이런 식으로 우리에게 스며들어 유전자 발현 단계에까지 이르고, 거기에 아주 오랫동안 각인될 수 있다.

신경과학자와 인공지능 엔지니어가 신경망의 변화에 대해 이야기할 때는 대개 세포들 사이의 접합 강도 변화를 거론한다. 그러나 외계인의 신선한 시각으로 보면, 시냅스만으로는 충분하지 않은 이유가 분명히 보인다. 가소성은 뇌의 모든 부위에 존재한다. 신경망에서 신호가 전달되는 방식은 큰 것에서부터 작은 것까지 신경망의 모든 세팅에 달려 있다. 어디를 탐색해봐도 가소성은 존재한다. 그런데 왜 과학자들은 거의 전적으로 시냅스에만 집중하는가? 그것을 가장 쉽게 측정할 수 있기 때문이다. 다른 현상들은 일반적으로 너무 미세해서, 현재의 기술로는 빠르고 역동적으로 살아 움직이는 뇌에서 잡아낼 수가 없다. 따라서 열쇠를 찾겠다고 가로등 밑을 더듬는 주정뱅이처럼 우리는 눈으로 볼 수 있는 것에 주로 주의를 기울인다.

뇌가 사용할 수 있는 수단이 이처럼 많다는 사실이 우리를 다음 단계로 이끈다. 가능한 변수가 이렇게 많은 상황에서, 뇌는 어떻게 다른 곳의 기능을 방해하지 않고 특정한 부분만 수정할 수 있을까? 뇌를 구성하는 모든 부위의 상호작용을 어떻게 이해할 수 있을까? 자유도가 다양한 상황에서 모든 메커니즘이 제멋대로 튀어나가지 않고 서로 견제와 균형을 유지하게 해주는 원칙은 무엇인가?

내가 보기에 가장 중요한 것은 생물학적인 부분이 아니라, 시간적 측면인 것 같다. 메커니즘의 상세한 부분들 대신 그들이 움직이는 템포를 이야기해야 한다는 뜻이다.

속도가 다른 층층 구조

몇 년 전 작가 스튜어트 브랜드는 문명을 이해하려면 서로 다른 속도로 동시에 작동하는 여러 층을 살펴봐야 한다는 의견을 내놓았다.[22] 패션은 빠르게 변하지만, 한 지역의 상업이 변하는 속도는 그보다 느리다. 도로나 건물 같은 기반시설은 그보다 더 점진적으로 발전하고, 사회의 규범과 법률(거버넌스)은 변화의 바람 앞에서 모든 것을 단단히 붙들어두고 싶어하기 때문에 아주 천천히 적응한다. 문화는 서두르지 않고 자기만의 시간표에 따라 움직이며, 이야기와 전통이라는 깊은 기반에 기댄다. 가장 속도가 느린 것은 수백 년 또는 수천 년에 한 걸음씩 터벅터벅 걷는 자연이다.

사람들이 항상 알아차리지는 못하지만, 이 모든 층은 상호작용을 주고받는다. 빠른 층은 느린 층에 혁신을 가르치고, 느린 층은 빠른 층에 견제와 구조를 제공한다. 문화의 힘과 유연성은 이 시스템의 어느 한 층이 아니라 모든 층의 상호작용에서 유래한다.

속도가 다른 층층 구조라는 개념은 뇌에 대해 생각할 때도 유용하다. 뇌의 층들은 패션, 거버넌스, 자연이 아니라 빠른 생화학 연쇄반응과 유전자 발현의 변화로 구성되어 있다. 시냅스만 변하는 것이 아니라, 다른 많은 변수(전문가들을 위해 밝히자면, 여기에는 채널 유형, 채널 분포,

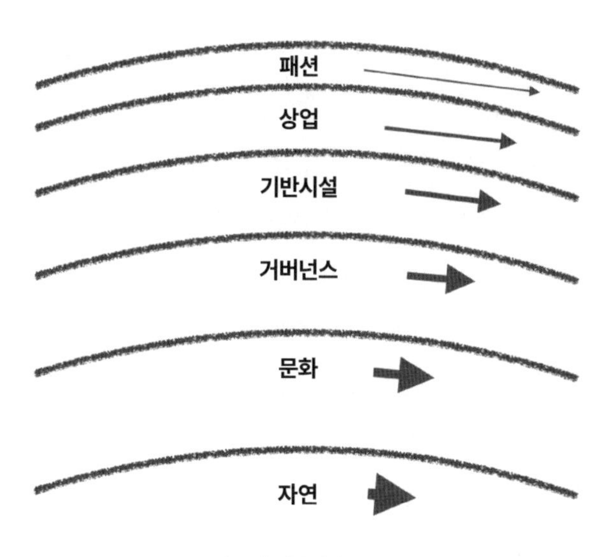

속도가 다른 층층 구조.

인산화 상태, 신경돌기의 모양, 이온 운송 속도, 산화질소 생산 속도, 생화학 연쇄반응, 효소의 공간적 배열, 유전자 발현이 포함된다)도 변한다. 이런 흐름들이 올바로 연결된다면, 일시적인 사건이 흔적을 남길 수 있다. 빠른 연쇄반응이 상대적으로 느린 연쇄반응을 발동시키고, 이것이 더 느린 층들을 건드리면 점진적이고 심층적인 변화가 시작될 수 있기 때문이다. 이렇게 해서 가소성에 의한 변화가 시간대를 따라 분포된다. 모든 형태의 가소성은 상호작용을 하며, 한 시스템의 힘은 각 층이 서로 협조하여 작동하는 데서 나온다.[23]

이렇게 속도가 다른 층층 구조의 결과는 여러 방식으로 나타난다. 귀가 들리지 않는 누군가를 내가 무척 좋아하게 되었다고 가정해보자. 나는 수어를 배우려고 노력한다. 내가 사랑하는 사람은 내가 올바른 수어를 쓸 때마다 유혹하는 듯한 미소로 내게 보상을 준다. 그래서 나는 수어를 거의 유창하게 구사할 수 있을 만큼 실력을 쌓았는데, 갑자기 사랑하는 사람이 다른 나라로 가버린다. 내가 손가락으로 외롭게 수어를 써봤자 보상을 주는 사람이 없다. 그러다 보니 결국 나는 점차 수어를 잊어버리게 된다. 이야기는 여기서 끝난 것 같다. 하지만 3년 뒤 새로운 청각장애인이 근처로 이사 온다. 나는 아마도 그리움 때문인지 이 사람에게 예전의 연인 못지않은 매력을 느끼고 다시 수어를 시도한다. 그런데 안타깝게도 나는 이미 수어를 몽땅 잊어버린 상태다. 손가락을 어떻게 움직여야 할지 전혀 기억이 나지 않는다. 전에 수어를 잘 구사하게 될 때까지 두 달이 걸렸는데, 이 새로운 사람은 그만큼 인내심이 없는 것 같아서 나는 탄식한다. 하지만 막상 해보니 이번에는 훨씬 빠른 속도로 수어를 배울 수 있다. 정확히 말하면, 사흘도 안 돼서 수어로 유창하게 유혹의 말을 건넬 수 있다. 모두 잊어버린 줄 알았는데, 지금 나는 프로처럼 수어를 구사하는 중이다.

두 번째로 수어를 배울 때 시간이 크게 단축되었다는 사실은, 내가 전혀 수어를 연습하지 않던 그 고독한 세월 동안에도 뇌에서 뭔가가 그 정보를 간직하고 있었음을 뜻한다.[24] 시스템 심층부의 변화 속도가 느린 것이 이런 시간 단축을 낳았다. 내가 처음 사랑에 빠졌을 때는 빠르게 움직이는 부분들이 수어를 배웠고, 연습을 거듭하면서 심층부까지 그 변화가 전달되었다. 그러다 연인이 비행기를 타고 떠나버리자 빠르게 움직이는 층들은 새로운 변화에 금방 적응했으나, 심층부는 머뭇거렸다. 오랫동안 느긋하게 학습에 기울인 노력을 저버리기가 내키지 않았기 때문이다. 그래서 다른 사람이 나타났을 때, 심층부의 층들은 이미 수어를 쓸 준비가 되어 있었다. 이것이 시간 단축의 비결이다. 내가 모두 잊어버렸다고 생각한 정보가 신경회로 깊숙한 곳에서 여전히 타오르고 있었다.

이렇게 뇌에 남모르게 저장된 정보는 많은 환경에서 나타난다. 여기에는 우주도 포함된다. 궤도에서 오랜 여행을 마치고 돌아온 우주비행사가 우주선에서 내려 스타벅스로 곧장 걸어가지는 않는다. 그 전에 먼저 지구의 중력 속에서 걷는 법을 기억해내야 한다. 마치 걸음마를 새로 배우는 것과 비슷하다. 하지만 배우는 속도가 아주 빨라서, 아기 때의 과정을 그대로 반복하지 않아도 된다. 우주비행사가 비행을 마친 직후 걷는 모습을 보면 그녀의 뇌에 저장된 정보의 깊이를 알 수 있으므로, 그녀가 다시 걸음마를 배우는 속도가 얼마나 빠를지 꽤 정확히 예측할 수 있다.[25]

속도가 다른 층층 구조라는 개념은 우리가 앞에서 보았던 도식이라는 개념에도 빛을 던져준다. 데스틴이 탔던 이상한 자전거를 기억하는가? 그는 핸들의 방향이 반대인 자전거로 몇 달 동안 연습한 뒤 일반 자전거를 탈 수 없게 되었다. 하지만 이런 증세는 오래가지 않아서, 그는 곧 두 자전거를 쉽게 오가며 탈 수 있었다. 각각의 자전거에 대한 도식이 생겼기 때문이다. 이제는 도식을 더 깊이 이해할 때가 되었다. 단기적인 학습이 서로를 덮어쓰는 것은 아니다(핸들이 거꾸로 돌아가는 자전거 타는 법을 배운다고 해서 일반 자전거용 프로그램이 사라지지는 않는다). 이 두 프로그램은 깊은 층에 살아 있다. 데스틴이 훈련을 거듭한 덕분에 두 프로그램이 모두 장기적인 신경회로에 각인되었고, 맥락에 따라(내가 지금 어떤 자전거를 타고 있지?) 신경망이 올바른 방향으로 향한다.

프로그램 중에서도 특별히 유용한 것은 무려 DNA 단계까지 내려가 각인된다. 우리가 배우지 않아도 날 때부터 익히고 있는 본능적인 행동을 생각해보자.[26] 이런 행동은 장기적인 가소성을 통해 나타난다. 다윈의 가소성이다. 수천 년에 걸친 자연선택을 통해, 생존과 번식에 유리한 본능을 지닌 개체들이 자손을 많이 낳아 번성했다는 뜻이다.

1세기 전, 기억의 이해를 가로막는 요인 중 하나는 기술 부족이었다. 지금은 기술의 존재, 특히 컴퓨터가 오히려 방해가 된다. 디지털 혁명이 우리 삶의 모든 부분을 워낙 철저히 바꿔놓은 탓에, 심하게 어울리지 않을 때조차 컴퓨터를 이용한 은유를 떨쳐버리기가 가끔은 힘들다. '메모리'라는 단어만큼 이 점을 분명히 보여주는 것은 없다. 인간의 뇌는 컴퓨터처럼 기억을 저장하지 않는다. 뇌는 한 영화에 대한 기억을 픽셀 단위로 암호화하지 않고 그냥 수납했다 출력하고, 우리는 가장 좋아하는 이야기를 단어 단위로 암호화하지 않고 그냥 기억했다가 재생한다. 예를 들어, 누군가가 농담을 던졌을 때 우리가 단어 하나하나와 억양을 신경 로그파일로 암호화하지 않고 그냥 그 농담의 요점을 이해한다는 뜻이다. 두 개의 언어를 구사하는 사람이라면, 한 언어로 들은 농담을 곧바로 다른 언어로 누군가에게 말해줄 수도 있다. 농담에서 중요한 것은 단어 하나하나가 아니라, 그것이 자극하는 내면의 개념들이다.

우리는 픽셀이나 단어 대신, 새로 배운 것들과 관련된 새로운 자극을 암호화한다. 여기에는 물리적 개념과 사회적 개념이 모두 포함된다. 우리가 학습한 것은 이미 알고 있는 지식을 바탕으로 표현된다. 두 사람이 몽골 역사의 중요한 사건들을 기록한 연대표를 본다고 가정하자. 둘 중 한 사람이 몽골에 대한 정보가 풍부하게 기록된 내면의 모델을 갖고 있다면, 새로운 사실들이 기존 지식에 더 쉽게 통합된다. 반면 몽골에 대해 아는 것도 별로 없고 몽골에 가본 적도 없는 다른 한 사람에게는 새로운 사실들이 발을 붙일 발판이 거의 없다.

속도가 다른 층층 모델에서 느린 층이 빠른 층에 기초를 제공해준다는 점을 다시 살펴보자. 이 덕분에 어린 시절의 경험이 기초가 된다. 그리고 그 경험이 점점 발전해서 건축물이 되면, 그 뒤에 일어나는 모든 일이 그 건물 위에 지어진다. 옛것의 필터로 모든 새로운 것을 이해하는 것이다.

좋든 나쁘든, 이로 인해 미래에 대한 몇 가지 꿈이 불가능해진다. 영화 〈매트릭스〉에서 네오와 트리니티는 어느 건물 꼭대기에서 B-212 헬리콥터와 마주친다. 네오가 "저거 조종할 수 있어?"라고 묻자 트리니티는 "아직"이라고 대답한 뒤 동료에게 전화해서 "B-212 헬리콥터의 조종 프로그램"을 요청한다. 동료는 수많은 컴퓨터의 자판을 정신없이 두드려 몇 초 안에 트리니티의 뇌로 프로그램을 업로드한다. 네오와 트리니티는 헬리콥터에 오르고, 트리니티는 건물들 사이로 능숙하게 헬리콥터를 조종한다.

우리 모두 이런 미래를 바라겠지만 불가능한 일이다. 이유는? 기억은 이전에 있었던 모든 일의 함수이기 때문이다. B-212 헬리콥터 조종법을 익힐 때 어떤 사람은 오토바이를 타는 법과 비슷하다는 사실을 기준으로 헬기 조종법을 암호화할 수 있다. 또 다른 사람은 어렸을 때 말을 탄 경험이 있어서 그때의 기억 위에 헬기 조종법이라는 지식을 쌓는다. 또 다른 사람은 어렸을 때 했던 비디오게임을 기초로 그 지식을 저장한다. 이처럼 사람마다 한 가지 과제를 이해하는 방식이 다르기 때문에, 모든 사람의 뇌에 업로드할 수 있는 표준 자료를 만드는 것은 불가능하다. 다시 말해서, 컴퓨터의 경우와 달리, 사람에게 헬기 조종에 관한 '가르침'은 파일이 아니라는 뜻이다. 각자의 지식은 그 전에 직접 겪은 모든 일과 함께 묶여 있다. 과거의 경험이 우리 내면에 기억의 도시를 만들고, 거기에 새로 이사 온 주민은 자기에게만 딱 맞는 자리를 찾아내야 한다.[27]

속도가 다른 층층 구조를 이해하는 열쇠는 각 층 사이의 상호작용이다. 신경과학 분야가 계속 전진하는 가운데, 나는 많은 임상적 이슈를 장차 이런 상호작용이라는 측면에서 이해하게 될 것이라고 짐작하고 있다.

넬슨 제독을 다시 예로 들어보자. 그는 총에 맞아 팔을 절단한 뒤, 사라진 팔이 왠지 그대로 있는 것 같은 느낌에 평생 시달렸다. 과거 그 팔의 촉각을 담당했던 피질 영역이 이제는 얼굴의 촉각에 반응하게 되었는데도, 그곳과 이어진 뇌의 다른 영역들은 여전히 거기서 팔에 관한 정보가 들어오기를 기대했다. 다시 말해서, 속도가 느린 심층부의 층들은 그 영역의 활동을 계속 팔의 감각으로 해석했다는 뜻이다. 이로 인해 사라진 팔이 존재하는 것 같은 혼란이 생겨나는 것은 신체 일부를 절단한 사람들에게 나타나는 전형적인 현상이다. 넬슨 제독이 팔의 존재를 확신한 것은 심층부의 층들이 그에게 그렇게 말한 탓이었다. 속도가 다른 층층 시스템은 일반적인 속도로 변하는 것에 최고의 효과를 발휘한다. 그러나 신체의 형태가 급격히 변한다면, 이 시스템이 이상한 상태에 빠질 수 있다. 변화의 속도가 총알처럼 빠르다면 더욱 그렇다.

또 다른 예로, 과잉기억 증후군이라는 보기 드문 현상을 살펴보자. 이것은 기본적으로 완벽한 자전적 기억력을 가리킨다. 다시 말해서, 거의 아무것도 잊어버리지 못한다는 뜻이다. 과거의 어느 날짜를 대면, 이 증후군을 지닌 사람은 그날의 날씨, 그날 자신이 한 일, 입은 옷, 눈으로 본 것을 모두 줄줄이 말할 수 있다. 신경과학이 이 현상을 끝까지(뉴런과 분자 수준까지) 파고들어갈 수 있는 기술을 갖게 된다면, 각 층 사이의 상호작용이 원인으로 등장할 것이 거의 확실하다. 각 층이 비범한 속도로 인터페이스를 형성하는 것이 한 예다. 사회에 빗대어 설명하면, 패셔니스타의 힘이 너무 강해져서 그들이 만들어낸 최신 유행이 거버넌스 층까지 곧장 밀고 들어가는 것과 비슷하다. (참고로, 모든 것을 기억하다니 굉장한 일처럼 보일지도 모르지만, 이 증후군을 지닌 사람들은 아주 사소한 것조차 잊지 못해 괴로워한다. 오노레 드 발자크는 이런 말을 했다. "추억은 삶을 아름답게 만들지만, 삶을 견딜 수 있게 만들어주는 것은 망각뿐이다.")

마지막으로 공감각을 생각해보자. 하나의 감각을 자극하면, 다른 감각의 통로가 자동으로 열리는 현상을 말한다. 예를 들어, J는 자주색, W는 초록색 등 알파벳 글자를 색으로 경험하는 식이다.

공감각에 대한 가장 일반적인 가설은, 원래 서로 분리되어 있는 뇌 영역들이 대화를 유난히 많이 나누는 탓에 이런 현상이 발생한다는 것이다. 그러나 나는 다른 가설을 제시한 적이 있다. '완고한 가소성'이 여기에 반영된다는 가설이다.[28] 어떤 아이가 자주색 J를 본다고 상상해보자. J는 초등학교 벽에 붙어 있을 수도 있고, 이불에 수놓아진 것일 수도 있고, 아이가 직접 자주색 크레용을 꺼내서 그린 것일 수도 있다. 앞에서 보았듯이, 뉴런들이 동시에 활성화하면, 즉 J의 암호와 자주색 암호가 동시에 활성화하면 시냅스의 강도가 바뀔 수 있다. 함께 신호를 쏘면 회로로 연결된다. 대부분 사람들의 머릿속에서는 다른 색깔의 J를 볼 때마다 J와 색깔 사이의 관계가 계속 수정될 것이다. 노란색 J를 보면 J와 노란색 사이의 관계가 강화되고, J와 자주색의 관계는 약화된다. 다양한 색의 J를 충분히 보고 나면, 이 글자와 색깔 사이의 특정한 연상작용은 모두 사라진다. 내가 보기에 공감각을 경험하는 사람들은 틀에서 벗어난 가소성을 지니고 있는 것 같다. 구체적으로 말해서, 한번 연상이 확립된 뒤 그것을 수정하는 능력이 뒤떨어져 있다는 뜻이다. 그래서 처음 한 쌍으로 인식된 글자와 색깔이 계속 남는다.

이 가설을 어떻게 시험할 수 있을까? 사실 공감각을 지닌 사람들은 저마다 글자를 다른 색으로 본다. 그렇다면 그 색깔이 어렸을 때 본 어떤 것 때문인지 아닌지 어떻게 알 수 있을까?

이 가설을 시험하기 위해, 나는 공감각 종합 테스트를 구축했다.[29] 공감각을 확인하고 정량화하기 위한 온라인 평가 방법이다. 나는 참가자 수천 명의 데이터를 모아 확인한 뒤, 스탠퍼드대학의 동료 두 명과 함께 공감각 능력자 6588명이 보는 알파벳의 색을 분석했다. 그 결과가 아주 놀라웠다. 대부분의 경우 글자와 색깔의 조합은 기본적으로 임의

적이었지만, 대략 비슷한 패턴을 보인 사람도 수백 명이나 되었다. A는 빨간색, B는 주황색, C는 노란색, D는 초록색, E는 파란색, F는 보라색, 그리고 색깔 순서가 다시 처음으로 돌아가 G는 빨간색.[30] 이보다 더 이상한 것은, 이 패턴을 지닌 참가자들이 모두 1960년대 말에서 1980년대 말 사이에 태어났다는 점이었다. 이 시기에 태어난 공감각 능력자 중 똑같은 색깔 패턴을 지닌 사람의 비율은 15퍼센트 이상이었다. 1967년 이전에 태어난 사람들에게서는 이런 패턴이 전혀 나타나지 않았고, 1990년대 이후 태어난 사람들에게서는 거의 나타나지 않았다.

알고 보니 이 색깔 패턴은 피셔-프라이스 자석 세트에서 나온 것

A	빨강	N	주황
B	주황	O	노랑
C	노랑	P	초록
D	초록	Q	파랑
E	파랑	R	보라
F	보라	S	빨강
G	빨강	T	주황
H	주황	U	노랑
I	노랑	V	초록
J	초록	W	파랑
K	파랑	X	보라
L	보라	Y	빨강
M	빨강	Z	주황

1960년대 말에서 1980년대 말 사이에 태어난 공감각 능력자들은
피셔-프라이스 냉장고 자석 세트에 표시된 것과 같은 색으로 알파벳을 인식했다.
우리 실험 참가자 한 명이 어렸을 때 피셔-프라이스 세트를 받은 순간을
찍은 사진을 증거로 갖고 있었다.

이었다. 1971년부터 1990년까지 생산되어 미국 전역의 냉장고를 장식했던 자석이다. 이 자석 때문에 공감각이 생긴 것은 아니지만, 그런 기질을 지닌 사람들에게 이 자석은 글자-색깔 조합의 기반이 되었다.[31]

공감각은 과잉기억 증후군과 마찬가지로, 속도가 다른 층층 구조의 완고함을 반영한다. 빠른 층이 자신에게 중요한 주제를 평소보다 더 빨리 깊은 층으로 밀어 넣어서 생기는 현상이라는 뜻이다. 과잉기억 증후군과 공감각이 병으로 간주되지는 않지만, 통계적으로 사례가 드물다. 대다수 사람의 머릿속 여러 층이 상호작용을 주고받는 속도가 진화과정에서 최적화되었다는 뜻인 것 같다.

여러 종류의 기억

이번 장에서 기억에 대해 이야기하면서 우리는 마치 기억이 하나밖에 없는 것처럼 굴었다. 그러나 기억에는 많은 얼굴이 있다.

조디 로버츠의 사례를 생각해보자. 1985년 워싱턴주에서 기자로 일하던 그녀가 갑자기 사라져버렸다. 그녀를 아끼던 사람들은 몇 년 동안이나 열심히 그녀를 찾아 헤매다가, 그녀가 이미 죽었을 것이라는 비극적인 결론을 내리고 체념했다.

하지만 그녀는 죽지 않았다. 실종 닷새 뒤 그녀는 1600킬로미터나 떨어진 콜로라도주 오로라의 어느 쇼핑몰에서 멍하니 방황하고 있었다. 신원을 알 수 있는 소지품은 전혀 없고 자동차 열쇠 하나만 갖고 있었는데, 정작 자동차는 어디 있는지 끝내 찾을 수 없었다. 그녀는 자신의 과거를 전혀 기억하지 못했다. 경찰이 그녀를 병원으로 데려갔으나 소용없었다. 결국 그녀는 제인 디라는 새로운 이름으로 패스트푸드점에 취직했고, 덴버대학에 등록했다. 그리고 나중에 알래스카로 이주해 어부와 결혼한 뒤, 웹디자이너로 일하며 쌍둥이를 두 번 낳았다.

12년 뒤 신문에 조디의 기사가 실린 것을 본 지인이 그녀를 알아보았다. 가족들은 눈물을 흘리고 감사 인사를 연발하며 그녀를 만나러 왔으나, 그녀는 그들을 전혀 기억하지 못했다. 예의를 차리되, 거리를 두는 태도였다. 그녀의 아버지는 기자에게 이렇게 말했다. "기본적으로 같은 사람입니다. 어떤 의미에서는 딸을 되찾은 게 맞아요."[32]

조디와 같은 사례에서 가장 주목해야 할 점은 그녀가 영어로 말하는 법, 운전하는 법, 유혹하는 법, 취직하는 요령, 웨이트리스로 일하는 법, 연애편지 쓰는 법, 아이들을 돌보는 법을 여전히 기억하고 있었다는 사실이다. 오로지 자신의 과거만 기억하지 못했다. 조디 같은 사례(아주 많다)를 통해 우리는 기억의 종류가 많다는 사실을 깨닫는다. 처음 언뜻 보았을 때의 인상과는 반대로, 기억은 하나가 아니라 많은 하위유형으로 구성되어 있다. 가장 광범위한 분류로는 단기기억(전화번호를 다 누를 때까지 기억하는 것)과 장기기억(2년 전 휴가 때 자신이 한 일을 기억하는 것)이 있다. 장기기억은 다시 서술기억(뭔가의 이름이나 사실에 대한 기억), 비서술기억(자전거 타는 법처럼 자신이 행동으로 할 수는 있는데 말로 설명하기는 어려운 기억)이 있다. 비서술기억 범주에 또 하위유형이 여러 개 있는데, 빠르게 타자치는 법이나 누군가가 사탕 포장지를 여는 소리를 듣고 입에 침이 고이는 이유 등에 대한 기억이 여기 속한다.

조디의 상황을 이해하기 위한 첫 단계는 뇌의 여러 조직이 각각 다

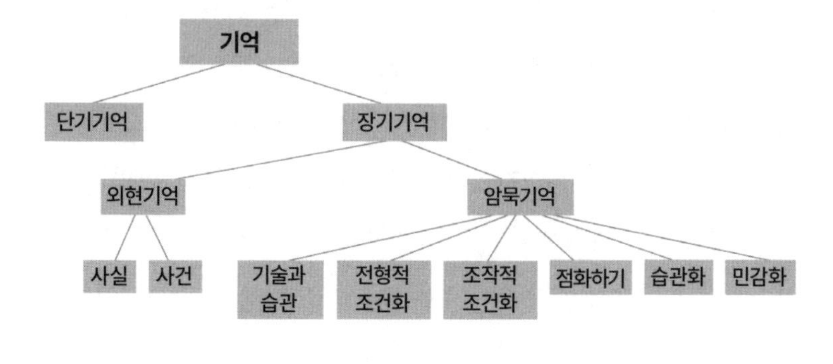

다양한 종류의 기억.

른 종류의 학습과 기억을 지원한다는 사실을 이해하는 것이다. 해마와 주변 조직이 손상되면 새로운 서술기억(오늘 아침에 뭘 먹었더라?)의 형성에 영향이 미치지만, 비서술기억(말하는 법, 노래하는 법, 걷는 법)은 영향을 받지 않는다. 그래서 헨리 몰레이슨은 기억을 자꾸 잊어버리는데도 일상생활을 거뜬히 해낼 수 있었다. 이 닦기, 자동차 운전, 대화 나누기 등에 그는 아무런 어려움이 없었다. 몸을 움직이는 기술, 특히 균형과 조화가 필요한 운동을 배우는 데는 뇌의 다른 부위가 필요하다. 행동과 거기에 따르는 보상을 연결시키는 데 중요한 역할을 하는 곳은 또 다른 부위다. 공포 조건화와 관련된 기억의 변화에 필수적인 역할을 하는 곳도 따로 있다. 성공적인 채집 전략을 학습할 때는 다양한 보상 조직이 지원에 나선다. 뇌의 여러 조직과 학습 및 기억의 관계를 설명하는 목록은 지금도 긴데 계속 늘어나고 있다. 조디와 헨리는 특정 하위 시스템이 손상되더라도 다른 부위들은 기능할 수 있음을 우리에게 가르쳐준다. 자신이 살아온 삶을 기억할 수 없게 되더라도, 새로운 운동 기술을 배우고 기억하는 능력에는 아무런 영향이 없다.

이런 사례를 한번 살펴보자. 나는 어렸을 때부터 새를 아주 많이 보았기 때문에, 내 뇌는 깃털이 있는 동물은 날 수 있다는 결론을 내렸다. 하지만 동물원에서 타조를 보았을 때는 이 규칙에 특정한 예외가 있음을 알 수 있었다. 또한 동물원에서 본 그 타조의 이름이 도라임을 알게 되더라도, 나중에 만난 다른 타조에게까지 그 이름을 적용하지는 않는다.

몇 년 전 인공 신경망을 만들던 사람들이 바로 이러한 문제, 즉 일반화와 구체적 사례를 구분하는 문제에 자꾸 부딪히게 되었다. 일반화(깃털이 있는 동물은 하늘을 난다)를 학습하는 신경망을 만드는 것은 가능했다. 구체적인 사례(도라라는 이름의 새는 날지 못하지만, 폴이라는 이름의 새는 난다)를 수집해서 담아두는 신경망도 만들 수 있었다. 하지만 둘 다 할 수 있는 신경망은 만들 수 없었다. 신경망이 수천, 수만 개의 사례를 접하면서 천천히 변수를 바꿔나가든가, 아니면 단 하나의 사례만으로 밀리듯이 빠른 변화를 만들어내든가, 둘 중 하나였다.

뇌는 어떻게 느린 변화와 빠른 변화를 동시에 해낼 수 있을까? 사실 다양한 종류의 사실을 기억하려면, 다양한 속도의 학습이 필요하다. 일반화(레몬은 노랗다)가 필요할 때도 있고, 구체적인 사실(우리 집 냉장고 야채칸의 레몬은 썩었다)을 기억해야 할 때도 있다.

이처럼 서로 양립할 수 없을 것 같은 두 개의 목표가 중요한 단서를 제공해주었다.[33] 두 가지 임무를 모두 잘 수행하기 위해 뇌는 학습의 속도가 다른 두 개의 시스템을 갖고 있어야 한다. 주변에서 일반적인 결론을 추출해내는 시스템(느린 학습)과 일화적인 기억을 위한 시스템(빠른 학습). 해마와 피질이 이 두 가지 시스템이라는 가설이 하나 있다. 해마는 빨리 변화하는 반면(그래서 사례를 바탕으로 빨리 학습한다), 피질은 천천히 느긋하게 일반적인 결론을 추출한다. 빨리 변화하는 해마는 특정한 사실을 배우고, 느리게 변화하는 피질에는 많은 사례가 필요하다. 뇌가 개별 일화(이 단추를 누르면 이 렌터카에 시동이 걸린다)를 빠르게 학습하면서 동시에 전체적인 경험을 바탕으로 천천히 통계 결과(대부분의 꽃은 봄에 핀다)를 추출해낼 수 있는 비결이 바로 이것이다.[34]

역사에 의한 수정

어떤 활동이 뇌를 통과하고 지나가면 뇌의 구조가 바뀐다. 광대한 뉴런 숲의 관점에서 보면, 이로 인한 조직적인 문제가 엄청나다. 신경계가 세상을 반영하는 최적의 조건을 갖추기 위해 반드시 스스로 물리적인 변화를 거쳐야 하기 때문이다. 각각의 변화는 신경망이 새로운 지식을 구현하는 데 반드시 딱 맞는 기여를 해야 하고, 장차 필요한 순간이 되면 행동의 변화도 이끌어낼 수 있어야 한다. 기억에 대해 생각할 때, 우리는 단 하나의 변화 메커니즘이 기억을 지탱하고 있을 것이라는 단순화의 오류를 저질렀다. 그러나 시냅스 강화와 약화라는 현상을 알게 되면서 먼 길을 올 수 있었고, 이 원칙을 채택한 인공 신경망은 기술적으로 놀라운 재주를 부릴 수 있다. 그러나 기억은 단순히 커다란 연결도 안에서 시냅스들을 연결하는 일이 아니다. 앞에서 보았듯이, 단순한 시냅스 모델은 새로운 데이터가 들어오면 옛 데이터를 반영하는 능력을 순식간에 잃어버린다. 실제로 기억이 퇴화하는 방식(오래된 기억이 더 안정적이다)에서 우리는 서로 다른 속도의 변화가 지닌 비밀을 알 수 있다.

시냅스 모델은 신경과학자와 인공지능 엔지니어에게는 편리하겠지만, 자연의 방법은 아닌 것이 거의 확실하다. 기억의 저변을 받치는 변화들은 엄청난 수의 뉴런, 시냅스, 분자, 유전자에 널리 분포되어 있다. 비유적으로, 사막이 바람을 어떻게 기억하는지 생각해보자. 사막은 모래언덕의 능선으로, 바위의 형태로, 사막에 사는 곤충들의 날개와 식물들의 이파리를 만들어낸 진화의 압박으로 바람을 기억한다.

기억 분야의 진전은 최고로 현실적인 시각을 가져야 한다고 우리에게 요구한다. 현재의 인공 신경망이 놀라운 재주(예를 들어, 초인간적인 솜씨로 사진을 구분하는 것)를 성공적으로 보여주지만, 인간의 기억이 지닌 기본적인 특성은 잡아내지 못한다. 내가 보기에 우리 기억의 풍요로움은 오랜 세월에 걸친 생물학적 변화에서 나온다. 옛 정보 위에 새로운 정보가 구축되어, 과거의 경험이 내미는 구속 안에 스스로를 맞춘다. 많은 의대생이 새로운 사실을 배우면 기존의 지식 중 하나가 사라지지 않을까 걱정하지만, 다행히도 기억의 용량은 고정되어 있지 않다. 새로운 것을 배울 때마다 우리는 그와 관련된 또 다른 사실을 더 쉽게 흡수할 수 있게 된다.

11장

늑대와 화성 탐사 로봇

최근 캘리포니아의 한 학교가 미술, 음악, 체육 수업을 폐지했다는 소식을 읽었다. 왜 그렇게 예산을 깎았을까? 몇 년 전 학생들을 위해 최신 컴퓨터 센터를 만드는 데 모든 돈을 쏟기로 결정한 탓이었다. 학교 측은 3억 3000만 달러 상당의 컴퓨터, 서버, 모니터, 주변기기를 구매했다. 그리고 이 자랑스러운 컴퓨터 센터를 화려하게 공개했다.

몇 년이 흐르자 컴퓨터 장비는 시대에 뒤떨어진 것이 되었다. 칩의 속도가 더 빨라졌고, 메모리는 하드드라이브에서 클라우드로 옮겨갔으며, 새로운 소프트웨어는 옛 펌웨어와 맞지 않았다. 학교 측은 구입한 지 10년도 되지 않은 장비를 모두 버리는 수밖에 없었다. 예술과 체육 교육까지 죽여가며 사들여서 눈에 넣어도 아프지 않을 만큼 아끼던 컴퓨터 설비들은 짧은 생애를 마치고 지금은 쓰레기 매립지에서 반짝이는 값비싼 기억이 되었다.

이 기사를 읽고 나는 의아해졌다. 우리는 왜 결국 폐기되는 하드웨어 장비를 지금도 만들고 있는가? 회로를 정해진 자리에 납땜으로 고정하는 순간, 그 회로에는 사망 날짜가 선고된다.

만약 우리가 주변의 생물학적 요소들을 기민하게 연구한다면, 라이브웨어의 원칙을 이용할 수 있을 것이다. 늑대는 덫에 한쪽 다리가 걸렸을 때, 스스로 그 다리를 물어뜯어 끊어버린 뒤 절룩거리며 이동한다. 이것을 화성 탐사 로봇 스피릿과 비교해보자. 스피릿은 2004년 1월 4일에 붉은 행성의 표면에 착륙한 뒤 몇 년 동안 성공적으로 돌아다녔다. 그러다 2009년 말에 무게 181킬로그램인 이 로봇이 흙에 발이 묶였다. 스피릿이 거기서 빠져나오지 못한 데에는, 오른쪽 앞바퀴가 고장 난 것도 영향을 미쳤다. 그런데 하필 그 위치상 스피릿의 태양광 패널이 태양을 향할 수 없었다. 스피릿은 동력을 잃었고, 겨울 동안 돌이

현재 4억 달러 가치에 달하는 외계 쓰레기 조각이 된 멋진 탐사 로봇 스피릿.

킬 수 없는 손상까지 입었다. 2010년 3월 22일, 스피릿은 지구로 마지막 신호를 쏘아보낸 뒤 스러졌다.

스피릿은 원래 예정된 수명보다 훨씬 더 오랫동안 영웅적으로 버텼다. 만약 우리가 사람을 화성에 올려보냈는데 고작 몇 년 만에 모두 죽어서 흙이 되고 뼈만 남았다면 황망했을 것이다.

NASA의 놀라운 기술을 비판할 생각은 전혀 없다. 문제는 우리가 여전히 하드웨어 중심의 로봇을 만든다는 점이다. 로봇이 바퀴나 축이나 머더보드의 일부를 잃으면 그것으로 게임이 끝난다. 그러나 동물들은 몸을 다치고도 계속 앞으로 나아간다. 절룩거리기도 하고, 발을 질질 끌기도 하고, 깡충거리기도 하고, 차라리 약한 부분을 더 아끼기도 하는 등 목적한 방향으로 계속 움직이기 위해 수단과 방법을 가리지 않는다.

덫에 걸린 늑대가 스스로 다리를 물어뜯어 끊어내면, 뇌는 달라진 신체 형태에 적응한다. 안전한 곳으로 돌아가는 것을 늑대의 보상 시스템이 중요하게 생각하기 때문이다. 늑대에게는 먹이, 거처, 같은 무리의 지원이 필요하다. 그래서 뇌는 그 목적에 도달하기 위한 해결책을 생각해낸다.

탐사 로봇과 늑대 사이의 차이는 그냥 정보와 목적을 지닌 정보의 차이에 있다. 스피릿과 달리, 덫에 붙잡힌 늑대에게는 위험에서 벗어나 안전한 곳으로 가겠다는 포부가 있다. 늑대 자신의 허기와 육식동물이 늑대의 행동과 의도를 떠받친다. 늑대는 목적을 위해 거래를 하고, 그 결과 뇌는 주변 환경과 네 다리의 상태에 대한 정보를 빨아들인다. 그리고 그것을 바탕으로 가장 유용한 행동을 지시한다.

동물들이 심각하지 않은 부상으로 아예 모든 기능을 닫아버리는 일은 없기 때문에 늑대는 절룩거리면서도 계속 나아간다. 우리가 만드는 기계도 늑대처럼 행동해야 한다.

어머니 자연은 늑대의 뇌에 고정된 프로그램을 심는 것이 의미 없는 일임을 안다. 신체 형태는 바뀐다. 환경도 바뀐다. 능력과 행동 사이의 복잡한 관계도 바뀐다. 미리 정해진 회로를 심는 것보다 더 좋은 방법은 효율적인 목적 달성을 위해 그때그때 스스로를 변화시키며 모든 것을 최적화하는 굴정보성 시스템을 구축하는 것이다. 목적 중에는 장기적인 것(예를 들어 생존)도 있고, 단기적인 것(도망치는 순록을 잡기 위한 협공 작전을 생각해내는 것)도 있다. 어떤 경우든 뇌는 목적을 위해 스스로를 조정한다.

로봇이 손상을 입은 뒤에도 계속 움직이게 하려면 무엇이 필요할까? 신체 형태가 바뀐 뒤에도 움직이는 능력과 더불어, 먹고 사귀고 생존하려는 열망이 필요하다. 이런 것이 갖춰지면, 로봇은 바퀴를 잃어버리거나 일부 부품이 손상되더라도 남은 회로가 거기에 적응해서 작업을 끝마칠 것이다. 화성 탐사 로봇이 땅에 박혀 움직이지 않는 바퀴를 썰어내고, 남은 바퀴로 움직이는 법을 스스로 생각해내면 어떨까. 입력되는 정보와 목적을 조합해서 스스로 회로를 바꿔 적응시키는 기계를 만드는 데에도 이런 원칙을 적용할 수 있을 것이다. 타이어가 빠지고, 축이 부서지고, 배선이 끊어져도, 남은 회로들이 작업을 마치는 데 필요한 만큼 스스로를 재편할 것이다.

늑대에게 고정된 프로그램을 심는 것에 아무런 의미가 없듯이, 폴 가르 자매나 이츠하크 펄먼이나 세리나 윌리엄스에게 고정된 프로그램을 심는 것에도 아무 의미가 없다. 함부로 예언할 수 없을 만큼 복잡한 세상에 맞춰 유전자에 프로그램을 입력하는 것은 불가능한 일이다. 사실 모든 것은 유동적이다. 신체, 식량원, 입력 정보와 능력과 출력 결과 매핑이 모두 그렇다. 미리 정해진 회로보다 더 나은 방법은 목표에 도달하기 위해 스스로를 조정해서 적극적으로 기능을 향상시키는 시스템을 만드는 것이다.

수십 년 동안 오실로스코프, 전극, MRI 등 공학 분야의 발전이 신경과학의 연료가 되었다. 어쩌면 이제는 이 방향을 바꿔, 공학이 생물학에서 아이디어를 얻을 때인지도 모른다.

세계에서 가장 돈이 많은 기업들이 최신식 클린룸에서 기술을 동원하더라도 우리는 개, 돌고래, 사람, 벌새, 판다, 천산갑 등 주위에서 움직이는 생물들의 근처에도 다가갈 수 없다. 이 생물들은 벽에 플러그를 꽂지 않아도, 스스로 에너지원을 찾아낸다. 산을 오르고, 뛰고, 높은 곳으로 올라가고, 도약하고, 헤엄치고, 길 수 있으며, 별로 힘들이지 않고도 스케이트보드, 서프보드, 스노보드를 훌륭하게 익힐 수 있다. 이런 일이 가능한 것은 어머니 자연이 끊임없이 유전자를 만지작거리면서 새로운 감각기관과 근육을 만들어내고, 뇌는 그것을 이용하는 법을 알아내기 때문이다. 생물들은 다리가 부러지거나 뇌의 반쪽이 제거되더라도 계속 나아간다. 그러나 인간이 만든 장치에는 생물 특유의 유연성도 강인함도 없다.

우리는 왜 생후배선 장치를 아직 만들지 못했을까? 우리 자신을 너무 가혹하게 몰아붙이지는 말자. 어머니 자연은 수십억 년 동안 무한히 많은 실험을 동시에 진행했다. 우리로서는 상상할 수도 없는 세월이다. 그 기간 동안 지상을 걷거나 물속을 헤엄치거나 하늘을 누빈 생물들의 뇌는 헤아릴 수 없을 만큼 많다.

어머니 자연의 이 성과를 우리가 따라잡는 데에는 시간이 걸릴 것이다. 다행인 것은, 우리가 세상의 암호들을 조금씩 깨뜨리기 시작했다는 점이다.

그렇다면 생후배선의 원칙을 어떻게 기계에 더 깊이 통합할 수 있을까? 첫 번째 해답은 어머니 자연이 이미 만들어놓은 것을 흉내 내는 것이다. 동굴에 살아서 앞을 보지 못하는 물고기 멕시칸 테트라의 몸을 뒤덮은 감각기관들을 예로 들어보자. 멕시칸 테트라는 칠흑처럼 어두운 물의 압력과 흐름을 감지해서 주위에 무엇이 있는지 파악할 수 있다. 싱가포르의 공학자들은 여기에서 영감을 얻어 비슷한 형태의 인공 감지기를 잠수함용으로 개발했다.[1] 잠수함에서 불빛은 에너지를 게걸스레 빨아들이고 생태계에도 파괴적인 영향을 미친다. 공학자들은 에너지 소모가 적고 크기도 작은 감지기들을 배치해서 멕시칸 테트라처럼 물의 흐름을 통해 어둠 속에서 앞을 '볼' 수 있기를 바랐다.

생체모방 감지기는 훌륭한 출발이지만, 시작에 불과하다. 더 큰 과제는 새로운 플러그 앤드 플레이 장치들을 받아들이는 신경계를 설계하는 것이다. 이것이 왜 유용하냐고? NASA가 국제우주정거장ISS에서 지속적으로 직면하는 문제들을 예로 들어보자. 여러 나라의 협력은 프로젝트의 핵심인 동시에 공학적인 문제의 핵심이다. 러시아산 모듈에 미국산 모듈이 부착되고, 이 작업에 중국인도 참여한다. ISS의 지속적인 문제는 여러 나라에서 가져온 모듈의 감지기를 조정해서 조화시킬 때 발생한다. 미국의 열감지기가 러시아의 진동감지기와 동기화되지 않을 때도 있고, 중국의 가스감지기가 정거장에 감지 결과를 알리는 데 어려움을 겪을 때도 있다. ISS는 계속 엔지니어들을 투입해 이 문제를 해결하고 또 해결한다.

이 문제를 단번에 해결하는 방법은 어머니 자연을 흉내 내는 것이다. 사실 자연은 지금까지 눈, 귀, 코, 압력감지기, 전기수용체, 자기수용체 등 수천 가지 감지기를 작동시켰다. 진화과정에서 자연은 누가 가르쳐주지 않아도 이런 감지기에서 정보를 추출할 수 있는 신경계를 설계하는 데 힘을 쏟았다(4장). 설계가 완전히 다른 감지기들도 아무 어려움 없이 협업에 성공한다. 어떻게? 뇌는 입력되는 다양한 데이터 스트림 사이의 상관관계를 파악하고, 입력되는 정보를 이용할 방법을 찾아낸다.

이런 방식을 우리가 어떻게 이용할 수 있을까? 뇌의 가장 강력한 기법 중 하나는 행동을 하나 지시한 뒤 피드백을 평가하는 것이다. 나는 ISS가 장착된 감지기들뿐만 아니라 운동기관으로도 실험을 해볼 수 있어야 한다고 제안한다. 몸을 어떻게 움직일지 실험해봐야 한다는 뜻이다. ISS가 기본적으로 모듈형이라는 사실은 신체 형태가 항상 바뀐다는 뜻이다. 5장에서 보았듯이, 뇌는 신체의 형태와 상관없이 그 신체를 움직이는 법을 배운다. 사전 프로그래밍은 필요 없고, 다양한 움직임을 시도한 뒤 그 결과를 관찰하는 운동 옹알이만 있으면 된다. 뇌는 이런 식으로 신체를 파악한다. ISS도 같은 기법을 이용해서 산발적으로 움직이면서 새로 부착된 장치들과 거기에 따라오는 성능을 파악할 수 있을 것이다. 이런 자가 환경설정이 발전하면 미래에는 완성된 기계를 설계하는 대신, 세상과의 상호작용을 통해 스스로 회로 패턴을 완성하는 기계를 만들 수 있을 것이다.

들어오고 나가는 신호가 조화롭게 조정되면 온갖 마법이 일어날 수 있다. 많은 제품의 핵심을 차지하는 대중적인 마이크로칩(프로그램이 가능한 비메모리 반도체인 FPGA)을 예로 들어보자. 이것은 놀라운 칩이지만, 그 안에서 휙휙 돌아다니는 모든 신호의 타이밍을 맞추는 것이 가장 커다란 어려움 중 하나다. 이 칩 안에서 0과 1은 거의 빛의 속도로 휙휙 움직인다. 그러다 칩의 한 부위에서 출발한 비트가 다른 부위에서 출발한 비트보다 먼저 어떤 지점에 도달하면 재앙이 일어난다. 칩 전체의 논리함수가 손상되기 때문이다. 마이크로칩에서 타이밍은 온전한 하위 분야로 확립되어 있어서, 두툼한 책들이 여러 권 나와 있다.[2]

생물학자의 시각에서 보면, 해법은 간단하다. 뇌도 칩과 마찬가지 문제를 안고 있다. (감각기관과 내부 장기에서) 끊임없이 들어오는 신호와 나가는 신호(팔다리의 움직임)를 다뤄야 하기 때문이다. 여기서도 타이밍은 무척 중요하다. 만약 내 발이 땅에 닿기 직전에 잔가지가 뚝 부러지는 소리가 들렸다면, 주위에 육식동물이 있는지 살펴봐야 한다. 하지만 내 발이 땅에 닿은 직후 그 소리가 들렸다면, 그것은 내 행동이 낳은 정상적인 결과이니 겁먹을 필요가 없다. 그런데 이런 타이밍이 항상 변하기 때문에 각각의 감각이 감지되는 타이밍을 예상하고 프로그래밍할 길이 없다는 점이 뇌가 해결해야 하는 과제다. 우리가 밝은 곳에서 어두운 곳으로 들어가면, 눈이 뇌에게 정보를 전달하는 속도가 거의 10분의 1초만큼 느려진다. 더운 곳에서는 팔다리를 타고 흐르는 신호의 속도가 빨라진다. 아기가 어른이 되어 팔다리의 길이가 달라지면, 신호를 주고받는 데 걸리는 시간도 길어진다.

그렇다면 뇌는 이런 타이밍 문제를 어떻게 해결할까? 타이밍에 대한 두툼한 책을 읽는 방법은 쓰지 않는다. 대신 사물을 발로 차고, 손으로 만지고, 두드려서 세상을 정탐한다. 뇌는 만약 내가 (세상을 향해 손을 뻗어) 어떤 행동을 '만들어'냈다면, 감각기관의 채널을 통해 되돌아오는 정보가 저마다 다른 시간에 도착하더라도 동시적인 것으로 인식되리라고 가정하고, 이 가정에 따라 움직인다. 그 행동의 결과가 모두 동시에 보이고, 들리고, 느껴지게 우리 의식이 조정될 것이라고 가정한다는 뜻이다.[3] 사실 미래를 예측하는 최고의 방법은 바로 내가 직접 미래를 만드는 것이다. 뇌는 세상과 상호작용을 주고받을 때마다 각 감각기관에 각자 인지한 것을 동기화하라는 분명한 명령을 보낸다.

신경망이 가르쳐준 이 방법을 마이크로칩의 타이밍 문제 해결에 적용한다면, 칩이 정기적으로 스스로를 정탐하게 만들면 된다(사람이라면 공을 튕기거나, 은식기를 서로 부딪치거나, 안경을 쓰고 시선을 움직여보는 행동에 해당한다). 칩이 이런 정탐을 직접 '만들어'낸다면, 그 결과로 무슨 일이 일어날지 분명히 예측할 수 있다. 그러고 나서 그 결과에 맞춰 스스로를 조정하는 법까지 익힌다면, 우리는 마침내 두꺼운 책을 던져버려도 될 것이다.

생후배선의 원칙을 기계에 적용하면, 모든 종류의 장치를 이해할 수 있게 될 것이다. 스스로 운전하는 차를 생각해보라. 어쩌면 미래의 도로에는 피가 덜 흐를지도 모른다. 자동차가 주변의 차량과 지식을 공유하고 통신을 주고받을 뿐만 아니라, 그들의 시스템에 학습 기능도 갖춰져 있어서 시간이 흐를수록 운전 솜씨가 좋아질 테니까. 학습을 위해 처음에는 일부러 실수를 하도록 프로그램을 짜 넣을 것이라는 뜻은 아니다. 세상이 워낙 복잡해서 모든 상황을 대비한 프로그램을 사전에 설치하는 것은 불가능하다. 그러나 자동차는 실수를 통해 교훈을 얻고 그것을 친구들과 나누는 청소년처럼 시간이 흐를수록 점점 똑똑해질 것이다.

생후배선의 원칙을 전력망에 적용하면, 지금보다 훨씬 더 효율적인 배전이 가능해진다. 사물인터넷(일상적인 장치들을 인터넷과 연결한 것)을 구축할 때, 인터넷을 필요한 때에 필요한 곳에 전기를 보내는 거대한 신경계처럼 이용해서 광대하게 퍼져 있는 전구, 에어컨, 컴퓨터에 전기를 보내거나 거둘 수 있다.[4] 이런 스마트그리드는 특히 개인 발전發電에 문을 열어줄 것이다. 어머니 자연이 생물체에 새로운 주변장치를 달아준 뒤 그 사용법을 뇌에 맡기는 것처럼, 풍력과 태양광 발전소를 전력망에 추가한다고 생각해보라. 스마트그리드는 효율을 높여줄 뿐만 아니라 스스로 치유하는 능력도 갖추고 있어서 공격을 견뎌낼 수 있을 것이다. 대부분의 나라는 여러 형태의 스마트그리드를 실현하고자 연구 중이라고 주장하지만, 사실 '스마트'라는 단어가 뜻하는 똑똑함에는 정도의 차이가 있다. 초등학교 3학년생도 똑똑하고 알베르트 아인슈타인도 똑똑하다. 우리는 어머니 자연이 수십억 년에 걸쳐 생각해낸 생후배선의 원칙들을 이해하고 실행하면서 스마트그리드에서 천재 그리드로 서서히 옮겨갈 것이다.

탐사 로봇, 자동차, 칩, 그리드에 생후배선을 적용하는 것 외에도, 나는 생물학이 건축학 같은 분야의 정의도 새롭게 바꿔놓는 모습을 보고 싶다. 현재 우리가 최고로 웅장하게 지은 건축물도 자연의 창조물 옆에서는 빛을 잃는다. 뉴런의 멋진 구조, 소뇌의 절묘한 설계, 팔다리의 유연한 움직임을 생각해보라. 건축가가 생물학에서 영감을 얻었다면 어땠을까?

욕실을 드나드는 사람들의 수를 감지해서 세면대 수도꼭지, 소변기, 하수관 등의 빠른 증가를 요청하는 건물을 지을 수 있을 것이다. 집이 자신의 구조를 이해하고, 거기에 변화가 생겼을 때 스스로 신경계를 재조정하는 것도 가능하다. 방이 하나 새로 생겼을 때, 통풍관과 전선이 그 방까지 자연스레 자라나게 할 수 있다는 뜻이다. 이런 집의 뇌는 바뀐 형태에 다시 적응해서, 집의 형태를 새로이 인식할 것이다. 만약 사고로 집의 일부가 파손된다면, 역동적인 자동 수리도 가능하다. 부서진 부엌이 줄어든 면적으로도 같은 기능을 수행할 수 있게 조리대 공간과 전기 설비의 위치를 스스로 재배치할 수 있기 때문이다. 어쩌면 미래에는 사라진 냉장고가 아직 있는 것 같은 환상통증에 시달리게 될지도 모른다. 그러나 최소한 벽이 무너지면 끝인 구식 주택의 문제를 걱정할 필요는 없을 것이다. 만약 벽돌들이 서로 신호를 주고받으며 스스로 착착 쌓여서 건물을 만들어낸다면 어떨까? 뉴런들이 한

데 모여 큰 핵을 만드는 것과 같은 방식이다. 건물이 스스로 움직여서 일광 노출, 그늘, 물 접근성, 자신에게 닿는 바람의 양 등을 역동적으로 최적화하면 어떨까? 오랜 기간에 걸쳐 화재의 위험성이 어른거리거나 해안의 모양이 변할 때 더 좋은 자리로 이동할 수 있는 건물은 어떨까? 우리가 생후배선을 잘 이해하게 되면 공학이 어디까지 꽃을 피울지 한계가 없다.

마지막으로, 미래의 자가 환경 설정 장치들은 '기계 수리'라는 말의 의미를 바꿔놓을 것이다. 건설 노동자나 자동차 정비사는 무슨 일이 있어도 잘 놀라지 않는다. 건물이나 엔진의 한 부분이 파손되었을 때, 그 결과를 꽤 합리적으로 예측할 수 있기 때문이다. 반면 젊은 신경학자는 대개 확신이 없어서 불안해한다. 뇌에 문제가 생겼을 때 상당히 정확하게 그것을 알아보고 진단할 수는 있지만, 항상 교과서적인 사례에 들어맞는 환자만 있는 것이 아니라서 좌절한다. 교과서가 왜 모든 것을 설명해주지 못하는가? 각자의 뇌가 그 사람의 과거, 목표, 습관을 바탕으로 저마다 독특한 궤적을 따라왔기 때문이다. 먼 미래의 건설 노동자와 자동차 정비사는 특정한 전선이나 나사에서 문제를 찾아내기보다는 일반적인 원칙을 찾기 위해 주위를 더듬거리는 신경학자와 더 비슷해질 것이다.

우리가 뇌 기능의 원칙을 밝히면 인공지능에서 건축까지, 마이크로칩에서 화성 탐사 로봇까지 다양한 분야에 그 원칙이 유용하게 적

용될 것이다. 잘 부서지는 설비들을 쓰레기장에 내다버리는 생활만 영원히 할 필요는 없다. 그런 설비 대신, 자가 환경설정 기능을 갖춘 장치들이 생물계뿐만 아니라 제조업의 세계에서도 자리를 잡을 것이다.

우리의 먼 후손들은 산업혁명의 역사를 되돌아보며, 자연이 수십억 년에 걸쳐 이룩한 생물혁명의 원칙들이 항상 사방에 널려 있는데도 그 원칙을 흉내 내는 것만으로 우리가 한 단계 더 올라서는 데 왜 그렇게 오랜 시간이 걸렸는지 의아해할 것 같다.

그러니 어린 사람이 50년 뒤의 기술이 어떤 모습일 것 같으냐고 묻거든, 이렇게 대답해보라. "바로 네 머릿속에 그 답이 있어."

12장

오래전 잃어버린 외치의 사랑을 찾아서

1991년 9월, 티롤 알프스를 오르던 독일인 커플이 시체를 발견했다. 몸의 90퍼센트는 얼음 속에 꽁꽁 얼어 있고, 머리와 어깨만 밖으로 노출된 시체였다. 얼음 속 남자의 몸은 냉동건조된 상태로 완벽하게 보존되어 있었다. 이 지역에서 고집 센 등반가들의 시신이 이미 여러 차례 발견된 적이 있지만, 이번에 발견된 시신은 달랐다.

그는 5000년 전부터 이곳에 얼어붙어 있었다.

티롤 아이스맨이라고 불리던 그는 외치라는 이름을 얻었다. 사람들이 그를 가둔 얼음 감옥을 깨려고 애쓰는 동안 그의 몸은 혐악한 날씨에 다시 얼어붙었다. 여러 지역이 그의 소유권을 놓고 여러 주 동안 다퉜으나, 과학자들이 간신히 끼어들어 그가 후기 신석기시대, 구체적으로는 동기銅器시대 출신임을 밝혀냈다.[1]

곧 여러 의문이 솟아나기 시작했다. 이 남자는 누구인가? 어떤 사람이었을까? 여행한 지역은 어디인가? 나는 쏟아져 나오는 논문들을 읽으면서, 그 단순한 유해에서 찾아낼 수 있는 지식이 이렇게 많다는 사실에 감탄했다. 그의 내장 속 내용물은 그가 먹은 마지막 두 끼 식사가 샤무아 고기와 사슴고기였으며, 두 번 모두 일립소맥 겨, 뿌리, 과일을 함께 먹었음을 알려주었다. 그의 마지막 식사에 들어 있던 꽃가루의 상태를 보니 그가 죽은 시기는 봄이었다. 머리카락에서는 죽기 전 몇 달 동안 그가 대체로 어떤 음식을 먹었는지 알아낼 수 있었으며, 머리카락 사이에 구리 분자가 있는 것으로 보아 그가 구리 제련과 관련된 일을 한 것 같았다. 치아 상아질의 구성은 그가 어렸을 때 살았던 곳을 알려주었다. 허파가 검게 변한 것은 모닥불의 연기 때문이었다. 다리뼈의 비율을 보니, 그가 젊었을 때 산속에서 먼 거리를 이동하며 살았음을 알 수 있었다. 무릎뼈의 상태와 피부에 십자 모양으로 난 흔적들은 그가 무릎의 퇴행성 질환 때문에 원시적인 침 치료를 받았음을 보여주었다. 손톱에는 그의 병력이 기록되어 있었다. 손톱을 가로지른 세 줄은 그가 죽기 전 반년 동안 세 번에 걸쳐 전신성 질환을 앓았음을 뜻했다.

우리가 몸에서 이처럼 엄청난 양의 데이터를 수집할 수 있는 것은, 몸이 살아오면서 겪은 일들에 의해 점차 바뀌기 때문이다.

앞에서 보았듯이, 뇌에서 일어나는 변화는 이보다 훨씬 더 구체적이다.

언젠가는 우리가 뇌의 정확한 형태만 보고 그 사람의 직업이나 그 사람이 중요하게 생각하는 일 등 소소한 인생사를 대략적으로 읽어낼 수 있게 될지도 모른다. 이런 일이 현실이 된다면, 이것이 새로운 종류의 과학이 될 것이다. 뇌가 스스로를 어떻게 바꿔나가는지 보는 것만으로, 그 사람이 어떤 환경에 노출되었는지 알 수 있을까? 혹시 그 사람이 소중하게 생각하는 것까지도 알 수 있을까? 그 사람은 섬세한 동작을 할 때 어느 쪽 손을 이용할까? 그의 주변 환경에서 중요한 신호는 무엇일까? 그가 사용하는 언어의 구조는 어떤가? 이처럼 내장이나 머리카락이나 무릎이나 손톱만 봐서는 도저히 대답할 수 없는 질문이 아주 많다.

사실 이것은 우리가 격추한 적기敵機를 분해해서 모방할 때 사용하는 것과 같은 논리다. 우리는 기능이 구조와 관련되어 있다고 본다. 조종실 전선들이 특정한 패턴으로 연결되어 있는 데는 다 이유가 있을 것이라고 가정하는 것이다. 뇌의 암호를 해독하는 데도 같은 방법을 쓸 수 있다.

모든 일이 잘된다면, 앞으로 50년 뒤 우리가 이탈리아 볼차노에서 유리관에 전시되어 있는 티롤 아이스맨을 다시 찾아갈 것이다. 그리고 얼음과 비슷한 유리 감옥에서 그를 꺼내, 그의 뇌에 직접 새겨진 그의 이야기를 자세히 읽어낼 것이다. 외부의 시각이 아니라 외치 본인의 시각에서 그의 삶을 이해할 수 있을 것이라는 뜻이다. 그는 무엇을 중요하게 여겼는가? 어떤 일에 시간을 쏟았나? 사랑한 상대는 누구였을까? 지금은 이것이 사이언스픽션일 뿐이지만, 몇십 년 뒤에는 진짜 과학이 될지도 모른다.

장기적인 진화과정에서 생물들이 환경에 맞는 몸을 갖추게 된다는 사실은 이미 잘 알려져 있다. 우리 망막의 광수용체가 태양광의 스펙트럼과 완벽하게 들어맞는다는 점, 우리 게놈에 고대 감염성 질병의 기록이 고고학 유적처럼 기록되어 있다는 점을 생각해보라. 하지만 이보다 단기적으로 시야를 바꾸면, 뇌의 신경회로를 통해 훨씬 더 많은 것을 알아낼 수 있다. 뇌의 구조는 그 주인의 관심사, 주로 시간을 쏟는 일, 많은 정보를 얻을 수 있는 인근 장소들에 대해 알려준다. 이 방법을 통해 우리는 먼 과거의 대표인 티롤 아이스맨을 알 수 있을 뿐만 아니라, 그의 뇌세포에 새겨진 깨알 같은 일기를 현미경으로 읽어낼 수도 있다. 그의 형제자매, 자녀, 웃어른, 친구, 경쟁자 등의 얼굴을 보고, 비 내리던 밤과 모닥불가에서 그가 맡은 냄새를 맡고, 그의 언어와 그에게 익숙하던 목소리를 듣고, 그가 느낀 기쁨, 두려움, 비통함, 희망을 함께 경험할 수 있다.

외치는 카메라로 동영상을 찍을 수 있는 시대에 사는 행운을 누리지는 못했다. 하지만 굳이 그런 시대에 살 필요가 없었다. 그 자신이 비디오카메라였다.

우리는 변신족을 이미 만났다. 바로 우리다.

사람들은 가끔 내게 이런 말을 한다. “우리 조카가 다시는 걸을 수 없을 거라고 의사들이 말했거든요. 그런데 지금 보세요. 우리 옆을 뛰어서 지나가고 있어요!” 첫째, 나는 이렇게 좋아진 환자와 그 가족들의 이야기에 뛸 듯이 기뻐한다. 둘째, 그들이 만난 의사가 정말로 ‘다시는’이라고 말했을지 조금 의심스럽다. 적어도 그 앞에 “가장 가능성이 높은 시나리오를 말하자면”이라는 단서를 붙였을 것이다. 아니면 그 의사가 혹시라도 소송을 당할까봐 미리 기대치를 낮게 잡아서 환자가 조금만 나아져도 식구들이 고마워하게 만든 것일 수도 있다. 이유가 무엇이든 훌륭한 의사는 그런 말을 할 때 그렇게 단정적인 어투를 쓰는 경우가 드물다. 스스로 재편할 수 있는 뇌의 능력 덕분에 가능성의 문이 계속 열리기 때문이다. 어린 사람들의 뇌는 특히 더 그렇다.

아무래도 내가 보기에 생후배선은 생물학에서 가장 멋들어진 현상인 것 같다. 이 책에서 나는 생후배선의 중요 특징을 일곱 가지 원칙으로 정리해보았다.

1. 세상을 반영한다. 뇌는 입력되는 정보에 스스로를 맞춘다.
2. 입력 자료를 이용한다. 뇌는 흘러들어오는 정보라면 무엇이든 이용한다.
3. 몸의 형태를 가리지 않는다. 뇌는 어떤 신체 형태든 통제하는 법을 터득한다.
4. 중요한 것을 잊지 않는다. 뇌는 중요성을 바탕으로 자원을 분배한다.
5. 안정적인 정보를 고정한다. 입력 자료에 따라 뇌의 부위별로 유연성에 차이가 난다.
6. 경쟁 아니면 죽음이다. 가소성은 생존을 건 투쟁에서 생겨난다.
7. 데이터를 향해 움직인다. 뇌는 내면에 세상의 모델을 구축하고, 그 모델에 따른 예측이 어긋날 때마다 자신을 조정한다.

생후배선은 단순히 입이 떡 벌어지는 신기한 일이 아니다. 기억,

유연한 지성, 문명을 가능하게 해주는 근본적인 책략이다. 마땅한 도구가 없어도 자신을 발견하게 해주고, 뇌를 섬세하게 조정해 마땅한 도구를 만들게 해준다. 생후배선은 자연선택에 의한 진화에서 감당하기 힘든 압박을 조금 누그러뜨려주는 메커니즘이다. 생후배선 덕분에 뇌는 모든 일을 미리 예언하고 예측하지 않아도 수백억 개나 되는 변수를 그때그때 조정해서 예측하지 못한 일에 대응할 수 있다.

가소성은 시냅스부터 뇌의 모든 영역에 이르기까지 어디에나 존재한다. 뇌에서 영역을 두고 끊임없이 벌어지는 싸움은 적자생존의 경쟁이다. 각각의 시냅스, 각각의 뉴런이 자원을 놓고 다툰다. 경계선에서 벌어지는 전쟁의 결과에 따라 지도가 바뀌면서, 뇌 주인이 가장 중요하게 생각하는 목표가 뇌의 구조에 항상 반영된다.

생후배선은 앞으로 우리 사고에서 항상 한 부분을 차지할 것이다. 주변을 연구하다 보면, 뇌의 역할을 더욱더 분명히 알게 될 것이다.

1990년대 중반에 미국의 범죄율이 급격히 뚝 떨어진 것을 생각해보자. 그 원인을 분석한 가설 중 하나는, 자동차 휘발유를 유연에서 무연으로 바꾸게 한 '청정공기법'이라는 단 하나의 법이 이런 결과를 낳았다는 것이었다. 공기 중 납 함량이 줄어들기 시작한 지 23년 뒤 범죄율이 크게 떨어졌다. 알고 보니 공기 중 납 함량이 높으면 유아의 뇌 발달을 방해하기 때문에, 아이가 자랐을 때 충동적인 행동이 늘어나고 장기적인 사고가 힘들어진다. 납 함량과 범죄 사이의 상관관계가 우연의 일치일까? 아마 그렇지 않을 것이다. 여러 나라가 저마다 다른 시기에 무연 휘발유 사용을 의무화했다. 그리고 그 나라에서 모두 약 23년 뒤 범죄율이 떨어졌다. 납 함량이 줄어든 환경에서 자란 아이들이 어른이 되는 딱 그 무렵이었다.[2] 만약 이 가설이 옳다면 청정공기법이 범죄 예방에 미국 역사상 그 어느 정책보다 많은 일을 했다는 뜻이다. 이 가설을 입증하려면 더 많은 연구가 필요하지만, 누구도 모르는 사이에 생후배선이 각종 분자, 호르몬, 독성물질에 영향을 받을 수 있다는 생각을 강조해준다. 뇌 가소성이 지닌 의미에 조금이라도 의심을 품은 적이 있다면, 그 영향이 개인에서 사회까지 미치는 것이 확실하니 안심하기 바란다.

생후배선으로 인해 우리 각자는 공간과 시간의 그릇이 된다. 우리는 지상의 어느 특정 지점에 떨어졌을 때 그곳의 세세한 특징들을 모두 진공청소기처럼 빨아들인다. 본질적으로, 우리가 세상에 거하는 그 순간을 기록하는 장치가 되는 셈이다.

우리가 어르신을 만나 그분의 의견이나 세계관에 충격을 받을 때, 그분 역시 자신이 살았던 시대와 직접 겪은 일을 기록하는 장치라는 사실에 공감하려 애써보면 좋을 것이다. 언젠가는 우리 뇌도 세월의 흐름으로 인해 어느 한 순간에 단단히 굳어져 다음 세대 젊은이들을 좌절에 빠뜨릴 것이다.

내 기록 장치에 담겨 있는 귀한 것 중 하나는 1985년에 나온 노래 〈위 아 더 월드〉다. 수십 명의 슈퍼스타 가수들이 아프리카의 가난한 어린이들을 위한 기금을 모으려고 함께 이 노래를 불렀다. 이 노래의 테마는 우리 각자가 모두의 안녕과 복지에 대한 책임을 공유하고 있다는 것이다.

지금 그 노래를 회상할 때면, 나는 신경과학자인 내 눈으로 본 다른 해석을 떠올리지 않을 수 없다. 우리는 대체로 '나'와 '세상'이 따로 존재한다고 생각하며 살아간다. 그러나 이 책에서 보았듯이, 우리의 사람됨은 우리와 상호작용을 주고받는 모든 것, 즉 주변 환경, 경험, 친구, 적, 문화, 신념, 시대 등으로부터 나온다. 우리는 '그는 주관이 뚜렷한 사람'이라든가, '그녀는 생각이 독립적'이라는 말을 가치 있게 여기지만, 사실 우리를 에워싼 모든 것과 우리 자신을 분리할 길은 없다. 외부세계가 없으면 '나'도 존재하지 않는다. 우리의 신념, 신조, 포부는 모두 속속들이 그렇게 형성된다. 대리석 덩어리 안에서 조각상이 모습을 드러내는 것과 같다. 생후배선 덕분에 우리는 각자 세계가 된다.

감사의 말

신경과학자로서 나는 무한히 창의적인 자연의 도구상자에 대한 나의 매혹을 거울처럼 비춰준 수많은 사람 덕분에 더욱 발전했다. 나는 그들에게서 해답을 추적할 때의 짜릿함을 배웠다. 나의 부모님 시렐과 아서는 가장 민감한 시기에 내 뇌의 형태를 잡아주었고, 리드 몬터규와 테리 세즈노우스키, 프랜시스 크릭은 대학원과 박사후 연구원 시절 나의 뇌를 한층 더 다듬어주었다. 그 밖에도 수십 명의 친구, 제자, 동료가 있다. 스탠퍼드대학의 동료들은 고맙게도 내게 지적인 연회가 벌어지는 성을 제공해주었다. 내가 새로운 아이디어나 훌륭한 토론을 원할 때 의지하는 친구들도 많다. 너무 많아서 여기에 일일이 이름을 적을 수 없을 정도지만, 그중 몇 명을 꼽자면 돈 본, 조너선 다우나, 브렛 멘시, 그동안 내 실험실을 거쳐간 학생들이 있다. 트리스턴 렌즈와 스콧 프리먼은 모두 모험을 꺼려 선뜻 나서지 않을 때, 우리의 감각 대체 연구를 지원해주었다. 나의 옛 대학원 제자이자 현 사업 파트너인 스콧 노비치는 네오센서리 기술을 현실로 만들기 위해 나와 함께 노력했다. 계속 늘어나고 있는 네오센서리 직원들에게도 항상 감사한다.

댄 프랭크와 제이미 빙은 아주 훌륭한 출판인이자 흔들리지 않는 지지자였다. 와일리 에이전시, 특히 앤드루, 세라, 제임스, 크리스티나는 언제나 든든하게 내 뒤를 받쳐주었다.

마이크 퍼로타, 샤히드 말릭, 숀 저지 그리고 스탠퍼드대학에서 나의 뇌 가소성 강의를 들은 훌륭한 학생들이 이 책을 열심히 읽고 의견을 말해준 것도 고맙다.

나는 이 책을 나의 두 아이 아리스토틀과 아비바에게 바친다. 아이들의 작고 귀여운 머릿속에서 뇌 가소성의 원칙이 지금도 시시각각 펼쳐지고 있다. 나를 든든하고 강한 바위처럼 지지해주는 아내 세라에게는 무엇보다 깊은 사랑과 감사를 바친다. 열렬한 사랑의 감정은 대개 서정시의 영역에 속하지만, 생후배선이 없다면 그런 감정 역시 아무것도 아닐 것이다. 우리가 주고받는 사랑이 우리 뇌를 바꿔놓았다.

마지막으로 내 제자들과 전 세계의 독자들에게서 내가 얼마나 많은 힘을 얻는지 말하고 싶다. 내가 하는 일이 얼마나 근사한지 그들이 항상 알아차리는 것은 아니다. 특히 그들이 한 번도 생각해본 적이 없는 아이디어를 펼치는 부러운 일을 할 때 더욱 그렇다. 그러나 아름다운 진실에서 반사된 빛이 우리 모두의 얼굴을 밝게 비춘다.

주

이 책에 소개된 내용을 많은 독자가 이해할 수 있도록, 나는 전문용어 대신 쉬운 단어를 사용했다. 이런 방식에 대해서는 찬반이 엇갈린다. 반대 의견을 최소화하기 위해, 주에서는 이 주제에 흥미가 있는 독자들이 원래 문헌의 개념들, 더 상세한 내용, 과학 용어를 살펴볼 수 있게 했다.

1장 섬세한 분홍색 지휘자

1 매슈의 가족과 직접 나눈 이야기.

2 기묘한 사실 하나. 매슈의 담당의인 벤 카슨 박사는 나중에 공화당 대통령 후보 경선에 출마했다가 도널드 트럼프에게 졌다.

3 뉴런과 같은 수의 교세포가 뉴런을 지지한다는 점에서 뇌 구조가 더욱더 복잡해진다. 교세포가 장기적인 기능 면에서 중요하다면, 뉴런은 정보를 신속하게 휙휙 나르는 역할을 한다. 예전에는 교세포의 수가 뉴런의 10배로 알려져 있었으나, 지금은 새로운 방법들(예를 들어 등방성 분류법) 덕분에 뉴런과 교세포의 수가 대략 1 대 1 대칭을 이룬다는 사실이 밝혀졌다. Von Bartheld CS, Bahney J, Herculano-Houzel S(2016) 참조. 인간의 뇌를 구성하는 뉴런과 교세포의 정확한 숫자를 알아내기 위한 연구는 A review of 150 years of cell counting, *J Comp Neurol* 524(18): 3865-3895 참조. 세포 수에 대한 전반적인 연구는 Gordons, *The Synaptic Organization of the Brain*(New York: Oxford University Press, 2004) 참조.

4 두 살짜리 아이가 하루에 할 수 있는 귀여운 경험들을 한번 살펴보자. 이 경험이 모두 모종의 알 수 없는 방식으로 그가 장차 걸어갈 길에 영향을 미칠 것이다. 아이는 긴 꼬리로 찰싹찰싹 파리를 쫓는 소년의 이야기를 열심히 듣는다. 어머니의 친구 조젯이 직접 만든 미트볼을 뜨거운 은색 냄비에 담아서 가져온다. 아이보다 나이가 많은 소년 세 명이 자전거를 타고 소리를 지르며 집 앞을 지나간다. 아이는 트럭의 따뜻한 보닛 위에서 잠든 하얀 고양이를 본다. 어머니가 아버지에게 말한다. "뉴멕시코의 그때 같아." 그러고는 둘이서 함께 웃음을 터뜨린다. 아버지가 싱크대 앞에서서 밀폐용기 안에 든 방울다다기양배추를 입 안에 가득 넣고 씹으며 뭐라고 말하고 있다. 아이는 차가운 나무 바닥에 뺨을 댄다. 덩치 큰 남자가 비버 옷을 입고 땅콩을 나눠주는 것이 보인다……. 이 경험들이 각각 아주 미세하게 그에게 영향을 미친다. 아이가 아주 조금 다른 경험을 했다면, 아주 조금 다른 어른으로 자랄 것이다. 아이를 옳은 방향으로 이끌 책임이 있는 부모라면 당연히 이런 점에 신경을 쓸지도 모른다. 그러나 아이가 할 수 있는 경험의 폭이 광대한 바다만큼 넓어서 제대로 길을 찾아가기가 불가능하다. 어느 특정한 책을 선택한 것이, 어느 날의 결정이나 사건이 아이에게 어떤 영향을 미칠지 아무도 모른다. 비록 단 하루뿐이라 해도 아이가 경험하는 삶의 궤적이 워낙 복잡해서 그 영향을 예측할 수 없다. 그렇다고 해서 부모의 책임과 염려가 줄어드는 것은 아니지만, 결국은 결과를 확실히 알 수 없다는 점이 조금은 해방감을 안겨줄지도 모른다.

5 Nishyama T(2005), Swords into plowshares: Civilian application of wartime military technology in modern Japan, 1945-1964(오하이오 주립대학, 박사학위 논문).

6 여기서 중점적으로 주장하는 내용은 Eagleman DM(2011), *Incognito: The Secret Lives of the Brain*(New York: Pantheon)에서도 다루고 있다.

7 '가소성'이라는 용어의 명확한 정의를 놓고 논란이 벌어지고 있다. 변화한 형태가 얼마나 오랫동안 유지되어야 가소성이라는 말을 적용할 수 있을까? 성숙, 성향, 유연성, 탄력성 등의 개념과 가소성을 구분하는 것이 가능한가? 단어의 의미를 둘러싼 이런 논란은 이 책의 주제와 별로 관계가 없지만, 혹시 관심이 있는 사람들을 위해 조금 설명하겠다.

논란의 중심축 하나는 '가소성'이라는 용어를 '언제' 사용하느냐는 것이다. 발달 가소성, 표현형 가소성, 시냅스 가소성이라는 이슈들이 같은 주제의 다른 표현인가, 아니면 '가소성'이라는 용어가 다양한 맥락에서 대충 사용되고 있는 것인가? 내가 알기로 이 문제를 가장 먼저 분명하게 꺼낸 사람은 자크 파야르였다. 1976년에 발표한 에세이 'Réflexions sur l'usage du concept de plasticité en neurobiologie'를 통해 서였다. 2008년에 브루노 윌이 동료들과 함께 이 에세이를 번역하고 논평도 해놓았다. 2008년의 이 자료는 파야르의 주장을 이어받아, '가소성' 사례에 구조적 변화와 기능성 변화가 모두 포함되어야 하며(둘 중 하나만 포함되면 안 된다), 유연성(예를 들어 미리 프로그램된 적응), 성숙(생명체의 정상적인 발달), 탄력성(궁극적으로는 원래 상태로 되돌아가는 단기적 변화)과 가소성을 구분해야 한다고 시사했다. 이 책의 뒷부분에 나오겠지만, 이 용어들을 항상 구분할 수 있는 것은 아니다. 한 가지 사례로 뇌가 다양한 시기에 어떻게 변하는지, 그런 변화가 시스템의 다른 부분(예를 들어 분자 수준에서 세포 구조까지)으로 어떻게 전달되는지를 한 장에 걸쳐 살펴볼 것이다. 이런 맥락에서, 만약 원래 형태로 되돌아가는 변화를 우리가 기술을 이용해 측정했다면 (순전히 그 파급효과를 측정할 수 없었다는 이유만으로) 시스템 전체가 가소성이 아니라 탄력성을 갖고 있다고 결론지어야 할까? 지금의 기술을 기준으로 단어의 의미를 정의하는 것은 내가 보기에 현명하지 않은 듯하다. '가소성'이라는 단어를 둘러싼 논란은 보통 찻잔 속의 태풍이 되는 경향이 있다. 이 책에서 우리의 관심사는 두개골 안에 들어 있는 1.4킬로그램의 미래 기술이 어떻게 스스로를 수정하는지 이해하는 것이다. 이 책을 끝까지 다 읽은 뒤 그 주제에 대한 이해가 풍부해진다면, 이 책은 성공작이다.

8 매슈는 절제한 반구의 반대쪽 다리를 전다. 각 반구가 신체의 반대편을 제어하기 때문이다. 그가 다리를 저는 것은 남아 있는 반구가 절제된 반구의 운동 기능을 부분적으로만 이어받았기 때문이다.

2장 덧셈뿐인 세계

1 Gopnik A, Schulz L (2004), Mechanisms of theory formation in young children, *Trends Cogn Sci* 8: 371-377.

2 Spurzheim J (1815), *The Physiognomical System of Drs. Gall and Spurzheim*, 2판(London: Baldwin, Cradock and Joy).

3 Darwin C (1874), *The Descent of Man*(Chicago: Rand, McNally).

4 Bennett El 외 (1964), Chemical and anatomical plasticity of brain, *Science* 164: 610-619.

5 Diamond M (1988), *Enriching Heredity*(New York: Free Press).

6 Rosenzweig Mr, Bennett EL (1996), Psychobiology of plasticity: Effects of training and experience on brain and behavior, *Behav Brain Res* 78: 57-65. Diamond M (2001), Response of the brain to enrichment, *An Acad Bras Ciênc* 73: 211-220.

7 Jacobs B, Schall M, Scheibel AB (1993), A quantitative dendritic analysis of Wernicke's area in humans. II. Gender, hemispheric, and environmental factors, *J Comp Neurol* 327: 97-111. 이제 여러분은 인과관계의 화살표가 어느 쪽을 향하느냐는 현명한 의문을 품을 것이다. 대학 공부가 가지돌기를 키웠다기보다, 가지돌기가 잘 발달한 사람들이 대학 입학 허가를 더 쉽게 받아내는 것이 아닐까? 좋은 질문이다. 우리는 아직 이 가능성을 배제할 실험을 생각해내지 못했다. 하지만 이제는 사람들이 저글링, 음악, 항해 등 새로운 재주를 배우는 동안 뇌의 변화를 대략적으로 측정할 수 있다는 사실을 이 책에 설명해두었다.

8 인간 게놈프로젝트는 원래 유전자 수를 약 2만 4000개로 추정했다. 그 뒤로 이 숫자는 널뛰기를 하면서, 가장 낮을 때는 1만 9000개까지 내려갔다. Ezkurdia I 외 (2014), Multiple evidence strands suggest that there may be as few as 19,000 human protein-coding genes, *Hum Mol Genet* 23(22): 5866-5878 참조.

9 이 책의 뒷부분에서 이 점을 더욱 자세히 다루겠다. 경험 의존성과 경험 독립성이 언뜻 정반대처럼 보이겠지만, 이 둘 사이를 가르는 선이 항상 명확한 것은 아니다 (Cline H [2003], Sperry and Hebb: Oil and vinegar?, *Trends Neurosci* 26[12]: 655-661 참조). 고정된 메커니즘이 세상 경험을 흉내 낼 때도 있고, 세상 경험이 유전자 발현으로 이어져 고정된 프로그램을 새로 만들어내기도 한다. 언뜻 명확해 보이는 활동 의존적인 활동을 생각해보자. 일차 시각 피질에는 왼쪽 눈과 오른쪽 눈에서 정보를 나르는 조직 띠들이 번갈아 나타난다(이 책의 뒷부분에서 더 자세히 다루겠다). 눈에 특화된 이 시각 정보를 나르는 축삭돌기는 처음에 피질 내에서 널리 가지를 뻗다가 눈에 특화된 구역들로 스스로 격리되어 들어간다. 이렇게 격리하는 법을 그들이 어떻게 알까? 상호 연결된 활동의 패턴이 격리의 근원이다. 왼쪽 눈의 뉴런들은 오른쪽 눈의 뉴런들보다 자기들끼리 서로 더 많은 상관관계를 맺는 경향이 있다.
1960년대 중반에 하버드대학의 신경생물학자 데이비드 허블과 토르스텐 비셀은 고르게 번갈아 나타나는 띠들의 지도가 경험에 의해 급격히 변할 수 있음을 보여주었다. 동물의 한쪽 눈을 감겨 놓으면, 뜨고 있는 눈의 조직들이 차지한 영역이 확장된다. 시냅스 경쟁에서 신경 활동이 이 지도에 영향을 미친다는 증거다(Hubel DH,

Wiesel TN [1965], Binocular interaction in striate cortex of kittens reared with artificial squint, *J Neurophysiol* 28: 1041-1059).
그러나 여기에는 수수께끼가 하나 숨어 있었다. 번갈아 나타나는 왼쪽 눈과 오른쪽 눈의 영역들이 확립되는 데에는 활동이 반드시 필요하지 않다는 점을 허블과 비셀이 전에 관찰한 적이 있다는 점.
완전한 어둠 속에서 자란 동물들에게서도 이런 패턴이 나타났다(Horton JC, Hocking DR [1996], An adult-like pattern of ocular dominance columns in striate cortex of newborn monkeys prior to visual experience, *J Neurosci* 16[5]: 1791-1807). 이 두 가지 연구 결과에서 어떻게 일관성을 찾을 수 있을까?
이 역설은 몇 년이 흐른 뒤에야 해결되었다. 동물이 아직 어미의 자궁 속에 떠 있을 때, 망막이 자발적인 활동을 만들어낸다는 사실이 밝혀진 것이다. 시각과 대략적으로 닮은 활동인데, 파도처럼 굽이치는 이 활동들이 조잡하긴 해도(해상도가 높은 실제 시각 경험처럼 가장자리 선들이 뚜렷하지 않다) 각 눈의 이웃 조직들에서 일어나는 활동과 상관관계를 맺기에는 충분하기 때문에 나중에 만들어지는 뇌의 영역들(예를 들어 시상의 외측슬상핵과 피질)에서 눈에 특화된 격리가 발생한다. 다시 말해서, 발달단계 초기에 뇌가 눈의 격리과정을 돕기 위해 스스로 활동을 공급해 주고, 나중에 외부에서 들어온 시각 정보가 그 일을 이어받는다는 뜻이다(Meister M 외 [1991], Synchronous bursts of action potentials in ganglion cells of the developing mammalian retina, *Science* 252(5008): 939-943). 따라서 세상 경험과 유전자의 지시 사이의 경계가 흐릿하다. 세상 경험과 유전자의 지시가 주고받는 상호작용은 때로 복잡해질 수 있다. 전반적인 원칙은 경험 독립적인 분자 메커니즘이 처음에 정밀하지 못한 신경회로로 이어진다는 것이다. 나중에 세상과의 상호작용으로 발생한 활동이 이 연결망을 섬세하게 다듬는다. 이제는 뇌를 유전자와 세상 경험 중 하나만의 산물로 생각할 수 없다. 때로 유전자가 세상 경험의 역할을 하기 때문이다. 경험 의존적인 메커니즘과 경험 독립적인 메커니즘이 서로 단단히 얽혀 있다.

10 Leonhard K (1970), Kaspar Hauser und die moderne Kenntnis des Hospitalismus, *Confin Psychiat* 13: 213-229.

11 DeGregory L (2008), The girl in the window, St. *Petersburg Times*. 최근 대니엘이 조금 나아졌다는 점을 밝혀둔다. 화장실 사용법을 배웠고, 사람들이 자신에게 하는 말을 일부 이해할 수 있으며, 대답할 수 있는 말도 몇 가지 알고 있다. 최근에는 유아원에 다니며 글자 그리는 법을 배운다고 했다. 멋지고 반가운 일이지만, 안타깝게도

대니엘이 비극적이었던 생애의 첫 몇 년 동안 잃어버린 것들을 많이 찾아올 수 있을 것 같지는 않다.

한 가지 더. 대니엘처럼 스트레스와 결핍이 심한 환경에서 자란 아이들은 신체적으로도 제대로 성장하지 못한다. 이것을 심리사회적 왜소증이라고 부른다. 얄궂게도 한 의학 저술가는 1990년대에 이 증상을 가리키는 말로 '카스파어 하우저 증후군'이라는 새로운 용어를 쓰려고 했다(Money J [1992], *The Kaspar Hauser syndrome of "psychosocial dwarfism": Deficient statural, intellectual, and social growth induced by child abuse*, Prometheus Books, 1992). 하우저가 자신의 과거를 거짓으로 지어냈음이 거의 확실하다는 점에서, 유감스러운 단어 선택이었다.

12 다행히 지금은 동물권 원칙 때문에 이런 식의 실험이 금지되어 있다. 심지어 당시에도 할로의 많은 동료들이 그의 실험에 경악했으며, 이것이 당시 미국에서 싹을 틔우던 동물해방운동에 힘을 실어주었다. 할로를 비판하는 웨인 부스는 할로의 실험이 "우리가 이미 알던 사실, 즉 사회적 동물의 사회적 관계를 파괴하면 그 동물들도 파괴될 수 있다는 것"을 증명했을 뿐이라고 썼다.

3장 내면은 외면의 거울

1 Penfield W (1952), Memory mechanisms, *AMA Arch Neurol Psychiatry* 67(2): 178-198; Penfield W (1961), Activation of the record of human experience, *Ann R Coll Surg Engl* 29(2): 77-84 참조.

2 피질은 뇌의 바깥층으로 보통 두께가 3밀리미터쯤 된다. 이 부분을 구성하는 세포들이 아래쪽의 백질에 비해 어두운색을 띠기 때문에 피질은 회백질이라고 불린다. 덩치가 큰 동물의 피질에는 대개 골 같은 주름이 있다. 펜필드가 처음으로 조사했던 띠 모양 조직은 체성감각피질이라고 불리며, 몸의 감각을 담당한다.

3 Ettlin D (1981), Taub denies allegations of cruelty, *Baltimore Sun*, 1981년 11월 1일자.

4 Pons TP 외 (1991), Massive cortical reorganization after sensory deafferentation in adult macaques, *Science* 252: 1857-1860; Merzenich M (1998), Long-term change of mind, *Science* 282(5391): 1062-1063; Jones EG, Pons TP (1998), Thalamic and brainstem contributions to large-scale plasticity of primate somatosensory cortex, *Science* 282(5391): 1121-1125; Merzenich M 외 (1984), Somatosensory cortical map

changes following digit amputation in adult monkeys, *J Comp Neurol* 224: 591-605.

5 피질뿐만 아니라 뇌의 다른 영역, 예를 들어 시상과 뇌간 등에도 큰 변화가 있었다. 나중에 다시 이야기하겠다.

6 Knight R (2005), *The Pursuit of Victory: The Life and Achievement of Horatio Nelson*(New York: Basic Books).

7 Mitchell SW (1872), *Injuries of Nerves and Their Consequences*(Philadelphia: Lippincott).

8 이런 기법은 자기뇌파검사MEG로 시작되어 곧 기능성자기공명영상, 즉 fMRI로 옮겨갔다. 뇌 영상 검사 기법에 대한 리뷰를 보려면, Eagleman DM, Downar J (2015), *Brain and Behavior*(New York: Oxford University Press) 참조.

9 환상통증은 뇌가 지도를 다시 작성하더라도 그 변화가 완벽하지는 않다는 것을 우리에게 가르쳐준다. 전에는 팔의 정보를 처리하던 뉴런들이 이제는 얼굴의 정보를 처리하게 되었어도, 정보 전달 계통에서 하류 쪽의 뉴런들은 계속 팔에서 정보를 받는다고 생각한다. 이런 하류 쪽의 혼란 때문에, 팔이나 다리를 잃은 사람이 사라진 부위에서 통증을 느끼는 것이다. 일반적으로 피질의 변화가 클수록 통증도 크다. Flor 외 (1995), Phantom-limb pain as a perceptual correlate of cortical reorganization following arm amputation, *Nature* 375(6531): 482-484; Karl A 외 (2001), Reorganization of motor and somatosensory cortex in upper extremity amputees with phantom limb pain, *J Neurosci* 21: 3609-3618 참조. 뒤에서 뇌의 영역마다 변화 속도가 다르다는 점을 살펴볼 때 환상통증에 대해 더 자세히 다루겠다.

10 Singh AK 외 (2018), Why does the cortex reorganize after sensory loss?, *Trends Cogn Sci* 22(7): 569-582; Ramachandran VS 외 (1992), Perceptual correlates of massive cortical reorganization, *Science* 258: 216-218; Borsook D 외 (1998), Acute plasticity in the human somatosensory cortex following amputation, *Neuroreport* 9: 1013-1017.

11 Weiss T 외 (2004), Rapid functional plasticity in the primary somatomotor cortex and perceptual changes after nerve block, *Eur J Neurosci* 20: 3413-3423.

12 Clark SA 외 (1988), Receptive-fields in the body-surface map in adult cortex defined by temporally correlated inputs, *Nature* 332: 444-445.

13 헤브의 법칙이라고 불리는 이 규칙은 1949년에 처음 제시되었다. Hebb DO (1949), *The Organization of Behavior*(New York: Wiley & Sons). 하지만 실제로는 이보다 조금 더 복잡할 때가 많다. 뉴런 A가 뉴런 B 직전에 신호를 발사한다면 둘 사이의 유대가 강화된다. 반면 A가 B 직후에 발사한다면 유대는 약화된다. 이것을 스파이크 타이

밍 의존적 가소성이라고 부른다.

14 유전적 성향 때문에 지도의 형태가 특정하게 유도되는 경우도 있다. 예를 들어, 머리와 발이 각각 지도의 양쪽 끝에 자리한 것은 몸과 신경이 연결된 형태와 관련되어 있다. 하지만 이 책에서는 경험이 신경회로를 바꾸는 놀라운 현상에 중점을 두었다.

15 역사를 정확히 설명하자면, 루이지애나 준주는 처음에 스페인의 차지가 되었으나 1802년에 스페인이 프랑스에 이 땅을 반환했다. 그리고 나폴레옹이 1803년 신세계에 대한 꿈을 포기하고 미국에 팔았다.

16 Elbert T. Rockstroh B (2004), Reorganization of human cerebral cortex: The range of changes following use and injury, *Neuroscientist* 10: 129-141; Pascual-Leone A 외 (2005), The plastic human brain cortex, *Annu Rev Neurosci* 28: 377-401, D'Anguilli A & Waraich P (2002), Enhanced Tactile encoding and memory recognition in congenital blindness, *Int J Rehabil Res* 25(2): 143-145; Collignon O 외 (2006), Improved selective and divided spatial attention in early blind subjects, *Brain Res* 1075(1): 175-182; Collignon O 외 (2009), Cross-modal plasticity for the spatial processing of sounds in visually deprived subjects, *Exp Brain Res* 192(3): 343-358; Bubic A, Striem-Amit E, Amedi A (2010), Large-scale brain plasticity following blindness and the use of sensory substitution devices, in *Multisensory Object Perception in the Primate Brain*, MJ Naumer와 J Kaiser 편집(New York: Springer), 351-380.

17 Amedi A 외 (2010), Cortical activity during tactile exploration of objects in blind and sighted humans, *Restor Neurol Neurosci* 28(2): 143-156; Sathian K, Stilla R (2010), Cross-modal plasticity of tactile perception in blindness, *Restor Neurol Neurosci* 28(2): 271-278. 이런 변화를 다른 방식으로도 읽어낼 수 있다. 예를 들어 점자를 읽는 사람의 후두 피질에 자기磁氣 펄스 자극을 주면 손가락에 촉각이 느껴진다(반면 앞을 볼 수 있는 대조군에서는 이런 효과가 전혀 나타나지 않는다). Ptito M 외 (2008), TMS of the occipital cortex induces tactile sensations in the fingers of blind Braille readers, *Exp Brain Res* 184(2): 193-200 참조.

18 Hamilton R 외 (2000), Alexia for Braille following bilateral occipital stroke in an early blind woman, *Neuroreport* 11(2): 237-240.

19 Voss P 외 (2006), A positron emission tomography study during auditory localization by late-onset blind individuals, *Neuroreport* 17(4): 383-388; Voss P 외 (2008), Differential occipital responses in early- and late-blind individuals furing a sound-

source discrimination task, *Neuroimage* 40(2): 746-758. 같은 논문의 두 번째 실험에서, 참가자들에게 소리의 위치를 추측하게 한 결과 시각 피질이 활성화되는 같은 현상이 나타났다.

20 Renier L, De Volder AG, Rauschecker JP (2014), Cortical plasticity and preserved function in early blindness, *Neurosci Biobehav Rev* 41: 53-63; Raz N, Amedi A, Zohary E (2005), V1 activation in congenitally blind humans is associated with episodic retrieval, *Cereb Cortex* 15: 1459-1468; Merabet LB, Pascual-Leone A (2010), Neural reorganization following sensory loss: The opportunity of change, *Nat Rev Neurosci* 11(1): 44-52.
덧붙이자면, 다른 방향에서도 이런 신호 연결을 증명할 수 있다. 시각장애인의 후두엽 활동을 (자기 펄스 자극으로) 일시적으로 방해하면, 점자 읽기는 물론 심지어 언어 처리 능력까지도 흐트러진다. Amedi A 외 (2004), Transcranial magnetic stimulation of the occipital pole interferes with verbal processing in blind subjects, *Nat Neurosci* 7: 1266 참조.

21 이 영역은 VWFA(visual word form area)라고 불린다. Reich L 외 (2011), A ventral visual stream reading center independent of visual experience, *Curr Biol* 21: 363-368; Striem-Amit E 외 (2012), Reading with sounds: Sensory substitution selectively activates the visual word form area in the blind, *Neuron* 76: 640-652.

22 이 영역은 MT(middle temporal) 또는 V5라고 불린다. Ptito M 외 (2009), Recruitment of the middle temporal area by tactile motion in congenital blindness, *Neuroreport* 20: 543-547; Matteau I 외 (2010), Beyond visual, aural, and haptic movement perception: hMT+ is activated by electrotactile motion stimulation of the tongue in sighted and in congenitally blind individuals, *Brain Res Bull* 82: 264-270.

23 이 영역은 LOC(lateral occipital cortex)라고 불린다. Amedi 외 (2010).

24 이것을 다르게 표현하면, 뇌는 '메타 모드' 작업자라고 할 수 있다. 메타 모드란 정보가 도달하는 특정한 모드(또는 감각)와 독립적으로 작업이 이루어진다는 뜻이다. Pascual-Leone A, Hamilton R (2001), The metamodal organization of the brain, *Prog Britain Res* 134: 427-445; Reich L, Maidenbaum S, Amedi A (2011), The brain as a flexible task machine: Implications for visual rehabilitation using noninvasive vs. invasive approaches, *Curr Opin Neurol* 25: 86-95 참조. Maidenbaum S 외 (2014), Sensory substitution: Closing the gap between basic research and widespread practical

visual rehabilitation, *Neurosci Biobehav Rev* 41: 13-15; Reich L 외 (2011), A ventral visual stream reading center independent of visual experience, *Curr Biol* 21(5): 363-368; Striem-Amit E 외 (2012), The large-scale organization of 'visual' streams emerges without visual experience, *Cereb Cortex* 22(7): 1698-1709; Meredith MA 외 (2011), Crossmodal reorganization in the early deaf switches sensory, but not behavioral roles of auditory cortex, *Proc Natl Acad Scie USA* 108(21): 8856-8861; Bloa L 외 (2017), Task-specific reorganization of the auditory cortex in deaf humans, *Proc Natl Acad Sci USA* 114(4): E600-E609도 참조. 리뷰를 보려면, Bavelier; Hirshorn(2010); Dormal; Collingnon(2011) 참조.

25 Finney EM, Fine I, Dobkins KR (2001), Visual stimuli activate auditory cortex in the deaf, *Nat Neurosci* 4(12): 1171-1173; Meredith MA 외 (2011).

26 Elbert, Rockstroh (2004); Pascual-Leone 외 (2005).

27 Hamilton RH, Pascual-Leone A, Schlaug G (2004), Absolute pitch in blind musicians, *Neuroreport* 15: 803-806; Gougoux F 외 (2004), Neuropsychology: Pitch discrimination in the early blind, *Nature* 430(6997): 309 참조.

28 Voss 외 (2008).

29 벤은 열여섯 살 때인 2016년에 암이 재발해 세상을 떠났다.

30 Extraordinary People, 'The Boy Who Sees Without Eyes,' 시즌 1 43화, 2007년 1월 29일 방영.

31 Teng S, Puri A, Whitney D (2021), Ultrafine spatial acuity of blind human echolocators, *Exp Brain Res* 216(4): 183-188; Schenkman BN, Nilsson ME (2010), Human echolocation: Blind and sighted persons' ability to detect sounds recorded in the presence of a reflecting object, *Perception* 39(4): 483; Arnott Sr 외 (2013), Shape-specific activation of occipital cortex in an early blind echolocation expert, *Neuropsychologia* 51(5): 938-949; Thaler L 외 (2014), Neural correlates of motion processing through echolocation, source hearing, and vision in blind echolocation experts and sighted echolocation novices, *J Neurophysiol* 111(1): 112-127. 반향정위를 이용하는 시각장애인들이 되돌아온 소리에 귀를 기울일 때, 청각 피질보다 시각 피질이 활성화된다는 점도 있다. Thaler L 외 (2011), Neural correlates of natural human echolocation in early and late blind echolocation experts, *PLoS One* 6(5): e20162. 기술 제품으로 반향정위 능력을 향상시킬 수 있다. 초음파 탐지기를 안경에 탑재하는 프

로젝트가 여러 건 진행 중이다. 초음파 탐지기는 가장 가까운 물체까지의 거리를 측정한 뒤 그것을 선명한 청각 신호로 바꿔 전달하는데, 톤의 차이로 거리를 표시한다.

32 Griffin DR (1944), Echolocation by blind men, bats, and radar, *Science* 100(2609): 589-590.

33 Amedi A 외 (2003), Early "visual" cortex activation correlates with superior verbal-memory performance in the blind, *Nat Neurosci* 6: 758-766.

34 다시 말해서, 피질에서 보통 무채색과 유채색에 할애되는 부위를 그레이스케일 구분 기능이 점령한다는 뜻이다.

35 Kok MA 외 (2014), Cross-modal reorganization of cortical afferents to dorsal auditory cortex following early- and late-onset deafness, *J Comp Neurol* 522(3): 654-675; Finney EM 외 (2001), Visual stimuli activate auditory cortex in the deaf, *Nat Neurosci* 4(12): 1171.

36 자폐증을 지닌 사람의 뇌에서는 여러 영역들의 성장 속도가 달라서 서로 비정상적으로 연결되는 것으로 보인다. 그 결과 멀리 떨어진 영역들 사이의 연결이 미묘하게 달라져서 언어능력과 사회적 행동에 결함이 발생한다. Redcay E, Courchesne E (2005), When is the brain enlarged in autism? A meta-analysis of all brain size reports, *Biol Psychiatry* 58: 1-9. 다시 말해서 생후배선 시스템은 세포 하나에서 출발해 스스로를 풀어놓을 수 있지만, 그 과정의 리듬과 순서가 다른 결과를 낳는다. 자폐증에 관한 가설들이 거울 뉴런 시스템의 결함, 백신, 연결 부족, 중앙 응집 장애 등 대단히 폭넓은 주제를 다루고 있다는 점에 주목해야 한다. 따라서 단순히 피질 영역의 재배정이 원인일 것이라는 가설은 전체 그림의 일부에 불과할 가능성이 높다. 그래도 다음의 자료들을 참조. Boddaert N 외 (2005), Autism: Functional brain mapping of exceptional calendar capacity, *Br J Psychiatry* 187: 83-86; LeBlanc j, Fagiolini M (2011), Autism: A "critical period" disorder?, *Neural plasticity*, 2011: 921680.

37 Voss 외 (2008).

38 Pascual-Leone A, Hamilton R (2001), The metamodal organization of the brain, in *Vision: From Neurons to Cognition*, C. Casanova와 M Ptito 편집(New York: Elsevier Science), 427-445.

39 Merabet LB 외 (2007), Rapid and reversible recruitment of early visual cortex for touch, *PLoS One* 3(8): e3046. 이 연구 결과의 초기 버전이 Pascual-Leone와

Hamilton (2001)에 실려 있다.

40 Merabet LB 외 (2007), Combined activation and deactivation of visual cortex during tactile sensory processing, *J Neurophysiol* 97: 1633-1641.

41 비렘수면 중에도 몇 가지 형태의 꿈이 발생할 수 있지만(Kleitman N [1963], *Sleep and Wakefulness* [Chicago: U Chicago Press]), 그런 꿈은 그보다 더 흔한 렘수면 중의 꿈과 상당히 다르다. 보통 계획을 짜거나 복잡한 생각을 하는 내용이며, 렘수면 중의 꿈과 달리 시각적 생생함과 환각적이고 망상적인 요소가 없다. 우리의 가설은 시각 시스템의 강력한 활성화에 기대고 있으므로, 비렘수면보다 렘수면과 더 관련되어 있다.

42 이것을 PGO파(ponto-geniculo-occipital waves)라고 부른다. 뇌교pons라고 불리는 곳에서 시작되어 외측슬상핵lateral geniculate nucleus(여기서 'geniculo'가 나왔다)으로 갔다가 후두엽(시각) 피질에서 여행을 마치기 때문에 붙은 이름이다. 참고로, PGO파, 렘수면, 꿈이 등가적인지, 아니면 각각 분리할 수 있는 이슈인지를 두고 약간의(많지는 않다) 논란이 있다. 여기서 완전한 설명을 위해 한 가지 언급하자면, 전전두엽 절제술을 받은 조현병 환자와 어린이는 렘수면 중에도 꿈을 거의 꾸지 않을 수 있다. Solms M (2000), Dreaming and REM sleep are controlled by different brain mechanisms, *Behav Brain Sci* 23(6): 843-850(이 논문에 수반된 동료들의 열띤 토론도 포함) 참조. 또한 Jus 외 (1973), Studies on dream recall in chronic schizophrenic patients after prefrontal lobotomy, *Biol Psychiatry* 6(3): 275-293도 참조. 뇌간의 활동이 임의적인지, 아니면 낮 동안의 기억을 반영하는지, 아니면 신경프로그램의 연습을 위한 것인지도 아직 밝혀지지 않았다. 그러나 여기서 중요한 것은, 일단 파동이 시각 영역까지 퍼지고 나면 뇌간의 활동이 시각적인 경험이 된다는 점이다. Nir Y, Tononi G (2010), Dreaming and the brain: From phenomenology to neurophysiology, *Trends Cogn Sci* 14(2): 88-100 참조.

43 Eagleman DM, Vaughn DA (2020, 검토 중). 생물학적 가설이 다 그렇듯이, 이 가설도 진화에 걸린 시간을 염두에 두고 이해해야 한다. 이 회로를 구축하는 프로그램은 유전자 안에 깊숙이 각인되어 있으므로, 개개인의 경험에 따라 좌우되지 않는다. 수억 년에 걸쳐 진화한 이 회로는 또한 전깃불로 어둠에 반항하는 현대의 기술에도 영향받지 않는다.

우리의 가설에는 아직 많은 의문들이 남아 있다. 예를 들어, 꿈은 왜 지속적으로 이어지지 않고 간헐적으로 발생하는가? 우리 가설에는 또한 꿈의 '내용'이라는 수수께끼에 대한 고찰도 포함되어 있지 않다. 꿈의 내용이라는 주제를 개괄적으로 다룬 글을 보려면, Flanagan O (2000), *Dreaming Souls: Sleep, Dreams and the Evolution of the Conscious Mind*(New York: Oxford University Press) 참조. 꿈의 상실 또는 장애로 이어지는 질병에서 시각의 변화를 조사하는 방식으로 장차 우리 가설에 대한 연구가 이루어질 것이다. 새로운 렌즈로 꿈을 이해할 수 있는 기회가 생긴 만큼, 여기서 밝혀낼 것이 많다. 한편 렘수면은 모노아민산화효소 억제제나 특정 뇌병변에 의해 억압될 수 있으나, 렘수면 장애를 지닌 사람들에게서 (인지력이나 생리적 측면의) 문제를 감지하기는 힘들다(Siegel JM [2001], The REM sleep-memory consolidation hypothesis, *Science* 294: 1058-1063). 그러나 우리 가설은 이런 경우 '시각적인' 문제가 생길 것이라고 예언한다. 그리고 실제로 모노아민산화효소 억제제나 삼환계 항우울제를 복용하는 사람들에게서 정확히 이런 현상이 관찰된다. 일부 의사들은 건조한 눈 때문에 시야가 흐릿해진다는 의견을 갖고 있지만, 우리는 그것이 문제의 올바른 뿌리가 아닐 수도 있다고 본다.

흥미로운 전문적인 사실 하나 더. 과거 다양한 가설들은 렘수면 지속 시간이 그 전의 깨어 있던 시간과 관계가 있을 것이라고 시사했다. 만약 이런 가정이 옳다면, 렘수면 지속 시간이 밤이 깊어질수록 점점 짧아질 것이다. 그러나 실제로는 정반대의 현상이 벌어진다. 수면 중 첫 번째 렘수면은 겨우 5~10분밖에 지속되지 않는 반면, 마지막 렘수면은 25분 넘게 지속될 수 있다(Siegel JM [2005], Clues to the functions of mammalian sleep, *Nature* 437[7063]: 1264-1271 참조). 시각 정보가 입력되지 않은 시간이 길수록 더 열심히 싸워야 하는 시스템의 상황과 일치하는 현상이다.

한 가지 더. 어린 동물의 한쪽 눈(한쪽 눈만)으로 들어가는 빛의 양을 줄이면, 빛이 줄어들지 않은 눈이 영역을 점령하는 것을 측정할 수 있다. 그 다음에 그 동물에게서 감수성이 예민한 시기에 렘수면을 빼앗으면, 불균형이 더욱 가속화된다. 다시 말해서, (양쪽 눈에 모두 혜택을 주는) 렘수면이 점령(이 실험의 경우 한쪽 눈이 다른 쪽의 영역을 점령하는 것)의 속도를 늦추는 데 도움이 된다는 뜻이다. 렘수면이 없다면, 점령의 속도가 더 빨라진다.

44 크레이그 휴로비츠의 연구팀은 1999년의 논문 "The Dreams of Blind Men and Women"에서 성인 시각장애인 15명의 꿈 372건을 세세히 기록하고 분석했다.

45 Amadeo M, Gomez E (1966), Eye movements, attention and dreaming in the congenitally blind, *Can Psychiat Assoc J*: 501-507; Berger RJ 외 (1962), The eec, eye-movements and dreams of the blind, *Quart J Exp Psychol* 14(3): 183-186; Kerr NH 외 (1982), The structure of laboratory dream reports in blind and sighted subjects, *J*

Nerv Mental Dis 170(5): 286-294; Hurovitz C 외 (1999), The dreams of blind men and women: A replication and extension of previous findings, *Dreaming* 9: 183-193; Kirtley DD (1975), *The Psyhology of Blindness*(Chicago: Nelson-Hall). 늦은 나이에 시력을 잃은 사람의 후두엽이 다른 감각들에 덜 점령당한다는 사실에 대해서는 예를 들어, Voss 외 (2006, 2008) 참조.

46 Zepelin H, Siegel JM Tobler I (2005), *in Principles and Practice of Sleep Medicine*, vol. 4, MH Kryger, T Roth, WC Dement 편집(Philadelphia: Elsevier Saunders), 91-100. Jouvet-Mounier D, Astic L, Lacote D (1970), Ontogenesis of the states of sleep in rat, cat, and guinea pig during the first postnatal month, *Dev Psychobiol* 2: 216-239.

47 Siegel JM (2005).

48 Angerhausen D 외 (2012), An astrobiological experiment to explore the habitability of tidally locked m-dwarf planets, *Proc Int Astron Union* 8(S293): 192-196. 우리 달의 같은 면이 항상 지구를 향하고 있는 것과 비슷하다. 그러나 이것은 우리 달의 자전주기와 공전주기가 정확히 일치하기 때문에 일어나는 현상이며, 달이 태양을 향하는 면은 고정되어 있지 않아서 달에 밤과 낮이 존재한다. 항성 주위에서 동주기 자전을 하는 행성에는 낮도 밤도 없다.

4장 입력 자료 이용하기

1 Chorost M (2005), *Rebuilt: How Becoming Part Computer Made Me More Human*(Boston: Houghton Mifflin); Chorost M (2011), *World Wide Mind: The Coming Integration of Humanity, Machines, and the Internet*(New York: Free Press) 참조. Chorost M (2005), My bionic quest for Bolero, *Wired*도 참조.

2 Fleming N (2007), How one man "saw" his son after 13 years, *Telegraph*.

3 Ahuja AK 외 (2011), Blind subjects implanted with the Argus II retinal prosthesis are able to improve performance in a spatial-motor task, *Br J Ophthalmol* 95(4): 539-543.

4 내 비유가 현실과 조금 어긋나기는 한다. 컴퓨터 세계의 플러그 앤드 플레이는 이미 합의된 규칙에 따라 이루어지기 때문이다. 주변기기는 자신에 대한 정보를 처음부터 내장하고 있다가 컴퓨터에 알려준다. 그래야 중앙 프로세서가 무엇을 어떻게

해야 하는지 알 수 있다. 반면 뇌의 프로토콜은 조금 다르다. 눈 같은 주변기기는 자신에 대해 전혀 모르는 것으로 짐작된다. 그들은 그저 할 일을 할 뿐이다. 하지만 뇌는 그들에게서 유용한 정보를 추출하는 법, 즉 그들을 사용하는 법을 스스로 배울 수 있다.

5 Sharon Steinmann의 사진, AL.com. Alabama baby born without a nose, mom says he's perfect, ABC 뉴스, www.abcnews.go.com.

6 Lourgos AL (2015), Family of Peoria baby born without eyes prepares for treatment in Chicago, *Chicago Tribune*, www.chicagotribune.com.

7 이것을 LAMM 증후군이라고 부른다. LAMM은 labyrinthine aplasia, microtia, and microdontia(직역하면 미로 결여, 소이증, 왜소치증—옮긴이)를 뜻한다. 이 증후군은 귀와 치아의 발달에 영향을 미치며, 외이와 치아가 모두 작은 것이 특징이다. 유전자(FGF3) 변이로 연쇄적인 세포 반응이 일어나 내이, 외이, 치아의 구조 형성에 작용하기 때문이다. 변이한 FGF3이 적절한 신호를 주지 못해서 LAMM 증후군 특유의 귀와 치아가 생긴다.

8 Wetzel F (2013), Woman born without tongue has op so she can speak, eat, and breathe more easily, *Sun*, 2013년 1월 18일자.

9 일반적으로 이것을 선천적인 통증 무감각증, 또는 무통각증이라고 부른다. Eagleman DM, Downar J (2015), *Brain and Behavior*(New York: Oxford University Press) 참조.

10 Abrams M, Winters D (2003), Can you see with your tongue?, *Discover*.

11 Macpherson F 편집 (2018), *Sensory Substitution and Augmentation*(Oxford: Oxford University Press); Lenay C 외 (2003), Sensory substitution: Limits and perspectives, in *Touching for Knowing: Cognitive Psychology of Haptic Manual Perception*; Y Hatwell, A Streri, E Gentaz 편집(Philadelphia: John Benjamins), 275-292; Poirier C, De Volder AG, Scheiber C (2007), What Neuroimaging tells us about sensory substitution, *Neurosci Biobehav Rev* 31: 1064-1070; Bubic A, Striem-Amit E, Amedi A (2010), Large-scale brain plasticity following blindness and the use of sensory substitution devices, in *Multisensory Object Perception in the Primate Brain*; MJ Naumer와 Kaiser 편집(New York: Springer), 351-380; Novich SD, Eagleman DM (2015), Using space and time to encode vibrotactile information: Toward an estimate of the skin's achievable throughput, *Exp Brain Res 233*(10): 2777-2788; Chebat DR 외 (2018),

Sensory substitution and the neural dorrelates of navigation in blindness, in *Mobility of Visually Impaired People*(Cham: Springer), 167-200.

12 Bach-y-Rita P (1972), *Brain Mechanisms in Sensory Substitution*(New York: Academic Press); Bach-y-Rita P (2004), Tactile sensory substitution studies, *Ann NY Acad Sci* 1013: 83-91.

13 Hurley S, Noë A (2003), Neural plasticity and consciousness, *Biology and Philosophy* 18(1): 131-168; Noë A (2004), *Action in Perception*(Cambridge, Mass: MIT Press).

14 Bach-y-Rita 외 (2003), Seeing with the brain, *Int J Human-Computer Interaction*, 15(2): 285-295; Nagel SK 외 (2005), Beyond sensory substitution—learning the sixth sense, *J Neural Eng* 2(4): R13-R26.

15 Starkiewicz W, Kuliszewski T (1963), The 80-channel electroftalm, in *Proceedings of the International Congress on Technology and Blindness*(New York: American Foundation for the Blind).

16 피질이 기본적으로 어디나 똑같으며, 입력되는 정보에 따라 영역이 나뉜다는 생각을 가장 먼저 들여다본 사람은 신경생리학자 버넌 마운트캐슬이었다. 그리고 나중에 과학자 겸 발명가 제프 호킨스가 이 가설을 다시 소생시켰다. Hawkins J, Blakeslee S (2001), *On Intelligence*(New York: Times Books) 참조.

17 Pascual-Leone A, Hamilton R (2001), The metamodal organization of the brain, in *Vision: From Neurons to Cognition*; C. Casanova와 M Ptito 편집(New York: Elsevier Science), 427-445.

18 Sur M (2001), Cortical development: Transplantation and rewiring studies, in *International Encyclopedia of the Social and Behavioral Sciences*, N Smelser & P Baltes 편집(New York: Elsevier).

19 Sharma J, Angelucci A, Sur M (2000), Induction of visual orientation modules in auditory cortex, *Nature* 404: 841-847. 이제 새롭게 변한 청각 피질의 세포들은 예를 들어 직선의 방향 같은 것에 반응을 보였다.

20 여기에는 단서가 하나 붙어 있다. 뒤에서 더 자세히 살펴볼 이 단서는, 뇌가 완전히 백지상태로 태어나지는 않는다는 점이다. 그래서 흰족제비의 뇌에서 시각에 반응하게 된 청각 피질은 전통적인 시각 피질에 비해 정보 해독 솜씨가 조금 떨어졌다. 유전자의 영향으로 특정 지역이 특정한 유형의 감각 정보에 조금 더 적합한 경향을 띤다. 굳게 정해진 설계도(유전자)와 행동에 따른 유연한 변화(생후배선)는 연속선

으로 이어져 있다. 왜냐고? 진화과정에서 안정적으로 꾸준히 입력되는 정보가 처음에는 살면서 터득한 경험이 되고, 나중에는 그 경험이 서서히 유전적인 사전 프로그램으로 변하기 때문이다. 지금 우리 목적은 한 생애 동안 나타나는 엄청난 유연성에 집중하는 것이다.

21 Bach-y-Rita P 외 (2005), Late human brain plasticity: Vestibular substitution with a tongue BrainPort human-machine interface, *Intellectica* 1(40): 115-122; Nau AC 외 (2015), Acquisition of visual perception in blind adults using the BrainPort artificial vision device, *Am J Occup Ther* 69(1): 1-8; Stronks HC 외 (2016), Visual task performance in the blind with the BrainPort V100 Vision Aid, *Expert Rev Med Devices* 13(10): 919-931.

22 Sampaio E, Maris S, Bach-y-Rita P (2001), Brain plasticity: "Visual" acuity of blind persons via the tongue, *Brain Res* 908(2): 204-207.

23 Levy B (2008), The blind climber who "sees" with his tongue, *Discover*, 2008년 6월 22일자.

24 Bacy-y-Rita P 외 (1969), Vision substitution by tactile image projection, *Nature* 221: 963-964; Bach-y-Rita P (2004), Tactile sensory substitution studies, *Ann NY Acad Sci* 1013: 83-91.

25 이 영역을 MT+라고 부른다. Matteau I 외 (2010), Beyond visual, aural, and haptic movement perception: hMT+ is activated by electrotactile motion stimulation of the tongue in sighted and in congenitally blind individuals, *Brain Res Bull* 82(5-6): 264-270; Amedi A 외 (2010), Cortical activity during tactile exploration of objects in blind and sighted humans, *Restor Neurol Neurosci* 28(2): 143-156; Merabet L 외 (2009), Functional recruitment of visual cortex for sound encoded object identification in the blind, *Neuroreport* 20(2): 132도 참조. 시각장애인의 경우 후두피질의 많은 영역이 함께 활성화된다. 앞 장에서 살펴본 피질의 영역 점령 결과로 예상할 수 있는 모습이다.

26 WIRED Science video: "Mixed Feelings."

27 이마 망막 시스템은 일본의 아이플러스플러스사와 도쿄대학 다치 연구소가 개발했다. 가장자리 증강과 템포럴 대역필터를 이용해 망막을 흉내 낸다.

28 이것은 허리 부위를 그냥 놀리지 않는 좋은 방법이다. Lobo L 외 (2018), Sensory substitution: Using a vibrotactile device to orient and walk to targets, *J Exp Psychol*

Appl 24(1): 108; Lobo L 외 (2017), Sensory substitution and walking toward targets: An experiment with blind participants도 참조. 이들의 연구는 실험에 참가한 시각장애인의 보행 궤적이 미리 계획된 것이 아니라, 들어오는 새로운 정보에 따라 역동적으로 나타나는 것임을 증명한다.

29 Kay L (2000), Auditory perception of objects by blind persons, using a bioacoustic high resolution air sonar, *J Acoust Soc Am* 107(6): 3266-3276 참조. 이 음파 안경은 1970년대 중반에 처음 소개된 뒤 여러 단계를 거치며 개선되었다(케이의 바이노럴 센서리 에이드와 그 뒤에 나온 KASPA 시스템 참조. 음색으로 면의 질감을 표현하는 장치다). 초음파 기법의 해상도는 그리 높지 않다. 특히 상하 방향이 그런 편이다. 따라서 음파 안경은 주로 좁은 수평공간 안의 물체를 감지하는 데 유용하다.

30 Bower TGR (1978), Perceptual development: Object and space, in *Handbook of Perception*, vol. 8, Perceptual Coding, EC Carterette와 MP Friedman 편집(New York: Academic Press); Aitken S, Bower TGR (1982), Intersensory substitution in the blind, *J Exp Child Psychol* 33: 309-323도 참조.

31 나이를 먹을수록 가소성이 감소하기 때문에, 개인별로 현재의 나이와 시각을 잃은 나이에 맞춰 감각 대체가 이루어져야 한다. Bubic, Striem-Amit, Amedi (2010).

32 Meijer PB (1992), An experimental system for auditory image representations, *IEEE Trans Biomed Eng* 39(2): 112-121.

33 vOICe 알고리즘에 대한 상세한 기술적 설명과 소리의 시범을 보려면 www.seeingwithsound.com 참조.

34 Arno P 외 (1999), Auditory coding of visual patterns for the blind, *Perception* 28(8): 1013-1029; Arno P 외 (2001), Occipital activation by pattern recognition in the early blind using auditory substitution for vision, *Neuroimage* 13(4): 632-645; Auvray M, Hanneton S, O'Regan JK (2007), Learning to perceive with a visuo-auditory substitution system: Localisation and object recognition with "the vOICe," *Perception* 36: 416-430; Proulx MJ 외 (2008), Seeing "where" through the ears: Effects of learning by-doing and long-term sensory deprivation on localization based on image-to-sound substitution, *PLoS One* 3(3): e1840.

35 Cronly-Dillon J, Persaud K, Gregory RP (1999), The perception of visual images encoded in musical form: A study in cross-modality information transfer, *Proc Biol Sci* 266(1436): 2427-2433; Cronly-Dillon J, Persaud KC, Blore R (2000), Blind

subjects construct conscious mental images of visual scenes encoded in musical form, *Proc Biol Sci* 267(1458): 2231-2238.

36 ACB 브라유 포럼에 실린 글 중 팻 플레처의 인용문. Maidenbaum S 외 (2014), Sensory substitution: Closing the gap between basic research and widespread practical visual rehabilitation, *Neurosci Biobehav Rev* 41: 3-15에서 재인용.

37 특히 Amedi 외(2014)가 측면 후두엽 촉각-시각 영역(LOtv)이라고 불리는 부위가 활성화되는 것을 증명했다. 이 부위는 형태에 관한 정보를 처리하는 듯하다. 정보를 얻는 수단이 시각이든, 촉각이든, 시각에서 청각으로 전환된 소리의 풍경에서 얻은 지식이든 상관없다. Amedi 외 (2007), Shape conveyed by visual-to-auditory sensory substitution activates the lateral occipital complex, *Nat Neurosci* 10: 687-689. 한 사용자의 경험담 요약을 보려면, Piore A (2017), *The Body Builders: Inside the Science of the Engineered Human*(New York: Ecco) 참조.

38 Collignon O 외 (2007), Functional cerebral reorganization for auditory spatial processing and auditory substitution of vision in early blind subjects, *Cereb Cortex* 17(2): 457-465.

39 Abboud S 외 (2014), EyeMusic: Introducing a "visual" colorful experience for the blind using auditory sensory subsitution, *Restor Neurol Neurosci* 32(2): 247-257. 아이뮤직은 스마트사이트SmartSight라는 예전의 기술을 바탕으로 했다. Cronly-Dillon 외 (1999, 2000).

40 Massiceti D, Hicks SL, van RHeede JJ (2018), Stereosonic vision: Exploring visual-to-auditory sensory substitution mappings in an immersive virtual reality navigation paradigm, *PLoS One* 13(7): e0199389; Tapu R, Mocanu B, Zaharia T (2018), Wearable assistive devices for visually impaired: A state of the art survey, *Pattern Recognit Lett*; Kubanek M, Bobulski J (2018), Device for acoustic support of orientation in the surroundings for blind people, *Sensors* 18(12): 4309; Hoffmann R 외 (2018), Evaluation of an audio-haptic sensory substitution device for enhancing spatial awareness for the visually impaired, *Optom Vis Sci* 95(9): 757도 참조.

41 개발도상국에서 실명의 가장 큰 원인인 과립성 결막염으로 지금까지 거의 200만 명이 시력을 잃었다. 두 번째로 큰 원인인 회선사상충증은 아프리카 30개국의 풍토병이다. 많은 과학자가 시력을 재학습하는 가교로서 다른 치료법(예를 들어 각막 수술)과 감각 대체 소프트웨어를 병행해서 사용하는 방법을 고려하고 있다.

42 Koffler T 외 (2015), Genetics of hearing loss, *Otolaryngol Clin North Am* 48(6): 1041-1061.

43 Novich SD, Eagleman DM (2015), Using space and time to encode vibrotactile information: Toward an estimate of the skin's achievable throughput, *Exp Brain Res* 233(10): 2777-2788; Perrotta M, Asgeirsdottir T, Eagleman DM (2020), Deciphering sounds through patterns of vibration on the skin(검토 중). Neosensory.com도 참조. 진동 외에 다른 수단을 선택할 수도 있었을까? 피부에는 진동, 온도, 가려움, 통증, 신축성 등 다양한 정보를 전달하는 데 사용될 수 있는 여러 종류의 수용체가 있다. 그런데도 우리가 진동에 집중하기로 한 것은 속도 때문이었다. 온도는 국소화가 어렵고 사람이 인지하는 데에도 시간이 걸린다. 신축성 수용체는 공간과 시간 면에서 유망한 속성을 갖고 있을 수 있지만, 피부가 늘어나는 듯한 불편한 느낌을 장기간 겪고 싶은 사람은 없을 것이다. 통증에 대해서는 굳이 말할 필요가 없을 것 같다.

44 참고로, 청각장애인 특유의 '말씨'를 생각해보자. 이것은 일종의 언어장애인가? 아니다. 귀가 전혀 들리지 않는 사람은 말하는 사람의 입술 움직임을 지켜보고 그것을 흉내 내는 방식으로 목소리를 내는 법을 배운다. 입술 움직임을 흉내 내는 것이 꽤 효과적인 방법이기는 해도, 귀가 들리지 않는 사람이 말하는 사람의 혀 움직임을 보지 못한다는 것이 문제다. 혀를 아래쪽에 가만히 놓아둔 채 평범한 문장을 말하려고 해보라. 청각장애인과 정확히 똑같은 말씨가 나올 것이다. 그런데 우리 장치를 이용하는 사람들은 이 혀 문제를 극복할 수 있다는 점이 흥미롭다. 다른 사람이 하는 말과 자신이 내는 소리를 비교해서 다르다는 사실을 알아차린 뒤, 상대방과 똑같은 발음이 나올 때까지 여러 가능성을 탐색해볼 수 있기 때문이다.

45 Alcorns S (1932), The Tadoma method, *Volta Rev* 34: 195-198; Reed CM 외 (1985), Research on the Tadoma method of speech communication, *J Acoust Soc Am* 77: 247-257 참조.

46 옛날에는 컴퓨터의 정보 처리 능력에 한계가 있었기 때문에 대역필터 오디오와 그 출력 결과를 진동 솔레노이드를 통해 피부에 전달하는 방식에 의존해서 청각을 촉각으로 대체하려는 시도들이 이루어졌다. 솔레노이드는 일부 대역 채널의 대역폭에 비해 절반도 안 되는 고정주파수에서 작동하기 때문에 에일리어싱 잡음이 발생한다. 게다가 이런 장비의 채널을 여러 개로 늘리더라도, 배터리 크기와 용량의 한계 때문에 진동 인터페이스를 무작정 늘릴 수 없다. 지금은 컴퓨터의 속도가 훨씬

빠르고 값은 싸졌다. 기본적으로 이렇다 할 비용을 들이지 않고도 원하는 수학적 변환이 실시간으로 이루어진다. 사용자 정의 집적회로도 필요하지 않다. 현재 사용되는 리튬이온 배터리는 과거의 촉각 보조 장치에 비해 더 많은 진동 인터페이스를 감당할 수 있다. 청각을 촉각으로 대체하는 장치를 개발하려는 초창기 시도에 대해서는, Summers와 Gratton (1995); Traunmuller (1980); Weisenberger 외 (1991); Reed와 Delhorne (2003); Galvin 외 (2001) 참조. Cholewiak RW, Sherrick CE (1986), Tracking skill of a deaf person with long-term tactile aid experience: A case study, *J Rehabil Res Dev* 23(2): 20-26도 참조.

47 Turchetti 외 (2011), Systematic review of the scientific literature on the economic evaluation of cochlear implants in paediatric patients, *Acta Otorhinolaryngol* 31(5): 311.

48 이미 인공와우 수술을 받은 사람들이 진동 촉각 장치를 착용하면 개 짖는 소리, 노크 소리, 자동차 경적 소리 등 주변의 소리를 식별하는 능력이 평균 20퍼센트 상승한다(네오센서리 내부 연구 자료).

49 Danilov YP 외 (2007), Efficacy of electrotactile vestibular substitution in patients with peripheral and central vestibular loss, *J Vestib Res* 17(2-3): 119-130.

50 감각 대체에 대해 한 마디 더. 각자에게 망막칩과 감각 대체 중 어떤 방법이 최선인지는 시력 상실의 원인에 따라 좌우된다. 망막칩은 광수용체가 쇠퇴하는 병(망막색소변성증이나 노화와 관련된 황반변성 등)을 앓는 사람에게 이상적이다. 이런 경우에는 시각 정보를 전달하는 시스템이 손상되지 않아서 칩에 심어진 전극의 신호를 수신할 수 있다. 다른 원인으로 시력을 상실한 경우에는 망막칩을 사용할 수 없다. 예를 들어 망막박리처럼 다른 부위에 생긴 문제나, 뇌중풍으로 인한 조직 손상, 종양 등이 시력 상실의 원인이라면, 망막칩은 쓸모가 없다. 이런 경우에는 손상된 부위를 우회해서 뇌에 직접 플러그인 하는 방법이나 감각 대체가 좋을 것이다. 또한 일부 과학자들이 감각 대체 장치와 (망막이나 뇌의) 플러그인을 조합하는 방법을 연구 중이라는 점도 밝혀둔다. 시각 피질이 인공장치에서 들어오는 정보를 해석하는 데 감각 대체가 도움이 될 것이라는 생각에서 출발한 연구다. 다시 말해서, 감각 대체가 정보 해석의 안내인 역할을 하는 셈이다.

51 이 경험에 대한 직접적인 설명을 들으려면, 닐 하비슨의 TED 강연을 보면 된다. 최근의 혁신으로 아이보그는 채도를 소리의 크기로 표시할 수 있게 되었다. 또한 아이보그를 칩으로 바꿔 이식하는 방법도 연구 중이다. 다른 연구자들도 다양

한 장치를 개발 중이다. 예를 들어 컬러폰 연구는 Osinski D, Hjelme DR (2018), A sensory substitution device inspired by the human visual system, 2018년의 *11th International Conference on Human System Interaction*. (HSI), pp. 186-192. IEEE 참조.

52 아이보그를 비롯한 여러 프로젝트의 성공으로 하비슨은 파트너와 함께 사이보그 재단을 세웠다. 기술과 인간의 신체를 결합시키는 연구에 전념하는 비영리재단이다.

53 구체적으로 설명하자면, 인간의 광색소를 잘라 넣는 방법을 사용했다. Jacobs GH 외 (2007), Emergence of novel color vision in mice engineered to express a human cone photopigment, *Science* 315(5819): 1723-1725.

54 Mancuso K 외 (2009), Gene therapy for red-green colour blindness in adult primates, *Nature* 461: 784-788. 연구팀은 빨간색을 감지하는 옵신 유전자를 품은 바이러스를 망막 뒤편에 주입했다. 그러고 나서 20주 동안 연습을 시키자, 원숭이는 예전과 달리 색을 구분할 수 있게 되었다. 원숭이 중 한 마리는 돌턴으로 명명되었다. 1794년에 자신이 색맹임을 처음으로 설명한 영국의 화학자 존 돌턴의 이름을 딴 것이다.

55 Jameson KA (2009), Tetrachromatic color vision, in *The Oxford Companion to Consciousness*, P Wilken, T Bayne, A Cleeremans 편집(Oxford: Oxford University Press).

56 Crystalens accommodating lens(Bausch+Lomb). Cornell PJ (2011), Blue-violet subjective color changes after Crystalens implantation, *Cataract and Refractive Surgery Today*. 자외선 영역으로 시각이 조금 확장되었을 때의 경험에 대해 더 알고 싶다면 알렉 코마니츠키의 블로그 www.komar.org/faq/colorado-cataract-surgery-crystalens-ultra-violet-color-glow 참조. 참고로 시중에서 구할 수 있는 대부분의 '자외선 조사등'도 사실 보라색 스펙트럼으로 확장된 것이다. 따라서 인공 수정체를 이식받은 사람이 아니라면, 보라색을 띤 빛이 탐지되는 경우 원인은 십중팔구 이것일 가능성이 크다.

57 Ardouin J 외 (2012), FlyVIZ: A novel display device to provide humans with 360° visions by coupling catadioptric camera with HMD, in *Proceedings of the 18th ACM Symposium on Virtual Reality Software and Technology* (pp. 41-44); Guillermo AB 외 (2016), Enjoy 360° vision with the FlyVIZ, in *ACM SIGGRAPH 2016 Emerging Technologies*(New York: ACM), 6.

58 Wolbring G (2013), Hearing beyond the normal enabled by therapeutic devices: The role of the recipient and the hearing profession, *Neuroethics* 6: 607.

59 Eagleman DM, Can we create new senses for humans?, TED 강연, 2015년 3월, ted.com. Hawkings, Blakeslee (2004)도 참조.

60 Huffman, 개인 인터뷰. Larratt, Dvorsky G의 인터뷰 (2012), What does the future have in store for radical body modification? i09. 래럿은 코팅이 벗겨지는 바람에 이식된 자석을 제거할 수밖에 없었다.

61 Nordmann GC, Hochstoeger T, Keays DA (2017), Magnetoreception—a sense without a receptor, *PLoS Biol* 15(10): e2003234.

62 Kaspar K 외 (2014), The experience of new sensorimotor contingencies by sensory augmentation, *Conscious Cogn* 28: 47-63; Kärcher SM 외 (2012), Sensory augmentation for the blind, *Front Hum Neurosci* 6: 37.

63 Nagel SK 외 (2005), Beyond sensory substitution—learning the sixth sense, *J Neural Eng* 2(4): R13.

64 같은 자료.

65 같은 자료 참조. 또한 이 점이 우리가 앞에서 만난 시각장애인과 흥미롭게 연관되어 있다는 사실에 주목해야 한다. 그 시각장애인들은 귓바퀴를 이용해서 위치를 찾아내는 능력이 앞을 볼 수 있는 사람보다 뛰어나다. 앞을 볼 수 있는 사람도 같은 기능이 있으나 신호가 너무 미약해서 의식의 표면 아래에 가라앉아 있다. 그러나 이 기능이 필요해지면, 약한 신호를 끌어올려 훌륭하게 사용할 수 있다. 허리띠를 사용하는 날이 길지 않으리라는 점도 중요하다. 2018년 말에 과학자들은 얇은 전자 피부를 개발했다. 손에 붙이는 작은 스티커와 같은 이 피부는 북쪽을 알려주는 역할을 한다. Cañón Bermúdez GS 외 (2018), Electronic-skin Compasses for geomagnetic field-driven artificial magnetoreception and interactive electronics, *Nat Electron* 1: 589-595.

66 Norimoto H, Ikegaya Y (2015), Visual cortical prosthesis with a geomagnetic compass restores spatial navigation in blind rats, *Curr Biol* 25(8): 1091-1095.

67 수평선이나 지평선이 보이지 않는 상태에서 비행하는 것은 위험한 일이었다. 이 문제는 인공적으로 지평선을 만들어내는 자이로스코프가 발명된 후에야 비로소 해결되었다. 제2차 세계대전 때 사용된 한 전투기에서는 부조종사의 조종석이 정확한 수평이 아니라서 비행기가 항로를 벗어날 위험이 있었다. 그래서 이 '엉덩이 효과'를 상쇄하기 위한 훈련 프로그램이 있었다.

68 그건 그렇고, 데카르트는 세상이 모두 환상인지 아닌지 자기가 실제로 알아낼 길

이 없다는 결론에 도달했다. 하지만 이 깨달음을 바탕으로, 그는 철학에서 가장 중요한 발걸음 하나를 내디뎠다. '누군가'가 이런 의문을 품었다는 것은, 설사 그 '누군가'가 악마의 조작에 속고 있다 해도, 그가 존재한다는 사실만은 분명하다는 뜻이라는 깨달음을 얻은 것이다. "Cogito ergo sum." 나는 생각한다, 그러므로 존재한다. 내가 악마에게 속고 있는지, 유리병 안에 든 뇌인지는 결코 알 수 없을지 몰라도, 이런 생각으로 애를 태우는 '나'는 적어도 분명히 존재한다. 수조 속에 든 뇌에 관한 논의를 보려면, Putnam H (1981), *Reason, Truth, and History*(New York: Cambridge University Press) 참조.

69 Neely RM 외 (2018), Recent advances in neural dust: Towards a neural interface platform, *Curr Opin Neurobiol* 50: 64-71.

70 이런 의문과 공감각을 혼동하면 안 된다. 공감각에서는 어느 한 감각에 대한 자극이 다른 감각으로 느껴질 수 있다. 소리가 색으로 느껴지는 식이다. 공감각을 지닌 사람은 원래 감각이 무엇인지 잘 알고 있으며, 다른 것에 대한 내적인 감각도 지니고 있다. 하지만 본문에서 내가 제기한 의문들은 실제 감각의 혼동에 대한 것이다. 공감각에 대해 더 알고 싶다면, Cytowic RE, Eagleman DM (2009), *Wednesday Is Indigo Blue: Discovering the Brain of Synesthesia*(Cambridge, Mass.: MIT Press) 참조.

71 Eagleman DM (2018), We will leverage technology to create new senses, *Wired*.

72 O'Regan JK, Noë A (2001), A sensorimotor account of vision and visual consciousness, *Behav Brain Sci* 24(5): 939-973. 바흐이리타가 시각장애인을 치과 의자에 앉히고 했던 실험을 기억하는가? 실험 참가자가 자신의 행동과 그 결과물인 피드백 사이의 관련성을 확립할 수 있을 때, 즉 자신이 카메라를 들고 한 바퀴 돌면 세상의 모습이 어떻게 달라지는지 예측할 수 있을 때, 좋은 결과가 나왔다. 타고난 감각이든 인공적인 감각이든 감각은 특정한 행동과 입력 정보의 구체적인 변화를 연결시켜, 주위 환경을 적극적으로 탐색할 수 있는 방법을 제공해준다. Bach-y-Rita (1972, 2004); Hurley, Noë (2003); Noë (2004).

73 Nagel 외 (2005).

5장 더 좋은 몸을 갖는 법

1 Fuhr P 외 (1992), Physiological analysis of motor reorganization following lower limb

amputation, *Electroencephalogr Clin Neurophysiol* 85(1): 53-60; Pascual-Leone A 외 (1996), Reorganization of human cortical motor output maps following traumatic forearm amputation, *Neuroreport* 7: 2068-2070; Hallett M (1999), Plasticity in the human motor system, *Neuroscientist* 5: 324-332; Karl A 외 (2001), Reorganization of motor and somatosensory cortex in upper extremity amputees with phantom limb pain, *J Neurosci* 21: 3609-3618.

2 Vargas CD 외 (2009), Re-emergence of hand-muscle representations in human motor cortex after hand allograft, *Proc Natl Acad Sci USA* 106(17): 7197-7202.

3 호메오박스(초파리의 호메오틱 선택 유전자들에 공통적으로 존재하는 염기 배열—옮긴이) 유전자가 큼직큼직한 신체 구조의 발달을 제어한다. 최초로 발견된 호메오박스 유전자 중 하나를 예로 들어보자. 이 유전자는 초파리의 몸에서 더듬이가 있어야 할 자리에 다리 한 쌍이 자라게 하는 돌연변이와 다리가 있어야 할 자리에 더듬이가 자라게 하는 역돌연변이에 관여했다. 이런 현상이 나타나는 것은 몇몇 유전자가 다른 유전자들을 연쇄적으로 작동시키는 스위치 역할을 하기 때문이다. 신체의 한 부위 전체가 없어야 할 자리에 나타나거나 있어야 할 자리에서 사라지는 돌연변이가 많이 나타나는 이유가 바로 이것이다. 꼬리를 달고 태어나는 아이들이 한 예다. Mukhopadhyay B 외 (2012), Spectrum of human tails: A report of six cases, *J Indian Assoc Pediatr Surg* 17(1): 23-25.

4 Sommerville Q (2006), Three-armed boy "recovering well," BBC News, 2006년 7월 6일.

5 Bongard J, Zykov V, Lipson H (2006), Resilient machines through continuous self-modeling, *Science* 314: 1118-1121; Pfeifer R, Lungarella M, Iida F (2007), Self-organization, embodiment, and biologically imspired robotics, *Science* 318(5853): 1088-1093.

6 참고로 로봇이 자신의 형태를 파악할 수 있게 되면, 자신과 똑같은 로봇을 직접 제작할 수 있게 된다. 이때 로봇은 자신이 제작 중인 로봇과 자신 사이의 거리를 시행착오를 통해 가늠할 수 있다.

7 Nicolelis M (2011), *Beyond Boundaries: The New Neuroscience of Connection Brains with Machines—and How It Will Change Our Lives*(New York: St. Martin's Griffin).

8 Kennedy PR, Bakay RA (1998), Restoration of neural output from a paralyzed patient by a direct brain connection, *Neuroreport* 9: 1707-1711.

9 Hochberg LR 외 (2006), Neuronal ensemble control of prosthetic devices by a human with tetraplegia, *Nature* 442: 164-171.

10 척수소뇌변성증은 뇌와 근육 사이의 의사소통을 망가뜨리는 희귀질환이다. 잰의 사례에 대한 과학적인 설명을 보려면, Collinger JL 외 (2013), High-performance neuroprosthetic control by an individual with tetraplegia, *Lancet* 381(9866): 557-564 참조. 그녀의 치료과정과 가능성에 대한 개괄적인 설명을 보려면, Eagleman DM (2016), *The Brain*(Edinburgh: Canongate Books); Khatchadourian R (2018), Degrees of Freedom, *New Yorker* 참조.

11 Upton S (2014), What is it like to control a robotic arm with a brain implant?, *Scientific American*.

12 신경외과수술로 피질에 직접 전극을 심는 방법이 가장 성공률이 높지만, 그보다는 덜 침습적인 방법(예를 들어, 머리 바깥쪽에 전극판을 대는 것)도 개발 중이다.

13 뇌의 좌우반구에서 각각 다섯 군데, 즉 전운동 피질의 배측부와 복측부, 일차 운동피질, 일차 체성감각피질, 후두정엽 피질에 전극판을 심을 것이다. www.WalkAgainProject.org의 업데이트 참조.

14 Bouton CE 외 (2016), Restoring cortical control of functional movement in a human with quadriplegia, *Nature* 533(7602): 247. 실험 참가자는 경추를 다친 사람이었다. 연구팀은 기계 학습 알고리즘을 이용해 폭풍 같은 신경활동을 해석하는 최선의 방법을 터득한 뒤, 전기로 근육을 자극하는 정교한 시스템에 요약된 신호를 보냈다.

15 Iriki A, Tanaka M, Iwamura Y (1996), Attention-induced neuronal activity in the monkey somatosensory cortex revealed by pupillometrics, *Neurosci Res* 25(2): 173-181; Maravita A, Iriki A (2004), Tools for the body (Schema), *Trends Cogn Sci* 8: 79-86.

16 Velliste M 외 (2008), Cortical control of a prosthetic arm for self-feeding, *Nature* 453: 1098-1101. 참고로 우리는 보통 로봇 팔이 금속으로 만들어졌다고 생각한다. 하지만 오래지 않아 이런 생각이 바뀔 것 같다. 신축성 있는 고무나 유연한 플라스틱으로 '부드러운 로봇'이 만들어지고 있기 때문이다. 천 같은 소재로 인공 손가락, 문어 다리 등을 만드는 연구도 진행 중이다. 모양을 바꾸는 데에는 공기의 압력, 전기신호, 화학신호가 사용된다.

17 Fitzsimmons N 외 (2009), Extracting kinematic parameters for monkey bipedal walking from cortical neuronal ensemble activity, *Front Integr Neurosci* 3: 3; Nicolelis

M (2011), Limbs that move by thought control, *New Scientist* 210(2813): 26-27. 니콜렐리스가 2012년에 TEDMED에서 한 강연 "A monkey that controls a robot with its thoughts. No, really"도 참조.

18 니콜렐리스의 책 *Beyond Boundaries* 참조.

19 어머니 자연은 이 문제를 적어도 '직접' 해결하지는 못했다. 그러나 자기 대신 그 일을 맡기려고 원시 수프에서 인간을 진화시켰으니, 결국 자연이 이 블루투스 문제를 해결한 셈이라고 주장할 수는 있다.

20 신체 일부가 낯설거나 기괴하게 느껴지는 것이 자기신체실인증의 전형적인 증상이다. 자신의 신체를 자기 것이 아니라고 부정하는 증상은 그 하위 질병인 신체망상분열증으로 분류된다. Feinberg T 외 (2010), The neuroanatomy of asomatognosia and somatoparaphrenia, *J Neurol Neurosurg Psychiatry* 81: 276-281 참조. Dieguez S, Annoni J-M (2013), Asomatognosia, in *The Behavioral and Cognitive Neurology of Stroke*, O Goderfroy와 J Bogousslavsky 편집(Cambridge, U.K.: Cambridge University Press), 170도 참조. Feinberg TE (2001), *Altered Egos: How the Brain Create the Self*(New York: Oxford University Press); Arzy S 외 (2006), Neural mechanism of embodiment: Asomatognosia due to premotor cortex damage, *Arch Neurol* 63: 1022-1025도 참조. 모든 형태의 자기신체실인증이 같은 질병의 다른 증상인지, 아니면 근본적으로 다른 여러 질병이 한 이름으로 뭉뚱그려 분류된 것인지에 대해서는 아직 결론이 나지 않았다.

21 아주 드물게 나타나는 이 증상은 혐지증misoplegia이라고 불린다. Pearce J (2007), Misoplegia, *Eur Neurol* 57: 62-64 참조.

22 Sacks OW (1984), *A Leg to Stand On*(New York: Harper & Row); Sacks OW (1982), The leg, *London Review of Books*, 1982년 6월 17일자. Stone J, Perthen J, Carson AJ (2012), "A Leg to Stand On" by Oliver Sacks: A unique autobiographical account of junctional paralysis, *J Neurol Neurosurg Psychiatry* 83(9): 864-867도 참조.

23 Simon M (2019), How I became a robot in London—from 5,000 miles away, *Wired*.

24 Herrera F 외 (2018), Building long-term empathy: A large-scale comparison of traditional and virtual reality perspective-taking, *PloS One* 13(10): e0204494; van Loon A 외 (2018), Virtual reality perspective-taking increases cognitive empathy for specific others, *PloS One* 13(8): e0202442; Bailenson J (2018), *Experience on Demand*(New York: W. W. Norton)도 참조.

25 Won AS, Bailenson JN, Lanier J (2015), Homuncular flexibility: The human ability to inhabit nonhuman avatars, in *Emerging Trends in the Social and Behavioral Sciences*, R Scott과 M Buchmann 편집(John Wiley & Sons), 1-6.
26 Won, Bailenson, Lanier (2015). Laha B 외 (2016), Evaluating control schemes for the third arm of an avatar, *Presence: Teleoperators and Virtual Environments* 25(2): 129-147 참조.
27 Steptoe W, Steed A, Slater M (2013), Human tails: Ownership and control of extended humanoid avatars, *IEEE Trans Vis Comput Graph* 19: 583-590.
28 Hershfield HE 외 (2011), Increasing saving behavior through age-progressed renderings of the future self, *JMR* 48(SPL): S23-37; Yee And 외 (2011), The expression of personality in virtual worlds, *Soc Psycho Pers Sci* 2(1): 5-12; Fox J 외 (2009), Virtual experiences, physical behaviors: The effect of presence on imitation of an eating avatar, *Presence* 18(4): 294-303.
29 DeCandido K (1997), "Arms and the man," in *Untold Tales of Spider-Man*, S Lee와 K Busiek 편집(New York: Boulevard Books).
30 Wetzel F (2012), Dad who lost arm gets new lease of life with most hi-tech bionic hand ever, *Sun*.
31 Eagleman DM (2011), "20 predictions for the next 25 years," *Observer*, 2011년 1월 2일자에 인용된 말.

6장 중요하게 여기는 것이 왜 중요한가

1 유전적인 이점도 있었을 가능성이 있으나, 확실히 알아내기는 몹시 힘들다. 그러나 체스와 직접 연관된 유전자는 없으므로, 오랜 훈련이 확실히 필요했을 것이다.
2 Schweighofer N, Arbib MA (1998), A model of cerebellar metaplasticity, *Learn Mem* 4(5): 421-428.
3 좀 기묘한 여담 하나. 나는 원래 이것이 펄먼의 이야기라고 들었지만, 현재 인터넷에는 펄먼, 프리츠 크라이슬러, 아이작 스턴 등 다양한 음악가를 주인공으로 한 동일한 이야기가 돌아다닌다. 실제 주인공이 누구든, 모두 이 멋진 대꾸를 자기 것으로 주장하고 싶어한다.

4 Elbert T 외 (1995), Increased finger representation of the fingers of the left hand in string players, *Science* 270: 305-306; Bangert M, Schlaug G (2006), Specialization of the specialized in features of external human brain morphology, *Eur J Neurosci* 24: 1832-1834. 음악가가 아닌 사람들의 뇌이랑(뇌에서 두둑하게 올라온 부분)은 대체로 직선 모양이다. 그러나 음악가의 뇌에서는 같은 위치의 뇌이랑이 기묘한 우회도로 같은 모양을 하고 있다. 바이올리니스트의 경우에는 왼손이 섬세한 작업을 모두 담당하기 때문에, 우반구에 이 오메가 모양이 나타난다. 왼손을 뇌의 우반구가 담당하기 때문이다.

5 이 사실이 처음 증명된 것은 우물에서 작은 물체를 꺼내는 일과 커다란 열쇠를 돌리는 일 중 한 가지를 훈련시킨 원숭이들을 통해서였다. 첫 번째 작업에는 손가락을 노련하고 섬세하게 사용할 필요가 있고, 두 번째 작업에는 손목과 팔이 사용되었다. 첫 번째 작업을 훈련시킨 원숭이들의 피질에서는 손가락을 담당하는 부분이 더 많은 영역을 점차 집어삼키고, 손목과 팔을 담당하는 부위는 줄어드는 변화가 일어났다. 반면 열쇠 돌리는 작업을 훈련시킨 원숭이들의 뇌에서는 손목과 팔에 할애된 영역이 늘어났다. Nudo RJ 외 (1996), Use-dependent alterations of movement representations in primary motor cortex of adult squirrel monkeys, *J Neurosci* 16(2): 785-807.

6 Karni A 외 (1995), Functional MRI evidence for adult motor cortex plasticity during motor skill learning, *Nature* 377: 155-158.

7 Draganski B 외 (2004), Neuroplasticity: Changes in grey matter induced by training, *Nature* 427(6972): 311-312; Driemeyer J 외 (2008), Changes in gray matter induced by learning—revisited, *PLoS One* 3(7): e2669; Boyke J 외 (2008), Training-induced brain structure changes in the elderly, *J Neurosci* 28(28): 7031-7035; Scholz J 외 (2009), Training induces changes in white-matter architecture, *Nat Neurosci* 12(11): 1370-1371. 훈련 시작 일주일 안에 회백질의 밀도 증가가 관찰된다면 십중팔구 시냅스나 세포체의 크기 증가 때문이며, 그보다 장기간(몇 개월)에 걸쳐 부피가 증가한다면 특히 해마에서 새로운 뉴런들이 태어난 결과일 수 있다는 가설이다.

8 Eagleman DM (2011), *Incognito: The Secret Lives of the Brain*(New York: Pantheon).

9 Iriki A, Tanaka M, Iwamura Y (1996), Attention-induced neuronal activity in the monkey somatosensory cortex revealed by pupillometrics, *Neurosci Res* 25(2): 173-181; Maravita A, Iriki A (2004), Tools for the body(schema), *Trends Cogn Sci* 8: 79-

86.

10 Draganski B 외 (2006), Temporal and spatial dynamics of brain structure changes during extensive learning, *J Neurosci* 26(23): 6314-6317.

11 Ilg R 외 (2008), Gray matter increase induced by practice correlates with task-specific activation: A combined functional and morphometric magnetic resonance imaging study, *J Neurosci* 28(16): 4210-4215.

12 Maguire EA 외 (2000), Navigation-related structural change in the hippocampi of taxi drivers, *Proc Natl Acad Sci USA* 97(8): 4398-4403; Maguire EA, Frackowiak RS, Frith CD (1997), Recalling routes around London: Activation of the right hippocampus in taxi drivers, *J Neurosci* 17(18): 7103-7110도 참조.

13 Kuhl PK (2004), Early language acquisition: Cracking the speech code, *Nat Rev Neurosci* 5: 831-843.

14 이런 연구는 원래 원숭이를 대상으로 실시되었다. 한 연구는 원숭이를 청각 자극과 촉각 자극에 동시에 노출시켰다. 원숭이가 주어진 과제를 수행하기 위해 촉각에 주의를 기울여야 할 때는 체성감각피질에 변화가 나타난 반면, 청각 피질에는 아무 변화가 없었다. 하지만 청각 자극에 주의를 기울이도록 원숭이를 유도하면, 반대의 현상이 나타났다. Recanzone GH 외 (1993), Plasticity in the frequency representation of primary auditory cortex following discrimination training in adult owl monkeys, *J Neurosci* 13(1): 87-103; Jenkins WM 외 (1990), Functional reorganization of primary somatosensory cortex in adult owl monkeys after behaviorally controlled tactile stimulation, *J Neurophysiol* 63(1): 82-104; Bavelier D, Neville HJ (2002), Cross-modal plasticity: Where and how?, *Nat Rev Neurosci* 3(6): 443 참조.

15 Taub E, Uswatte G, Pidikiti R (1999), Constraint-induced movement therapy: A new family of techniques with broad application to physical rehabilitation, *J Rehabil Res Dev* 36(3): 1-21; Page SJ, Boe S, Levine P (2013), What are the "ingredients" of modified constraint induced therapy? An evidence-based review, recipe, and recommendations, *Restor Neurol Neurosci* 31: 299-309.

16 Teng S, Whitney D (2011), The acuity of echolocation: Spatial resolution in the sighted compared to expert performance, *J Vis Impair Blind* 105(1): 20.

17 국가의 신체 형태는 놀라울 정도로 유연하다. 새로 획득된 영토는 그 나라의 팔다

리와 의식의 일부가 된다. 외교관이 배치되고 군사기지가 세워진 곳은 그 나라의 원격 팔다리가 된다. 또한 몸이 제어할 수 있는 팔다리가 항상 그렇듯이, 이 전초기지들도 그 나라 자아의 일부가 된다. 정부가 새로이 입력된 정보에 얼마나 신속하게 대응하는지도 주목해야 한다. 기술이 변하면, 정부 기관과 법률이 거기에 맞게 조정된다.

18 신경과학자들은 특수한 연결점에서 뉴런이 방출하는 화학적 메신저를 '신경전달물질'이라고 부른다. 이 연결점은 뉴런이 대단히 한정적인 다른 세포와 메시지를 주고받는 곳이다. 반면 신경조절물질은 아주 많은 뉴런(또는 다른 세포들)에 영향을 미치는 화학적 메신저로, 대개 영향을 미치는 범위가 더 넓다. 같은 화학물질이라도 상황에 따라 전달물질이 될 수도 있고 조절물질이 될 수도 있다. 예를 들어 아세틸콜린은 (근육 세포와 메시지를 주고받을 때) 말초신경에서 전달물질 역할을 하지만, 중추신경계에서는 조절물질 역할을 한다.

19 Bakin JS, Weinberger NM (1996), Induction of a physiological memory in the cerebral cortex by stimulation of the nucleus basalis, *Proc Natl Acad Sci USA* 93: 11219-11224.

20 아세틸콜린을 방출하는 뉴런은 콜린성으로 일컬어진다. 이 뉴런들은 거의 전적으로 기저전뇌에만 존재하는데, 피질을 향해 피질 하下 구조들이 모여 있는 곳이다. 중추신경계에서 뉴런의 민감성 변화, 신경전달물질의 시냅스 전 방출 조절, 소규모 뉴런들의 신호 발사 조정 등 많은 영향을 미친다. Picciotto MR, Higley MJ, Mineur YS (2012), Acetylcholine as a neuromodulator: Cholinergic signaling shapes nervous system function and behavior, *Neuron* 76(1): 116-129; Gu Q (2003), Contribution of acetylcholine to visual cortex plasticity, *Neurobiol Learn Mem* 80: 291-301; Richardson RT, DeLong MR (1991), Electrophysiological studies of the functions of the nucleus basalis in primates, *Adv Exp Med Biol* 295: 233-252; Orsetti M, Casamenti F, Pepeu G (1996), Enhanced acetylcholine release in the hippocampus and cortex during acquisition of an operant behavior, *Brain Res* 724: 89-96 참조. 많은 신경조절물질이 흥분과 억제의 균형을 일시적으로 변화시킨다. 이 때문에 탈억제는 신경조절로 장기적인 시냅스 변경이 가능해질 때의 메커니즘이라는 가설이 나왔다.

21 Hasselmo ME (1995), Neuromodulation and cortical function: Modeling the Physiological basis of behavior, *Behav Brain Res* 67: 1-27.

22 이 사실은 수십 년 전 다 자란 쥐를 대상으로 한 실험에서 증명되었다. 쥐를 특정한 소리에 노출시킬 때, 그 소리만으로는 피질 영역에 의미 있는 변화가 나타나지 않는다. 하지만 그 소리에 콜린성 기저핵 자극이 동반된다면, 그 소리를 담당하는 피질 영역이 확장된다. Kilgard MP, Merzenich MM (1998), Cortical map reorganization enabled by nucleus basalis activity, *Science* 279: 1714-1718. 쥐와 사람을 대상으로 한 연구에 대한 리뷰를 보려면, Weinberger NM (2015), New perspectives on the auditory cortex: Learning and memory, *Handb Clin Neurol* 129: 117-147 참조.

23 Bear MF, Singer W (1986), Modulation of visual cortical plasticity by acetylcholine and noradrenaline, *Nature* 320: 172-176; Sachdev RNS 외 (1998), Role of the basal forebrain cholinergic projection in somatosensory cortical plasticity, *J Neurophysiol* 79: 3216-3228.

24 Conner JM 외 (2003), Lesions of the basal forebrain cholinergic system impair task acquisition and abolish cortical plasticity associated with motor skill learning, *Neuron* 38: 819-829.

25 여담이지만, 아시모프는 인터넷이 꽃을 피우기 전에 실시된 이 인터뷰에서 인터넷 시대를 예언했다. 이 인터뷰 전체를 보려면, 유튜브에서 동영상을 검색하면 된다.

26 Brandt A, Eagleman DM (2017), *The Runaway Species*(New York: Catapult).

7장 사랑은 왜 이별의 순간에야 자신의 깊이를 깨닫는가

1 Eagleman DM (2001), Visual illusions and neurobiology, *Nat Rev Neurosci* 2(12): 920-926.

2 Pelah A, Barlow HB (1996), Visual illusion from running, *Nature* 381(6580): 283; Zadra JR, Proffitt DR (2016), Optic flow is calibrated to walking effort, *Psychon Bull Rev* 23(5): 1491-1496.

3 이런 환상을 매콜로 효과라고 부른다. 1965년에 이 현상을 발견한 셀레스트 매콜로의 이름을 딴 것이다. McCollough C (1965), Color adaptation of edge-detectors in the human visual system, *Science* 149: 1115-1116. 색맹인 사람들에게는 이런 환상이 나타나지 않는다. 이 잔상은 방향이 정해진 선과 색뿐만 아니라, 움직임과 색, 공간

주파수와 색 등 여러 환경에서도 나타난다.

4 Jones PD, Holding DH (1975), Extremely long-term persistence of the McCollough effect, *J Exp Psychol Hum Percept Perform* 1(4): 323-327.

5 안구의 큰 움직임은 홱보기운동, 그 사이의 작은 흔들림은 미세홱보기운동이라고 불린다.

6 이것을 '눈 속 시각'이라고 하는데, 뇌의 해석 때문에 생기는 착시 현상과 달리 눈 그 자체entoptical에서 유래하는 효과라는 뜻이다. 눈 속에서 유래하는 환상에 대한 배경 설명을 보려면, Tyler CW (1978), Some new entoptic phenomena, *Vision Res* 18(12): 1633-1639.

7 1823년에 얀 푸르키네가 처음으로 이 현상을 알아차렸으므로, 자기 눈의 혈관이 직접 보일 때의 이미지를 푸르키네의 나무라고 부른다. Purkyně J (1823), *Beiträge zur Kenntniss des Sehens in subjectiver Hinsicht*, in B*eobachtungen und Versuche zur Physiologie der Sinne*(Prague: In Commission der J. G. Calve'schen Buchhandlung).

8 Stetson C 외 (2006), Motor-sensory recalibration leads to an illusory reversal of action and sensation, *Neuron* 51(5): 651-659.

9 나는 이것이 따로 요긴하게 챙겨두어야 할 과학의 흥미로운 아이디어라고 생각한다. 사실은 뭔가가 사라졌는데, 우리 눈에는 뭔가가 나타난 것처럼 보이는 경우가 있는가?

10 Kamin LJ (1969), Predictability, surprise, attention, and conditioning, in *Punishment and Aversive Behavior*, BA Campbell과 RM Church 편집(New York: Appleton-Century-Crofts), 279-296; Bouton ME (2007), *Learning and Behavior: A Contemporary Synthesis*(Sunderland, Mass.: Sinauer).

11 이런 운동을 클리노키네시스라고 부른다.

12 간상세포와 원추세포는 어둠 속에서 네 개 조도밖에 보지 못하지만, 배경조명이 계속 이어진다면 훨씬 더 많이 볼 수 있다. 다양하고 복잡한 메커니즘 덕분에, 광수용체는 분자 캐스케이드의 증폭 인수(와 회복 속도)를 조정해서 포화를 피하고 증가한 광자 흐름에 반응한다. 몇 가지 사례를 들어보자. 생화학적 활성 상태에서 분자들의 수명 바꾸기, 인근에서 사용할 수 있는 결합 단백질 분포 바꾸기, 다른 분자들을 이용해서 활성 복합체의 수명 늘리기, 채널에 결합하는 리간드에 대한 채널 친화력 바꾸기. 규모를 더 넓혀보면, 간극 연결을 조정해서 광수용체들의 상호작용 방식을 변화시키는 수평세포 덕분에 광수용체들이 서로 힘을 합칠 수 있다.

Arshavsky VY, Burns ME (2012), Photoreceptor signaling: Supporting vision across a wide range of light intensities, *J Biol Chem* 287(3): 1620-1626; Chen J 외 (2010), Channel modulation and the mechanism of light adaptation in mouse rods, *J Neurosci* 30(48): 16232-16240; Diamond JS (2017), Inhibitory interneurons in the retina: Types, circuitry, and function, *Annu Rev Vis Sci* 3: 1-24; O'Brien J, Bloomfield SA (2018), Plasticity of retinal gap junctions: Roles in synaptic physiology and disease, *Annu Rev Vis Sci* 4: 79-100; Demb JB, Singer JH (2015), Functional circuitry of the retina, *Annu Rev Vis Sci* 1: 263-289 참조.

8장 변화의 가장자리에서 균형잡기

1 Muckli L, Naumer MJ, Singer W (2009), Bilateral visual field maps in a patient with only one hemisphere, *Proc Natl Acad Sci* 106(31): 13034-13039. 앨리스의 오른쪽 눈도 유난히 작았으며, 거의 실명 상태였다. 앨리스에 대해 더 알고 싶다면, 이 논문의 보충 자료 참조.

2 Udin SH (1977), Rearrangements of the retinotectal projection in Rana pipiens after unilateral caudal half-tectum ablation, *J Comp Neurol* 173: 561-582.

3 Constantine-Paton M, Law MI (1978), Eye-specific termination bands in tecta of three-eyed frogs, *Science* 202: 639-641; Law MI Constantine-Paton M (1981), Anatomy and physiology of experimentally produced striped tecta, *J Neurosci* 1: 741-759.

4 영역들이 골고루 섞이지 않고 왜 줄무늬 모양일까? 컴퓨터 모델로 돌려보면, 각각의 눈에서 들어오는 축삭돌기 사이에 헤브의 규칙에 따른 경쟁이 벌어지면 이런 결과가 자연스럽게 나온다는 것을 알 수 있다. 안구 우위 칼럼에서 줄무늬가 형성되는 과정을 다룬 중심 모델은 1980년대에 제안되었다(Miller KD, Keller JB, Stryker MP [1989], Ocular dominance column development: Analysis and simulations, *Science* 245[4918]: 605-615). 이 모델에는 그 뒤로 생리적 현실을 반영한 많은 요소가 추가되었다.

5 Attardi DG, Sperry RW (1963), Preferential selection of central pathways by regenerating optic fibers, *Exp Neurol* 7(1): 46-64.

6 Basso A 외 (1989), The role of the right hemisphere in recovery from aphasia: Two case studies, *Cortex* 25: 555-566. 이제는 뇌 영상을 통해 기능의 이전이 이루어지는 광경을 과학자들이 실제로 목격할 수 있다. Heiss WD, Thiel A (2006), A proposed regional hierarchy in recovery of post-stroke aphasia, *Brain Lang* 98: 118-123; Pani E 외 (2016), Right hemisphere structures predict post-stroke speech fluency, *Neurology* 86: 1574-1581; Xing S 외 (2016), Right hemisphere grey matter structure and language outcome in chronic left-hemisphere stroke, *Brain* 139: 227-241 참조. 임상적으로 관찰된 '우뇌 이전'의 양은 환자에 따라 다른데, 그 원인은 아직 연구 중이다.

7 Wiesel TN, Hubel DH (1963), Single-cell responses in striate cortex of kittens deprived of vision in one eye, *J Neurophysiol* 26: 1003-1017; Gu Q (2003), Contribution of acetylcholine to visual cortex plasticity, *Neurobiol Learn Mem* 80: 291-301; Hubel DH, Wiesel TN (1965), Binocular interaction in striate cortex of kittens reared with artificial squint, *J Neurophysiol* 28: 1041-1059. 이런 실험은 원래 새끼 고양이와 원숭이를 상대로 실행되었다. 나중에는 인간의 시각 피질을 이해하는 데 정확히 똑같은 교훈이 적용된다는 사실이 기술 발달로 확인되었다(놀랄 일은 아니다).

8 뇌중풍 환자의 건강한 팔을 끈으로 묶어두는 제약 요법과 다소 비슷하다.

9 이것을 관계 지도라고 부른다. 손을 담당하는 영역 근처에 팔꿈치 담당 영역이 있고, 그 근처에는 어깨 담당 영역이 있다. 피질에서 이들 부위가 차지할 수 있는 영역이 넓은지 좁은지는 상관없다.

10 레비몬탈치니의 첫 발견 이후 다른 신경영양인자들이 많이 발견되었다. 그들은 모두 뉴런의 생존과 발달을 자극한다는 공통적인 속성을 갖고 있다. 더 일반적으로 말해서, 뉴로트로핀은 성장인자라고 불리는 분비단백질에 속한다. Spedding M, Gressens P (2008), Neurotrophins and cytokines in neuronal plasticity, *Novartis Found Symp* 289: 222-233 참조.

11 Zoubine MN 외 (1996), A molecular mechanism for synapse elimination: Novel inhibition of locally generated thrombin dlays synapse loss in neonatal mouse muscle, *Dev Biol* 179: 447-457.

12 Sanes JR, Lichtman JW (1999), Development of the vertebrate neuromuscular junction, *Annu Rev Neurosci* 22: 389-442.

13 1933년 독일에서 일어난 일을 생각해보라. 당시 선거로 선출된 의원들 거의 전원이 (공산당 같은) 극좌 정당이나 (나치 같은) 극우 정당 소속이었다. 비록 양극단 사이의 균형이라 해도, 균형임에는 분명했다. 그러나 파울 폰 힌덴부르크 대통령이 세상을 떠난 뒤인 1934년 8월 아돌프 히틀러가 스스로 총통 및 수상 지위에 올라 포고로 법을 통과시켰다. 그가 가장 먼저 만든 법률로 자신의 반대편이었던 공산주의자들을 붙잡아 강제수용소로 보낸 것은 그리 놀라운 일이 아니다. 이렇게 균형이 크게 무너진 것이 수많은 사람에게 재앙을 불러온 방아쇠가 되었다.

14 Yamahachi H 외 (2009), Rapid axonal sprouting and pruning accompany functional reorganization in primary visual cortex, *Neuron* 64(5): 719-729; Buonomano DV, Merzenich MM (1998), Cortical plasticity: From synapses to maps, *Annu Rev Neurosci* 21: 149-186; Pascual-Leone A, Hamilton R (2001), The metamodal organization of the brain, in *Vision: From Neurons to Cognition*, C Casanova와 M Pitto 편집(New York: Elsevier Science), 427-445; Pascual Leone A 외 (2005), The plastic human brain cortex, *Annu Rev Nuerosci* 28: 377-401; Merzenich MM 외 (1984), Somatosensory cortical map changes following digit amputation in adult monkeys, *J Comp Neurol* 224: 591-605; Pons TP 외 (1991), Massive cortical reorganization after sensory deafferentation in adult macaques, *Science* 252: 1857-1860; Sanes JN, Donoghue JP (2000), Plasticity and primary motor cortex, *Annu Rev Neurosci* 23(1): 393-415.

15 Jacobs KM, Donoghue JP (1991), Reshaping the cortical motor map by unmasking latent intracortical connections, *Science* 251(4996): 944-947; Tremere L 외 (2001), Expansion of receptive fields in raccoon somatosensory cortex in vivo by GABA-A receptor antagonism: Implications for cortical reorganization, *Exp Brain Res* 136(4): 447-455.

16 이 메커니즘이 영역들 사이의 경계선을 더욱 또렷하게 만들어준다. 예를 들어, Tremere 외 (2001) 참조.

17 Weiss T 외 (2004), Rapid functional plasticity in the primary somatomotor cortex and perceptual changes after nerve block, *Eur J Neurosci* 20: 3413-3423.

18 Bavelier D, Neville HJ (2002), Cross-modal plasticity: Where and how?, *Nat Rev Neurosci* 3: 443-452.

19 Eckert MA 외 (2008), A cross-modal system linking primary auditory and visual cortices: Evidence from intrinsic fMRI connectivity analysis, *Hum Brain Mapp* 29(7):

848-857; Petro LS, Paton AT, Muckli I (2017), Contextual modulation of primary visual cortex by auditory signals, *Philos Trans R Soc B Biol Sci* 372(1714): 20160104.

20 Pascual-Leone 외 (2005).

21 Darian-Smith C, Gilbert CD (1994), Axonal sprouting accompanies functional reorganization in adult cat striate cortex, *Nature* 368: 737-740; Florence SL, Taub HB, Kaas JH (1998), Large-scale sprouting of cortical connections after peripheral injury in adult macaque monkeys, *Science* 282: 1117-1121. 피질 내부의 변화에 그동안 많은 관심이 쏟아졌으나, 시상의 장기적인 변화 또한 피질 구조에서 천천히 일어나는 대규모 변화에 기여할 가능성이 있다. Jones EG (2000), Cortical and subcortical contributions to activity-dependent plasticity in primate somatosensory cortex, *Annu Rev Neurosci* 23: 1-37; Buonomano, Merzenich (1998), For students of the next generation: an open biological question remains how to couple the fast changes (unmasking) to longer-term changes (growth of new axons) 참조.

22 Merlo LM 외 (2006), Cancer as an evolutionary and ecological process, *Nat Rev Cancer* 6(12): 924-935; Sprouffske K 외 (2012), Cancer in light of experimental evolution, *Curr Biol* 22(17): R762-R771; Aktipis CA 외 (2015), Cancer across the tree of life: Cooperation and cheating in multicellularity, *Philos Trans R Soc B Biol Sci* 370(1673).

9장 나이 든 개에게 새로운 재주를 가르치기가 더 어려운 이유

1 Teuber HL (1975), Recovery of function after brain injury in man, in *Outcome of Severe Damage to the Central Nervous System*, R. Porter와 DW Fitzsimmons 편집 (Amsterdam: Elsevier), 159-190.

2 어린 뇌에는 콜린성 전달물질의 함량이 높지만, 세월이 흐른 뒤에야 이용할 수 있는 억제성 전달물질은 많지 않다. 그래서 전체적으로 가소성이 높다. 반면 어른의 뇌는 변화가 일어나지 말아야 할 때 적극적으로 변화를 억제한다. 다시 말해서, 억제성 전달물질이 콜린성 전달물질의 효과를 바꿔놓는다는 뜻이다. 그래서 대부분의 영역이 가소성을 완전히 또는 부분적으로 잃어, 뇌가 필요할 때만 변화하게 된다. Gopnik A, Schulz L (2004), Mechanisms of theory formation in young children,

Trends Cogn Sci 8: 371-77; Schulz LE, Gopnik A (2004), Causal learning across domains, *Dev Psychol* 40: 162-176. 어린 뇌에서는 전체적인 변화가 가능하기 때문에, 과학자 앨리슨 고프닉은 아기들을 인류의 '연구개발'부라고 부른다.

3 Gopnik A (2009), *The Philosophical Baby: What Children's Minds Tell Us About Truth, Love, and the meaning of Life*(New York: Farrar, Straus & Giroux).

4 이 설명은 Coch D, Fischer KW, Dawson G (2007), Dynamic development of the hemispheric biases in three cases: Cognitive/hemispheric cycles, music, and hemispherectomy, in *Human Bahavior, Learning, and the Developing Brain*(New York: Guilford), 94-97에서 가져온 것이다. 놀랍게도 이 수술이 성인에게도 성공적으로 시행된 적이 있지만, 흔한 사례는 아니며 대부분 결과가 좋지 않다. Schramm J 외 (2012), Seizure outcome, functional outcome, and quality of life after hemispherectomy in adults, *Acta Neurochir* 154(9): 1603-1612 참조.

5 민감기는 때로 결정적 시기라고도 불린다.

6 Petitto LA, Marentette PF (1991), Babbling in the manual mode: Evidence for the ontogeny of language, *Science* 251: 1496-1496.

7 Lenneberg E (1967), *Biological Foundations of Language*(New York: Wiley), Johnson JS, Newport EL (1989), Critical period effects in second language learning: The influence of maturational state on the acquisition of English as a second language, *Cogn Psychol* 21: 60-99. 제2언어의 습득과 관련된 모든 것을 가소성으로 설명할 수 있는지에 대해서는 약간의 논란이 있다. 사실 때로는 어른이 성숙한 인지능력, 학습 경험 등 여러 심리적·사회적 요인들로 인해 아기보다 더 빨리 제2언어를 습득한다(Newport[1990]와 Snow, Hoefnagel-Hoehle[1978] 참조). 그러나 제2언어 습득 능력과는 상관없이, 외국어를 모국어처럼 발음하는 것(즉 말씨)은 그 언어를 배울 때의 나이가 많을수록 여전히 더 어렵다. Asher J, Garcia R (1969), The optimal age to learn a foreign language, *Mod Lang J* 53(5): 334-341.

8 Berman N, Murphy EH (1981), The critical period for alteration in cortical binocularity resulting from divergent and convergent strabismus, *Dev Brain Res* 2(2): 181-202 참조.

9 Amedi A 외 (2003), Early "visual" cortex activation correlates with superior verbal-memory perfomance in the blind, *Nat Neurosci* 6: 758-766.

10 Voss P 외 (2006), A positron emission tomography study during auditory localization

by late-onset blind individuals, *Neuroreport* 17(4): 383-388; Voss P 외 (2008), Differential occipital responses in early-and late-blind individuals during a sound-source discrimination task, *Neuroimage* 40(2): 746-758.

11 Merabet LB 외 (2005), What blindness can tell us about seeing again: Merging neuroplasticity and neuroprosthese, *Nat Rev Neurosci* 6(1): 71.

12 다시 말하자면, 청각 피질이 시각 피질과 비슷해지더라도 새로운 신경회로들에 청각 피질 특유의 특징이 일부 포함된다는 사실이 여러 연구에서 발견되었다. 예를 들어, 청각 피질로 연결된 새로운 시야는 수직축보다 수평축의 사물을 더 정확하게 보았다. 청각 피질이 보통 수평축을 따라 주파수 지도를 작성하기 때문인 것으로 보인다.

13 Persico N, Postlewaite A, Silverman D (2004), The effect of adolescent experience on labor market outcomes: The case of height, *J Polit Econ* 112(5): 1019-1053; Judge TA, Cable DM (2004), The effect of physical height on workplace success and income: Preliminary test of a theoretical model, *J Appl Psychol* 89(3): 428-441도 참조.

14 Smirnakis 외 (2005), Lack of long-term cortical reorganization after macaque retinal lesions, *Nature* 435(7040): 300. 이 연구는 짧은꼬리원숭이 성체(네 살 이상)를 대상으로 실시되었다. 인간에게서도 같은 결과가 나올 것으로 짐작된다.

15 수백 개의 사례 중 하나로, 어른이 된 뒤에도 갈퀴를 이용해 음식을 잡기 시작하면 감각피질과 운동피질이 재빨리 스스로 재편해 갈퀴를 신체 형태에 포함시키는 것이 있다. Iriki A, Tanaka M, Iwamura Y (1996), Attention-induced neuronal activity in the monkey somatosensory cortex revealed by pupillometrics, *Neurosci Res* 25(2): 173-181; Maravita A, Iriki A (2004), Tools for the body (schema), *Trends Cogn Sci* 8: 79-86 참조.

16 Chalupa LM, Dreher B (1991), High precision systems require high precision "blueprints": A new view regarding the formation of connections in the mammalian visual system, *J Cogn Neurosci* 3(3): 209-219; Neville H, Bavelier D (2002), Human brain plasticity: Evidence from sensory deprivation and altered language experience, *Prog Brain Res* 138: 177-188.

17 Haldane JBS (1932), *The Cause of Evolution*(New York: Longmans, Green); Via S, Lande R (1985), Genotype-environment interaction and the evolution of phenotypic plasticity, *Evolution* 39: 505-522; Via S, Lande R (1987), Evolution of genetic

variability in a spatially heterogeneous environment: Effects of genotypi-environment interaction, *Genet Res* 49: 147-156.

18 Snowdon DA (2003), Healthy aging and dementia: Findings from the Nun Study, *Ann Intern Med* 139(5, pt. 2): 450-454.

19 나이를 먹으면서 가장 중요한 것은 고정관념에 갇히지 않는 방법을 찾는 것이다. 비슷한 맥락에서, 과학자에게 최악의 일은 어떤 문제나 분야를 계속 똑같은 시각으로 바라보는 습성에 빠지는 것이다. 벤저민 프랭클린처럼 다양한 분야에서 뛰어난 능력을 보이는 사람들은 이런 의미에서 놀라울 정도로 유리한 위치에 있다. 그들은 끊임없이 새로운 영역에 발을 들여놓기 때문에, 한 가지 사고방식에 고착되는 함정을 피할 수 있다.

10장 기억하나요

1 Ribot T (1882), *Diseases of the Memory: An Essay in the Positive Psychology*(New York: D. Appleton).

2 Hawkins RD, Clark GA, Kandel ER (2006), Operant conditioning of gill withdrawal in aplysia, *J Neurosci* 26: 2443-2448.

3 Hebb DO (1949), *The Organization of Behavior: A Neuropsychological Theory*(New York: Wiley). 헤브는 이렇게 표현했다. "세포 A의 축삭돌기가 세포 B를 흥분시킬 수 있을 만큼 가까이에 있고, 이 세포가 신호를 쏘아 보내게 하는 일에 반복적으로 또는 끊임없이 참여한다면, 두 세포 중 하나 또는 두 세포 모두에 일종의 성장이나 신진대사 변화가 일어나 B를 흥분시키는 세포 중 하나로서 A의 효율이 증가한다." 신경과학자들은 A와 B 사이의 시냅스를 자주 예로 들지만, A는 C부터 Z까지 약 10만 개나 되는 다른 뉴런들과도 연결되어 있다는 점을 잊지 말아야 한다. 이 시냅스 각각의 강도가 개별적으로 변하면서 어떤 신호는 강화하고 어떤 신호는 약화한다는 점이 열쇠다.

4 Bliss TV, Lømo T (1973), Long-lasting potentiation of synaptic transmission in the dentate area of the anaesthetized rabbit following stimulation of the perforant path, *J Physiol* (London) 232(2): 331-356. 현미경으로나 볼 수 있는 막에 특정 화학신호에 민감한 작은 채널(NMDA 수용체)이 존재하는데, 서로 연결된 두 뉴런이 짧은 시간

안에 신호를 발사할 때 이것이 반응하여 '동시발생 감지기coincidence detector' 역할을 한다. 많은 시냅스후 막에는 NMDA 글루탐산 수용체와 비NMDA 글루탐산 수용체가 모두 존재한다. 일반적인 저빈도 자극이 있을 때에는 비NMDA 채널만 열린다. 자연발생하는 마그네슘 이온이 NMDA 채널을 막기 때문이다. 그러나 고빈도 시냅스전 신호는 시냅스후 막의 탈분극을 초래해 마그네슘 이온을 떨어뜨리기 때문에, NMDA 수용체가 그 뒤에 방출되는 글루탐산에 민감해진다. 이런 방식으로 NMDA-R은 시냅스전과 시냅스후 활동이 동시에 발생하는지 감지하는 동시발생 감지기로 기능할 수 있다. 따라서 NMDA 시냅스가 전형적인 헤브 시냅스로 보인다. 연상의 저장에 이것이 열쇠일 것으로 간주되었다. 또한 NMDA-R은 칼슘 투과성이 특히 높아서 2차 메신저 시스템을 유도할 수 있다. 이 시스템은 궁극적으로 게놈과 연락하며 시냅스후 세포에 장기적이고 구조적인 변화를 일으킬 수 있다. 대부분의 뉴런에서 NMDA-R은 장기강화(LTP) 유도에 필수적이다. 동물에게 행동을 가르치는 것은 가능한 일이지만, NMDA처럼 작용하는 화학물질을 주입하면 그 과제의 구체적인 부분들을 기억하는 능력이 사라지는 듯하다. 그러나 NMDA-R이 '유도'에만 필요하다는 점이 중요하다. 그 변화를 '유지'하는 데에는 다른 메커니즘들이 작용하는데, 가장 일반적으로는 세포핵에서 새로운 단백질 합성이 있어야 한다. 동물에게 두 개의 자극을 연상작용으로 묶는 훈련(예를 들어 전기 충격과 빛을 짝짓는 것) 또한 시킬 수 있으나, 단백질 합성이 차단되면 그 동물은 장기기억을 형성하지 못하고 단기기억만 형성할 수 있다. 대부분의 경우 LTP는 시냅스후 세포의 활동(탈분극)이 시냅스전 세포의 활동과 연계되었을 때만 유도된다. 시냅스전 활동이나 시냅스후 활동 하나만으로는 효과가 없다. 덧붙여서, LTP는 자극을 받는 시냅스에 특정적이다. 세포의 시냅스 각각이 원칙적으로는 자체적인 이력에 따라 강화되거나 약화되는 것이 가능하다는 뜻이다.

5 기억에서 시냅스가 담당하는 역할에 대해서는, Nabavi S 외 (2014), Engineering a memory with LTD and LTP, *Nature* 511: 348-352; Bailey CH, Kandel RR (1993), Structural changes accompanying memory storage, *Annu Rev Physiol* 55: 397-426 참조.

6 Hopfield J (1982), Neural networks and physical systems with emergent collective computational abilities, *Proc Natl Acad Sci USA* 9: 2554. 각각의 단위가 이웃들과 많이 연결(시냅스)되어 있으므로, 한 단위가 때에 따라 수많은 연상에 관여할 수 있다.

7 연상의 형성에는 헤브의 법칙이 유용하지만, 이 법칙의 이론적 결함 중 하나는 사건의 '순서'에 둔감하다는 점이다. 동물이 감각기관으로 입력되는 신호의 순서에

민감하다는 사실은 오래전부터 실험으로 증명되었다. 예를 들어, 파블로프의 개에게 종소리가 울리기 전에 고기를 준다면 개는 연상을 학습하지 못할 것이다. 같은 맥락에서, 동물들은 아무리 맛있는 음식이라도 그것을 먹은 뒤 토하는 경험을 한 번이라도 하고 나면 그 음식에 강한 거부감을 갖게 된다. 그러나 그 순서를 바꾸면(토한 뒤에 음식 먹기) 거부감이 나타나지 않는다. 생물물리학에도 이와 비슷한 점이 있을지 모른다. 시냅스 강도의 변화가 시냅스전과 시냅스후 활동의 순서에 의해 좌우될 가능성이 있다는 뜻이다. 뉴런 B가 신호를 쏘기 전에 A에서 신호가 입력된다면, 시냅스는 강화된다. B가 신호를 쏜 뒤에 A에서 신호가 입력된다면, 시냅스는 약화된다. 이런 학습 법칙은 흔히 스파이크 타이밍 의존적 가소성 또는 시간적 부조화 헤브 법칙이라고 불린다. 이를 통해 스파이크 타이밍이 중요하다는 사실을 짐작할 수 있다. 구체적으로 말해서, 시간적 부조화 규칙은 예측이 가능한 접합을 강화한다. 만약 A가 항상 B보다 먼저 신호를 쏜다면, 이 순서를 예측하는 데 실패가 없을 것으로 보고 접합이 강화된다는 뜻이다. Rao RP, Sejnowski TJ (2003), Self-organizing neural systems based on predictive learning, *Philos Transact A Math Phys Eng Sci* 361(1807): 1149-1175 참조.

8 딥 러닝의 저변에 깔린 핵심 개념들은 이미 30여 년 전에 나왔다. Rumelhart DE, Hinton GE, Williams RJ (1988), Learning representations by back-propagating errors, *Cognitive Modeling* 5(3): 1. 비슷한 시기에 나온 핵심적인 관련 연구 성과를 보려면, Yann LeCun, Yoshua Benigo, Jürgen Schmidhuber의 연구도 참조.

9 Carpenter GA, Grossberg S (1987), Discovering order in chaos: Stable self-organization of neural recognition codes, *Ann NY acad Sci* 504: 33-51.

10 Bakin JS, Weinberger NM (1996), Induction of a physiological memory in the cerebral cortex by stimulation of the nucleus basalis, *Proc Natl Acad Sci USA* 93: 11219-11224; Kilgard MP, Merzenich MM (1998), Cortical map reorganization enabled by nucleus basalis activity, *Science* 279: 1714-1718.

11 내측측두엽(해마와 그 주변 지역)을 한 편만 제거하는 것이 한동안 안전한 수술로 알려져 있었기 때문에 몰레이슨의 증상은 아무도 예측하지 못한 것이었다. 그의 생애와 임상 사례를 요약한 자료를 보려면, Corkin S (2013), *Permanent Present Tense: The Unforgettable Life of the Amnesic Patient, HM*(New York: Basic Books) 참조.

12 Zola-Morgan SM, Squire LR (1990), The primate hippocampal formation: Evidence for a time-limited role in memory storage, *Science* 25(4978): 288-290.

13 Eichenbaum H (2004), Hippocampus: Cognitive processes and neural representations that underlie declarative memory, *Neuron* 44(1): 109-120; Frankland PW 외 (2004), The involvement of the anterior cingulate cortex in remote contextual fear memory, *Science* 304(5672): 881-883도 참조.

14 Paupathy A, Miller EK (2005), Different time courses of learning-related activity in the prefrontal cortex and striatum, *Nature* 433(7028): 873-876; Ravel S, Richmond BJ (2005), Where did the time go?, *Nat Neurosci* 8(6): 705-707도 참조.

15 Lisman J 외 (2018), Memory formation depends on both synapse-specific modifications of synaptic strenth and cell-specific increases in excitability, *Nat Neurosci* 12: 1; Martin SJ, Grimwood PD, Morris RG (2000), Synaptic plasticity and memory: An evaluation of the hypothesis, *Annu Rev Neurosci* 23: 649-711; Shors TJ, Matzel LD (1997), Long-term potentiation: What's learning got to do with it?, *Behav Brain Sci* 20(4): 597-655.

LTP(Long Term Potentiation), LTD(Long Term Depression)와 관련해서, 뉴런들 사이의 맥락이 시냅스의 변화를 어떻게 결정하는지에 대해 아직도 모르는 것이 많다. 모든 시냅스가 똑같은 행동을 보이는 것은 아니다. 처음에는 자극의 세세한 차이가 결과를 결정하는 것으로 밝혀지기를 바라는 분위기가 있었다. 즉, 신호를 많이 쏘면 시냅스가 강화되고, 적게 쏘면 약화된다는 결과를 바랐다는 뜻이다. 그러나 실험을 통한 연구에 힘이 붙은 뒤, '알맞은' 자극이 주어졌을 때 세포가 약화되지 않는 것을 발견한 일부 과학자들은 그 세포를 '병든 것'으로 간주하고 실험 데이터를 폐기해버리곤 했다. 누군가가 냉정하게 그 데이터를 살펴본 뒤에야 시냅스 변화 규칙이 세포 내의 다른 요인들에 의해 결정되며, 그 요인들이 대부분 아직 밝혀지지 않았음이 밝혀졌다. Perrett SP 외 (2001), LTD induction in adult visual cortex: Role of stimulus timing and inhibition, *J Neurosci* 21(7): 2308-2319 참조.

16 Draganski B 외 (2004), Neuroplasticity: Changes in grey matter induced by training, *Nature* 427(6972): 311-312.

17 예를 들어, 축삭돌기나 가지돌기가 새로 가지를 뻗거나, 신경아교세포나 뉴런이 새로 태어난다.

18 Boldrini M 외 (2018), Human hippocampal neurogenesis persists throughout aging, *Cell Stem Cell* 22(4): 589-599; Gould 외 (1999), Neurogenesis in the neo-cortex of adult primates, *Science* 286(5439): 548-552; Eriksson 외

(1998), Neurogenesis in the adult human hippocampus, *Nat Med* 4(11): 1313. 1960년대 이후로는 포유류의 뉴런 개수가 태어날 때부터 정해져 있다는 것이 정설이었다. 나이를 먹으면서 이 수가 줄어들기는 해도, 결코 늘어나는 법은 없다고 했다. 그러나 관찰 장비의 해상도가 높아진 덕분에 이제는 생쥐에서 인간에 이르기까지 동물들의 해마에서 매일 수천 개의 뉴런이 새로 만들어진다는 사실이 알려져 있다. 이런 연구 결과가 우리에게 놀라움으로 다가오는 것은 순전히 역사적인 실수 때문이다. 사실 몸의 모든 부위에서 새로운 세포가 자라난다. 또한 새가 새로운 노래를 배울 때마다 새의 뇌에서도 같은 일이 일어난다는 사실은 오래전부터 알려져 있었다. Nottebohm F (2002), Neuronal replacement in adult brain, *Brain Res Bull* 57(6): 737-749. 과학자들은 포유류 뇌의 신경 생성을 오래전부터 추측했으나 무시해버렸다. Altman J (1962), Are new neurons formed in the brains of adult mammals?, *Science* 135(3509): 1127-1128 참조.

19 Gould E 외 (1999), Learning enhances adult neurogenesis in the adult hippocampal formation, *Nat Neurosci* 2: 260-265. 그렇다면 새로 끼어드는 세포들이 기존의 기억을 헝클어뜨리지 않는 이유는 무엇인가? 새로운 세포가 기존의 기억을 망가뜨리지 않고 피질의 구조 속에 스며들 수 있다면, 커넥톰 패러다임을 일부 손볼 필요가 있다. 한 가지 추측은, 시냅스를 구성하는 분자들이 계속 새것으로 교체되기 때문에 학습에 의한 장기적인 기억의 저장소로는 믿을 만하지 않을 것 같다는 것이다(Nottebohm [2002], Bailey, Kandel [1993]). 최종적인 생물물리학적 변화에는 완전히 새로운 뉴런이 필요하다. 이 추측에서 기억의 저장에는 세포 분화를 이끌어내는 특정 유전자의 활성화가 필요하다. 세포분열은 돌이킬 수 없으므로, 장기적인 기억의 저장에 딱 알맞다. 그래도 내가 이 주장에 '추측'이라는 이름을 붙인 가장 큰 이유는 신경 생성에 대해 아직 모르는 부분이 많다는 점이다. 어떤 뉴런이 제거되는지(임의로 제거되는지 아니면 정보 전달이라는 관점에서 부적응 세포가 제거되는지), 정확히 신경회로의 어느 지점에서 그런 일이 발생하는지, 이 현상의 기능이 무엇인지 등을 우리는 모른다. 좀 더 포괄적으로는, 학습을 통해 특정 뉴런이 장기 기억 저장소로 기능하게 되는지 시험하는 실험이 필요할 것이다. 뉴런이 이렇게 변하는 과정에서 새로운 정보를 얻는 능력이 영원히 억제되는지도 알아보아야 한다. 이 모든 실험을 대체로 자연스럽게 살아가는 동물들에게 실시해야 한다는 점이 중요하다. 초창기 영장류 연구에서 신경 생성이 관찰되지 않은(Rakic P [1985], Limits of neurogenesis in primates, *Science* 227[4690]) 것은 실험실 원숭이들이 우리에 갇혀

이렇다 할 자극을 받지 못했기 때문일 것이라고 추측된다. 이제는 자극적인 환경과 운동이 신경 생성에 필수적이라는 사실이 알려져 있다. 시스템으로 흘러드는 기억이 많을수록 장기기억 저장 공간도 더 많이 필요해진다는 이론에서 곧바로 예측할 수 있는 사실이다.

20 Levenson JM, Sweatt JD (2005), Epigenetic mechanisms in memory formation, *Nat Rev Neurosci* 6(2): 108-118. 또 다른 사례에서 게놈의 후생적인 표지는 환경적 두려움 조건화가 장기기억으로 굳어지는 과정에서 발생한다. 환경적 두려움 조건화에서는 불쾌한 자극과 신기한 공간이 한 쌍을 이루고, 그로 인해 DNA가 감싸거나 풀어주는 단백질이 변화한다. 이렇게 유전자 발현이 바뀌면, 시냅스 기능 강화, 뉴런의 흥분성, 수용체 발현 패턴 등 기본적으로 모든 일을 해낼 수 있다. 환경적 두려움 조건화와 비교했을 때, 또 다른 형태의 장기기억인 잠재적 억제는 다른 히스톤의 변화로 이어진다. 특정한 종류의 기억이 특정한 패턴의 히스톤 변화와 연계된 히스톤 암호가 아직 발견되지 않았을 가능성을 암시한다.

21 Weaver ICG 외 (2004), Epigenetic programming by maternal behavior, *Nat Neurosci* 7(8): 847. 후생유전학이라는 분야는 DNA와 그 주변 단백질의 변화를 연구한다. 게놈과 환경 사이의 상호작용에서 유래한 이런 변화는 유전자 발현 패턴을 영구적으로 바꿔놓는다. 이 패턴이 자손에게 유전될 수는 있으나, DNA 시퀀스에 암호화되지는 않는다. 따라서 유전자형이 똑같은 세포들의 표현형이 달라질 수 있다.

22 Brand S (1999), *The Clock of the Long Now: Time and Responsibility*(New York: Basic Books). 다른 속도의 여러 층이 쌓여 있다는 발상에는 역사가 있다. 브랜드는 1996년에 런던에 있는 스튜디오에서 브라이언 이노와 함께 건강한 문명 다이어그램을 처음으로 만들었다. 그보다 한참 전인 1970년대에는 건축가 프랭크 더피가 상업 빌딩에 다음과 같은 네 개의 층이 있음을 지적했다. 세트(예를 들어 자주 자리가 바뀌는 가구), 풍경(예를 들어 5~7년마다 한 번씩 바뀌는 내부 인테리어 벽), 서비스(예를 들어 약 15년 만에 한 번씩 바뀌는 입주 기업), 외피(즉 수십 년 동안 서 있는 건물 자체).

23 여기에 맞서는 주장을 펼친다면 다음과 같다. 이 모든 변수가 하나의 중요한 변화(예를 들어 시냅스 강도)를 위해 항상성을 유지하는 방편으로 존재할 가능성이 있다는 것. 분명히 말하지만, 나는 이럴 가능성이 희박하다고 본다. 이 주장은 사회를 구성하는 한 층(예를 들어 상업)을 가리키면서, 문명 안에서 일어나는 다른 변화들은 언제나 새로운 상점들이 생겨날 수 있게 모든 것을 안정적으로 유지하는 방편에 불과하다고 주장하는 것과 같다.

24 신경과학자들은 보통 이것을 사랑에 빠지는 이야기처럼 설레는 방식으로 공부하지 않고, 실험 동물을 이용한다. 실험 쥐에게 어떤 작업을 가르치면서 보상을 주고, 쥐의 능력이 완벽해지는 속도를 관찰하는 방식이다. 그 다음에는 보상을 끊어버리고, 쥐가 그 행동을 완전히 그만두는 데 얼마나 걸리는지 관찰한다. 그러고 나서 아주 오랜 시간이 흐른 뒤에 그 쥐에게 보상을 주면서 다시 같은 작업을 가르친다면, 학습 속도가 놀라울 정도로 빠르다는 사실을 알게 될 것이다. Della-Maggiore V, McIntosh AR (2005), Time course of changes in brain activity and functional connectivity associated with long-term adaptation to a rotational transformation, *J Neurophysiol* 93: 2254-2262; Shadmehr R, Brashers-Krug T (1997), Functional stages in the formation of human long-term motor memory, *J Neurosci* 17: 409-419; Landi SM, Baguear F, Della-Maggiore V (2011), One week of motor adaptation induces structural changes in primary motor cortex that predict long-term memory one year later, *J Neurosci* 31: 11808-11813; Yamamoto K, Hoffman DS, Strick PL (2006), Rapid and longlasting plasticity of input-output mapping, *J Neurophysiol* 96: 2797-2801 참조.

25 Mulavara AP 외 (2010), Locomotor function after long-duration space flight: Effects and motor learning during recovery, *Exp Brain Res* 202: 649-659.

26 Eagleman DM (2011), *Incognito: The Secret Lives of the Brain*(New York: Pantheon). Barkow J, Cosmides L, Tooby J (1992), *The Adapted Mind: Evolutionary Psychology and the Generation of Culture*(New York: Oxford University Press)도 참조.

27 목격자 증인이 잘못된 증언을 할 가능성 저변에, 옛것 위에 새것을 짓는 이 과정이 있는 듯하다. 범죄를 목격한 증인들은 각자 자기만의 과거 경험과 세상을 이해하는 자기만의 방식을 갖고 있다. 그들만의 필터와 편견이 침전물처럼 쌓여 있는 곳에 새로운 경험이 내려앉는다. 이 새로운 정보가 모든 증인의 머릿속에서 각각 다른 길을 따라 미끄러진다는 뜻이다. 좀 더 포괄적으로 말하자면, 개인에서부터 문화에 이르기까지 우리 사이에서 발생하는 많은 분기分岐의 저변에 과거를 기반으로 현재가 쌓이는 이 현상이 있다.

28 Cytowic RE, Eagleman DM (2009), *Wednesday Is Indigo Blue: Discovering the Brain of Synesthesia*(Cambridge, Mass.: MIT Press).

29 Eagleman DM 외 (2007), A standardized test battery for the study of synesthesia, *J Neurosci Methods* 159(1): 139-145. 공감각 종합 테스트는 synesthete.org에서 찾을

수 있다.

30 Witthoft N, Winawer J, Eagleman DM (2015), Prevalence of learned grapheme-color pairings in a large online sample of synesthetes, *PLoS One* 10(3): e0118996.

31 우리는 문자-색깔 공감각이 경험에 의해 조건화된 정신적 상상이라는 의견을 내놓았다. 다시 말해서, 기억이 이 공감각을 조종한다는 뜻이다. 공감각의 발달이 유전적 기질에 좌우된다는 연구 결과와도 어긋나지 않는 가설이다. 다른 공감각 능력자들의 글자-색깔 패턴과 관련해서는, 문제의 자석만이 유일한 외부 영향의 원천이 아니라는 점을 기억해야 한다. 책에 여러 색으로 찍혀 있는 알파벳에서 벽에 붙인 알파벳 그림, 교실의 포스터에 이르기까지 다양한 재료가 있었다.

32 Plummer W (1997), Totla erasure, *People*.

33 Sherry DF, Schacter DL (1987), The evolution of multiple memory systems, *Psychol Rev* 94(4): 439; McClelland JL 외 (1995), Why there are complementary learning systems in the hippocampus and neocortex: Insights from the successes and failures of connectionist models of learning and memory, *Psychol Rev* 102(3): 419.

34 빠른 학습에는 빠른 학습 속도가 필요하지만, 다수의 기억을 저장하려다가는 많은 간섭과 엄청난 실패가 발생한다. 반면 시냅스의 강도가 느리게 변한다면, 그 시냅스는 많은 경험에서 평균을 추출해 주변 환경의 일반적인 상황을 그대로 복제하게 된다. 옛날에는 해마가 기억을 제 몸에 '통과'시켜 피질의 하위층으로 보낸다고 생각했지만, 일부 새로운 데이터에 따르면 이 두 과정이 병렬로 일어나는 듯하다. 두 가지 학습이 동시에 이루어진다는 뜻이다. 이 상보적인 학습 시스템 모델이 처음 나온 뒤(McCloskey와 Cohen [1989], McClelland 외 [1995], White [1989]), 뇌에서 이 시스템의 위치를 알아내려는 연구가 여러 차례 이루어졌다. 최초의 모델에서는 해마와 피질이 제시되었다(McClelland 외 [1995], Why there are complementary learning systems in the hippocampus and neocortex, *Psychol Rev* 102: 419-457; O'Reilly 외 [2014], Complementary learning system, *Cogn Sci* 38: 1229-1248). 그 뒤에 나온 모델들은 여러 속도의 학습이 모두 해마에서 이루어질 가능성을 제시했다. CA3의 3연접 경로는 분명하게 한정된 일화를 학습하는 데 뛰어난 반면(빠른 학습), CA1의 단일연접 경로는 느린 학습 속도 때문에 통계적인 학습에 알맞다. Schapiro 외 (2017), Complementary learning systems within the hippocampus: A neural network modeling approach to reconciling episodic memory with statistical learning, *Phil Trans R Soc* B 372(1711) 참조.

11장 늑대와 화성 탐사 로봇

1 Coren MJ (2013), A blind fish inspires new eyes and ears for subs, *FastCoExist*.

2 예를 들어, Leverington M, Shemdin KN (2017), *Principles of Timing in FPGAs* 참조.

3 Eagleman DM (2008), Human time perception and its illusions, *Curr Opin Neurobiol* 18(2): 131-136; Stetson C 외 (2006), Motor-sensory recalibration leads to an illusory reversal of action and sensation, *Neuron* 51(5): 651-659; Parsons B, Novich SD, Eagleman DM (2013), Motor-sensory recalibration modulates perceived simultaneity of cross-modal events, *Front Psychol* 4: 46; Cai M, Stetson C, Eagleman DM (2012), A neural model for temporal order judgments and their active recalibration: A common mechanism for space and time?, *Front Psychol* 3: 470. 사람들이 밤에 콘택트렌즈를 빼고 안경을 쓸 때도 비슷한 원칙이 작동한다. 렌즈를 빼고 잠깐은 균형감각이 어긋난다. 눈앞에 보이는 광경을 안경이 살짝 비틀어서, 안구의 움직임이 시야에서 더 크게 인식되기 때문이다. 따라서 조금 뜻밖의 정보가 입력된다. 이런 문제를 어떻게 신속히 해결하느냐고? 안경을 쓴 뒤 잠시 머리를 좌우로 흔들면 된다. 그러면 신경망이 운동이라는 출력 결과를 감각기관의 입력 정보에 맞춰 빠르게 재조정할 수 있다.

4 스마트그리드와 전력망의 사례를 더 심층적으로 다룬 책을 보려면, Eagleman DM (2010), *Why the Net Matters: Six Easy Ways to Avert the Collapse of Civilization*(Edinburgh: Canongate Books) 참조.

12장 오래전 잃어버린 외치의 사랑을 찾아서

1 Fowler B (2000), *Iceman: Uncovering the Life and Times of a Prehistoric Man Found in an Alpine Glacier*(Chicago: U Chicago Press). 방사선을 이용한 조사 방법에 대해서는, Gostner P 외 (2011), New radiological insights into the life and death of the Tyrolean Iceman, *Archaeol Sci* 38(12): 3425-3431 참조. Wierer U 외 (2018), The Iceman's lithic toolkit: Raw material, technology, typology, and use, *PLoS One*; Maixner F 외 (2016), The 5300-year-old Helicobacter pylori genome of the Iceman, *Science* 351(6269): 162-165도 참조.

2 Stretesky PB, Lynch MJ (2004), The relationship between lead and crime, *J Health Soc Behav* 45(2): 214-229, Nevin R (2007), Understanding international crime trends: The legacy of preschool lead exposure, *Environ Res* 104(3): 315-336, Reyes JW (2007), Environmental policy as social policy? The impact of childhood lead exposure on crime, *Contrib Econ Anal Pol* 7(1).

사진 출처

39쪽 Melissa Lyttle/*Tampa Bay Times*

44쪽 Courtesy of the author

51쪽 Courtesy of the author

56쪽 Courtesy of the author

58쪽 Courtesy of the author

71쪽 Courtesy of the author

82쪽 Javier Fadul, Kara Gray, and Culture Pilot

85쪽 Courtesy of the author

86쪽 Javier Fadul, Kara Gray, and Culture Pilot

88쪽 Sharon Steinmann/AL.com/*The Birmingham News*

89쪽 (위) Anthony Souffle/*Chicago Tribune*/Getty Images (아래) Courtesy of KTTC News

93쪽 Javier Fadul, Kara Gray, and Culture Pilot

95쪽 Javier Fadul, Kara Gray, and Culture Pilot

101쪽 Courtesy of the author

103쪽 Javier Fadul, Kara Gray, and Culture Pilot

105쪽 Javier Fadul, Kara Gray, and Culture Pilot

107쪽 Ted West/Hulton Archive/Getty Images

114쪽 Syed Rahman

117쪽 Syed Rahman and Emily Stevens

122쪽 Courtesy of the author

125쪽 Lars Norgaard

129쪽 Jérôme Ardouin

144쪽 Courtesy of the author

159쪽 Javier Fadul, Kara Gray, and Culture Pilot

164쪽 Associated Press

166쪽 (위) USA Archery (아래) Atort Photography

172쪽 Viktor Zykov/Creative Machines Lab, Columbia University

181쪽 Andrew B. Schwartz

183쪽 Courtesy of the author

185쪽 Andrew B. Schwartz

202쪽 Courtesy of the author

215쪽 D. Eagleman and J. Downar, *Brain and Behavior*, Oxford University Press

231쪽 Courtesy of the author

232쪽 IBM

249쪽 Courtesy of the author

251쪽 Courtesy of the author

252쪽 Courtesy of the author

254쪽 Courtesy of the author

255쪽 Courtesy of the author

260쪽 D. Eagleman and J. Downar, *Brain and Behavior*, Oxford University Press

262쪽 Wikipedia, Creative Commons Attribution-Share Alike 4.0 International license

284쪽 Nina Leen/Getty Images

313쪽 Courtesy of the author

321쪽 Witthoft N, Winawer J, Eagleman DM (2015) Prevalence of Learned Grapheme-Color Pairings in a Large Online Sample of Synesthetes. *PLoS ONE* 10(3): eo118996. http://doi.org/10.1371/journal.phone.0118996

324쪽 Courtesy of the author

찾아보기

인명

ㅌ

ㅍ

ㅎ

기타

ㄱ

우리는 각자의 세계가 된다
뇌과학과 신경과학이 밝혀낸 생후배선의 비밀

1판 1쇄 발행 2022년 12월 22일
1판 6쇄 발행 2024년 7월 26일

지은이 데이비드 이글먼
옮긴이 김승욱

발행인 양원석 **편집장** 김건희 **책임편집** 곽우정
디자인 형태와내용사이
영업마케팅 양정길, 윤송, 김지현, 한혜원, 정다은

펴낸 곳 (주)알에이치코리아
주소 서울시 금천구 가산디지털2로 53, 20층 (가산동, 한라시그마밸리)
편집문의 02-6443-8932 **도서문의** 02-6443-8800
홈페이지 http://rhk.co.kr **등록** 2004년 1월 15일 제2-3726호

ISBN 978-89-255-7722-7 (03400)